# 综合气象观测系统
# 运行监控业务研究文集

中国气象局气象探测中心　编

## 内容简介

本书是一本介绍综合气象观测系统运行监控业务工作的研究文集，收录相关文章共26篇，系统总结了近年来我国气象部门关于综合气象观测系统气象观测设备运行监控技术保障方面的研究成果，包括综合气象观测系统运行监控业务平台设计与应用、综合气象观测系统综合分析评估评价技术、观测网实时运行状态判定与定位技术、观测数据质量控制技术等方面的内容。

本书较全面地反映了自2003年以来我国综合气象观测系统运行监控业务和技术发展水平，可供从事气象观测运行保障工作的技术和管理人员等参考阅读。

**图书在版编目(CIP)数据**

综合气象观测系统运行监控业务研究文集/中国气象局气象探测中心编.—北京：气象出版社，2021.4
ISBN 978-7-5029-7424-4

Ⅰ.①综… Ⅱ.①中… Ⅲ.①气象观测—运行—监控系统—文集 Ⅳ.①P41-53

中国版本图书馆 CIP 数据核字(2021)第 079207 号

ZONGHE QIXIANG GUANCE XITONG YUNXING JIANKONG YEWU YANJIU WENJI
**综合气象观测系统运行监控业务研究文集**

| | |
|---|---|
| 出版发行：气象出版社 | |
| 地　　址：北京市海淀区中关村南大街 46 号 | 邮政编码：100081 |
| 电　　话：010-68407112（总编室）　010-68408042（发行部） | |
| 网　　址：http://www.qxcbs.com | E-mail：qxcbs@cma.gov.cn |
| 责任编辑：蔺学东 | 终　　审：吴晓鹏 |
| 责任校对：张硕杰 | 责任技编：赵相宁 |
| 封面设计：地大彩印设计中心 | |
| 印　　刷：北京中石油彩色印刷有限责任公司 | |
| 开　　本：787 mm×1092 mm　1/16 | 印　　张：17 |
| 字　　数：440 千字 | |
| 版　　次：2021 年 4 月第 1 版 | 印　　次：2021 年 4 月第 1 次印刷 |
| 定　　价：120.00 元 | |

本书如存在文字不清、漏印以及缺页、倒页、脱页等，请与本社发行部联系调换。

# 《综合气象观测系统运行监控业务研究文集》

## 编委会

主　　任：梁海河　裴　翀　李　峰　邵　楠
编　　委：李　巍　杨荣康　阳艳红　张　璇　陈　挺
　　　　　秦世广　夏元彩　曹婷婷　杜建苹　张乐坚
　　　　　周　薇　胡学英　沈　超　杨大生　王一萌
　　　　　严国威　李　欣

## 编写组

主　　编：李　雁
副 主 编：周　青
编写人员：孟昭林　吴东丽　周钦强　徐鸣一　郭海平
　　　　　王曙东　张　建　石　城　白发明　崔　萍

# 序

当前我国已迈入"开启全面建设社会主义现代化国家新征程、向第二个百年奋斗目标进军"的新发展阶段,按照党中央提出的"气象事业更好地服务实现'两个一百年'奋斗目标和中华民族伟大复兴的中国梦"的要求,气象部门亟须牢牢把握气象工作关系生命安全、生产发展、生活富裕、生态良好的战略定位,贯彻"监测精密、预报精准、服务精细,推动气象事业高质量发展"的总体要求,以为全面建成社会主义现代化强国提供坚强支撑。

精密、精准、精细的要求对气象工作既是一项很高的标准,也是一个内涵很深的科技问题。气象观测是气象事业立业之基、立足之本,是预报精准、服务精细的支柱。经过几十年的持续建设,截至"十三五"末,我国已基本建成布局科学、技术先进、功能完善、质量稳健、效益显著、管理高效的综合气象观测系统,并且构建了由观测技术装备、观测数据获取、观测数据处理和观测运行保障四部分组成,以及国家、省、地市和县四级职责分工明晰的气象观测业务布局。运行监控是综合气象观测运行保障业务的重要环节。截至目前,运行监控业务从雏形到内涵与外延进一步拓展经历了近20年时间,这个过程是社会科学技术迭代更新的20年,也是综合气象观测系统运行监控业务技术与设备保障需求不断碰撞磨合的20年,更是运行监控业务技术、监控手段、监控范畴本身不断发展完善的20年。

综合气象观测系统运行监控业务发展的这20年期间,观测设备种类从最开始的新一代天气雷达拓展到目前涵盖地基和空基观测共8大类10多种设备;监控的业务范围和内涵从最初单一的设备运行状态拓展到目前包括观测站网、设备运行状态、观测数据质量、观测网诊断维修与维护巡检、仓储物资储备供应、计量检定、观测试验、业务中试等各个环节;设备运行状态定位从最初的基于有限的设备状态参数或观测数据自身的单一手段发展到目前的基于元数据、观测数据、业务保障信息和设备(器件)运行参数信息等的综合判定技术,观测数据质量控制技术和手段也得到了极大丰富;观测网的运行评价也从最初对数据到报的单一评价发展到现在对综合气象观测网的可靠性、维修性、保障性等方面的综合评估;同时,业务系统平台实现了从新一代天气雷达运行监控系统、综合气象观测系统运行监控平台(Atmospheric Observing System Operation Monitoring, ASOM)系列监控系统到当前的综合气象观测业务运行信息化平台的开发升级。基于上述各方面从技术到管理层面的不断完善,构建了全国"两级部署、四级应用"的运行监控业务体系,推动了技术保障业务的规范化和标准化,极大地促进了我国综合气象观测系统技术保障业务发展,确保了综合气象观测网的稳定可靠运行。自运行监控业务建立以来,国家级地面气象观测站和新一代天气雷达维修时间缩短近25%,综合观测系统业务质量持续保持高水平,地面、高空、雷达等观测数据业务可用性保持在99%以上。

本书汇聚了中国气象局建立综合气象观测网运行监控业务以来,在运行监控业务系统建设、监控算法研究、观测网运行评估评价技术等方面取得的主要业务技术成果,对于系统性总结我国综合气象观测网运行监控业务技术兴起和发展十分重要,可以为从事气象观测保障工作的业务技术人员开展相关工作提供重要参考。

2021 年 3 月

# 前　言

综合气象观测系统是国家重要的公共基础设施,是现代气象业务体系的重要组成部分。经过过去几十年的持续建设与更新,我国相继建成了卫星气象观测、新一代多普勒天气雷达网、风廓线雷达观测网、L波段探空系统观测网、地面自动气象观测网、GNSS/MET观测网、雷电监测系统观测网以及大气成分、农业、风能等专业气象观测网,截至目前,观测网种类将近16种,业务运行设备超过50000站。这些观测系统成为监测灾害性天气过程发生发展的重要手段,同时也为我国气候变化和防灾减灾工作提供了关键数据支撑。我国地域广阔,东西地理跨度大,南北气候差异显著,如何确保观测网的稳定可靠运行一直是气象观测保障部门面临的难题。近10年来,伴随计算机信息技术、芯片技术、物联网以及智联网技术的快速发展,以气象传感器自检测为主要特征的运行监控(测)技术以及由此兴起的运行监控业务成为了我国气象观测保障领域的新发展方向。

中国气象局气象探测中心作为国家级业务单位,自2003年起牵头综合气象观测系统运行监控业务的顶层设计,并且在国家级业务主管职能司指导下完成了综合气象观测系统运行监控业务平台(简称ASOM)系列的建设和推广运行。2003年建成了"新一代天气雷达全网监控系统",2007年建成了"气象探测全网运行监控系统",2010年建成了"综合气象观测系统运行监控平台"(ASOM1.0),2015年建成了ASOM2.0,2019年建成了综合气象观测业务运行信息化平台等。运行监控系列业务系统陆续实现了对新一代多普勒天气雷达网、L波段探空系统观测网和地面自动气象观测网等八大类国家观测业务网的运行状态实时监控、观测数据质量状况实时检查、维修保障活动及时跟踪和仓储物流调度管理等。

在运行监控业务系统建设的同时,中国气象局分五个阶段逐步建立了综合气象观测运行监控业务:2003—2005年为萌芽期,在此期间提出了运行监控的理念;2006—2007年为初期阶段,在此期间开展了多普勒天气雷达网运行监控的业务化试验,并尝试开展了对全国新一代天气雷达网的运行分析评估;2008—2011年为快速发展阶段,ASOM1.0建成并在全国业务化运行,同时中国气象局明确将运行监控业务作为气象观测保障领域的一项实时业务性工作,明确了国家、省、地市和县的四级职责分工及业务流程,中国气象局组织定期对综合气象观测系统进行分析评估与业务考核,大部分省级单位成立了运行监控业务机构；2012—2015 年为成熟完善阶段，完成了 ASOM1.0 升级，拓展了监控设备种类和系统功能，更主要的是实现了系统省级的本地化应用，建成了全国"两级部署、四级应用"的运行监控业务体系；2016—2020 年为提升阶段，扩大了运行监控的外延，基于质量管理理念实现了综合气象观测网业务运行设备全寿命周期的管理。

综合气象观测运行监控业务及业务系统的建立过程同时也是运行监控技术研究不断深入的过程。在此期间，几代从事运行监控和气象观测技术保障的"监控人"从监控系统设计、设备状态检测信息设计、运行状态综合判定技术、数据质量监控算法、运行和保障综合评估技术、装备故障维修保障技术和数据应用分析等方面开展了一系列持续深入的技术研究工作，相关成果促进了综合气象观测运行监控业务的形成和发展，并且大部分已正式发表。

编者整理了上述研究成果中的部分内容，收录成册，算是对过去十几年运行监控工作的阶段性总结，在此也感谢几代"监控人"的辛勤付出，感谢中国气象局业务职能司有关领导的指导和各级观测保障人员的鼎力协助，一并谨致谢忱。

本书力求从读者的角度出发，系统、全面地介绍综合气象观测系统运行监控技术研究的相关内容，但鉴于时间仓促，书中难免有疏漏及不当之处，敬请广大读者指正。

编者

2021 年 3 月

# 目　录

序
前言

## 第一篇　观测网运行监控业务系统建设

综合气象观测运行监控系统 …………………… 梁海河　孟昭林　张春晖　等 / 3
我国综合气象观测运行监控系统的设计与实践 ………… 裴　翀　宋连春　吴可军　等 / 15
综合气象观测运行监控业务及系统升级设计 ……………… 李　峰　秦世广　周　薇　等 / 23
中国风能资源专业观测网运行监控系统建设及应用 …… 李　雁　裴　翀　郭亚田　等 / 31
中国区域自动气象站运行监控系统建设 ………………… 李　雁　李　锋　赵志强　等 / 40
中国自动土壤水分观测网运行监控系统建设 …………… 吴东丽　梁海河　曹婷婷　等 / 48

## 第二篇　观测网运行监控技术

气象观测设备运行状态综合判定技术应用 ………………… 李　雁　李　峰　郭　维　等 / 57
地面自动气象观测设备运行状态信息检测技术 …………… 李　雁　周　青　李　峰　等 / 66
自动气象站探测网实时监控关键技术 ……………………… 周钦强　李源鸿　李建勇　等 / 83
综合气象观测三维可视化在线监控设计 …………………… 周钦强　敖振浪　李建勇　等 / 90
基于 ArcGIS Engine 的气象设备监控方法 …………… 张　建　李　雁　吴小铭　等 / 101
基于微信的天气雷达移动式运行监控系统的设计与实现 ……………………… 郭海平 / 107
气象雷达网运行保障业务信息采集技术 ………………… 李　峰　夏元彩　李　雁　等 / 113

## 第三篇　观测网运行分析评估技术

综合气象观测系统业务运行综合评估技术研究 ……… 孟昭林　李　雁　陈　挺　等 / 127
自动气象站运行效能统计 ………………………… 李　雁　梁海河　孟昭林　等 / 136
气象观测设备业务可用性评估算法改进 ………………… 李　雁　孙　超　雷　勇　等 / 145
全国自动气象站运行能力统计及其影响因素分析 …… 李　雁　裴　翀　孟昭林　等 / 158
综合气象观测系统运行监控业务信息化评估 ……………………………………… 李　峰 / 169
自动气象站维修保障能力评估 …………………………… 周　青　梁海河　李　雁　等 / 179
新一代天气雷达 2009—2014 年运行状态分析 ………… 徐鸣一　李　峰　夏元彩　等 / 186
基于 SRTM 数据的中国新一代天气雷达覆盖和
　地形遮挡评估 ……………………………………… 王曙东　裴　翀　郭志梅　等 / 199

# 第四篇　观测数据质量控制技术

全国不同气候区高低温及强降水阈值 …………………… 李　雁　周　青　周　薇　等 / 211
天气雷达与地面自动气象站降水观测一致性校验分析 … 李　雁　张乐坚　梁海河　等 / 219
自动气象站实时数据质量分析及质控算法改进 ……… 周　青　张乐坚　李　峰　等 / 228
基于新型自动气象站运行状态的数据质量判识 ……… 周　青　贾树泽　张乐坚　等 / 242
新一代天气雷达故障处理和故障标准化平台的
　研发与应用 ………………………………………… 石　城　梁海河　孟昭林　等 / 254

# 第一篇

## 观测网运行监控业务系统建设

# 综合气象观测运行监控系统*

梁海河[1]　孟昭林[1]　张春晖[2]　李雁[1]

(1 中国气象局气象探测中心,北京 100081;2 中国电子科技集团第二十八研究所,南京 210007)

**摘　要**:为了提高我国气象装备运行保障能力和观测数据质量,中国气象局气象探测中心从2006年起创建了综合气象观测运行监控系统,并依此逐步建立了监控业务。文中围绕气象装备保障业务关于台站级、省级和国家级的三级用户需求,明确了以探测设备运行状态监视、技术保障信息管理、观测数据质量监视为主线的监控业务设计思想,并奠定了监控业务系统的技术框架,提出了"两级布设、三级应用"的分布形式,基于互联网和WebGIS技术,建立了一套实时气象观测网运行监控和分析系统,具备实时设备运行状态监控、装备保障信息管理、观测数据质量监视、基础信息管理、运行统计评估等功能。在此基础上,介绍了气象观测运行监控业务概况,通过监控系统实现了对全网设备运行状况的实时掌握,开展监控产品分析服务,定期评估装备运行效能和数据质量状况,使重要气象装备如天气雷达的可用性大幅提升,为提高气象装备运行效能发挥了重要作用。

**关键词**:综合气象观测　运行监控　系统

# 引　言

世界气象组织认为,气象观测质量保障需要建立贯穿于整个观测系统的管理体系,即除了设备本身的性能外,还应包括设备安装(installation)、运行管理(operation)、相互兼容(compatibility)、选址环境(sitting and exposure)、性能监视(performance monitoring)、测试标定(test and calibration)、维修保障(maintenance)、元数据(metadata)收集分析、实时质量控制(real-time quality control)等各个环节[1]。美国国家海洋和大气管理局先后发展了设备运行保障和管理的商业化软件系统,如设备运行监控系统(COMPASS)、故障报告分析改进措施系统(FRACAS)等,并于20世纪80年代起逐步发展建立了气象探测技术装备和监测网络保障业务等多项管理系统,如用于气象技术装备综合后勤管理的"ILS"系统、用于工程维护报告与质量改进分析的"EMRS"系统、用于下一代天气雷达(NEXRAD)运行监控与支持的"HEAT"系统等[2],在气象技术装备现代化信息管理方面极大地提高了业务质量和管理效率。我国气象监测网络技术保障信息化管理才刚刚起步,与世界先进国家存在较大差距。近几年来,部分省份先后建立了各自的监控系统、技术保障信息管理系统等,取得了很好效果[3-7]。国际上,对气象探测数据质量控制方法进行了大量研究[8-11],国内也开展了气象探测数据质量控制方法研究[12-18]。但是,美国等建立的气象运行监控保障系统,基本都是分别针对不同观测系统和不

---

\* 本文发表在《气象》,2011,37(10):1292-1300。

同业务,分别建立分散独立的运行监控保障系统。国内气象部门和省份建立的运行监控保障系统也存在类似的问题,即功能单一、适用对象的局地性等。

综合气象观测运行监控系统是一个综合性业务系统,体现在面向全国不同地域的观测设备综合、面向多种气象观测网和多种装备型号综合,具备设备运行状态监控、装备保障信息管理、观测数据质量监视等多种综合性功能,系统利用探测运行状态分析与展现技术、探测网运行评估分析技术、数据质量分析技术、互联网技术、WebGIS技术、可靠性工程方法等多种综合技术,开展全国综合气象观测系统运行质量监测分析和装备保障业务,以提高观测网运行可靠性和运维水平。

中国气象局气象探测中心在2006年初进行了综合气象观测运行监控系统的设计和开发,并于当年汛期开展了全国多普勒天气雷达网的运行监控试验,取得了很好的效果[6]。2007年实现了自动气象站、探空系统和天气雷达网运行监控,完成了观测数据质量监控和装备技术保障信息化管理系统的研发,并在中国气象局气象探测中心以及内蒙古、江西、湖北三个省(区)试点进行安装部署和运行。基于实时气象观测网监控和分析系统,中国气象局气象探测中心创建了气象观测系统运行监控和分析业务,实现了掌握全国气象观测网设备运行状况,提供了观测网业务运行评估,开展了监控产品的分析服务,发挥了重要作用,特别是在2008年重大气象保障活动中,为气象观测网络准确、高效、持续稳定运行提供了极其重要支撑。

## 1. 主要设计思想

综合气象观测运行监控系统是集探测设备运行状态监视、技术保障信息管理、观测数据质量监视功能为一体的业务监控和分析平台。基于该平台,通过对全网运行业务效能分析、气象监测数据分析,形成完善的气象观测监控和分析业务,提高气象观测业务质量和监测服务能力。系统主要有装备运行状态监控、数据质量监控、技术保障信息管理三个方面的内容(图1)。

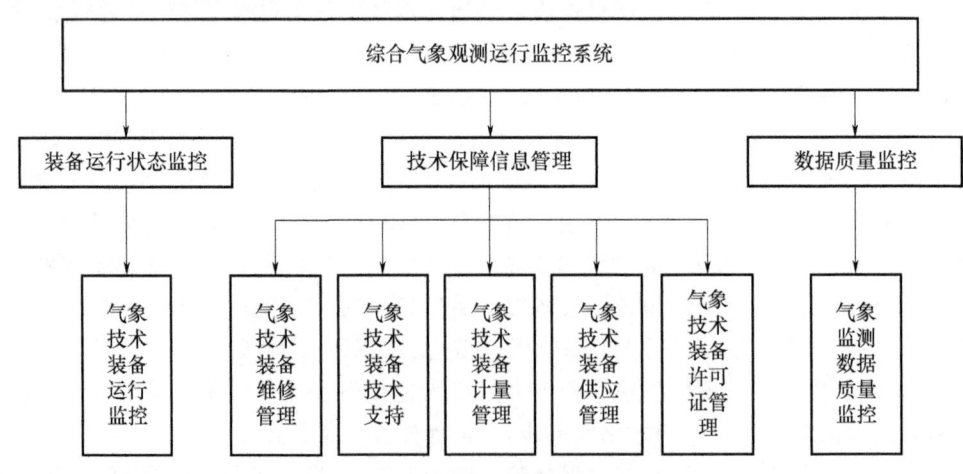

图1 总体功能结构图

(1)装备运行状态监控是以气象装备为监控对象,实时动态收集装备运行状态信息,通过对观测装备运行状态、技术性能参数、故障报警的整理分析,形成探测装备分类别、分站点、分时次的装备运行状态和故障报警数据库,开展探测装备的可用性、可靠性、缺测率和数据有效性等进行统计分析,实现对全网技术装备的综合效能和发展态势进行评估,形成设备运行、故障维修、备件采购、技术支持,设备更新、业务评估等闭合业务过程,为探测技术装备保障和管理决策服务提供支持。

(2)数据质量监控是通过对观测数据的连续性、时间一致性、空间一致性、气候极值的可靠性检查,实时给出观测数据质量检查等级,综合显示气象观测数据和产品,实时或定期形成数据质量分析评估报告,为装备保障人员及时有效地发现装备运行故障,指导装备保障人员开展故障检查和维修保障提供依据,为气候资料评价分析提供元数据,提高数据评价分析的可靠性。

(3)技术装备保障信息管理是通过装备维修、计量检定、物资供应、装备许可证信息自动化管理,实现对气象仪器仪表实时计量监管,对气象技术装备保障业务相关的规定、规范、标准、规程、软件等网络在线查询和检索。通过对全网气象技术装备供应和需求状况动态监测,发布气象仪器仪表的供货和库存信息;通过对气象仪器许可证信息化管理,实现装备及各类部件的全寿命监控。技术装备保障信息管理提高了各级技术装备保障业务技术手段和保障信息化管理水平,确保综合观测系统运行的连续、稳定和高质量运行。

## 2. 系统结构设计

### 2.1 系统业务结构设计

由于探测网空间分布特征和用户的广泛性,本文提出了"两级布设、三级应用"的分布式结构方式的技术路线,其含义是指在省级和国家级部署两级系统,基于面向台站级、省级、国家级的三级用户提供应用服务。其中,台站级应用功能由省级服务中心系统提供。

根据这一设计思想,形成了国家级和省级两级模式的监控业务结构,国家级业务分工侧重为高层决策人员提供全网运行综合态势、技术装备运行质量和效益分析,为有关探测技术与技术保障业务的发展和变革提供决策依据。省级业务分工侧重于业务管理和应用服务,向业务管理人员提供全网运行情况、备件存储/需求/消耗情况、设备维修检定情况、备件采购计划,为业务管理监督提供管理依据;向技术保障人员提供实时监控探测业务的运行状况,以便开展设备保障、维修、检定、备件供应、技术支持等业务活动,为气象观测数据用户提供观测元数据和气象数据质量分析信息。

国家级系统和省级系统的数据流程是国家级系统接收来自省级系统的探测网运行状态数据、探测产品数据、业务数据,进行综合分析及评价,及时为国家级用户提供各探测网运行产品,并指导下属的监控保障业务。省级系统收集省内各探测设备运行状态数据、探测产品数据、台站业务信息,为省级用户提供运行监控产品及运行保障管理服务功能,对上级(国家级)实时上报业务监控信息。国家级系统和省级系统进行实时和定时数据交换,实时数据包括设备状态、观测数据、系统报警、故障报告、通知与响应等数据,定时数据包括各类运行统计报表、备件库存报表,基础信息变化的日报、周报、月报等材料。系统业务结构示意图见图2。

### 2.2 软件架构设计

基于面向对象的设计方法,将系统分为数据处理和用户服务两个对象。面向数据处理系统在后台采用多任务方式运行,主要负责数据采集、数据解析、数据分析、产品生成、产品入库

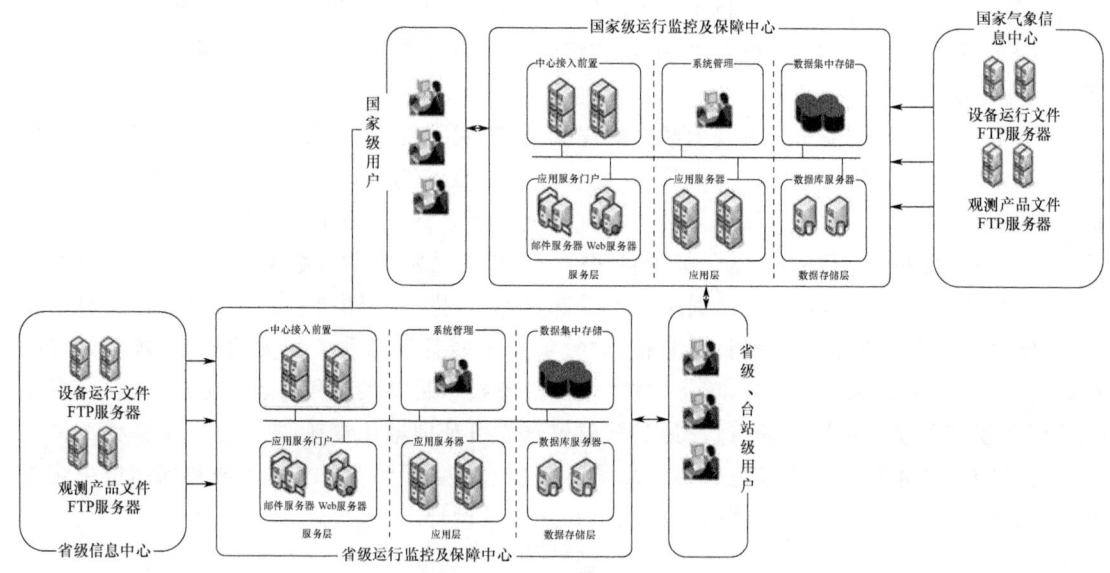

图 2 系统总体结构示意图

等数据处理功能。面向用户服务系统采用模块化设计,主要承担对外服务的门户功能,通过 WebGIS 等各类展现技术,将监控产品提供给用户,同时接收用户的请求并通过 WEB 响应,提供用户服务功能,涵盖运行监控、装备维修、供应保障管理、技术支持管理、计量检定管理、装备许可证管理、数据质量检查显示、业务效能指标显示等多种服务。

软件体系采用 C/S 与 B/S 相结合的方式。C/S 架构用于实现后台的面向数据处理的应用体系,B/S 架构用于实现面向用户的服务体系。面向数据处理系统采用 VC++ 与 Oracle 技术构建 C/S 模式,来实现数据的采集、解析、处理、评估入库。面向用户服务系统采用 J2EE 技术,结合 WebGIS 技术、Oracle 技术等构建多层的 B/S 模式,实现运行监控、产品发布、业务监控等功能。J2EE 系统是具有较强伸缩性、开放性、安全性的技术架构。

软件体系架构采用多层 B/S 服务器模型,如图 3 所示,分为以下四个层面。

用户服务层(user service):用户服务层为整个技术保障业务平台的门户,提供可视界面,用户通过可视界面分析信息和数据。用户服务层向业务服务层发出服务请求。用户服务层主要包括:设备运行状态显示查询服务、观测数据检查查询服务、综合技术保障信息显示服务、网上技术支持服务、数据上传下载服务、网上技术保障管理服务。

业务服务层(business service):业务服务层提供的服务实现正式的进程和商业逻辑规则,商业服务层响应用户服务请求,是用户服务与数据服务层的逻辑桥梁。业务服务层主要包括:运行监控、综合技术保障、气象数据显示和质量检查等业务处理服务。

通用功能组件服务层(common component service):该层提供的服务为上述两层服务的技术支撑,是一些通用的功能组件服务。具体包括:用户认证服务、系统管理服务、基础数据管理服务、基础 GIS 服务、文件传输服务等。

数据服务层(data service):数据服务层实现所有的典型数据处理活动,包括数据的获取、修改、更新以及数据库相关服务。具体包括:基础对象数据库、技术装备运行状态数据库、监控产品库、气象产品库、统计分析库、保障业务管理库、文件资料库、系统运行数据库。

性等进行统计分析,实现对全网技术装备的综合效能和发展态势进行评估,形成设备运行、故障维修、备件采购、技术支持、设备更新、业务评估等闭合业务过程,为探测技术装备保障和管理决策服务提供支持。

(2)数据质量监控是通过对观测数据的连续性、时间一致性、空间一致性、气候极值的可靠性检查,实时给出观测数据质量检查等级,综合显示气象观测数据和产品,实时或定期形成数据质量分析评估报告,为装备保障人员及时有效地发现装备运行故障,指导装备保障人员开展故障检查和维修保障提供依据,为气候资料评价分析提供元数据,提高数据评价分析的可靠性。

(3)技术装备保障信息管理是通过装备维修、计量检定、物资供应、装备许可证信息自动化管理,实现对气象仪器仪表实时计量监管,对气象技术装备保障业务相关的规定、规范、标准、规程、软件等网络在线查询和检索。通过对全网气象技术装备供应和需求状况动态监控,发布气象仪器仪表的供货和库存信息;通过对气象仪器许可证信息化管理,实现装备及各类部件的全寿命监控。技术装备保障信息管理提高了各级技术装备保障业务技术手段和保障信息化管理水平,确保综合观测系统运行的连续、稳定和高质量运行。

## 2. 系统结构设计

### 2.1 系统业务结构设计

由于探测网空间分布特征和用户的广泛性,本文提出了"两级布设、三级应用"的分布式结构方式的技术路线,其含义是指在省级和国家级部署两级系统,基于面向台站级、省级、国家级的三级用户提供应用服务。其中,台站级应用功能由省级服务中心系统提供。

根据这一设计思想,形成了国家级和省级两级模式的监控业务结构,国家级业务分工侧重为高层决策人员提供全网运行综合态势、技术装备运行质量和效益分析,为有关探测技术与技术保障业务的发展和变革提供决策依据。省级业务分工侧重于业务管理和应用服务,向业务管理人员提供全网运行情况、备件存储/需求/消耗情况、设备维修检定情况、备件采购计划,为业务管理监督提供管理依据;向技术保障人员提供实时监控探测业务的运行状况,以便开展设备保障、维修、检定、备件供应、技术支持等业务活动,为气象观测数据用户提供观测元数据和气象数据质量分析信息。

国家级系统和省级系统的数据流程是国家级系统接收来自省级系统的探测网运行状态数据、探测产品数据、业务数据,进行综合分析及评价,及时为国家级用户提供各探测网运行产品,并指导下属的监控保障业务。省级系统收集省内各探测设备运行状态数据、探测产品数据、台站业务信息,为省级用户提供运行监控产品及运行保障管理服务功能,对上级(国家级)实时上报业务监控信息。国家级系统和省级系统进行实时和定时数据交换,实时数据包括设备状态、观测数据、系统报警、故障报告、通知与响应等数据,定时数据包括各类运行统计报表、备件库存报表,基础信息变化的日报、周报、月报等材料。系统业务结构示意图见图2。

### 2.2 软件架构设计

基于面向对象的设计方法,将系统分为数据处理和用户服务两个对象。面向数据处理系统在后台采用多任务方式运行,主要负责数据采集、数据解析、数据分析、产品生成、产品入库

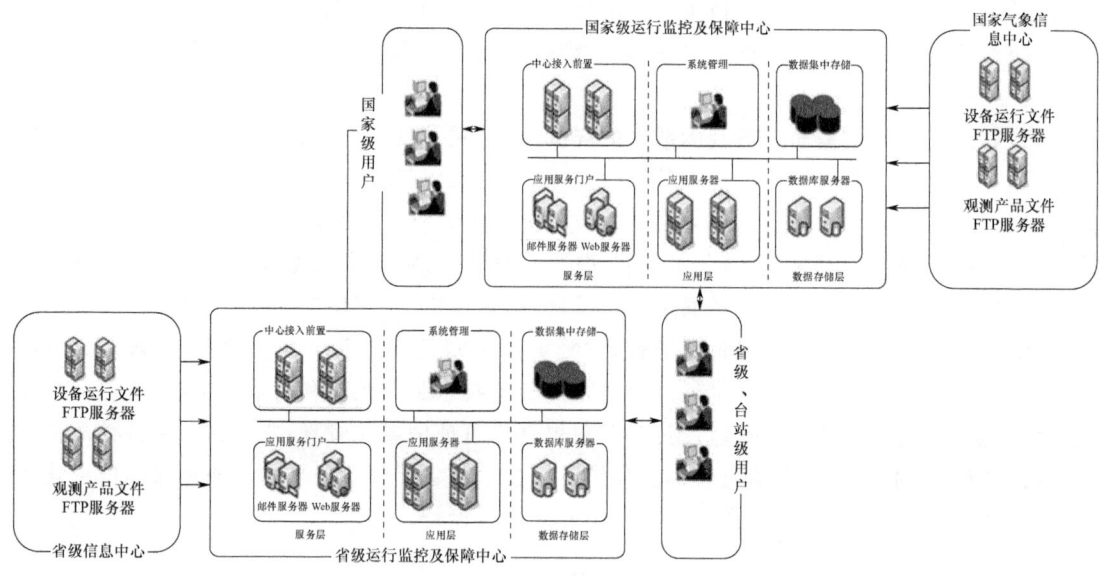

图 2 系统总体结构示意图

等数据处理功能。面向用户服务系统采用模块化设计,主要承担对外服务的门户功能,通过 WebGIS 等各类展现技术,将监控产品提供给用户,同时接收用户的请求并通过 WEB 响应,提供用户服务功能,涵盖运行监控、装备维修、供应保障管理、技术支持管理、计量检定管理、装备许可证管理、数据质量检查显示、业务效能指标显示等多种服务。

软件体系采用 C/S 与 B/S 相结合的方式。C/S 架构用于实现后台的面向数据处理的应用体系,B/S 架构用于实现面向用户的服务体系。面向数据处理系统采用 VC++ 与 Oracle 技术构建 C/S 模式,来实现数据的采集、解析、处理、评估入库。面向用户服务系统采用 J2EE 技术,结合 WebGIS 技术、Oracle 技术等构建多层的 B/S 模式,实现运行监控、产品发布、业务监控等功能。J2EE 系统是具有较强伸缩性、开放性、安全性的技术架构。

软件体系架构采用多层 B/S 服务器模型,如图 3 所示,分为以下四个层面。

用户服务层(user service):用户服务层为整个技术保障业务平台的门户,提供可视界面,用户通过可视界面分析信息和数据。用户服务层向业务服务层发出服务请求。用户服务层主要包括:设备运行状态显示查询服务、观测数据检查查询服务、综合技术保障信息显示服务、网上技术支持服务、数据上传下载服务、网上技术保障管理服务。

业务服务层(business service):业务服务层提供的服务实现正式的进程和商业逻辑规则,商业服务层响应用户服务请求,是用户服务与数据服务层的逻辑桥梁。业务服务层主要包括:运行监控、综合技术保障、气象数据显示和质量检查等业务处理服务。

通用功能组件服务层(common component service):该层提供的服务为上述两层服务的技术支撑,是一些通用的功能组件服务。具体包括:用户认证服务、系统管理服务、基础数据管理服务、基础 GIS 服务、文件传输服务等。

数据服务层(data service):数据服务层实现所有的典型数据处理活动,包括数据的获取、修改、更新以及数据库相关服务。具体包括:基础对象数据库、技术装备运行状态数据库、监控产品库、气象产品库、统计分析库、保障业务管理库、文件资料库、系统运行数据库。

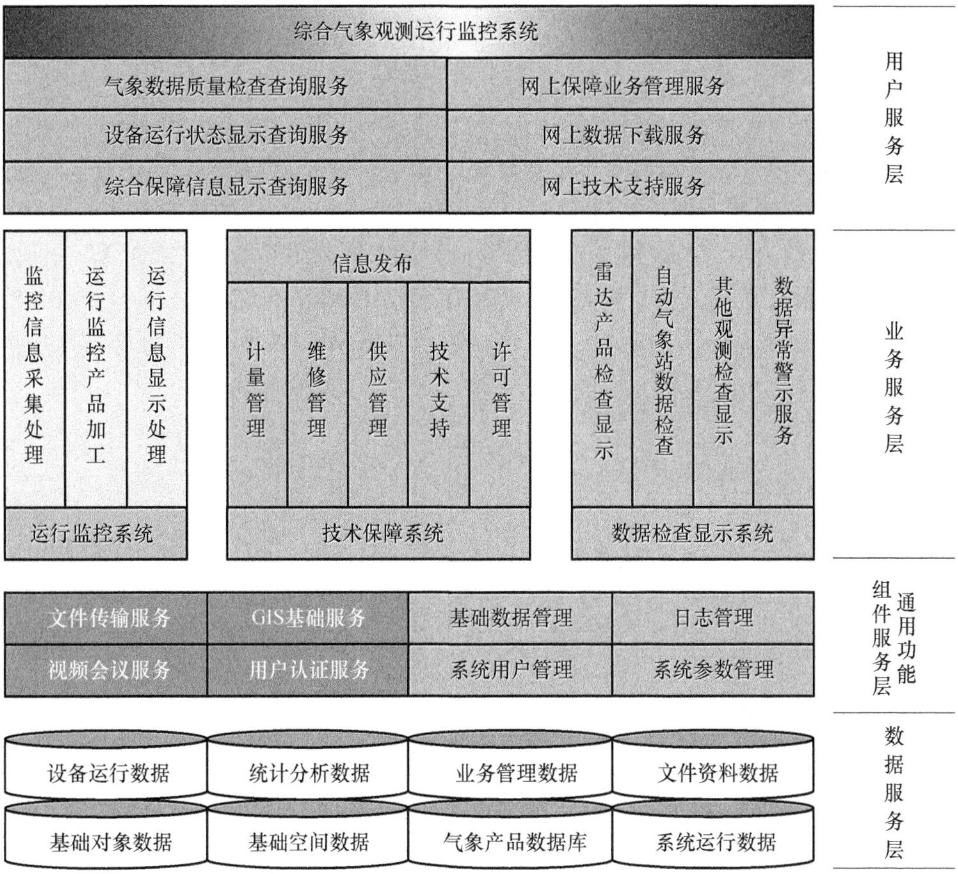

图 3 系统软件技术架构

## 2.3 监控数据结构和来源

监控数据结构组成主要包括：基础对象类数据、运行监控类数据、气象探测类数据、业务管理类数据、监控产品类数据、探测产品类数据、技术保障类数据。

基础对象类数据：指地面观测站网、高空探测站网、天气雷达站网等技术装备对象的基础信息资料；运行监控类数据：指探测装备实时或历史的运行状态信息和运行参数信息资料，一般由探测系统运行过程定期产生，通过气象专用通信链路自动传输到监控中心，用于运行状态分析；气象探测类数据：指探测装备探测的气象数据，通过气象专用通信链路获取，用于数据质量分析和气象产品生成，自动气象站探测数据由于缺乏运行状态数据，通过数据质量分析监控其运行情况；业务管理类数据：指非实时性的业务管理数据，如日报、周报、月报、维修日志、值班记录等，数据来自台站维护人员通过运行监控网页人工填报；监控产品类数据：指根据应用需求，对实时及历史的运行监控数据进行加工产生的统计类或分析类产品信息，如缺报率、故障率、待机时间等；探测产品类数据：指气象要素加工的气象产品信息，如雷达产品、自动站观测要素产品等；技术保障类数据：指计量、检定、维修、许可、备件等管理信息，数据由台站维护人员通过运行监控网页人工填报。

## 2.4 基于 WebGIS 的地理信息应用

气象探测装备如天气雷达、自动站、探空系统,具有很明显的空间特性,用户在监控设备运行状态的同时,需要直观了解探测设备空间位置及当地的天气过程。基于地理信息系统的台站布局、设备运行能够直观反映各个设备及探测网络的分布和探测网络规划状况。因此,地理信息系统对本系统来说是关键技术之一。

WebGIS 是 Internet 技术应用于 GIS 开发的产物。利用 Internet 技术在 Web 上发布地理信息系统,就能从任意一个地点浏览 WebGIS 站点中的地理信息,并进行各种信息检索和处理,为监控信息的开放和共享提供了切实可行的技术,以满足国家、省和台站三级用户的不同需求。

# 3. 功能设计

运行监控系统是一个新型的业务系统,其技术难点是面向业务需求,提出并设计出适合业务实际的系统功能,并基于某种功能的设计,从而能建立起相关的业务内容。该系统是一个涉及探测设备种类、区域、时间三大要素,涵盖运行监控、技术保障、数据质量监控等功能,集采集、处理、统计、查询、展现等功能为一体的庞大、复杂的业务系统。因此,把信息、操作与功能选择有机地结合起来,提供一个布局合理、操作便捷、内容丰富的工作平台是本系统设计的关键技术难点。

## 3.1 功能引擎和界面设计

基于组件技术的实现方法是把有着一定共性的、具有内在联系的功能模块分组划分,按照相关联的共性特点搭建统一的处理框架模型,通过定义清晰的接口,实现功能的扩展和组合。基于这种设计技术,系统的用户界面设计为三个功能区域:系统引擎区、功能操作区和信息展现区。系统引擎区是顶级功能菜单区,通过引擎功能设计实现了功能的分层、分类和快速定位,为用户提供了良好的操作界面。信息展现区为各类内容的显示区域,以电子地图、数据表格、统计图形、图形图像、文本等方式,供用户进行查询和分析。功能操作区是监控和保障业务的具体功能如图 4 所示。

## 3.2 监控功能设计

监控功能包括设备监控和数据监控,二者均包括两个维度,即设备类型、地区范围。因此,通过将设备类型树和区域树作为主搜索引擎,方便用户快速定位某一地区或全部特定类型的设备图层,显示运行状态信息和数据内容。目前设备类型包括天气雷达、自动站、探空雷达;地区类型分三级,即国家级、省级(31 个省、自治区、直辖市)、地市级。

(1)设备状态监控。设备状态监控是根据探测设备(如天气雷达)输出参数、规定指标,通过处理判断,给出设备运行状态,如系统正常、需要维护、故障报警等,并以多种方式显示。设备监控由设备状态处理分析、运行参数检查、实时状态监控显示、历史时序监控显示、单站综合显示等模块组成。运行参数检查模块对雷达各主要部件运行参数进行检查,绘制一定时段内参数的曲线变化,并对超标参数给出提示信息。实时状态监控显示模块通过将设备状态标识

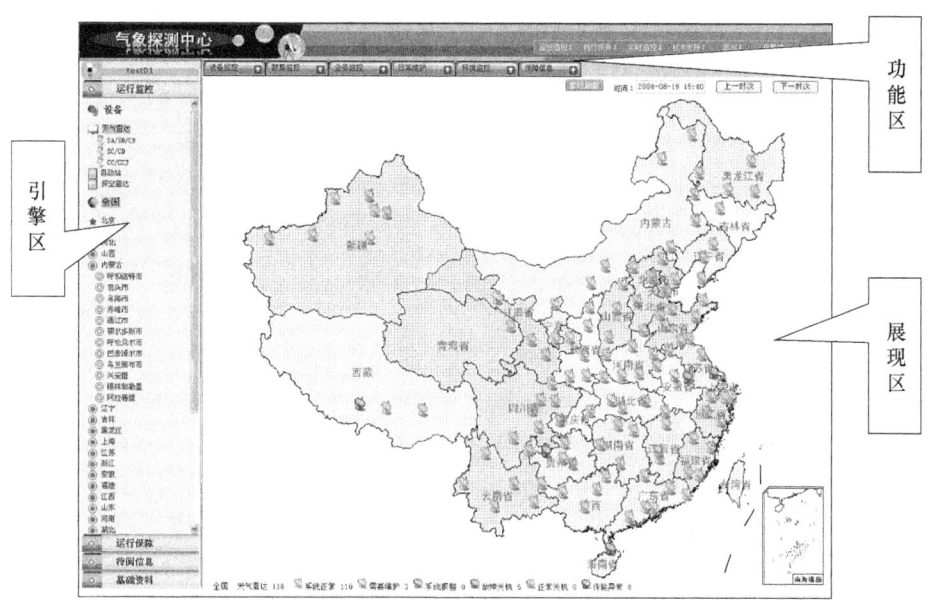

图 4　系统主界面

图标与地理信息地图叠加显示,直观反映设备分布及运行状态。历史时序监控显示模块对最小时间粒度的运行状态评价结果按时间序列显示,通过历史时序图的方式直观反映每一时次或时段全网设备运行状态。单站综合显示是将探测数据产品图、运行性能参数、报警信息等合成显示,有利于对设备状况和产品质量进行综合分析(图5)。由于运行性能参数正常时,并不能保证观测数据产品正确,将二者综合显示分析非常必要。

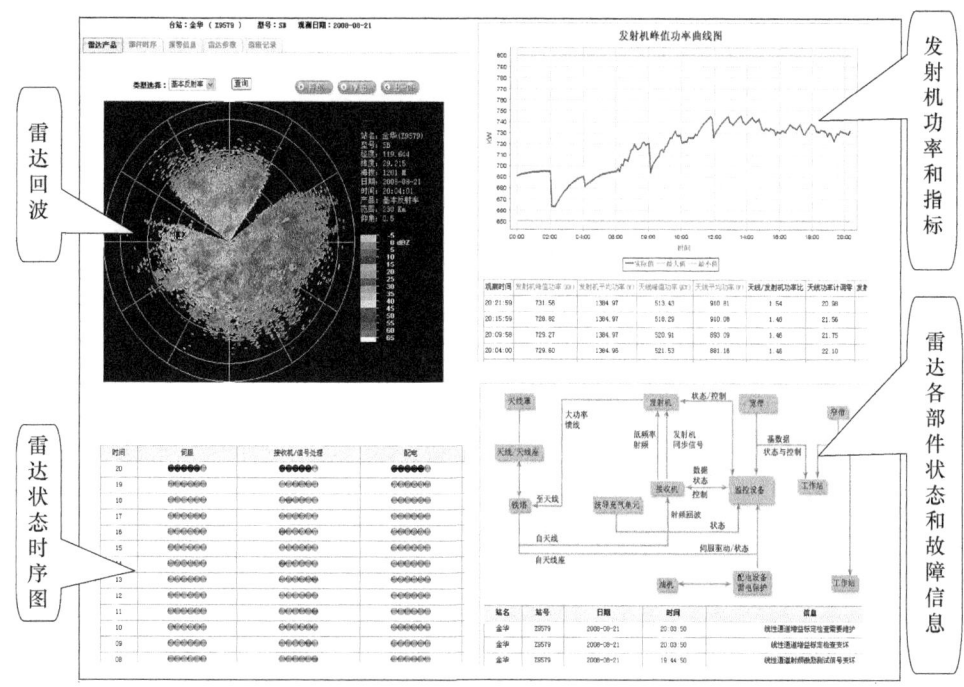

图 5　雷达单站综合显示图

(2)数据质量监控。目前系统中监控的设备有新一代天气雷达、国家级自动气象站和探空系统,针对此三类设备,系统中均进行了不同程度的观测数据质量状况控制。其中,新一代天气雷达的质量控制是基于雷达基数据,控制的方法有:体扫数据完整性检查、虚假测试回波检查、电磁干扰回波检查、噪声检查、地物杂波检查;国家级自动气象站实现了对整点观测数据的时间一致性检查、空间一致性检查、内部一致性检查、持续性检查、气候极值判断、综合检查;探空系统目前分为L波段探空系统和59-701型探空系统,两者的观测数据存在一定的差异。因此,针对L波段探空系统,系统中对其秒数据进行了检查,对59-701型探空系统,对其测风数据进行控制。控制方法有气候极值范围、内部一致性、时间一致性检查。针对不同探测数据,系统中采用不同数据质量控制方法,给出实时数据质量控制结果,并分为数据质量"正常""可疑""异常"和"错误"的评估结果。另外,针对所有设备探测数据,系统中的数据质量监控还包括数据报文监控和观测数据产品显示等模块,其中,数据报文监控主要是对本系统所关注的数据文件格式有效性、内容有效性进行监控分析,从中发现观测系统编报和传输过程中的问题;观测数据产品显示模块,包括高精度雷达拼图及动态显示、自动站各种要素图表显示、探空压温湿曲线和气球飞行轨迹等,通过各种观测数据产品的显示,直观反映异常数据,从而对出现异常数据的设备进行跟踪监控(图6)。对于极端气象观测数据,用户根据设定的阈值,给出重要天气、危险天气的提醒报警功能。

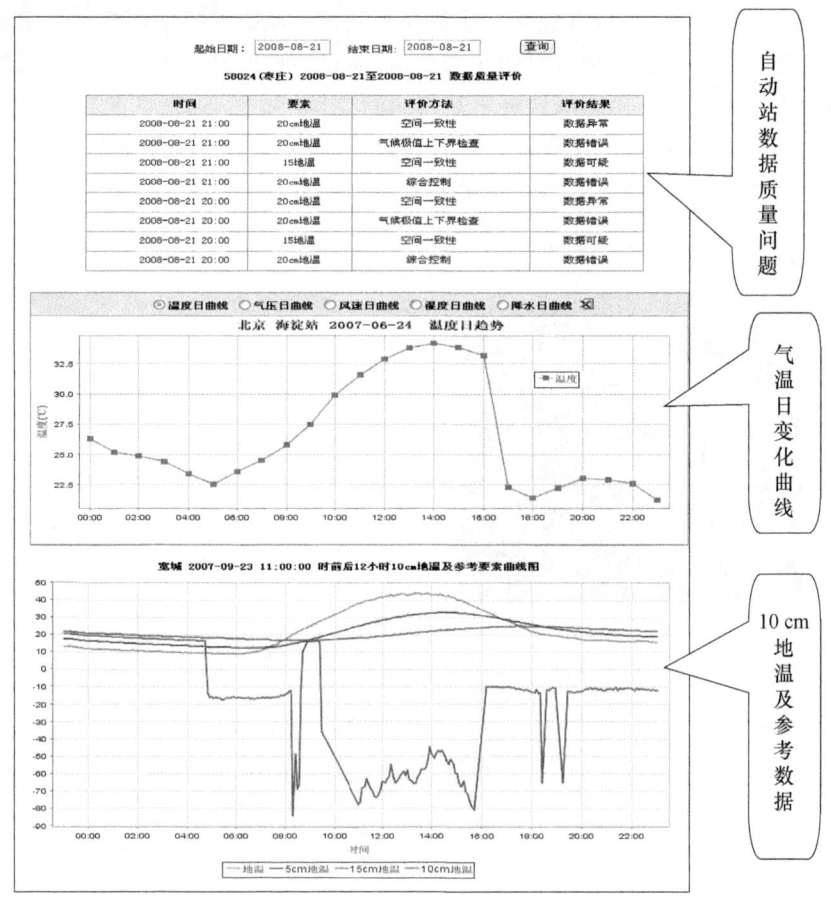

图6 自动气象站观测数据显示

## 3.3 装备保障功能设计

装备保障功能设计是以技术装备为核心对象,以装备或备件的唯一身份编码为设计主线,展开系统功能和模型设计,从装备采购入库、调拨、检定、维修,到报废为止视为装备的生命周期,通过装备生命周期管理档案,实现对装备全寿命信息化管理和监控,为提高装备保障业务水平提供业务支持平台。保障功能包括装备保障管理和事务管理。

(1)装备保障管理

我国气象装备保障实行国家、省和台站分级负责制,装备保障管理功能采用事件触发与响应追踪机制,不同部门根据职责和规范首先启动某一事件(如故障维修、装备调拨等),其相关单位和技术保障人员对该事件做出响应处理,直到这一事件关闭形成完整的闭环管理过程。装备保障管理包括维修、计量、供应、许可证等信息管理模块。维修管理是装备故障在不同级别保障部门的故障申报、维修响应、远程维修技术支持和专家诊断的信息监控管理,并与运行监控平台的装备自动报警功能联动,实现自动报告和及时响应(图7)。计量管理是建立计量仪器、仪表的检定状况管理数据库,对计量标准器有效期、检测仪器装置的标定有效期和常规观测仪器、自动化探测仪器的检定有效期进行全程监控,具有超检预警和报警、信息查询、统计和发布的功能。供应管理实现网上订货计划报送、采购、供应、存储、调拨,根据业务运行和器材消耗状况,制定器材采购计划,在网络上提交采购审批报告、通过相应的审批程序、进行器材采购、发布器材库存状况。对全国气象技术装备许可证的认证程序实行网上管理,实现申报、考核、审批发布、查询等各个环节的信息化管理,规范认证管理流程。建立气象技术装备保障业务相关的技术法规、管理规定、规章制度、行业规范、技术规程、业务运行软件数据库和信息查询平台。

图 7 装备故障维修管理程序界面

系统具有对各类装备管理信息的编辑、修改、录入、维护、修正功能,包括台站基本信息、探测装备信息(探测装备型号、数量、观测项目、传感器的信息更新等)、通信线路相关参数(如通信方式、IP节点地址、传输速率等)、台站运行、维护人员信息等。

系统提供按全国、省或台站对各类数据进行统计汇总,日、周、月、季、年发布有关装备和运行信息,形成统计报表,如器材消耗、备件库存信息,方便各级业务部门可编制运行评估报告,上报或下发有关职能部门。

(2)事务管理

事务管理由业务报告、值班日志、监控公报等业务功能模块组成。业务报告包括同级业务情况报告、下级情况上报、上级通知发送、各类信息汇总、监控公报发布等功能。业务人员通过该功能模块将监控过程中发现的问题及时发送给本级相关技术保障人员或部门,如探测中心监控值班室可将天气雷达有关状况及时发送给雷达室。省级监控人员可向国家级系统发送上报重大事件,如停机检查、日常维护、重要天气等报告。日志值班为值班人员提供值班记录、电话(来电/去电)记录、技术支持服务记录、交接班记录功能。监控公报是探测中心发布的周、月、季、年的全网运行分析报告。

(3)探测网运行评估功能设计

为了以客观、定量指标评价天气雷达全网等运行情况,基于可靠性工程理论,根据探测系统运行时间剖面分析(图8),设计可用性、可靠性和缺报率三个指标用以评价探测网总体运行情况。

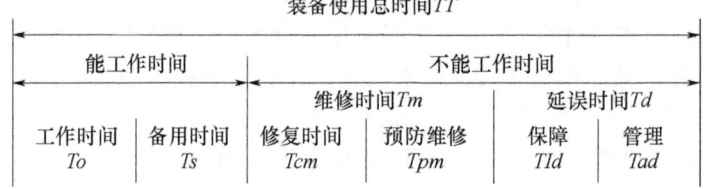

图 8 监控系统运行时间剖面图

以 $T$ 表示探测系统应工作时间,$T1$ 表示完全正常工作时间,$T2$ 表示系统虽有报警,但仍可运行不影响观测,$T3$ 表示系统虽然开机运行,但系统存在故障报警,$T4$ 表示系统处于故障维修状态。相关运行效能评估指标计算方法如下:

$$可靠性\ R=T1/T \tag{1}$$

$$可用性\ A=(T1+T2)/T \tag{2}$$

$$缺测率\ F=(T3+T4)/T \tag{3}$$

## 3.4 其他功能设计

主要包括台站环境监控、台站基础信息、系统管理等功能。台站环境监控包括观测场环境实时视频监控、定期环境照片监控。台站基础信息主要提供系统基础信息管理维护功能,如地面观测站基础信息、雷达站基础信息、探空站基础信息、许可证基础信息管理。系统管理主要提供用户、用户权限、系统参数等管理维护。

## 4. 应用效果

在监控系统的支持下,气象探测中心从 2006 年开始逐步建立了监控和分析业务,能够实时掌握全国气象观测网运行状态,掌握了装备保障工作的主动性。通过对各种装备运行情况进行评估,大幅提高了观测网的运行质量,为建立高效、科学的管理体系提供了有力技术支撑。

(1) 自建立监控系统以后,开展天气雷达使用效能评价业务,促使雷达站和管理部门采取措施,雷达运行效率大幅提高。统计结果表明,2006年6—8月雷达的可靠性、可用性和缺测率分别为87.21%、89.49%、9.35%。而2007年同期各项指标分别为94.23%、95.68%、1.64%。

(2) 基于监控平台保障理念由被动向主动转变,在重大天气过程中,根据分级响应机制主动进行设备性能检查,并根据设备和备件的监控分析结果,积极做好物资和人员调配,做好重大和关键时期的装备保障工作。

图9a是2006年"珍珠"台风登陆前阳江雷达的发射机功率图,可见发射功率偏低近130 kW,且起伏不稳定。通过监控发现这一现象后,及时通知维修人员对雷达进行了调试,恢复了正常运行,保障了观测质量。图9b是监控到的某雷达的发射功率曲线,功率极不稳定,经核查为速调管已经老化,气象探测中心为台站进行了及时更换维修。

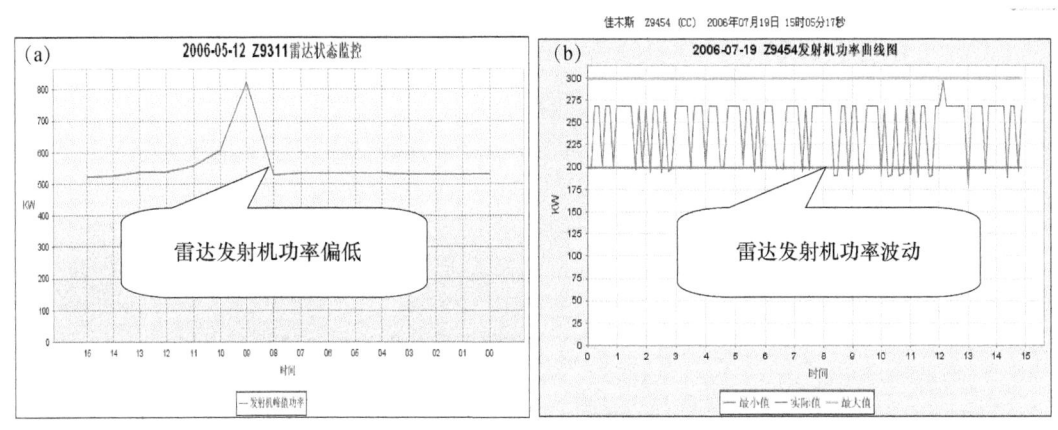

图9 天气雷达发射机峰值功率异常实例

(3) 探测数据质量监控初显成效。通过自动气象站数据格式错误监控,使自动气象站数据格式错误数量从2007年汛期每天数百条减小到2008年很少发生。通过时间一致性、空间一致性和极值检查等数据质量监控,自动气象站的数据错误或可疑的数量也大幅下降,运行质量明显提高。对探空系统也开展了数据质量检查,从中发现探空系统的故障,例如,2007年10月监控发现昆明探空数据出现了明显异常,经检查是雷达天线出现了松动,修复后数据恢复正常。另外,通过对探空放球高度的统计分析,为实时数据分析和业务质量管理带来了方便。

(4) 为重大事件气象服务提供支撑,特别是在2008年、2009年一系列南方冰冻雨雪灾害、四川大地震、奥运气象服务等重大事件的气象探测系统运行保障活动中,监控系统作为气象探测中心业务运行系统实时监控气象探测网运行情况,为探测系统保障和稳定运行提供了极其重要的支撑作用。

## 5. 结语

综合气象观测运行监控系统经过3年多的设计开发和应用,创建了一项新的综合气象观测运行监控业务,系统能力在逐步完善提高,特别是围绕多种观测设备以质量为核心的综合监控,受到了国内外同行专家和用户的好评。但综合气象观测运行监控系统与一般工具软件不同,承载着众多业务流程、科学方法、业务内容,因此其设计和开发难度非常大。现有功能还有许多需要完善之处,特别是数据质量检查的算法还有待深入研究和开发,而且监控平台只是数据质量保障体系中的一个环节,运行监控保障的业务体系以及与其他气象业务的衔接还有很多工作需要完善。另外,我国探测装备缺乏监控信息不足以满足监控业务的需要,如雷达速调管的工作参数还不能实时输出、自动气象站和探空系统的监控信息极度缺乏等,需要逐步加强装备制造在技术保障功能设计的新理念。

## 参考文献

[1] WMO. Guide to Meteorological Instruments and Methods of Observation, WMO No. 8, sixth edition[R]. 1996.

[2] 林献民,许永锞,胡东明,等. 美国多普勒天气雷达网的运作及其保障[J]. 广东气象,2003,1(21):47-51.

[3] 梁海河,张沛源,牛昉,等. 全国天气雷达数据处理系统[J]. 应用气象学报,2002,6(13):749-754.

[4] 王红艳,刘黎平,王改利,等. 多普勒天气雷达三维数字组网系统开发及应用[J]. 应用气象学报,2009,2(20):214-224.

[5] 中国气象局大气探测技术中心. 新一代天气雷达全网监控实施方案[R]. 2003:1-15.

[6] 中国气象局大气探测技术中心. 气象探测全网运行监控系统功能规格书[R]. 2007:10-25.

[7] Haihe LIANG, Chunhui ZHANG, Zhaolin MENG. Real-time observation monitoring and analysis network. WMO Technical Conference on Meteorological and Environmental Instruments and Methods of Observation[C]. St. Petersburg, Russian, 2008:1-11.

[8] Atkins M A. Quality control, selection and processing of observations in the Meteorological Office's operational forecast system[C]. In: ECMWF Workshop proceedings: The use and quality control of meteorological observations. 1984.

[9] Lars Andresen, Halldór Björnsson, Ulf Fredriksson, et al. Manual Quality Control of Meteorological Observations Recommendations for a common Nordic HQC System[C]. Climate Report, Norwegian Meteorological Institute, Box 43 Blindern, N-0313 Oslo, Norway.

[10] Flemming Vejen, Caje Jacobsson, Ulf Fredriksson, et al. Quality Control of Meteorological Observations Automatic Methods Used in the Nordic Countries[C]. Climate Report, Norwegian Meteorological Institute, Box 43 Blindern, N-0313 OSLO, Norway.

[11] World Meteorological Organization. CBS/OPAG-IOS/ET AWS-3/Doc. 4(1). Guidelines on Quality Control Procedures for Data from Automatic Weather Stations[R]. 2004.

[12] 王海军,杨志彪,杨代才,等. 自动气象站实时资料自动质量控制方法及其应用[J]. 气象,2007,33(10):102-106.

[13] 孟昭林,王红艳. 提高新一代多普勒天气雷达产品数据质量的途径与方法[J]. 气象科技,2006,31(1):85-89.

[14] 毛紫阳,段崇雯,成礼智,等. 模糊特征在天气雷达反射率基数据质量控制中的应用[J]. 模糊系统与数学,2006,20(6):136-142.

[15] 任芝花,赵平,张强,等. 适用于全国自动站小时降水资料的质量控制方法[J]. 气象,2010,36(7):123-132.

[16] 窦以文,屈玉贵,陶士伟,等. 北京自动气象站实时数据质量控制应用[J]. 气象,2008,34(8):77-81.

[17] 王新华,罗四维,刘小宁,等. 国家级地面自动站A文件质量控制方法及软件开发[J]. 气象,2006,32(3):56-63.

[18] 何志军,封秀燕,何利德,等. 气象观测资料的四方位空间一致性检[J]. 气象,2010,36(5):108-122.

# 我国综合气象观测运行监控系统的设计与实践*

裴翀 宋连春 吴可军 李雁 李巍 邵楠

(中国气象局气象探测中心,北京 100101)

**摘 要**:综合气象观测系统是我国气象预报服务的基础,保障综合气象观测系统的稳定可靠运行是我国气象探测事业发展的关键。本文阐述了我国综合气象观测运行监控系统(ASOM)的结构、系统建设所采用的技术路线和解决的关键技术问题,介绍了系统功能和特点,并结合我国气象探测设备监控与保障业务实际,探讨了系统未来的改进方向。

**关键词**:综合气象观测系统 运行监控 设计 实践

# 引 言

气候变化影响的日益加剧以及公共气象服务需求的不断增大,对天气、气候过程的精细化预报预测服务提出了更高的要求[1,2]。综合气象观测系统是支撑气象预测预报服务的主体,保障综合气象观测系统稳定可靠运行、发挥其建设效益已成为我国气象事业发展的关键[3]。

近10年来,随着地面自动观测系统投入业务使用,中国气象局相继开展了新一代天气雷达的布网建设、L波段探空系统的换型、风能资源专业观测网建设并投入业务使用等基础建设性工作,这些观测系统为我国气候变化和防灾减灾工作提供了关键的数据支撑,也成为灾害性天气过程发生发展机理研究的重要手段[4-8]。然而,由于目前已建的各类气象探测设备分布在全国各地,在设备的维护保障方面存在种种问题:设备运行状态和探测数据是否正常难以及时了解,性能、故障、维护维修情况不易掌握,备件消耗及设备寿命不便跟踪,站网布局缺少科学支撑,监测产品发布实时性不强,综合保障服务能力难以评价,基于实时探测数据开发的实时监控产品仍显不足等,这些问题影响了我国综合气象观测系统效益最大化的发挥。为满足上述需求,达到准确探测、有力保障的目标,2003年11月,中国气象局气象探测中心完成了"新一代天气雷达全网监控系统"的试验版本开发,初步实现了对新一代天气雷达状态数据、故障信息的采集、传输、处理和显示[9-11];2008年,以保障综合气象观测系统稳定可靠运行、促进综合气象观测网科学布局及充分发挥综合观测系统建设效益为目标,中国气象局气象探测中心对综合气象观测系统运行监控平台(以下简称ASOM)进行了科学设计和建设,实现了业务

---

* 本文发表在《气象》,2011,37(2):213-218.

目标。

本文从系统的逻辑和技术架构、系统采用的主要技术路线、系统建设时解决的关键技术问题等方面全面介绍 ASOM 系统的设计以及实现的功能。

## 1. 系统概述

ASOM 是气象探测技术装备监控与保障的业务应用系统[12]。系统采用"一级部署、三级应用"的策略,为地市/台站级(以下简称"台站级")、省级、国家级三级业务及管理人员提供统一的工作平台。系统实现了气象探测设备的运行状态监控、探测数据监控、维护维修信息管理、装备供应保障信息管理、站网信息管理及站网运行能力评估、信息发布等功能,覆盖了气象台站、省级和国家级的各类气象探测设备的运行监控与保障业务。主要用户是气象台站、省级和国家级装备技术保障人员及相关的业务管理部门。

台站人员可利用本系统进行气象探测设备运行状态和探测数据的监控、记录、跟踪以及相关信息的发布、常规维护和故障维修信息的上报、装备/备件供应信息的记录与跟踪,可以进行台站基本信息、设备信息和人员信息的维护,还可通过本系统获取远程维护维修技术支持等;省级人员可利用本系统及时了解和掌握本省范围内气象探测设备的运行状况、常规维护情况、故障维修情况、装备/备件的供应情况,对气象台站的设备运行能力和维护保障能力等方面进行评估,对气象台站的常规维护和故障维修进行远程指导,对省级装备/备件供应信息进行记录与跟踪,还可以实现省内探测数据的质量监控和极端天气现象监测等;国家级人员可利用本系统及时掌握全国范围内投入业务运行气象探测设备的运行状况、气象台站的测站基本信息、设备信息、人员信息,可以了解省级业务的开展情况,可以对气象台站的运行维护能力和省级保障部门的保障管理情况等方面进行评估,可以对气象台站的常规维护和故障维修进行远程指导,可以对全国装备/备件供应信息进行跟踪,以及可以实现全国范围内气象台站探测数据的质量监控和极端天气现象的监测等工作。

ASOM 系统是保障我国各类气象探测设备正常运行、气象观测业务正常开展的业务平台,同时也是我国气象探测业务的管理和决策支持平台。系统的建设可以提高气象探测设备的运行监控和技术保障能力,充分发挥综合气象观测系统建设效益。

## 2. 系统结构

### 2.1 系统逻辑架构

ASOM 系统总体逻辑结构可以概括为"一级部署、三级应用、多方共享"[13]。"一级部署"是指依据国家及中国气象局相关的标准规范统一规划、集约设计,建设一个集中部署的系统平台;"三级应用"是指系统必须分别满足台站级、省级和国家级三级用户不同的应用需求;"多方共享"是指通过规范系统的数据及信息交换接口,使系统的信息资源形成一个逻辑整体,方便为各类用户提供服务,保证信息共享和交换的稳定性与便利性,增加系统的可扩展性。系统总体逻辑结构如图 1 所示。

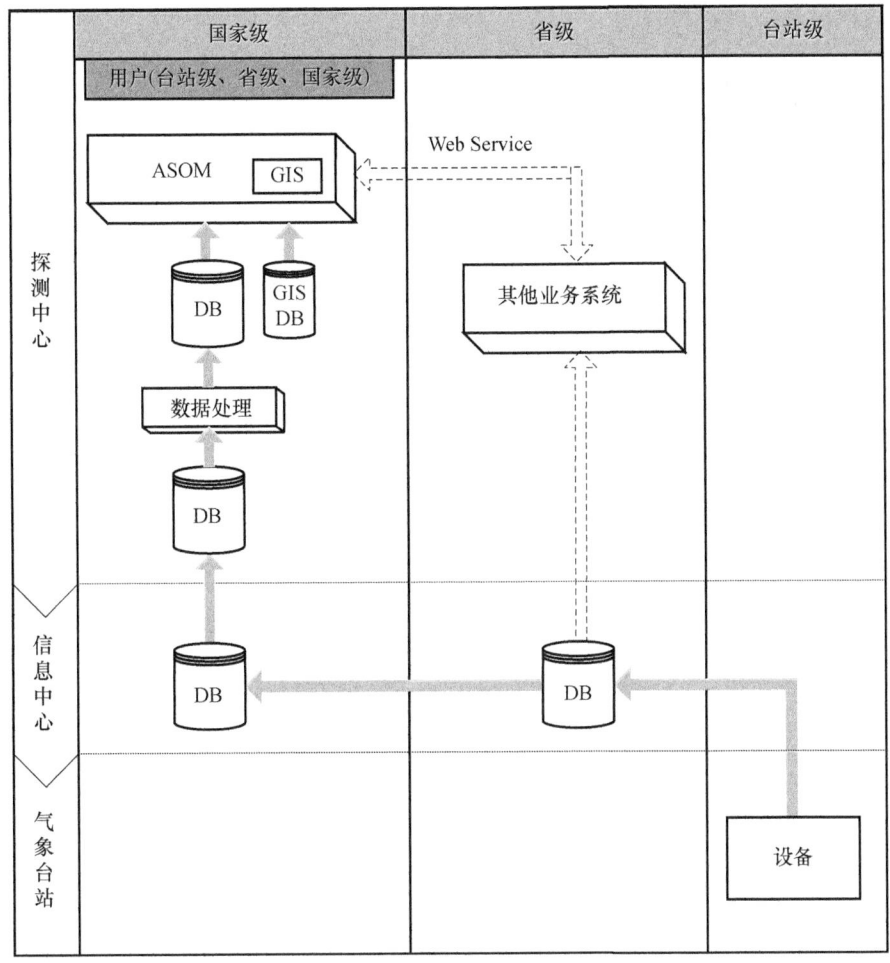

图 1  ASOM 系统总体逻辑结构图（图中 DB 为数据库；GIS 为地理信息系统）

## 2.2 系统技术架构

系统采用多层次技术架构实现。从上到下分别由接入层、应用层、支撑层和资源层构成（图 2），此外，各层受统一的标准规范、信息安全体系和运行维护体系限制，以保证系统的稳定性。整个架构集中体现为：以资源层为依托，以应用层和支撑层为核心，通过接入层，全面为各层次客户提供高服务。这种四层技术架构的划分，使得各个逻辑层次相对独立，降低了系统复杂度，实现了系统的灵活性，为系统的运维和升级打下了良好的基础。

（1）接入层：各类用户登录网站，系统会根据用户的权限来展现相应的用户界面。用户通过接入层访问所需业务系统，进而确定应用层的访问内容。系统支持多种接入方式，如网站、短信、邮件等。

（2）应用层：应用层是整个业务系统的核心。该层通过调用支撑层的中间件资源来构建系统的功能模块，以满足用户的实际业务需求。各功能模块均基于 J2EE 技术设计和开发。

（3）支撑层：支撑层与应用层共同构成整个业务逻辑结构的核心。支撑层的公共组件构成应用基础系统，是应用层的软件支撑平台。通过支撑层，可以快速创建、组装、部署和管理动态

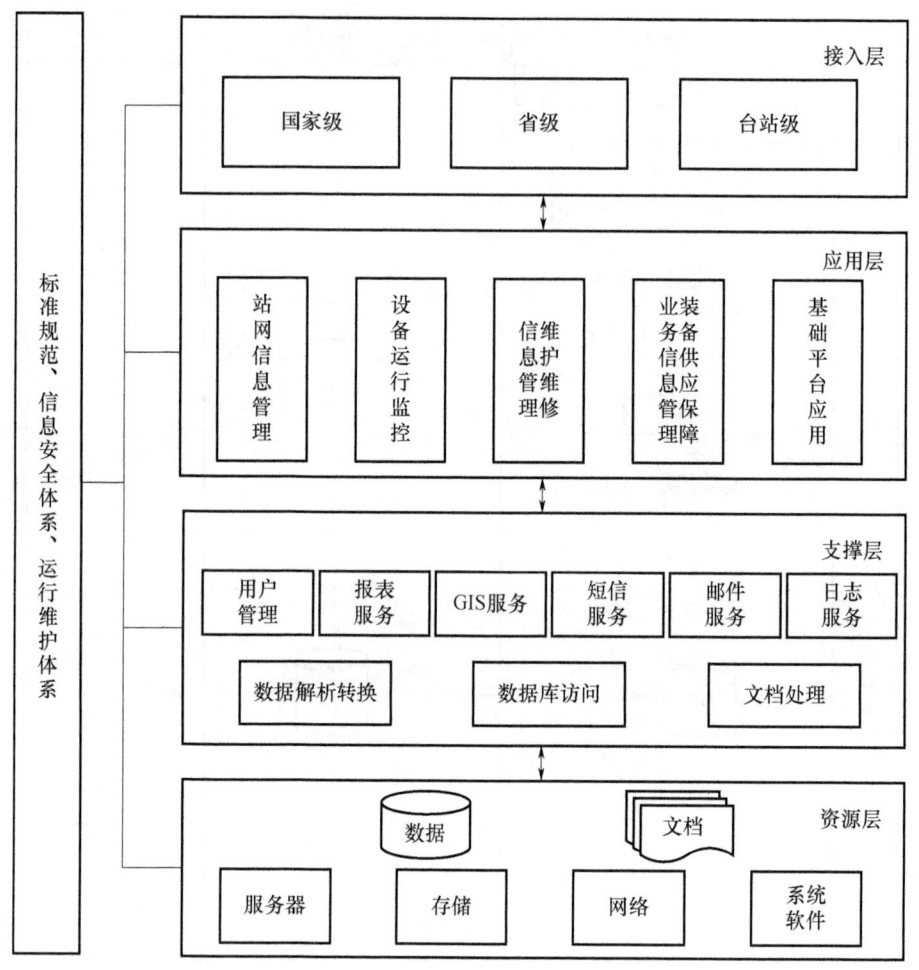

图 2 ASOM 系统总体技术框架图

的、健壮的应用逻辑。

（4）资源层：资源层是应用层、支撑层的支撑环境。其中数据资源包括数据库资源和文档资源等，这些资源可通过开放、标准的 JDBC 接口或专用的 API 来存取。基础设施包括服务器、存储设备、网络环境和系统软件等，是系统运行的基础。

另外，标准规范和安全、运维体系贯穿整个系统，为逻辑架构中各层提供安全管理等服务功能。

统一、完整的总体业务逻辑结构清晰地划分了系统的逻辑层次，各层次相对独立，从而简化了系统复杂度，保证系统满足功能要求。

## 2.3 系统主要技术路线

ASOM 采用的技术路线中的核心技术包括 J2EE 技术、中间件技术、报表服务技术、XML 技术和 GIS 技术等（图 2）。

系统以 J2EE 技术为核心，其各功能点都基于 J2EE 构建，部署在 J2EE 运行环境中运行，并通过 B/S 模式为用户提供服务；此外，ASOM 的基础运行环境和数据访问采用成熟中间件技术，各子系统中的统计分析功能采用统一的报表分析服务；各子系统的地理信息展示和处理采用统一的 GIS 服务实现；ASOM 系统的配置信息和大量的业务信息采用 XML 格式描述，以提高系统的可维护性和可扩展性。

## 3. 系统主要功能

ASOM 系统总体功能包括设备运行监控、维护维修信息管理、装备供应保障业务信息管理、站网信息管理 4 个子系统以及综合分析评估和信息发布等辅助功能模块。系统总体页面如图 3 所示。

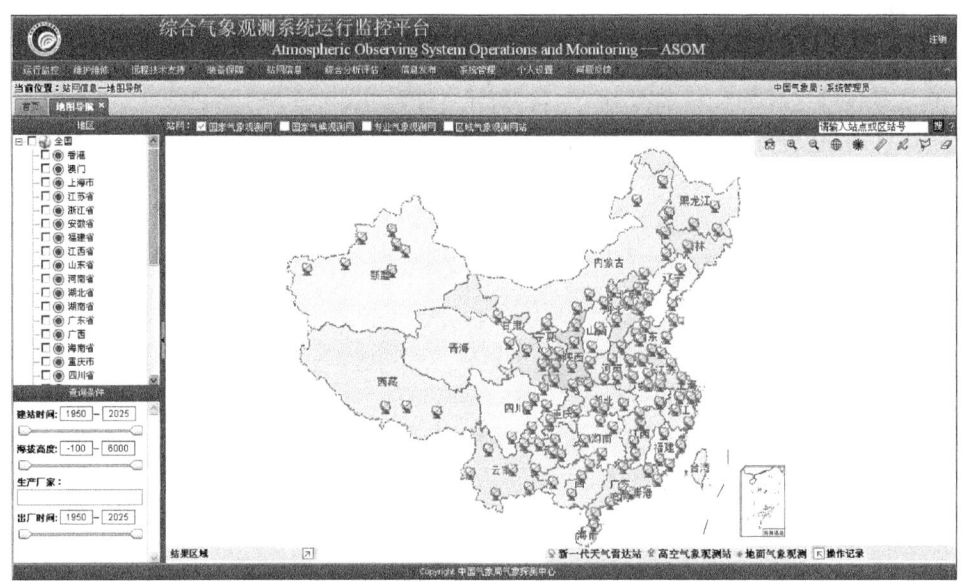

图 3　综合气象观测系统运行监控平台（ASOM）界面

（1）设备运行监控。实现了台站级、省级和国家级的监控人员对新一代天气雷达、探空系统和自动气象站等投入业务运行的气象探测设备运行状态以及探测数据质量状况的监控。探测设备的监控功能主要包括状态监控管理、数据监控管理、业务监控管理等，并提供值班助手等辅助功能，方便值班人员使用。同时为监控人员提供了综合信息模块，包括综合显示、多设备实时状态显示、探测数据产品显示、日志管理等功能。

（2）维护维修信息管理。为台站级、省级和国家级的技术保障人员提供了维护维修和远程技术支持模块。维护维修模块提供维护维修工作台、常规维护、故障维修、维护维修知识库和基础数据管理等功能；远程技术支持模块提供故障相关技术支持、咨询相关技术支持和远程技术支持单查询等功能。

（3）装备供应保障业务信息管理。为台站级、省级和国家级的技术保障人员提供了采购计划管理、装备库存管理、在用信息管理、检定测试信息管理、基础数据管理等模块。

（4）站网信息管理。为台站级、省级和国家级的技术保障人员提供了地图导航、站网信息管理、综合搜索、综合统计、数据设置和个人信息管理等功能。

（5）综合分析评估。该模块为台站级、省级和国家级的技术保障人员提供了运行监控综合分析、维护维修综合分析、装备供应保障综合分析、站网信息综合分析等功能。

(6)基础平台及信息发布。基础平台模块为台站级、省级和国家级的技术保障人员提供了系统管理、个人设置、问题反馈等功能。信息发布模块包括前台浏览和后台管理等功能。

## 4. 系统解决的关键技术

(1)数据传输

由于 ASOM 系统集中部署在中国气象局局域网 DMZ 区,它与中国气象局的内部业务系统逻辑隔离,而运行监控子系统的主要数据来源依赖于观测设备自动生成的参数文件、报警文件、数据文件。因此,需要通过 FTP 将这些文件传输到 ASOM 系统位于 DMZ 区的文件服务器,以供数据处理软件解析、入库。

观测设备自动生成的文件数量众多,但单个文件较小,由于 FTP 协议的特性,FTP 在上传大量小文件时,往往无法充分利用网络带宽,造成文件传输延迟。而 ASOM 系统实时性要求很高,为此,在 DMZ 区外将众多小文件分批打包、压缩,形成数量较少的大文件后,再通过 FTP 传输到 DMZ 区内的文件服务器自动解压接收到的打包文件,供数据处理软件解析、入库。这样,就充分利用了网络带宽,缩短了文件传输的时间,从而满足了实时监控的需要。

(2)基础设施层部署

ASOM 划分了三个区域:数据存储区、应用服务区和局域网用户区。其中,数据存储区和应用服务区部署在中国气象局局域网 DMZ 区中。

数据存储区硬件部署:3 台 IBM Power 550 小型机作为数据库服务器集群,2 台 IBM X3650M2 PC 服务器作为集成服务器,1 台 IBM X3650M2 PC 服务器作为备份服务器,1 台 12T 的磁盘阵列,2 台光纤交换机;为了同时兼顾数据库的性能和可靠性,数据库服务器使用 AIX 操作系统,数据库软件使用 Oracle 10g,并基于 HACMP 和 Oracle RAC 实现数据库的负载均衡;连接磁盘阵列的光纤交换设备采用双路冗余模式,提高系统的可靠性。

应用服务区硬件部署:4 台 IBM Power 520 小型机作为应用服务器集群,安装 WebLogic Server 10.3,并部署 ASOM 的业务应用;2 台 IBM X3650M2 PC 服务器作为 GIS 服务器集群,安装 ArcGIS 9,并部署 ASOM 的地理信息服务;4 台 IBM X3650M2 PC 服务器作为 Web 服务器集群,安装 WebLogic Server 10.3,并部署 ASOM 的 Web 应用。

为了提高系统的性能,在局域网 DMZ 区内,部署 2 台双机热备份的负载均衡设备,提供负载均衡服务,提高系统的可靠性。

(3)Web GIS 技术

监控系统基于 ESRI ArcGIS Server 9.3 平台,运用 WebGIS 技术展现观测网的分布情况、运行状态和观测数据质量状况。WebGIS 技术是由 GIS 技术与 Internet 技术相结合而产生和发展起来的一种新技术,对于大范围分布的多客户端 GIS 应用具有显著优越性。ArcGIS Server 是企业级 GIS 应用程序综合平台,为用户提供创建和配置 GIS 应用程序和服务的框架[14-16]。它将 GIS 和 Web 结合起来,不仅具备发布地图服务的功能,并能提供编辑和分析功能,并通过分布式组件技术支持大量的并发访问。

使用 ArcGIS Server Java ADF 框架开发部署 GIS Server 的 Web 应用程序。ADF 基于 JSF 框架实现,遵循标准的 JSF,提供了预定义的开发框架,并按照 MVC 的层次提供了 Core、Resource、Business Logic 三层 Web ADF 依赖库。

为了提高地图的访问速度,利用 ArcGIS Server 服务器缓存机制,对不常变化的图层(如省、市、县等)作为一个地图服务进行缓存处理,将地图数据转换成不同级别的静态图片存储在服务器中,客户端直接从 Cache 中访问静态图片,从而减少动态渲染地图的响应时间。

(4)数据库设计

由于系统中纳入监控与保障的设备种类较多,日常产生的数据量十分庞大,考虑到系统的响应速度以及业务使用的便捷性,对系统中数据库进行了分类别、分表单设计,即将系统中产生的各类数据根据其性质归类为元数据、业务类数据和统计分析类数据,相应建立了逻辑的数据源层、业务数据层和统计分析及数据交换层,各层之间逻辑上隔离。

## 5. 系统主要特点

ASOM 系统在设计和实现中具有以下特点。

(1)标准化。ASOM 系统建设参照了国家标准和气象行业标准,并制定了大量的业务标准规范、技术标准规范以及管理规范,为系统的建设和发展打下了坚实的基础。

(2)可扩展性。由于 ASOM 覆盖业务面广、功能复杂、系统用户众多、并发量大,因此在系统建设时,充分考虑了系统的可扩展性。主要包括应用功能的可扩展、应用支撑平台的可扩展、数据库的可扩展以及系统软硬件的可扩展。

(3)实用性和易用性。系统贴近实际业务,实用性较强,能够满足实际业务需要,且为了降低系统使用难度,提高工作效率,便于推广应用,特别重视系统的易用性,根据重点需求做重点设计。

(4)稳定性和高性能。在系统设计和建设中,通过多种手段来保障系统的稳定性和可用性,主要包括:选择稳定成熟的系统软硬件、关键设备双机热备份、负载均衡、广泛的功能测试和性能测试、系统试运行等。另外,系统采用科学计算系统软硬件性能参数,并采用分布部署、负载均衡模式和采用业界成熟的软硬件技术,以保障其高性能运行。

## 6. 结语

作为我国综合气象观测系统气象探测技术装备监控与保障的业务应用平台,系统的建成明显提升了综合气象观测网探测设备的运行与保障能力、气象灾害的监测与预警能力以及重大社会事件的气象保障服务能力,因此将产生一定的经济效益和社会效益。然而,随着精细化预报服务对探测技术要求的不断提高,ASOM 系统需要加强数据质量监控算法研究,逐渐将系统建成为以设备监控为基础、质量监控为核心的业务应用平台;需要加大系统内标准化和规范化建设力度,加强省级本地化开发,以满足省级不同业务需求;进一步挖掘各类数据、开发更多满足气象服务的产品,为气象预报预测提供实时服务。

**参考文献**

[1] 秦大河,孙鸿烈. 中国气象事业发展战略研究—现代气象业务卷[M]. 北京:气象出版社,2004:100-115.
[2] 秦大河,罗勇,陈振林,等. 气候变化科学的最新进展:IPCC 第四次评估综合报告解析[J]. 气候变化研究进展,2007,3(6):311-314.

[3] 宋连春,李伟. 综合气象观测系统的发展[J]. 气象,2008,3(34):3-9.
[4] 刘黎平,葛润生. 中国气象科学研究院雷达气象研究50年[J]. 应用气象学报,2006,6(17):682-689.
[5] 周秀骥. 中尺度气象学研究与中国气象科学研究院[J]. 应用气象学报,2006,6(17):665-671.
[6] 梁海河,张沛源,牛昉,等. 全国天气雷达数据处理系统[J]. 应用气象学报,2002,6(13):749-754.
[7] 王红艳,刘黎平,王改利,等. 多普勒天气雷达三维数字组网系统开发及应用[J]. 应用气象学报,2009,2(20):214-224.
[8] 中国气象局气象探测中心. 综合气象观测系统运行监控平台(ASOM)工作报告 V1.0[R]. 2010:1-4.
[9] 中国气象局大气探测技术中心. 新一代天气雷达全网监控实施方案[R]. 2003:1-15.
[10] 中国气象局大气探测技术中心. 气象探测全网运行监控系统功能规格书[R]. 2007:10-25.
[11] Haihe LIANG, Chunhui ZHANG, Zhaolin MENG. Real-time observation monitoring and analysis network. WMO Technical Conference on Meteorological and Environmental Instruments and Methods of Observation[C]. St. Petersburg,Russian,2008:1-11.
[12] 中国气象局气象探测中心. 综合气象观测系统运行监控平台(ASOM)功能规格说明书 V1.0[R]. 2010:1-20.
[13] 中国气象局气象探测中心. 综合气象观测系统运行监控平台(ASOM)技术报告 V1.0[R]. 2010:6-8.
[14] 吴秀芹,张洪岩,李瑞改,等. ArcGIS 9 地理信息系统应用与实践[M]. 北京:清华大学出版社,2007:25-100.
[15] 黎华,王重华,张勇. 基于J2EE和ArcGIS平台的WebGIS设计与实现[J]. 计算机工程与设计,2006,6(27):966-969.
[16] 康玲,付俊锋,王怀清,等. 基于ArcGIS Server的WebGIS应用系统开发[J]. 水电能源科学,2007,1(25):26-29.

# 综合气象观测运行监控业务及系统升级设计*

李 峰　秦世广　周 薇　徐鸣一　张乐坚
周 青　夏元彩　曹婷婷　梁海河

(中国气象局气象探测中心,北京 100081)

**摘　要**:通过对综合气象观测运行监控业务及运行监控系统现状的分析,提出了运行监控业务的发展设想,并对运行监控系统升级做了科学的设计。结果指出,运行监控业务将成为装备保障工作的核心中枢,具有监控、指挥、调度、管理功能,应形成设备监控、维修保障、装备供应与评估业务关联互动的业务体系。运行监控系统须突破目前依赖观测资料质量检查为主要手段的技术,建立以设备自身状态信息为主,故障维修业务填报信息和观测资料检查等多元信息相互校验的技术,实现监控、维修保障、装备供应的信息联动。

**关键词**:综合观测　运行监控　系统设计

# 引　言

综合气象观测系统是支撑气象预报、预测及服务业务的基础,为保障综合气象观测系统稳定运行、准确探测,促进综合观测系统建设效益的发挥,中国气象局自 2006 年开始筹建气象观测网运行监控系统和业务,2007 年完成了监控业务系统的总体框架和功能设计[1],2010 年建设完成"综合气象观测系统运行监控平台"(Atmospheric Observing System Operation Monitoring,ASOM1.0),实现了对新一代天气雷达、国家级台站自动气象站、探空系统和风能的运行监控[2,3],主要功能包括运行监控子系统、站网信息管理子系统、维护维修信息管理子系统、装备供应保障信息管理子系统以及监控信息发布、综合分析评估、系统管理及基础平台等功能模块。运行监控系统投入业务使用后,有效地保障了气象综合观测系统的稳定运行,在提升观测系统业务可用性上发挥了重要作用[4,5]。据评估,2006—2012 年天气雷达业务可用性从 89.49% 提高到 98.79%,国家级自动气象站从 97.01% 提高到 99.94%[6],业务值班人员利用系统监控信息累计发送监控手机短信 100 多万人次,接听热线电话 3 万多次,撰写评估报告 40 余份。

在气象现代化建设进程加快推进的新形势下,综合气象观测系统正经历由人工向自动化观测的快速转变过程中,运行监控业务已成为综合气象观测系统保障工作重要的组成部分,同时也对运行监控系统平台功能和效率提出了更高的要求,但目前我国运行监控系统的技术框架和业务水平仍然停留在 2010 年前的水平,无论在业务范畴和技术手段上都已明显滞后于综

---

\* 本文发表在《气象科技》,2014,42(4):539-544。

合观测系统的整体建设。随着现代化观测技术和设备的发展,能够为设备监控提供更多的信息支持,运行监控技术在近几年也有一定的积累[7-10],例如,美国运行监控系统已经在雷达、风廓线、地面观测系统上初步实现了实时状态监控、远程故障诊断和维修活动指导等能力。面对需求,我国运行监控系统需要吸纳新的通信、信息、计算机和仪器信息等技术,实现运行监控、保障和装备供应联合互动的信息化业务,满足观测系统现代化保障要求。

因此,本文通过对现有运行监控业务和ASOM1.0系统的分析,对运行监控业务今后发展思路提出设想,同时在此基础上从系统功能和性能优化上面提出运行监控系统升级(以下简称ASOM2.0)的设计理念。

## 1. 运行监控业务现状

依托运行监控系统和平台建设,我国综合观测系统运行监控业务逐步形成并自2010年正式成为中国气象局一项实时业务运行,主要开展全国主要气象观测系统(天气雷达、自动站、探空系统、风能塔)的设备运行监控、观测数据监控、台站常规维护和故障维修活动跟踪、管理装备供应信息填报、站网信息管理和设备运行能力评估等业务活动。

目前,运行监控业务主体主要集中在国家级,采用 $7 \times 24$ h业务值班,及时发现设备运行异常,主动与省级保障部门或台站联系,通知保障人员进行维修活动,并跟踪维修进展;按规定发布监控短信,向有关各级保障部门和管理部门通报设备故障信息;定期开展观测系统的运行状况评估,分析观测系统的运行能力和存在的问题,为职能部门和仪器设备厂家进行设备选型和升级改造提供支撑,保障观测系统稳定可靠运行。省级、地市级和台站级业务人员主要是通过Web方式访问ASOM1.0,完成信息填报等相关业务工作。

## 2. ASOM1.0系统现状

### 2.1 ASOM1.0系统技术特点

ASOM1.0采用"一级部署、四级应用"的架构模式,系统部署在中国气象局气象探测中心,采用B/S和C/S混合的软件技术架构实现。对于系统前台设备运行状态监控、观测数据状况监控等功能通过B/S方式来实现,而对于系统后台数据处理、产品加工等功能则采用C/S方式来实现。国家级、省级、地市级和台站级用户在实际业务中通过各自的用户界面使用该系统。

由于运行监控业务应用和数据资源相对复杂,ASOM1.0采用多层架构体系,自下向上形成相对独立的标准规范体系、基础设施层、数据资源层、应用支撑层、业务应用层和业务展现层等,并且层层支撑,实现ASOM1.0系统运行和管理。其中,基础设施层为各类应用提供基础的支撑环境;数据资源层包括业务数据源和外部系统资源;应用支撑层是从业务应用中可以提取出很多通用的模块,包括统一的用户管理、报表服务、GIS服务、短信服务、日志服务等;系统应用层则是根据业务需求分析及系统功能设计,包括设备运行监控子系统、维护维修信息管理子系统、装备供应保障业务信息管理子系统、站网信息管理子系统、综合分析评估模块、信息发布模块和基础平台等多个功能模块;业务展现层基于各项技术规范和业务规范,在ASOM1.0

系统底层服务的支撑下,提供统一的入口,以 Web 页面的形式来实现对各种业务应用的访问[11]。

## 2.2 ASOM1.0 存在的不足

随着气象现代化建设和地面气象观测业务体制改革的推进,ASOM1.0 在系统功能和软件架构方面都显现出一定的不足,无法满足新形势下综合气象观测系统运行监控业务的需要,特别是在满足不同地区运行监控业务个性化需求方面存在一定的缺陷,突出表现在以下几个方面。

(1)监控设备扩充性不足。目前,ASOM1.0 仅实现了天气雷达、自动气象站、探空系统、风能四类气象观测设备的运行监控,然而随着综合气象观测系统建设规模的不断扩充,观测系统主要观测设备已增至 10 大类,包括区域自动气象站、自动土壤水分观测、GPS/MET、雷电监测、风廓线雷达、大气成分,现有系统已不能满足业务发展的需要,须将新的观测设备纳入监控体系及保障系统势在必行。

(2)系统功能性不足。ASOM1.0 主要侧重于设备运行状态监控、维护维修信息管理、综合分析评估和站网信息管理等方面,系统报警功能和装备供应信息管理功能无法满足省级保障业务需求,缺乏故障定位与诊断能力,不能实现真正意义的状态监控,此外系统还缺乏计量检定业务管理功能,整体功能无法支撑省级装备保障业务。

(3)访问速度存在瓶颈。ASOM1.0 目前采用"一级部署、四级应用"的构架模式,台站级、省级用户登录系统访问速度慢,影响业务开展。经测试,省、市和台站级用户打开"运行监控页面"的时间一般为 6~14 s,在并发高峰、业务繁忙及其他业务分摊网络带宽时,耗时更长,对 ASOM1.0 的访问速度不能达到业务需求。

(4)操作需简化。ASOM1.0 涵盖范围较大、内容比较充实,相对而言,系统功能菜单则较多,操作页面繁多,操作流程复杂,部分页面使用不太易于台站级监控人员。部分功能与其他系统重叠,一定程度上增加了台站人员的额外工作量,须进行功能菜单的重组和简化。

(5)系统还存在开放性不足。系统架构相对封闭,业务扩展灵活性不足,二次开发难度较大,无法实现各省自管设备的监控,给省级运行监控业务开展造成一定难度,进而影响各级保障部门参与开发、完善、应用的积极性。

# 3. 运行监控业务升级设计

根据气象现代化建设对保障业务的要求,我国运行监控业务不仅仅是针对观测设备运行状况的实时监控,而是以高度发达的信息管理为手段,在获取设备运行状态实时在线监控的同时,实现设备故障报警,指挥维护维修活动,自动跟踪维护维修信息,调度装备配件供应,集监控、保障、装备管理和科学评估为一体的综合业务。

图 1 给出了新一代运行监控业务的业务流程设计。国家级或省级监控人员利用运行监控系统,通过设备运行状态监控和观测数据监控发现探测设备存在的问题后,及时与相应保障部门和台站进行信息交互,对设备故障进行诊断,通过对设备问题的诊断分析(包括远程诊断和技术支持),形成具体维护维修方案,由台站独立或在上级保障人员和设备生产厂商的支持下开展维护维修活动;在完成故障排除或设备维修活动后,台站将记录维护维修过程中各类信息

反馈给运行监控系统,国家级和省级运行监控系统可以根据这些反馈信息,完成全国或各所辖区域内设备运行能力的评估;国家级业务单位还会将运行评估结果提供给设备生产厂商作为设备改进升级的参考,并协助生产厂商完成设备的更新升级,而升级后的设备经试验考核后也将重新投入业务使用中,并纳入运行监控系统监控范围,从而形成一个完整的"闭环"业务流程。此外,运行监控业务过程中还将通过设备监控,对探测数据质量控制提供支持,质控后的数据将推送给应用部门供其使用,我们也将根据数据应用部门的反馈信息,对数据质量控制进行改进,进一步提高运行监控业务能力。装备/供应和计量检定等业务活动也会在业务流程中发挥作用、提供必要的支撑。

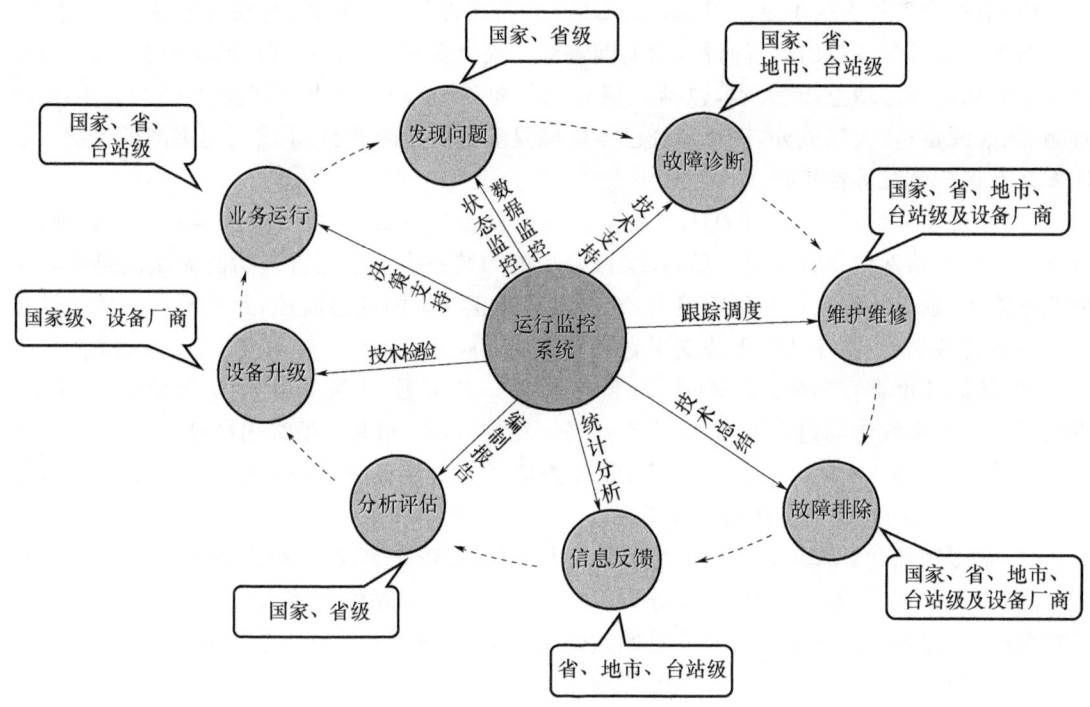

图 1　运行监控业务流程图

## 4. ASOM2.0 系统设计

### 4.1　ASOM2.0 总体结构

为实现运行监控业务目标,ASOM2.0 以新的监控技术为基础,强化以设备信息为主的监控手段,具备功能完善、集约高效、结构合理、技术先进、稳定可靠等特点,具有设备运行可评估性、设备故障可告警性、维修活动可跟踪性、装备供应可调度性、系统信息可服务性等能力,以此为平台实现对观测设备实时在线监控、维修保障、装备供应与评估业务关联互动的业务体系。

图 2 是 ASOM2.0 系统总体结构图,ASOM2.0 系统架构设计为"两级部署、四级应用",国家级部署在中国气象局气象探测中心,负责监控全国主要气象观测设备(10 类)的运行情况,其中综合气象观测门户主要包括:设备运行状态监控、观测数据监控、维护维修信息管理、

装备供应保障信息管理、综合分析评估、站网信息管理、信息服务7个功能模块；数据处理平台主要包括：数据采集、数据处理、质量控制、状态评价、产品加工、数据统计等功能模块，用来处理设备运行状态数据、设备观测数据、综合分析评估数据、基础站网数据、设备维护维修数据、装备供应保障数据、信息服务数据、系统运行数据等。通用功能组件包括GIS服务、文件传输服务、短信服务、邮件服务、用户管理、日志管理、数据管理等，用以支撑系统的正常运行。综合气象观测运行监控系统省级部署在各省气象局气象探测部门，负责监控本省气象观测设备的运行情况，强化装备供应保障信息管理，增加计量检定功能模块，通用功能与国家级系统类似。部署在省级的系统需要保留与国家级系统信息交互的接口。

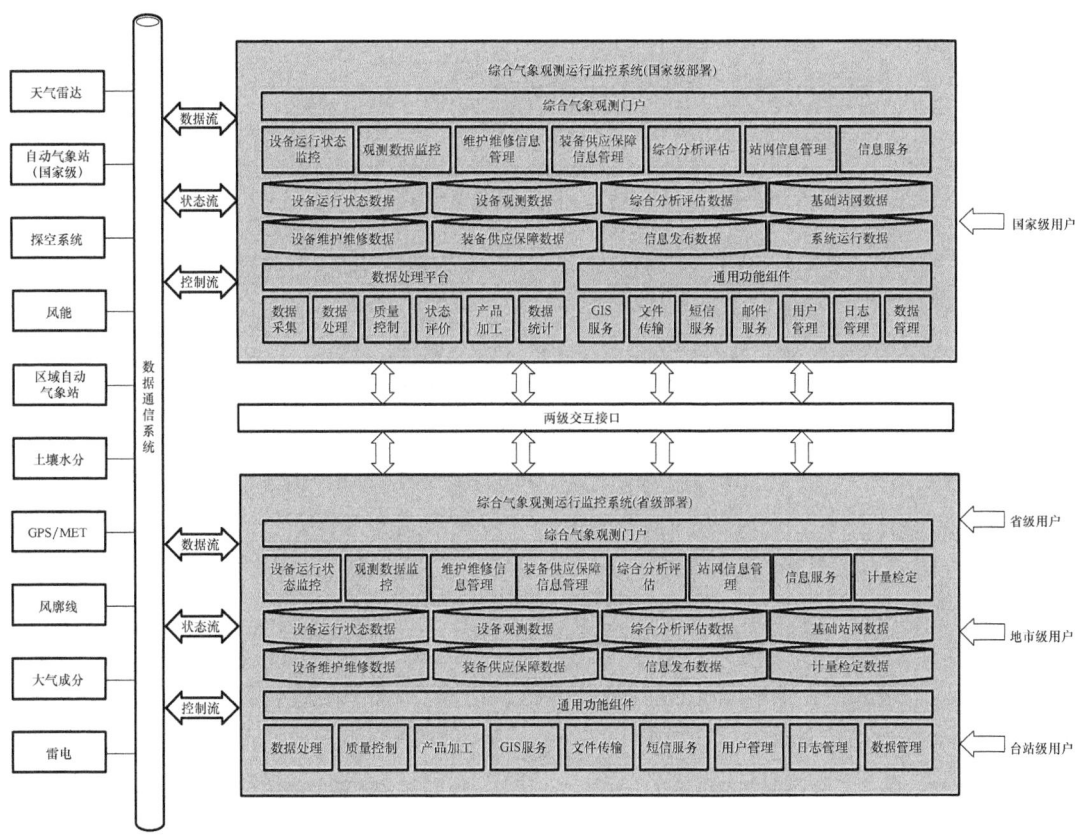

图2 ASOM2.0总体结构图

## 4.2 ASOM2.0系统特点

（1）系统架构优化。在延续ASOM1.0系统多层架构的基础上，ASOM2.0采用了国家级和省级两级部署的方式，并在国家级部署的系统中增加数据处理平台，有助于增强系统对于海量数据的处理能力和处理效率。从国家级运行监控业务建立和发展的经验来看，运行监控系统在省级的建设和部署可有效促进全国运行监控业务体系的建立和发展。两级部署运行监控系统的优势在于可建立健全省级运行监控业务，使省级成为监控的主体，提高省级在监控流程中的参与度和主动性，依托省级特有应用，建立个性化运行监控系统，加快省、市、台站级用户访问系统的速度。两级系统将在统一的标准规范下建立信息交互，保证业务信息的一致性。

(2)监控技术改进。ASOM2.0强化以设备信息为主的监控技术,通过完善技术规范和设备端状态信息设计,实现了天气雷达、探空系统、自动气象站、风廓线雷达和雷电监测设备的状态信息的采集,并深度挖掘能够反映设备状态的关键参数,建立关键参数与设备故障之间的对应关系,下一步也将陆续实现其他监控设备状态信息的采集。利用设备状态信息的采集处理并辅以人工填报信息,ASOM2.0在实现设备状态实时监控的基础上,针对每一种设备,通过对设备系统结构的剖析、设备分级信息的整理,建立设备仿真系统,实现设备故障实时准确定位,并提供声、光和短信等相应接口,具备实现故障报警功能,其流程设计见图3。

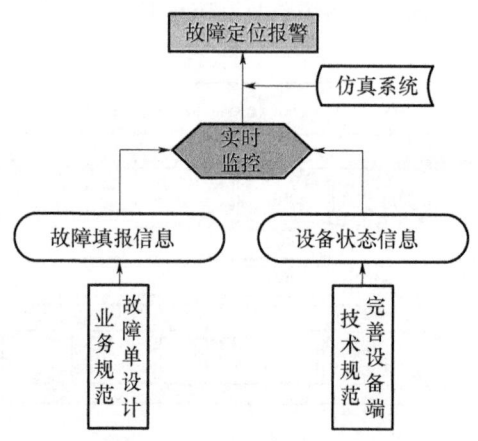

图3 ASOM2.0故障监控定位报警流程图

(3)两级信息交互策略。通过制定两级信息交互接口标准规范,ASOM2.0建立了国家、省两级部署系统信息交换机制,实现两级系统的信息集成和共享应用,同时加强两级系统的关联,合理充分利用监控资源,发挥各自的优势和特长。如图4所示,ASOM2.0两级信息交互的内容按照交互时效要求可分为日常型、实时型和单次型三类,其中日常型主要包括站网基础信息、装备供应基础信息、系统用户信息等,实时型主要指台站通过系统实时填报的维护维修信息,单次型主要指两级系统共享数据,包括运行评估算法、数据质量控制算法、设备编码规则等。根据不同类型信息的时效要求,ASOM2.0采用不同的交互策略,例如,针对实时性要求

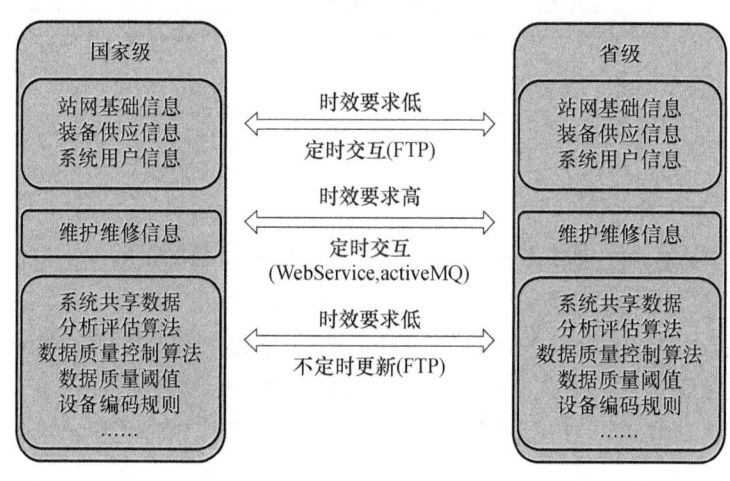

图4 两级信息交互策略

较高的维护维修类信息采用WebService或activeMQ方式进行实时交互,其可以保证交互信息的完整性、准确性、高效性和兼容性等,而对于日常型和单次型类信息,交互策略则分别采用定时和非定时的FTP传输方式实现交互。两级信息交互中以标准XML文件作为两级系统之间信息交互的载体,并通过MD5码、信息反馈等机制验证交互信息的完整性和保证应答。

(4)系统功能联动。ASOM2.0还将具备设备监控、维修保障、装备供应与评估业务关联互动的功能,实现现代化的监控保障一体化业务。ASOM2.0将能够通过实时监控信息,自动提醒保障人员启动维修保障活动,并通过信息追踪维修进展,自动调度装备配件配送,实现整个保障活动的闭环信息管理,图5给出的是维护维修信息与分析评估功能相互联动的逻辑关系示例。ASOM2.0还具有更完善、科学的设备运行评估功能,建立在真实的设备故障信息基础上,能够获取真正反映设备运行能力的评估结果。

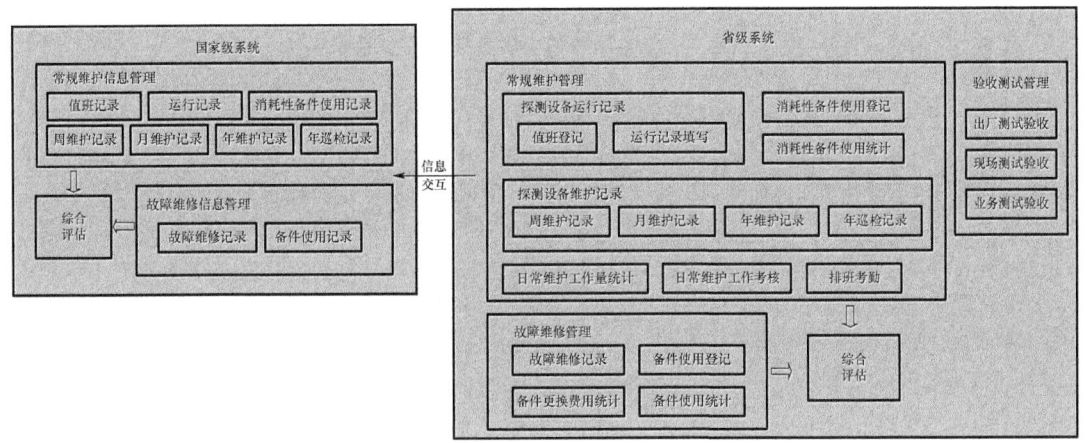

图5 业务功能的逻辑关系

(5)系统可扩展性和开放性。ASOM2.0系统通过通用解析等设计,增强了系统可扩展性,方便新增监控设备在系统中的快速添加;通过增加不同设备的属性,实现国家级、省级考核站点设备的分类管理和监控;同时ASOM2.0系统还具有适应技术和业务需求变化的支持能力,可以方便添加新的功能。ASOM2.0系统开放性设计主要体现在开放式框架构建,在开放式构架的支撑下,框架中提供的基础功能和核心功能都有规范的访问接口,支持二次开发,各省级可以充分利用已有功能,搭建新的省级特色的运行监控系统,同时在框架中的资源服务中心和数据共享平台的联合作用下,系统的数据和服务能够被其他系统充分共享,极大地增强系统之间的互通互联,提高信息资源和服务资源的利用。

## 5. 结语

中国气象局提出2020年将实现气象业务现代化,其中包括观测业务现代化和气象装备保障业务现代化。运行监控是气象装备保障的重要环节,随着信息技术的发展,未来的监控业务必将成为装备保障工作的核心中枢,具有监控、指挥、调度、管理功能,形成国家级监控、维修保障、装备供应与评估业务关联互动的业务体系。运行监控系统必须突破目前依赖观测资料的质量检查为主要手段的技术,建立以设备自身状态信息为主、人工故障检查和观测资料检查为辅的技术，实现监控、维修保障、装备供应的信息联动。为实现这一目标，还必须解决一些关键技术，包括完善数据采集和校验技术，研究多元数据综合分析技术；研制监控仿真系统与故障报警定位技术，开展设备故障分类与关键参数的影响关系研究；开展装备编码和保障活动信息化技术研制，以及监控、保障与备件供应信息化的实时关联技术研究，建立一体化信息平台。

新的运行监控业务是以国家级监控为指导，省级监控为主体，地市、台站负责维护维修和日常管理为主的四级监控业务体系，各级部门各司其职、协作联动、相互支撑，因此全国运行监控业务体系建设势在必行。

**参考文献**

[1] 梁海河,孟昭林,张春晖,等. 综合气象运行监控系统[J]. 气象,2011,37(10):1292-1300.
[2] 裴翀,宋连春,吴可军,等. 我国综合气象观测运行监控系统设计与实践[J]. 气象,2011,37(2):213-218.
[3] 李雁,裴翀,郭亚田,等. 中国风能资源专业观测网运行监控系统建设及应用[J]. 资源科学,2011,32(9):1679-1684.
[4] 李雁,梁海河,孟昭林,等. 自动气象站运行效能统计[J]. 应用气象学报,2009,20(4):504-509.
[5] 孟昭林,李雁,陈挺,等. 综合气象观测系统业务运行综合评估技术研究[J]. 气象,2011,37(2):219-225.
[6] 中国气象局气象探测中心. 中国气象局气象探测中心2012年度业务技术报告[R]. 2013:12-27.
[7] 李雁,李峰,赵志强,等. 中国区域自动气象站运行监控系统建设[J]. 气象科技,2013,41(2):231-235.
[8] 周钦强,李源鸿,李建勇,等. 自动气象站探测网实时监控关键技术[J]. 气象科技,2011,39(4):477-482.
[9] 陈忠勇. CINRAD/SA充电开关控制板工作原理及应用[J]. 气象科技,2013,41(2):250-253.
[10] 刘维成,杨菊梅. 基于SMS的新一代天气雷达运行监控系统设计[J]. 气象水文海洋仪器,2011(1):71-75.
[11] 中国气象局气象探测中心. 综合气象观测系统运行监控平台(ASOM)功能规格说明书V1.0[R]. 2010:1-20.

# 中国风能资源专业观测网运行监控系统建设及应用*

李 雁[1] 裴 翀[1] 郭亚田[1] 吴小铭[2] 周 青[1] 李 巍[1]

(1. 中国气象局气象探测中心,北京 100081;
2. 中国电子科技集团公司第二十八研究所,南京 210007)

**摘 要**:运行监控系统是全国风能资源专业观测网风资源观测数据分析和观测设备维护保障的实时业务平台,系统建设是全国风能资源详查的重要组成部分。系统基于 J2EE 架构,以 Oracle 10g 为数据库管理软件,采用 Java 语言,借助 ArcGIS Server 9.3 平台提供的 GIS 功能服务,将 Internet 技术与 GIS 技术相结合,实现了全国风能资源专业观测网测风塔运行状态的实时、非实时跟踪,探测数据质量状况的综合与分项评估、显示和查询,以及各级维护维修人员保障能力的综合考评等。另外,作为系统的应用实例,本文还对组网以来观测网的稳定、可靠运行能力等进行了简单的分析评估。

**关键词**:风能资源 观测网 运行监控 系统 建设及应用

# 引 言

风电是重要的可再生资源。加大风能资源开发力度对增加清洁能源供应、保护环境、实现可持续发展意义重大[1]。

我国很早就初步开始对风能资源的利用和开发[2-4],但风能资源的大规模开发和利用开始比较晚[5-9]。自 20 世纪 70 年代开始,我国陆续对全国风能资源的时空分布进行了两次普查;2004 年起,中国气象局组织全国气象部门进行第三次全国风能资源的普查工作,历经两年半的时间,基本掌握了我国风能资源的空间分布状况和时间变化特征[10,11];2007 年开始,为进一步摸清我国风能资源分布丰富区风资源的时空分布和变化,分析和寻找适合建设风电场的区域,为制定风电发展规划与建设风电场提供科学依据,中国气象局牵头启动全国风能资源详查和评价工作,并开始进行全国风能资源专业观测网(下文简称"观测网")的建设工作[12-18]。截至 2009 年 5 月,我国风能资源专业观测网已基本建成。

全国风能资源专业观测网运行监控系统(下文简称"监控系统")是观测网建设的重要组成部分,它是观测网的实时数据分析和观测设备维护保障平台。国外很早就开始了风能资源的开发利用,但很少有针对风能资源专业观测网监控保障方面的研究。本研究的开展一方面为我国风能资源专业观测网的稳定、可靠运行提供保障依据,另一方面为国内外其他类似监控与保障系统的建设提供参考。

---

\* 本文发表在《资源科学》,2010(9):1679-1684。

## 1. 观测网简介

观测网由 400 座测风塔组成。组网测风塔覆盖我国西北、华北、东北以及东南沿海等风能资源丰富、适宜建设大型风电场、具备风能资源规模化开发利用条件的地区,同时兼顾其他具有风能资源开发潜力的内陆地区,基本覆盖我国 31 个省(区、市)。为满足风能资源详查的要求,组网测风塔进行梯度观测,最大塔高分别为 70 m、100 m 和 120 m[14,17]。组网测风塔分别由中国华云技术开发公司和江苏省无线电科学研究所有限公司生产。图 1 所示为 2012 年全国各省(区、市)测风塔分布情况。

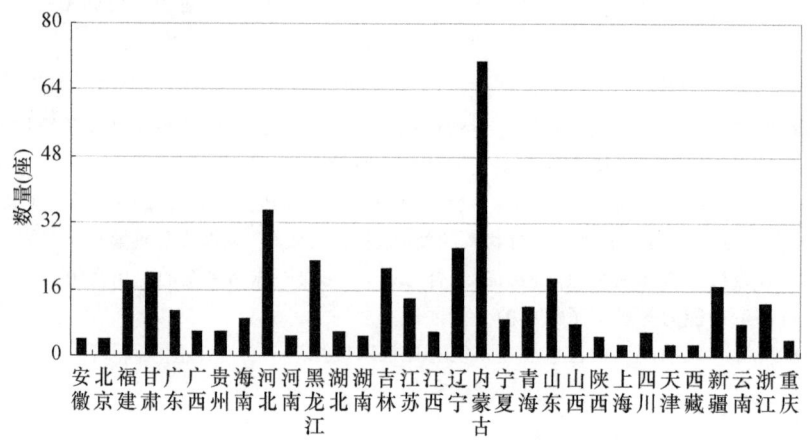

图 1　2012 年全国各省(区、市)测风塔分布情况

## 2. 系统建设

监控系统采用"一级部署、三级应用、多方共享"的总体设计思路。

技术架构上采用多层式部署方式,自上而下分别由信息门户层、业务应用层、应用支撑层、数据资源层和基础设施层 5 个逻辑层组成。这些逻辑层中所有涉及的软硬件、人员、装备信息等受统一的管理层管理;另外,为使系统基于统一的技术架构、标准和环境建设,保证系统的稳定运行,系统受统一的标准规范以及信息安全体系和运行维护体系制约。图 2 所示为系统的体系结构图。

多层式技术架构能通过动态伸缩更好地平衡服务器上的负载,减少网络上的信息流量,从而提高系统的吞吐量;采用该架构方式还能在用户访问请求数量较多时有效降低服务器资源消耗;从系统的体系结构图还能看出,由于在业务应用层和数据资源层中间有应用支撑层,该层的存在可提高数据资源层的使用效率和可靠性,同时还能提高业务应用层的规范性和可扩展性;此外,资源集中管理可以减轻系统的日常维护工作,提高系统整体的安全性和稳定性。

(1)信息门户层。台站级、省级和国家级各类用户除通过登录相应的门户网站访问业务系统外,还可通过手持设备和邮件等获取系统信息。

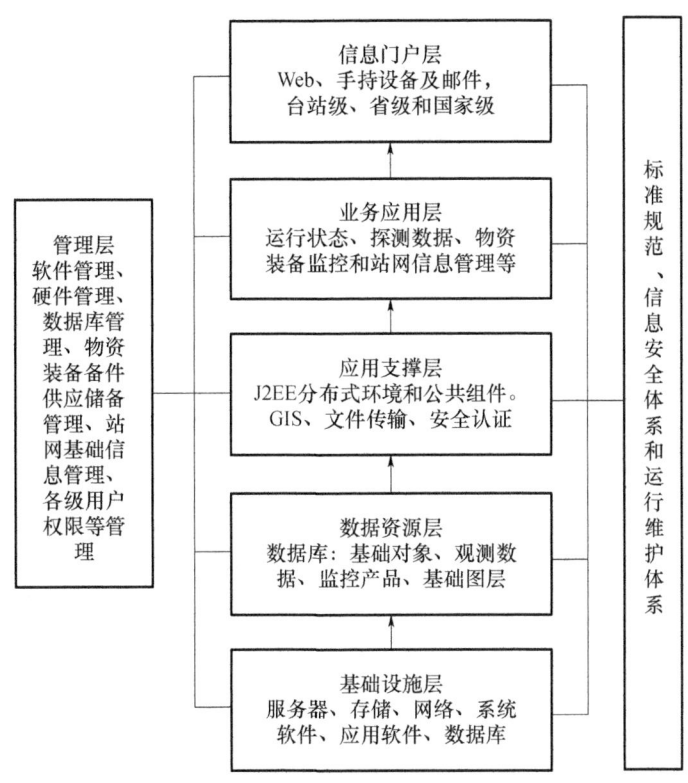

图 2　全国风能资源专业观测网运行监控系统体系结构图

(2)业务应用层。它是整个系统业务逻辑结构的核心,该层通过调用支撑层的中间件资源,以部件化或非部件化的形式包装,构建应用逻辑群。在其基础上的应用功能实现了所有的应用逻辑。

(3)应用支撑层。支撑层与应用层共同构成整个业务逻辑结构的核心,支撑层的公共组件构成应用基础系统,是应用层的软件支撑平台。支撑层又可分为三个层面:最底层是基础开发平台,它是系统基于 J2EE 开发体系结构的分布式应用开发环境和系统平台开发接口;在此之上是数据公共组件,提供了数据集成和信息交换服务;在数据公共组件之上是应用公共组件,它提供了可工作于不同应用系统的核心服务功能,是系统作为应用逻辑运行的基础服务平台。通过应用支撑层可以快速创建、组装、部署和管理动态的应用逻辑,为形成一体化应用、保证系统的可维护性和扩展性奠定基础。

(4)数据资源层。数据资源层中包括各类观测数据、测站基本信息数据,以及通过系统生成的二次开发产品以及 GIS 的基础地理要素等,它为业务应用层提供基础素材和展现载体。

(5)基础设施层。基础设施层构成数据资源层、应用支撑层、业务应用层和信息门户层的支撑环境。它为系统的运行提供软硬件支撑平台;还为业务数据的存储、转发提供载体;此外,网络基础设施提供了如 TCP/IP、目录和安全等资源服务、服务器系统和功能服务器群等,为应用逻辑提供传输介质和资源服务。

## 2.1　网络环境建设

监控系统网络环境搭建采用典型的 B/S 结构,即浏览器/服务器体系,系统中数据的传输以及对系统的访问是在气象业务专网(DMZ区)和中国气象局内网的网络环境下,通过访问集中部署的服务器实现,两类网络环境之间数据交换采用信息即时交换技术实现。其体系结构如图3所示。

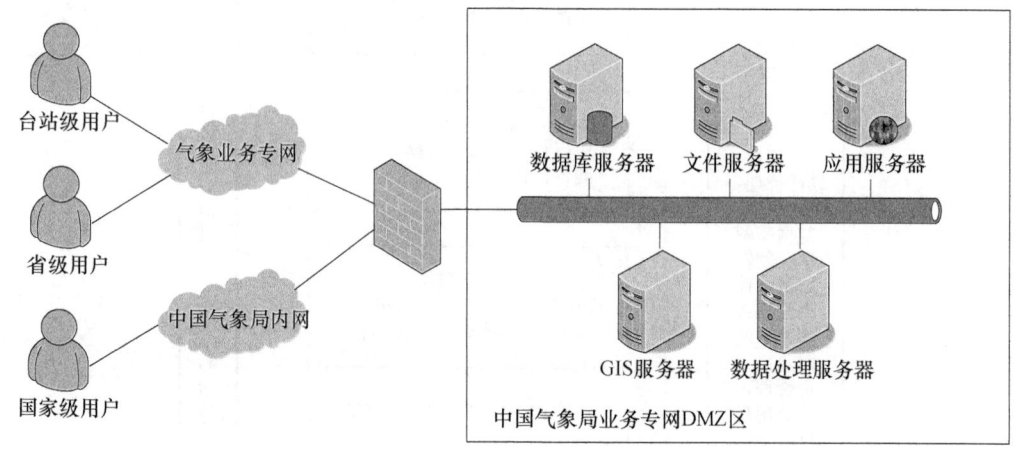

图3 全国风能资源专业观测网运行监控系统网络环境结构图

### 2.2 数据库服务器

系统的数据可以分为基础对象类数据、运行监控类数据、观测类数据、监控产品类数据、观测产品类数据等。其中,基础对象类数据包括测风塔的站名、站号、经纬度、海拔等基础信息;运行监控类数据包括测风塔实时或历史的运行状态信息和运行参数信息;观测类数据包括测风塔观测、采集到的风速、风向、温度、湿度、气压等气象数据;监控产品类数据主要是对运行监控类数据和观测类数据加工生成的统计分析类产品信息,如到报率、缺测率、要素可用性等;观测产品类数据主要为利用观测类数据计算而得到的与风能相关的产品数据,如平均风速、风能密度、风功率密度等。

为了保证数据库的高可用性,采用了数据库集群技术。用3台IBM Power 550小型机作为数据库服务器集群,其中2台小型机做负载均衡,以提高数据库的性能,1台小型机做热备服务器,以提高数据库的可靠性。数据库软件采用Oracle 10g。

### 2.3 GIS服务器建设

采用Web GIS技术展示系统中的地图以及二次开发生成的面状和线状产品图。Web GIS发布平台采用目前较为成熟的ArcGIS Server中的9.3版。ArcGIS Server是一个基于Web的企业级GIS解决方案,它为GIS开发和产品展示提供了创建和配置GIS应用程序和服务的框架。

为提高GIS发布的性能,用2台IBM X3650M2 PC服务器做分布式部署,其中1台作为运行Server Object管理器(Server Object Manager,SOM)的服务器,另1台作为运行Server Object容器(Server Object Container,SOC)的服务器。

### 2.4 数据处理服务器

测风塔在观测过程中产生状态文件、分钟数据文件和10 min数据文件。数据处理服务器把接收到的这三类文件进行解析、入库,形成运行监控类数据和观测类数据,根据业务需求,对运行监控类数据和观测类数据进行统计分析,可产生监控产品类数据和观测产品类数据。

数据处理软件是用 Visual Studio 2005 开发的后台独立 C/S 程序,该程序部署在一台 IBM X3650M2 PC 服务器上。由该程序实时处理各类数据,以此作为整个系统的数据支撑。

## 2.5 应用服务器建设

利用 Oracle Weblogic 10g 作为部署和集成应用的平台,它是一个功能强大且为可扩展的 Java EE 服务器;采用 4 台 IBM X3650M2 PC 服务器作为应用服务器集群,用 4 台应用服务器做负载均衡,以提高性能。

# 3. 系统功能

监控系统以综合气象观测系统运行监控平台(ASOM)为总体框架[19],并考虑测风塔运行监控保障的实际业务特点,实现了多种系统功能。

(1)设备运行状态监控。通过对各测风塔上传的设备参数状态信息和探测数据信息的解报、分析,以全国(省)地图为背景,实时显示设备当前的运行状态,并能进行设备历史状态的查询。提供按时间、台站、省份以及任意选定区域进行搜索,支持选择范围的放大、缩小、全图显示、漫游以及刷新等。

(2)探测数据监控。利用 WebGIS 技术,以等值面、等值线的形式显示全国(省)风能观测数据;以曲线图的形式显示单站不同梯度、多站相同梯度风能观测数据。

通过对观测数据进行质量控制,一方面发现数据质量本身的问题,另一方面通过数据反映设备的运行状态,达到快速保障的目的。此外,将数据质量控制的结果以相应气象产品的形式提供给气象预报预测人员和风能资源评估人员,为其服务。

(3)维护维修状态监控。包括常规维护、故障维修、巡检以及远程技术支持。

(4)业务监控。值班日志为台站和各级运行值班人员提供一个可视化的记录窗口,记录当班过程中设备运行和数据情况,另外通过交接班内容等相关项便于值班员做好测风塔的运行监控工作。

(5)综合分析评估。设备运行状况和探测数据质量状况的综合和分项评估功能可以对探测设备自身的性能状况、各级维护维修人员的维修能力、保障能力等进行综合考评,另外通过对探测数据的评估便于相关人员掌握数据的质量状况等。

(6)站网信息管理。包括台站经纬度、海拔高度等基本测站信息的管理、测站设备信息管理和人员信息的管理。测站基本信息的管理包括对站点信息的增、删、改、查;人员信息的管理中按照用户实际所从事的工作设定了不同的角色,依据对不同角色的定义对不同的用户全体分配不同的权限。

(7)装备备件管理。包括装备、备件的计划采购、库存管理(入库、出库、领用、调拨)、检定等业务过程。用户通过装备备件管理功能提供的各种信息,可以全面了解各级所有备件库存储备、在用状况、生产及供货周期、超检及检定日期等重要数据。

(8)信息发布。系统具有完整的采、编、审、发功能,可以将运行状态信息、设备维护维修信息、探测数据等信息通过短信、Web 等形式分对象发送给不同的用户。

因测风塔的维护维修体系目前尚未建立、装备供应体系目前尚不完善,因此,维护维修和装备保障功能都已开发,但未实际业务使用。

## 4. 系统关键性技术解决方案

鉴于系统自身的架构形式及设计方案,加上系统用户并发量大、并发数据量庞杂,系统在设计时采用如下关键性技术。

### 4.1 WebGIS 技术

监控系统基于 ESRI ArcGIS Server 9.3 平台,运用 WebGIS 技术展现观测网的分布情况、运行状态和观测数据质量状况。WebGIS 技术是由 GIS 技术与 Internet 技术相结合而产生和发展起来的一种新技术,对于大范围分布的多客户端 GIS 应用具有显著优越性。ArcGIS Server 是企业级 GIS 应用程序综合平台,为用户提供创建和配置 GIS 应用程序和服务的框架。它将 GIS 和 Web 结合起来,不仅具备发布地图服务的功能,并能提供编辑和分析功能,并通过分布式组件技术支持大量的并发访问。

使用 ArcGIS Server Java ADF 框架开发部署 GIS Server 的 Web 应用程序。ADF 基于 JSF 框架实现,遵循标准的 JSF,提供了预定义的开发框架,并按照 MVC 的层次提供了 Core、Resource、Business Logic 三层 Web ADF 依赖库。

为了提高地图的访问速度,利用 ArcGIS Server 服务器缓存机制,对不常变化的图层(如省、市、县等)作为一个地图服务进行缓存处理,将地图数据转换成不同级别的静态图片存储在服务器中,客户端直接从缓存中访问静态图片,从而减少动态渲染地图的响应时间。

### 4.2 单点登录及集中分布式授权技术

单点登录机制是在用户访问信息系统时做一次身份认证,随后就可以对所有被授权的网络资源进行无缝访问,它可以提高网络用户的工作效率,降低网络操作的时间,并提高网络的安全性;集中分布式授权采用统一的用户信息管理和统一的认证管理机制,建立完整的、统一的用户信息库,实现面向国家级、省级、台站级的统一用户管理,根据系统的用户群及资源访问需求定义系统角色,根据授权需要将资源赋予角色,角色可以采用树状结构存储,一个角色可以通过继承获得父级角色的资源授权等。

单点登录机制和集中分布式授权技术可建立系统的统一用户管理,用户访问更具针对性,可减轻系统的负载,增强系统的安全性和系统运行的稳定性。

### 4.3 数据传输系统设计方案

根据中国气象局信息化建设现状,监控系统集中部署在 DMZ 区,它与中国气象局的内部业务系统逻辑隔离。监控系统的风能观测数据文件和设备运行状态文件通过 FTP 将这些文件传输到监控系统位于 DMZ 区的文件服务器,以数据处理软件解析、入库。

风能观测产生的文件数量多,但数据量小,由于 FTP 协议的自身特性,FTP 在上传大量小文件时往往无法充分利用网络带宽,造成文件传输延迟。而监控系统的实时性要求较高。为了达到此目的,在 DMZ 区外用打包软件将众多小文件分批打包、压缩,形成数量较少的大文件后,再通过 FTP 传输到 DMZ 区内的文件服务器,解压软件自动解压接受的打包文件,供数据处理软件解析、入库。通过此项技术就充分利用了网络带宽,缩短了文件传输的时间,从而满足了实时监控的需要。

## 4.4 实时数据和历史数据划分

经数据处理软件入库后的风能观测数据量比较大,随着时间的推移,数据量累计越来越多,影响系统运行和响应速度。为了提高实时监控的响应速度,将风能观测数据按时间做了拆分,实时数据表中存放最近30天的观测数据,超过30天的数据存放到历史数据表中。实时监控所需的数据从实时数据表中读取,可以有较快的速度;统计分析所需的数据从历史表中读取,可以保证数据的完整性。

## 5. 应用

监控系统实现了对全国400座测风塔运行状态、设备日常维护状况、设备故障维修状态以及风资源观测要素的实时监控,并对观测数据的采集情况、采集到的数据质量情况进行分析和评估。截至2009年12月,系统共采集和处理不同梯度温度、气压、湿度和风等4大类11种探测要素合约40GB。图4、图5为系统中统计得到的对观测网中400座测风塔运行能力及各主要观测要素质量状况的评估结果。

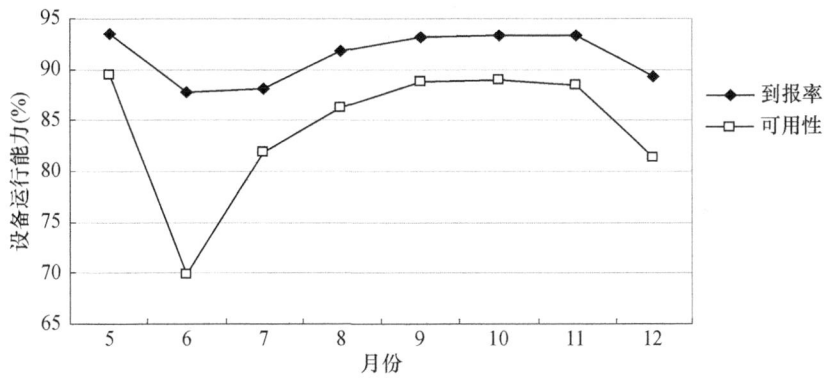

图4 2009年5—12月全国风能资源专业观测网运行能力统计

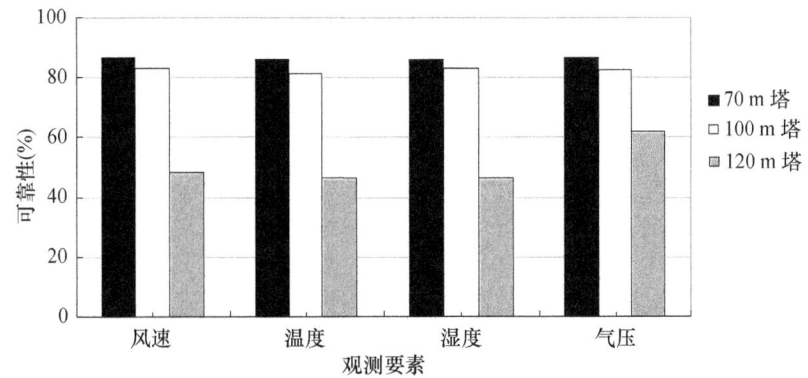

图5 2009年5—12月全国风能资源专业观测网不同塔高10分钟数据质量状况统计

(测风塔观测数据分为10 min数据和分钟数据,其中10 min数据主要用于风能资源评估,分钟数据用于潜在天气、气候预报、预测服务)

可以看出,统计时段内除 6 月外,设备运行能力保持在较高的水平;不同梯度的观测要素中,高度越高,探测数据的可靠性越差。

## 6. 结论

全国风能资源专业观测网运行监控系统包含设备运行监控、探测数据监控、维护维修状态监控、业务监控、综合分析评估、站网信息管理、装备备件管理和信息发布等功能,系统采用 B/S 的浏览模式供中国气象局相关人员、全国 31 个省(区、市)气象局测风塔装备保障中心和风能资源评估部门以及测风塔生产厂家使用,到目前为止,系统的累计用户访问量达 3 万人次。系统的建成对观测网的建设、观测网的稳定、可靠运行保障甚至在后期风能资源的详查工作中发挥了重要的作用,它在一定程度上缩短了观测网建设的周期,提供了具有一定质量保证的风资源评价原始数据。然而,由于设备缺乏自身运行状态检测系统,其目前的运行状态是通过探测数据间接反映,而间接的方式有时不能真实反映设备自身的运行状态;其次,目前监控系统中的探测数据质量控制方法相对较为简单,大部分数据的质量状况仍需要通过人工手段进行干预,工作量较大;再次,由于目前观测网维护、维修机制尚未完全建立,设备的可靠性、可维修性及保障性评估体系还不完善[20]。因此,要保证观测网的长期、稳定运行以及更好地做好对观测网的运行监控及风资源评估工作,还需要在如下方面进一步努力和改进:①改进和完善测风塔运行状态的判断依据;②加大系统中数据质量控制方法的研究;③明确测风塔保障的职责,明晰测风塔保障的业务流程;④建立系统中设备的运行评估体系等。

## 参考文献

[1] 朱瑞兆. 中国太阳能风能资源及其利用[M]. 北京:气象出版社,1988:217.
[2] 朱瑞兆,薛衍. 风能的计算和我国风能的分布[J]. 气象,1981,8:26-28.
[3] 朱瑞兆. 我国风力机潜力的估计[J]. 应用气象学报,1986,1(2):185-195.
[4] 陈洪经,冯惠琳. 试论我国陆地再生能源资源及其特征[J]. 自然资源学报,1991,6(2):97-106.
[5] 李德顺,叶枝全,陈严,等. 风力机叶片载荷谱及疲劳寿命分析[J]. 工程力学,2004,21(6):118-123.
[6] 李艳,王元,汤剑平. 中国近地层风能资源的时空变化特征[J]. 南京大学学报(自然科学版),2007,43(3):61-72.
[7] 江滢,罗勇,赵宗慈. 近 50 年我国风向变化特征[J]. 应用气象学报,2008,19(6):666-672.
[8] 汪婷,吴息,江志红,等. 自动站风能参数的短序列订正方法及其应用研究[J]. 应用气象学报,2008,19(5):533-547.
[9] 宋丽莉,黄浩辉,植石群,等. 风电场风能资源测量与计算的精度控制[J]. 气象,2009,35(3):74-80.
[10] 中国气象局. 中国风能资源评价报告[M]. 北京:气象出版社,2006:1-50.
[11] 中华人民共和国国家发展和改革委员会. 可再生能源中长期发展规划[J]. 可再生能源,2007,25(5):32.
[12] 中华人民共和国国家发展和改革委员会. 国家发展改革委关于风能资源详查区域和风能资源专业观测网方案的批复[Z]. 发改能源〔2007〕3031 号.
[13] 中国气象局. 风能资源详查和评价工作大纲[Z]. 气发〔2007〕478 号.
[14] 中国气象局监测网络司. 关于开展全国风能资源专业观测网项目建设有关事宜的通知[Z]. 气测函〔2008〕166 号.
[15] 中国气象局监测网络司. 关于进一步加快全国风能资源专业观测网建设的紧急通知[Z]. 气测函〔2008〕

288号.
[16] 中国气象局监测网络司.关于加快全国风能资源专业观测网建设的通知[Z].气测函〔2008〕274号.
[17] 中国气象局气象探测中心.全国风能资源专业观测网运行监控方案[R].2009:1-32.
[18] 中国气象局气象探测中心.综合气象观测系统运行监控评估报告:全国风能资源专业观测网运行评估报告(V1.0)[R].2009:1-10.
[19] 中国气象局气象探测中心.综合气象观测系统运行监控平台(ASOM)功能规格说明书(V1.1)[R].2009:1-10.
[20] 单志伟.装备综合保障工程[M].北京:国防工业出版社,2007:25-60.

# 中国区域自动气象站运行监控系统建设[*]

李 雁[1]　李 锋[1]　赵志强[2]　郭海平[3]
孙林花[4]　李仲龙[4]　周 青[1]　周 薇[1]

(1 中国气象局气象探测中心,北京 100081;2 中国气象局观测网络司,北京 100081;
3 内蒙古自治区气象局大气探测技术保障中心,呼和浩特 010051;
4 甘肃省气象局气象信息与技术装备保障中心,兰州 730020)

**摘　要**:区域自动气象站运行监控系统是保障观测网稳定、可靠运行的实时业务系统。本文从系统的逻辑架构、技术架构、系统建设的主要技术路线、系统实现的主要功能以及系统建设中所采用的关键技术等方面,全面介绍了中国区域自动气象站运行监控系统的建设情况。

**关键词**:区域自动气象站　运行监控　建设

# 引　言

长期以来,气象现代化建设主要集中在针对大空间范畴、长时间序列的天气和气候系统观测和预报服务方面,且目前已基本具备相应的预测预警能力,但在中小尺度天气系统监测服务和局地地质灾害服务方面依然十分薄弱。近年来,伴随全球气候变化的日益明显,山洪地质灾害事件频发,在此过程中,针对局地气象服务的局限性,暴露了我国气象防灾减灾体系中针对局地气象保障服务的不足,迫切需要在山洪地质灾害易发和多发地区,加密布设局地天气雷达站和区域自动气象站,完善暴雨实时监测预报预警及信息发布系统,建立和提高气象监测预警信息共享平台和短时临近预警应急联动机制,以提高针对局地灾害事件的监测预警水平和应急处置能力[1]。

目前,中国气象局已经建成了总数达 33000 余套的省级台站区域自动气象站观测网,并在此基础上要进一步加大对区域自动站的建设力度和建设的针对性,计划在未来 3～5 年内将建成乡镇及以下加密自动气象站 3 万余套,在山洪泥石流多发地带将建成暴雨监测站约 6 万套,以满足局地气象服务的需求。大量观测站的建立将给设备的维护保障工作带来很大的挑战。

运行监控是气象保障的重要手段,它是通过将设备远端的状态、数据等信息拉到近端,反映设备、数据等的真实状态,以便第一时间发现问题,并且解决问题,达到快速保障的目的。按监控的方式,可分为直接监控和间接监控;按其时效性,可分为实时监控和非实时监控;按其监控的对象,可以分为设备运行状态的监控、探测数据质量的监控、设备维修保障状态的监控、观

---

[*] 本文发表在《气象科技》,2013,41(2):231-235,277。

测站网变更的动态监控、观测环境的监控等。随着运行监控技术的日益成熟,运行监控业务已经成为我国气象探测领域内的一项实时业务[2-4],运行监控系统的建设也已成为我国气象保障体系建设、观测站网规划和新型气象装备研发过程中不可或缺的一部分。经过近几年的发展,全国各省(区、市)气象部门陆续建立了针对不同气象装备监控系统[5-10],中国气象局气象探测中心作为国家级气象装备保障部门,也陆续开发了一系列的国家级监控系统,并且开展了相应关键技术的研究,如新一代天气雷达全网监控系统[11-13]、综合气象观测系统运行监控平台(简称"ASOM")[2,14]、全国风能资源专业观测网运行监控系统、运行监控综合评估技术的研究等[4,15]。运行监控业务的开展确实在很大程度上提高了观测设备的稳定可靠运行能力[16],然而针对目前已建成的全国 33000 余套区域自动气象站,中国气象局还没有一套统一的运行监控和保障系统,虽然全国部分省(区、市)气象局已陆续建设了本辖范围内的区域站监控系统[18-22],但功能和表现形式差异较大;另外,在未来新增站点的监控需求设计上存在一定的局限性,无法满足实际业务的需求。

本文在借鉴 ASOM 以及全国风能资源专业观测网运行监控系统设计和建设的基础上[14,15],从系统的技术和功能架构、技术路线、系统实现的主要功能以及系统建设采用的关键技术等方面全面介绍中国区域自动气象站观测网运行监控系统建设情况。

## 1. 中国区域自动气象站观测网简介

现有观测网由 33110 套设备组成,基本于 2003—2006 年间通过中国气象局"大监项目"统一规划,由各省(区、市)气象局通过自筹经费和争取地方财政投资的形式建立。组网设备几乎覆盖我国 31 个省(区、市)的所有乡镇和全国大部分大中型水库、主要旅游景点和防汛关键地域,形成了高密度区域自动气象站观测网。目前,观测网全国平均站距约 18.2 千米;观测要素主要有温度、气压、风速、风向、降水量、湿度和地温等,按照观测要素种类的多少,可以分为单雨量站、两要素站、四要素站和六要素站,其中以四要素站点居多;观测频次目前常规观测一般每小时观测一次,加密观测一般每 5 min 或 10 min 观测一次,依据各地实际业务需求而不尽相同;组网设备来自约 27 个厂家的 53 个型号,其中以中国华云技术开发公司生产的设备居多。我国省级台站区域自动气象站观测网作为国家级台站自动气象站观测系统的有益补充,在中小尺度天气系统的监测、精细化预报服务等方面发挥了重要的作用。

## 2. 系统概述

区域站运行监控系统是针对我国现有的 3 万余套省级台站区域自动气象站和将建的 3 万多套加密自动气象站及 6 万余套暴雨监测站而建设的监控保障业务应用系统。系统采用"两级部署、多级应用"的模式,为国家级、省级和市县级技术保障人员、管理人员和预报预测人员提供统一的工作平台。整个系统分国家级和省级两级系统(图 1),两者功能基本一致,均实现了气象探测设备运行状态、探测数据质量状况、维护维修状况、观测站网信息的实时和非实时监控,对设备运行能力、探测数据质量状况、维修保障能力、观测数据报文有效性、观测站网信息的准确性等的综合分析评估,以及探测产品的分析显示功能。根据实际业务需求,两级系统之间功能上有所侧重但又相互联系:国家级系统仅供国家级相关人员使用,注重全国范围内的综合分析评估、探测产品的综合分析显示;省级系统供本级及以下级别人员使用,注重设备维修保障,两级系统之间可以实现观测数据质量控制结果、维护维修信息、观测站网信息的定时交互。

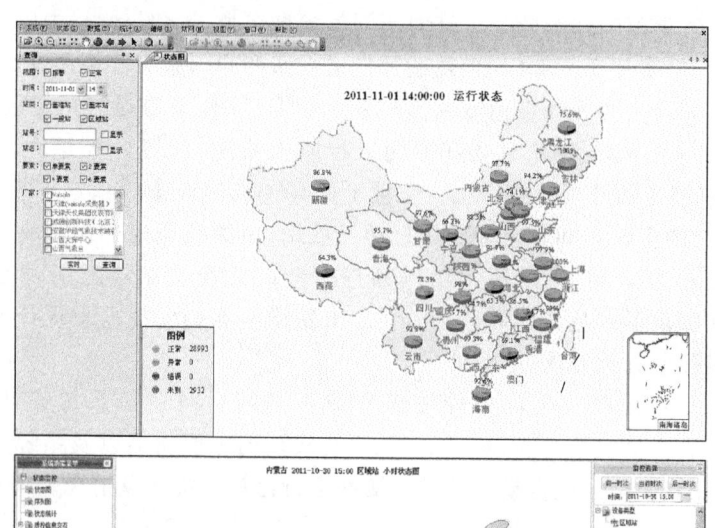

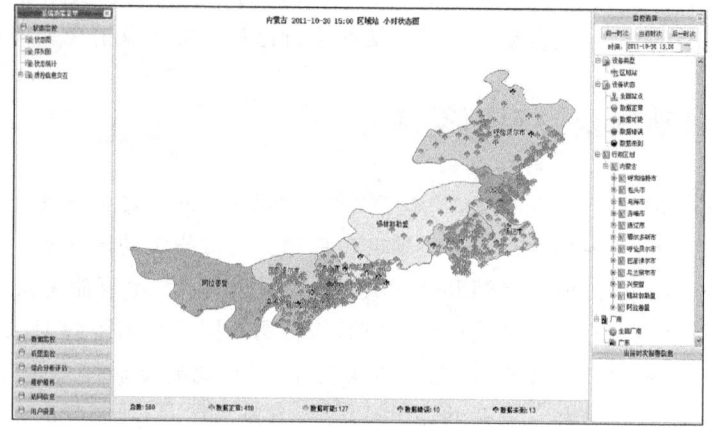

图1 区域自动气象站运行监控国家级系统(上)和省级系统(下)主界面

本监控系统是保障我国区域自动气象站、加密自动气象站及暴雨站监测站正常运行、提高探测数据质量、缩短保障时间的实时业务平台。系统的建成将在一定程度上提高设备的稳定可靠运行能力,充分发挥其建设效益。

## 3. 系统结构

### 3.1 系统逻辑架构

系统采用"两级部署、多级使用、多方共享"的逻辑架构(图2),即在国家级和省级部署,国家级、省级、地市级和县级业务管理人员、技术保障人员、监控人员、预报预测人员等多用户群体使用,另外,系统还可分别向国家级和省及以下各级相关业务系统共享相关数据。国家级和省级系统分别基于客户端和浏览器的设计模式,国家级与省及以下级别人员可在气象业务系统局域网内分别通过安装客户端和基于网页形式实现对系统的访问。

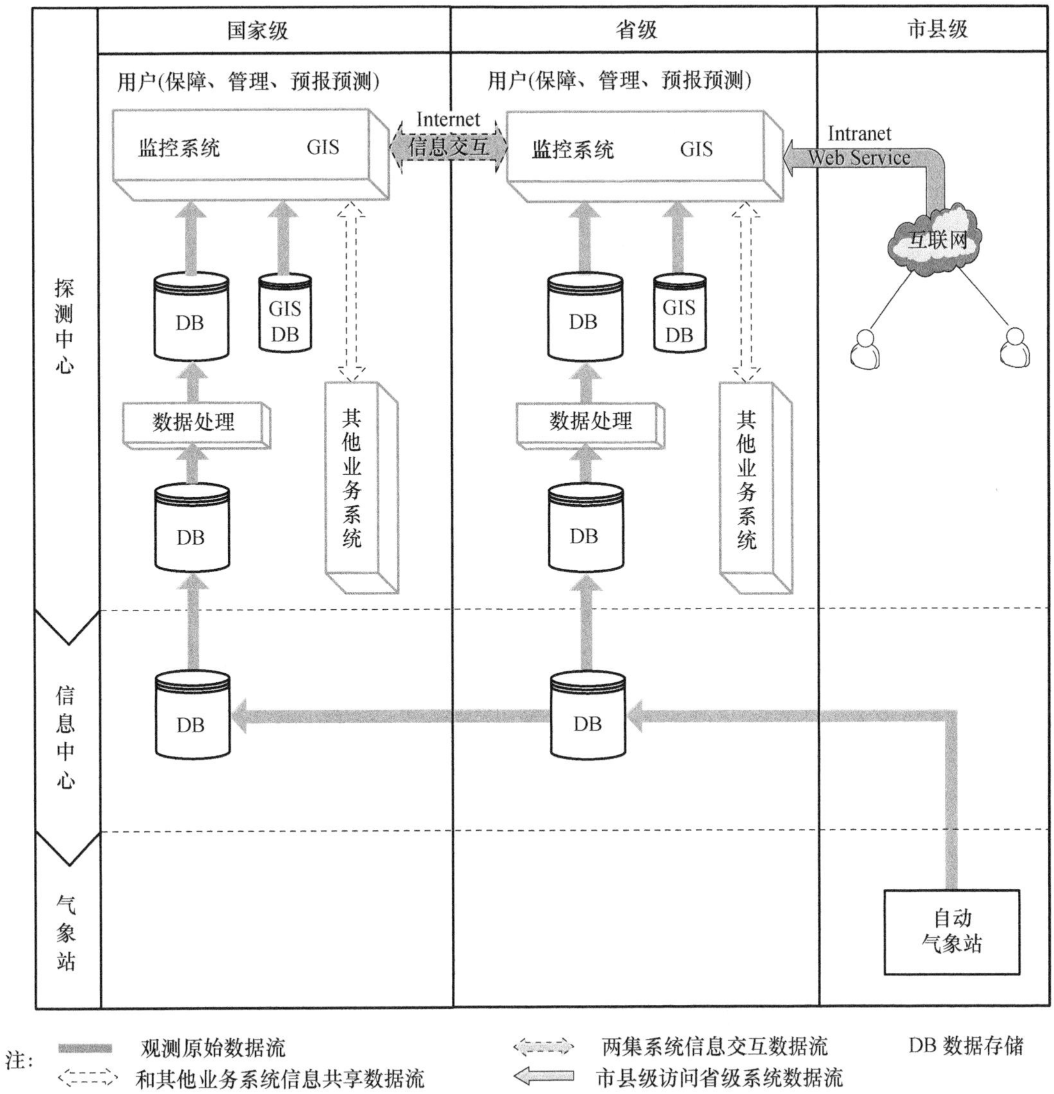

图 2 系统逻辑架构图

## 3.2 系统技术架构

区域站运行监控系统技术架构总体可分为发布平台和处理平台两部分(图3)。发布平台是面向用户服务的体系结构,是对外服务的门户,通过各类展现技术(如 GIS 技术),将状态监控、产品分析、质量控制、维修管理、分析评估和观测站网等监控结果提供给各类用户,同时接收用户的请求并响应;处理平台主要是数据处理的体系结构,包括数据采集、数据解析、数据分析、产品生成、产品入库、软件管理等。整个系统内部的功能模块是在统一的技术框架下实现,最大程度保证系统的扩展能力和稳定性。

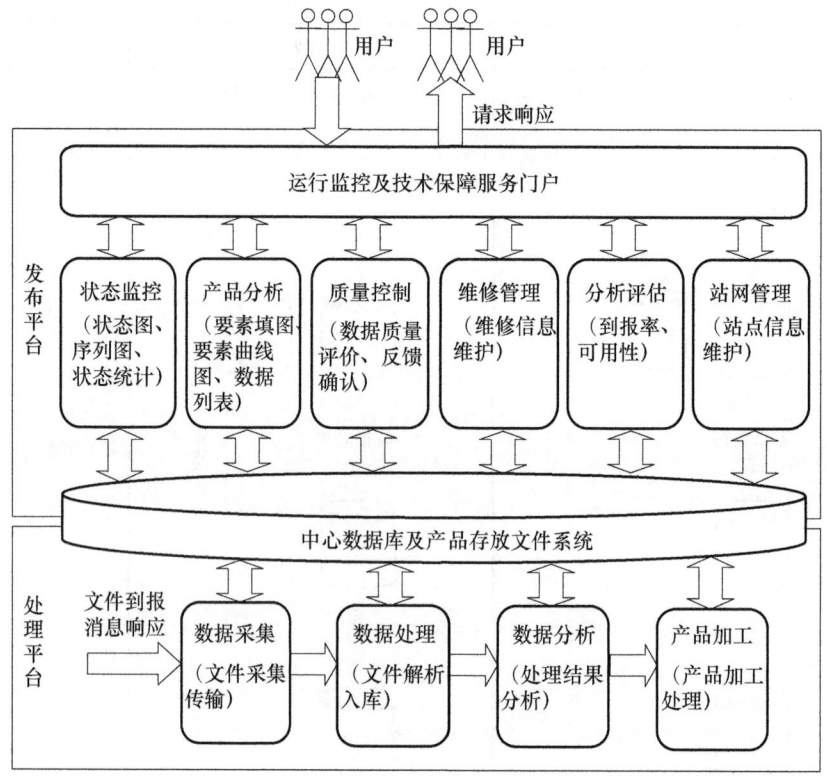

图 3 系统技术框架图

## 4. 系统主要技术路线

系统采用C/S(客户端/服务器)与B/S(浏览器/服务器)相结合的方式设计,对于比较复杂、通信量高、交互性强的应用,采用客户端模式,实现部分信息的本地化安装,如 GIS 数据、站网信息数据等,提供快速响应能力和对较大数据的处理分析能力等;使用编程语言方面,系统采用C/C++和Java相结合的语言开发;为便于系统在全国的推广使用,在系统软件选择方面,数据库软件兼容 SQL 和 Oracle,操作系统采用 Linux 或 Windows,地理信息系统软件在国家级系统使用 ArcGIS,省级系统根据各省实际情况选用合适的 GIS 软件,如 ArcGIS、SuperMap 等。

系统集中部署在中国气象局业务专网 DMZ 区(隔离区),它与中国气象局的内部业务系统逻辑隔离;在两级系统之间信息交互方面,采用 FTP 的形式进行。

此外,考虑到满足未来加密自动气象站和暴雨监测站运行监控的业务需求及各省(区、市)在现有系统上进行设备和功能扩展的需求,省级系统采用了开放式的设计理念,使系统满足处理能力的纵向、纵向扩展,并且能够提供多种标准数据接口,实现与其他系统的多方面连接。

## 5. 系统主要功能

系统总体功能结构可分为设备运行监控、探测数据监控、探测产品分析显示、维护维修管理、站网信息管理和综合分析评估六部分,每一部分下面又可以分为不同的子功能,具体功能结构如图 4 所示。

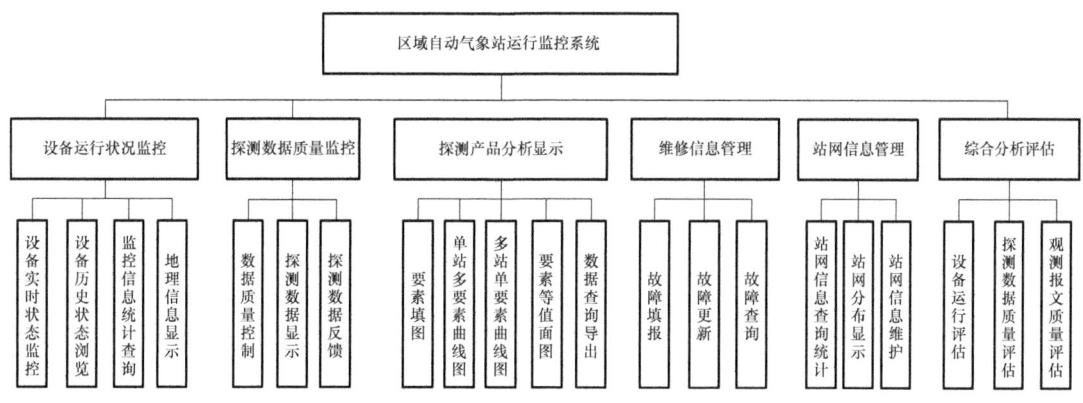

图 4　系统主要功能

(1) 设备运行状态监控：通过气象业务通信网，接收区域自动站的观测数据文件，在国家级和省级监控中心检查数据文件上传情况、上传观测数据质量状况、数据文件格式情况，实现各级区域自动站运行状态实时监控，并基于地理信息系统实时展示监控结果。

(2) 探测数据质量监控：在国家级和省级监控中心利用报文格式检查、界限值检查、气候极值检查、内部一致性检查、时间一致性检查、空间一致性检查等数据质量控制方法开展探测数据质量实时监控，并进行质控结果的多形式展示。

(3) 探测产品分析显示：结合地理信息系统，根据用户需求显示不同范围、不同时间段、不同观测要素、不同站点多种形式数据，如单/多要素色版图、单/多站曲线图、观测要素实时填图、单/多站不同时间段多观测要素列表等。

(4) 维修信息管理：国家级利用省级上传的维护维修信息进行设备故障的实时定位、跟踪、查询等。

(5) 站网信息管理：区域站网信息管理主要包括测站信息、设备信息和人员信息，测站信息主要包括地理信息、环境信息、站名/号等属性信息；设备信息主要为设备厂家信息、传感器等主要部件型号信息。维护区域自动站的站网信息，包括新增站点添加、错误站点删除、已有站点信息的修改及查询等功能；此外，结合电子地图和站点经纬度坐标，还可查看站点分布情况。

(6) 综合分析评估：主要包含数据文件上传情况、设备运行情况及数据质量情况三方面。数据上传情况主要指文件到报、逾限、缺报及具体的缺报时次查询等；设备运行情况主要是设备业务可用性的统计分析；数据质量情况包括数据文件格式情况、参数信息情况及各观测要素质量情况统计分析。

此外，根据实际业务需求，还可实现国家级和省级两级系统之间信息的交互、本系统为其他业务系统共享业务数据等。

# 6. 系统采用的关键技术

## 6.1　数据多线程分布式处理技术

截至目前，全国已建成区域自动气象站 33110 套，后续还将建设乡镇自动气象站 32690

套、暴雨监测站61336套、移动气象观测站2872套,未来国家级系统中要监控的台站数量将达到13万余套,这些设备的实时观测要素数据、设备运行状态数据以及日常业务数据量小,每个文件基本在几千字节(K)左右,但文件数据总量庞大,日峰值量超过312万条,而业务中对数据传输、处理和显示的时效性要求较高,要求在30 min内实现数据解析、质控、入库并在监控系统中显示,这给服务器的处理能力带来很大的挑战。因此,为满足时效性要求,国家级系统中在数据处理方面采用多线程分布式处理技术,即将全国各地设备按照地理分区分成七大区域(港澳台地区除外),部署在两台IBM X3650M机架式服务器上,利用自己开发的程序多线程同时进行数据处理,处理完的数据存入相同数据库并集中显示。

## 6.2 系统两级部署多方使用

系统分别在国家级和省级部署,可同时满足国家级和省及以下级管理人员、技术保障人员、监控人员和预报预测人员的需求,且在信息门户层两级系统分别采用基于客户端和基于浏览器的访问技术,这一方面与两级业务的侧重点相联系,另一方面便于省级发挥自身优势,在现有系统上进行功能和设备的扩展。

## 7. 结语

中国区域自动气象站运行监控系统是针对我国已建区域自动气象站以及未来将建的加密自动站和暴雨监测站而建设的监控保障实时业务系统。系统分国家级和省级两个版本,分别在国家级和省级保障部门安装部署。两级系统采用相同技术架构,基本功能均包括设备运行监控、探测数据监控、探测产品分析显示、维护维修管理、站网信息管理和综合分析评估六部分。系统的建成将在一定程度上保障我国区域自动气象观测网的稳定、可靠运行。然而,为更好发挥其建设效益,系统还须在探测数据质量控制方法、相关业务机制和职责流程方面进一步完善。

## 参考文献

[1] 中华人民共和国国务院. 关于切实加强中小河流治理和山洪地质灾害防治的若干意见[Z]. 国发〔2010〕31号.
[2] 裴翀,宋连春,吴可军,等. 我国综合气象观测运行监控系统的设计与实践[J]. 气象,2011,37(2):213-218.
[3] 中国气象局观测网络司. 关于印发综合气象观测系统仪器装备运行状况通报办法的函[Z]. 气测函〔2011〕141号.
[4] 孟昭林,李雁,陈挺,等. 综合气象观测系统业务运行综合评估技术研究[J]. 气象,2011,37(2):219-225.
[5] 李源鸿,敖振浪. 自动气象站网实时监控系统结构设计方法[J]. 气象,2003,1(7):32-34.
[6] 李伟,张春晖,孟昭林,等. L波段气象探测网运行监控系统设计[J]. 应用气象学报,2010,1(21):115-120.
[7] 刘昊钰,马强,常飙,等. 国家级气象资料存储检索系统监视分系统的设计和实现[J]. 应用气象学报,2007,18(20):251-256.
[8] 敖振浪,谭鉴荣,郑明辉. 大型自动气象站探测网络实时监控系统的设计和实施[J]. 成都信息工程学院学报,2002,17(3):179-183.
[9] 周钦强,李源鸿,李建勇,等. 自动气象站探测网实时监控关键技术[J]. 气象科技,2011,39(4):477-482.
[10] 刘维成,杨菊梅. 基于SMS的新一代天气雷达运行状态监控系统设计[J]. 气象水文海洋仪器,2011,1:71-75.

[11] 中国气象局大气探测技术中心.新一代天气雷达全网监控实施方案[R].2003:1-15.
[12] 中国气象局大气探测技术中心.气象探测全网运行监控系统功能规格书[R].2007:10-25.
[13] LIANG Haihe,ZHANG Chunhui,MENG Zhaolin. Real-time observation monitoring and analysis network. WMO Technical Conference on Meteorological and Environmental Instruments and Methods of Observation[C]. St. Petersburg,Russian,2008:1-11.
[14] 中国气象局气象探测中心.综合气象观测系统运行监控平台(ASOM)功能规格说明书V1.0[R].2010,1-20.
[15] 李雁,裴翀,郭亚田,等.中国风能资源专业观测网运行监控系统建设及应用[J].资源科学,2011,32(9):1679-1684.
[16] 中国气象局气象探测中心.中国气象局气象探测中心2010年度业务技术报告[R].2011,26-43.
[17] 熊凌云.自动气象站系统网络传输监控与常见故障浅谈[J].江西气象科技,2005,28(2):59-60.
[18] 向晋良.自动气象站远程监控及故障短信告警系统的研发技术[J].湖北气象,2006,4:26-27.
[19] 杨晓武,黄兴友,徐平.加密自动气象站实时监控与查询显示系统[J].气象科技,2008,36(4):506-509.
[20] 齐军岐,陈庆庆.加密自动气象站实时监控与查询显示系统[J].陕西气象,2010,1(18):47-48.
[21] 张德玉,魏荣妮.自动气象站运行状态监控及资料查询系统的设计与实现[J].计算机系统应用,2010,19(8):141-145.
[22] 辛凯,徐国元.远程监控MILOS500自动气象站—pcanywhere软件应用简介[J].青海气象,2003,2:48-52.

# 中国自动土壤水分观测网运行监控系统建设*

吴东丽[1] 梁海河[1] 曹婷婷[1] 杨大生[1] 周 薇[1] 吴小铭[2]

(1 中国气象局气象探测中心,北京 100081;
2 中国电子科技集团公司第二十八研究所,南京 210007)

**摘 要**:运行监控系统是全国自动土壤水分观测网观测数据分析和观测设备维护保障的实时业务平台,系统建设是全国自动土壤水分观测网建设的重要组成部分。系统采用 C/S 与 B/S 相结合的方式设计,总体功能包括设备运行状态监控、探测数据质量监控、探测产品分析显示、维护维修管理、站网信息管理和综合分析评估六个功能模块。本文从系统结构、系统实现的主要功能以及系统建设所采用的关键技术等方面全面介绍了中国自动土壤水分观测网运行监控系统的建设情况。

**关键词**:自动土壤水分观测网 运行监控 建设

# 引 言

土壤水分是监控土地退化和干旱的重要指标,也是气候、水分、生态和农业系统的关键组成要素[1-3],同时也是陆气相互作用[4,5]过程中的重要角色。监测土壤水分的变化对于规划、管理、研究这些系统和过程具有重要意义。但是气象部门传统的人工监测土壤水分的频率和效率已经远远不能满足决策部门和公众对干旱监测的需求,因此,近年来,中国气象局通过多次考核定型了自动土壤水分观测仪器,并开展了自动土壤水分观测网的建设工作,自动土壤水分观测网就是为了在气候变化背景下,提高农业干旱监测和预警的业务和科研水平而建设。通过未来几年的建设,全国自动土壤水分观测网将达到 4508 个站。自动土壤水分观测站测定深度一般为 1 m,分 0~10 cm、10~20 cm、20~30 cm、30~40 cm、40~50 cm、50~60 cm、70~80 cm、90~100 cm 8 个层次。自动土壤水分观测站观测的要素包括各层土壤的土壤体积含水量、土壤相对湿度、土壤重量含水率、土壤有效水分贮存量等数据。观测仪分别由上海长望气象科技有限公司(DNZ1)、河南气象科学研究所与中电集团第 27 研究所(DNZ2)、中国华云技术开发公司(DNZ3)生产。三种型号的仪器都是根据频域反射法原理研制的,其中 DNZ1 型采用驻波率法,DZN2 和 DZN3 型采用电容法。

综合气象观测系统是大力发展现代气象业务的基础,保障观测系统稳定可靠运行已成为我国气象事业发展的关键[6],运行监控是观测系统稳定运行的有力保障。中国气象局气象探测中心于 2006 年进行了综合气象观测运行监控系统的设计和开发,目前已实现了新一代天气雷达[7]、探空系统[8]、国家级自动气象站[9,10]和风能观测设备[11]的运行监控,有力促进了观测系统运行效率和质量,收到了十分显著的效益,为气象观测网的准确观测、有力保障和高效运

---

\* 本文发表在《气象科技》,2014,42(2):278-282。

行提供了极其重要的支撑作用。为了确保全国自动土壤水分观测网持续稳定可靠运行,提高技术保障水平[12,13],促进观测网科学布局,提升数据内在质量[8],发挥观测网的建设效益,亟须建立自动土壤水分观测网运行监控系统。本文从系统结构、系统实现的主要功能以及系统建设所采用的关键技术等方面全面介绍中国自动土壤水分观测网运行监控系统的建设情况。

## 1. 系统结构

自动土壤水分观测网运行监控系统采用 C/S(客户端/服务器)与 B/S(浏览器/服务器)相结合的方式设计,对于比较复杂、通信量高、交互性强的应用,采用客户端模式,实现部分信息的本地化安装,如 GIS 数据、站网信息数据等,提供快速响应能力和对较大数据的处理分析能力等。

### 1.1 系统技术结构

系统技术结构分为发布平台和处理平台两部分(图1),发布平台是面向用户服务的体系结构,是对外服务的门户,通过各类展现技术(如 GIS),将状态监控、产品分析、质量控制、维修管理、分析评估和观测站网等监控产品提供给各类用户,同时接收用户的请求并响应;处理平台主要是数据处理的体系结构,包括数据采集、数据解析、数据分析、产品生成、产品入库、软件管理等。整个系统内部的功能模块是在统一的技术框架下予以实现,最大程度保证系统的扩展能力和稳定性。

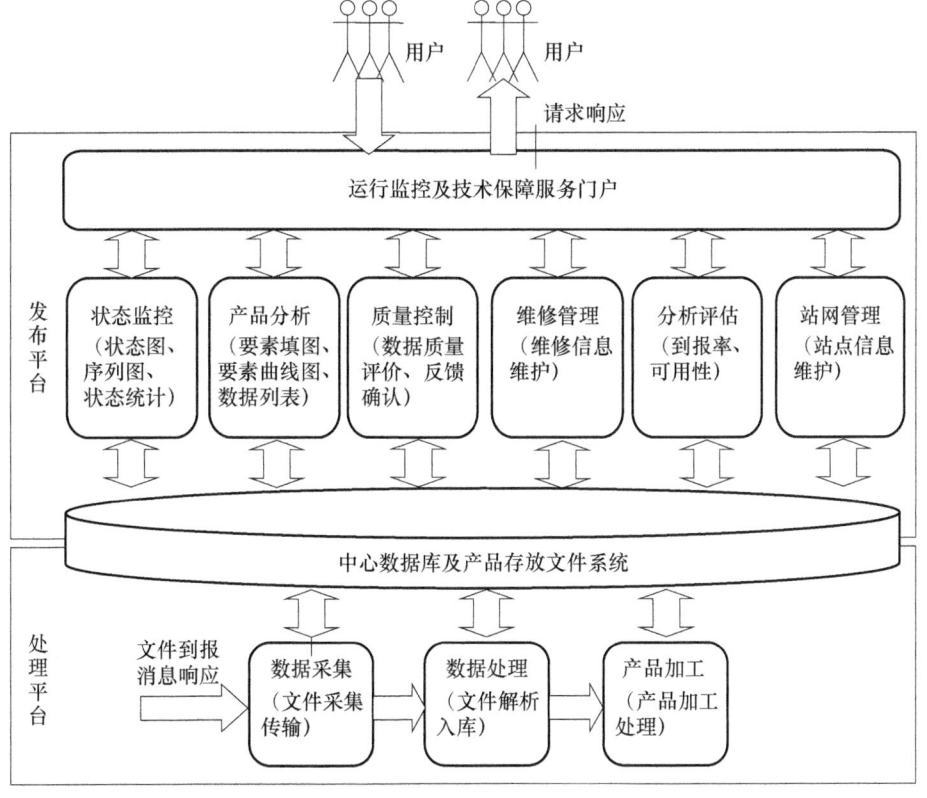

图 1 系统技术框架图

## 1.2 系统数据结构

系统数据从架构上分为源数据层、基础校验层、基础数据层和产品数据层(图2)。

源数据层是其他各层数据的基础,包括以报文上报的数据、技术保障产生的管理型数据、其他机构上报的非规范数据,主要以文件格式存放。

基础校验层的工作原理是当源数据层数据到达后,通过既定的数据校验规则和校验流程对数据内容进行校验,通过校验的数据加载到中心数据库中,未通过校验的数据返回到下一层,将错误形成数据反馈报文反馈给上报机构。

基础数据层存储通过校验的业务数据。

产品数据层则是在基础数据入库和整理完毕后,按照服务产品(运行状态评估、数据质量评估、运行效能统计分析等)的种类、既定的数据抽取逻辑和规则批量转换加载到产品数据层,为各级用户准备好服务所需要的监控产品数据。

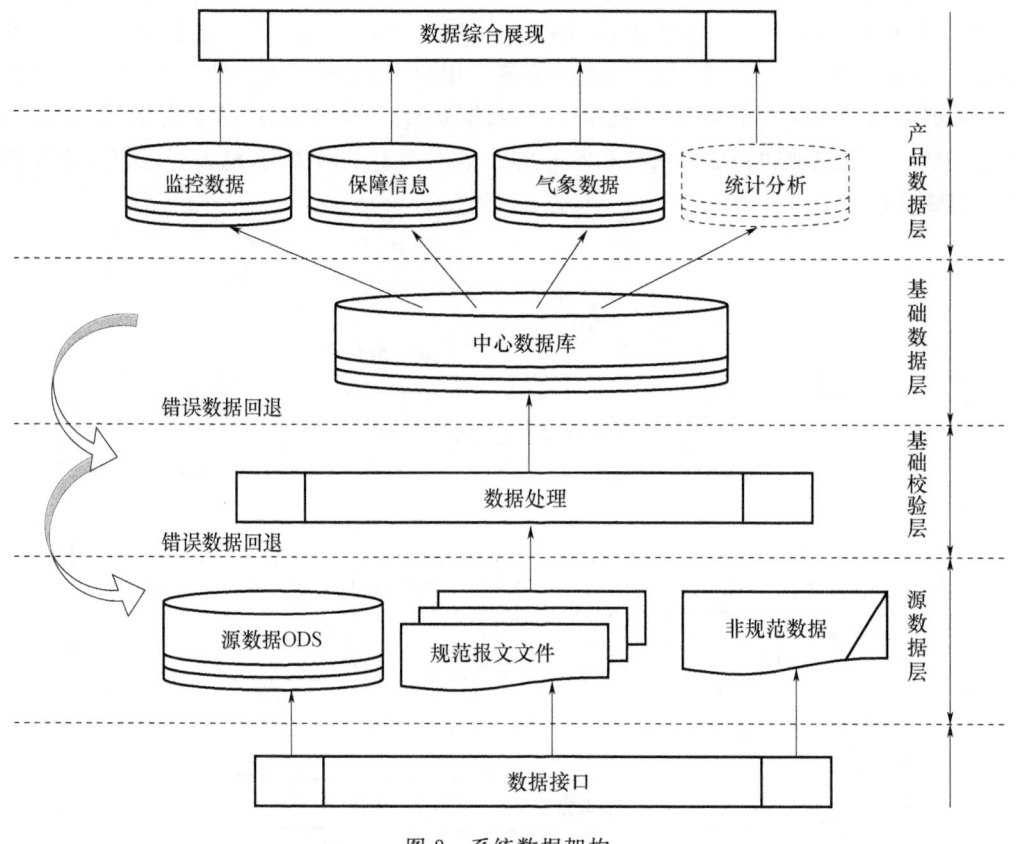

图2 系统数据架构

## 2. 系统主要功能

系统总体功能分为设备运行状态监控、探测数据质量监控、探测产品分析显示、维护维修管理、站网信息管理和综合分析评估六部分功能模块。

## 2.1 设备运行状态监控

通过气象业务通信网,接收来自自动土壤水分观测仪的数据文件,经解析入库后,形成自动土壤水分观测仪的观测数据、运行状态。在文件解析入库的同时,要检查文件本身的质量,包括文件到报的及时性、文件格式是否符合规范要求、无效报文、站点基本信息错误、数据项缺失等。结合自动土壤水分观测仪的观测数据、数据质量检查结果,评估其运行状态,形成设备运行状态数据,并基于地理信息系统实时展示监控结果。

## 2.2 探测数据质量监控

依照气候极值检查、内部一致性检查、持续性检查等质控算法,对自动土壤水分观测仪的观测数据进行质量检查,并输出质量检查结果,同时标识出未经过质量检查的数据。质量控制算法主要包括以下几个方面:应用范围检查法对自动土壤水分数据进行质量控制,根据土壤特性,当土壤体积含水量大于60%时,标记为错误;根据频域反射法测定原理,当土壤体积含水量小于等于零时,标记为错误;根据土壤常数测定原理,当土壤相对湿度大于100%时,标记为异常;应用内部一致性检查法,当各层的观测值相同,标记为错误。

查询显示质量检查结果,并可给出某一质量检查结果与本站其他要素观测值或周围站点同一要素观测值的对比情况。统计分析质量检查结果,统计要素的可用性。对质量检查结果,可反馈确认,填写错误原因。

## 2.3 探测产品分析显示

结合电子地图和站点经纬度坐标,标注选定区域的自动土壤水分观测仪观测数据。以表格的形式显示多时次、多站点的自动土壤水分观测数据,显示的层次能根据用户的选择来显示。利用曲线图,展现观测数据随时间变化的曲线。以等值线、填色等值线的形式,对自动土壤水分观测仪的观测数据进行分析,分析结果可输出到图片。系统中所有的探测数据可输出到 Excel 文件,便于利用和分析。

## 2.4 维护维修信息管理

为技术保障人员提供维护维修和远程技术支持模块。维护维修模块提供维护维修工作台、常规维护、故障维修、维护维修知识库和基础数据管理等功能。可查询自动土壤水分观测仪的维修信息,包括故障时间、维修时间、维修活动、更换部件、故障原因等。

## 2.5 站网信息管理

站网信息管理以自动土壤水分观测站信息为核心,对测站基本信息、测站设备信息、测站人员信息等进行维护和管理,包括新增站点增加、错误站点删除、已有站点信息的修改及查询(图3),结合电子地图和站点经纬度坐标,查看站点分布情况,为站网布局提供参考。实现站网信息的检索、维护、查询、审核和统计分析等功能,供各级业务管理部门及时、便捷地了解所需的自动土壤水分站网信息,为自动土壤水分观测站网的运行监控提供信息服务和决策支持。

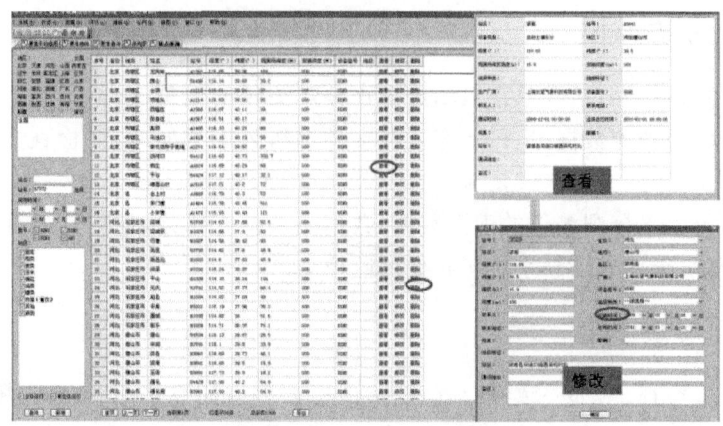

图 3　站网信息管理界面

## 2.6　综合分析评估

分析评估是对设备的运行状况、探测数据质量状况、设备自身性能状况进行综合评定。通过分析自动土壤水分观测仪的运行状态、数据质量控制结果和文件格式检查结果,对自动土壤水分观测仪的运行情况进行评估。本系统中涉及的指标有:到报率、及时到报率、逾限率、数据报文有效性、业务可用性、故障率、正常时次、可疑时次、错误时次、缺报时次、重复报次数和文件格式错误次数。根据自动土壤水分观测仪特点,设计了 4 类评估方式,即按不同省份、不同仪器型号、不同作物地段和是否业务运行进行综合比较分析。

## 3.　系统解决的关键技术

### 3.1　运行状态分层显示技术

在 GIS 地图上同时显示所有站点的运行状态,因运行速度缓慢、站点密集,不利于用户查看运行状态,为提高显示效率,并带给用户较好的体验,本系统尝试采用分层显示方式,具体方式如下(图 4):①初始状态进入 GIS 地图,用专题图的方式展现各省、自治区、直辖市的数据到报情况;②通过缩放地图操作,进入一个预设的比例尺时,显示具体站点的运行状态。

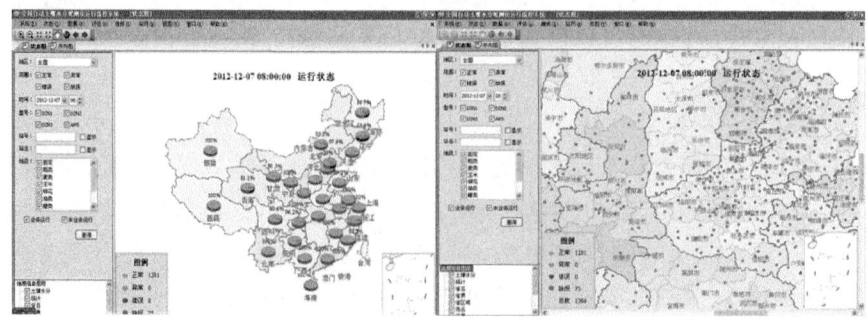

图 4　专题图(左)与站点运行状态图(右)

## 3.2 划分实时数据和历史数据

经数据处理软件入库后的土壤水分观测数据量较大,随着时间的推移,数据量累计越来越多,影响系统运行和响应速度。为提高实时监控的响应速度,将土壤水分的观测数据按时间分类存储,最近一个月的观测数据存放到实时数据表中,而超过一个月的观测数据存放到历史数据表中。按照此类划分,实时监控所需的数据可以以较快的速度从实时数据表中读取,而统计分析所需的数据则从历史表中读取,既满足了实时监控所需的速度,又保证了数据的完整性。

## 3.3 数据库分区技术

为提高实时数据的查询效率,利用数据库的分区技术,将实时数据表按天分区,在查询某天的数据时,直接从对应的分区中查询,不必扫描全部数据表,从而提高了数据的查询速度。在建立实时数据表时,无法将未来所有的分区都建好,因此需要动态增加分区的机制。实时表中只保留最近一个月的数据,超过一个月的数据会自动移到历史表,对应的分区会变成空的,需要将空的分区删除。在后台处理中心,利用后台处理程序,每天定时删除过期的分区,增加后期需要用的分区。

## 3.4 C/S 模式下应用 Flash 图表组件

FusionCharts 一般用于在 B/S 系统中显示图表,土壤水分运行监控系统在实现时巧妙地运用了 FusionCharts 来显示图表。当要生成图表时,首先根据条件从数据库服务器获取图表所需的数据,然后结合数据,在客户端本地系统生成调用 FusionCharts 组件的 HTML 文件,再显示 HTML 文件的内容,即可显示所需的图表。

# 4. 结论与展望

自动土壤水分观测仪运行监控系统在中国气象局气象探测中心已经试运行,监控系统实现了从台站到国家级监控平台的自动信息采集、传输、处理与显示;系统采用 C/S 与 B/S 相结合的方式,充分利用两种模式的优势,为不同级别业务人员和管理人员提供统一的监控平台;实现了设备运行监控、探测数据监控、维护维修、站网信息管理、综合分析评估等功能,结合自动土壤水分观测网的持续建设和继续新增业务化站点特点,系统实现了对全国已业务化运行和未业务化站点的运行状态、探测数据的监控,并对观测数据的质量进行了分析和评估。

系统的建成对观测网的建设、稳定可靠运行保障发挥了重要的作用,但是,目前的运行状态是通过探测数据间接反映,而间接的方式有时不能真实反映设备自身的运行状态。随着未来监控业务的发展,实现数据质量从"监"到"控"的转变,还需要在如下方面进一步努力和改进:①把数据质量控制系统向设备级端口前移[14];②根据土壤类型和气候区划特点,对设定的各种阈值进行进一步的细化、验证和调整。

## 参考文献

[1] 汪潇,张增祥,赵晓丽,等. 遥感监测土壤水分研究综述[J]. 土壤学报,2007,44(1):157-163.
[2] 郭卫华,李波,张新时,等. FDR 系统在土壤水分连续动态监测中的应用[J]. 干旱区研究,2003,20(4):

247-251.
- [3] 欧阳双,张其林,李颖,等. 地表湿度导致土壤电参数变化对雷电电磁场传播的影响[J]. 气象科技,2012,40(6):1018-1024.
- [4] 陈海山,孙照渤. 陆气相互作用及陆面模式的研究进展[J]. 南京气象学院学报,2002,25(2):277-288.
- [5] 张艳丽,张国珍. 黄土高原典型塬区土壤湿度特征分析[J]. 干旱区资源与环境,2010,24(5):190-195.
- [6] 宋连春,李伟. 综合气象观测系统的发展[J]. 气象,2008,3(34):3-9.
- [7] 石城,梁海河,孟昭林,等. 新一代天气雷达故障处理和故障标准化平台的研发与应用[J]. 气象科技,2012,40(2):160-164.
- [8] 李伟,张春晖,孟昭林,等. L波段气象探测网运行监控系统设计[J]. 应用气象学报,2010,21(1):115-120.
- [9] 李雁,梁海河,孟昭林,等. 自动气象站运行效能统计[J]. 应用气象学报,2009,20(4):504-509.
- [10] 周青,梁海河,李雁,等. 自动气象站维修保障能力评估[J]. 气象科技,2012,40(3):349-353.
- [11] 李雁,裴翀,郭亚田,等. 中国风能资源专业观测网运行监控系统建设及应用[J]. 资源科学,2010,32(9):1679-1684.
- [12] 梁海河,孟昭林,张春晖,等. 综合气象观测运行监控系统[J]. 气象,2011,37(10):1292-1300.
- [13] 裴翀,宋连春,吴可军,等. 我国综合气象观测运行监控系统的设计与实践[J]. 气象,2011,37(2):213-218.
- [14] 周钦强,李源鸿,李建勇,等. 自动气象站探测网实时监控关键技术[J]. 气象科技,2011,39(4):477-482.

# 第二篇

## 观测网运行监控技术

# 气象观测设备运行状态综合判定技术应用*

李 雁[1] 李 峰[1] 郭 维[2] 夏元彩[1] 周 青[1] 周 薇[1]

(1. 中国气象局气象探测中心,北京 100081;
2. 吉林省气象局应急减灾处,长春 130000)

**摘 要**:本文从气象观测设备运行保障角度出发,基于各观测设备自身运行状态检测信息,结合气象观测数据、气象观测元数据信息以及各级气象观测技术保障业务人员人工填报业务数据,研制了我国气象观测设备运行状态综合判定技术;同时制定了各气象观测设备运行状态分类标准和显示标准,将设备运行状态分为正常、报警、故障和非观测四类状态,分别用绿色、橙色、蓝色和灰色标识。气象观测设备运行状态综合判定技术在一定程度上促进了我国气象观测装备技术保障工作的规范化、标准化开展。研究贴合气象装备技术保障业务实际需求,设备运行状态判定真实率达100%,结果经实践证明科学合理有效,基于该方法开展的设备运行监控保障工作提高了观测系统稳定可靠运行能力。

**关键词**:气象观测 设备监控 运行状态 综合判定

## 引 言

运行监控主要采用相应的状态判定方法对设备或部件采集到的运行信息进行分析,还原其真实状态,以第一时间发现并解决问题[1]。

监控工作在当今各行各业中广泛应用,大到宇宙飞船、卫星、火箭等大型装备,小至各类微型传感器。国内其他行业,如航空航天领域[2,3]、汽车[4-7]、火车[8]、电力[9]以及石油系统[10]等,基于设备自身状态信息的状态检测工作做得较为完善,设备状态检测点设计、各检测点可监控信息设计和显示等方面都做得比较细致,判定方法也较为科学,应用效果较好。相对于气象观测和预报服务,气象观测运行监控是气象行业近十年来新兴起的一项业务工作[11]。起初是为了提高多普勒天气雷达等大型装备的维修保障能力,尝试开展了监控工作[12,13],后来随着气象观测网数量及观测设备种类的不断增加,对运行监控工作的需求也日益迫切,而且通过后期实际开展的监控保障工作证明,运行监控确实在发挥观测网效益方面起到了较为重要的作用[14]。但国内与国外的运行监控工作还存在较大差距,表现在:国内业务运行设备监控率为70%、备件分布监控率80%、设备可评估性80%;美国等欧美国家雷达和自动站状态与数据监控率达100%、远程技术支持问题解决率80%、维护维修信息填报率7天内100%、备件分布监控率95%、故障器件维修信息采集率100%,能分别提供设备性能评估报告、技术升级要求分析报告、备件消耗及所需经费评估报告等。

---

\* 本文发表在《南京信息工程大学学报:自然科学版》,2016,8(5):439-445。

运行监控工作中,设备运行状态可检测信息设计是基础,而如何采用科学、合理的手段对采集上来的状态检测信息进行分析判断,再现设备真实状态是关键。21世纪初以来,我国综合气象观测网设备运行保障工作无论从技术手段,还是从体制、机制上均得到快速发展,表现为:在设备生产和定型过程中更加注重设备的可监控性设计[1];运行监控成为全国实时性的一项业务工作[15],建立了专门的运行监控业务机构;全国统一和各地分散的监控系统建设等[11,16-22]。运行监控的内涵和外延在逐渐发生变化,监控的范畴逐渐由一开始的对观测数据传输情况的单一监控向对设备自身运行状态、监控保障业务活动、观测站网和综合探测质量的综合监控方向转变,且监控已经成为探测质量监督管理体系中不可或缺的一个重要环节[23]。基于此,与运行监控相配套的设备运行状态判定也应该由一开始的对数据传输、数据质量以及有限的设备运行状态参数信息的判定向更为综合的状态判定方向转变。

本文从气象观测设备运行保障角度出发,基于各观测设备自身运行状态检测信息,结合气象观测数据、气象观测元数据信息以及各级气象观测技术保障业务人员人工填报业务数据,研究制定我国气象观测设备运行状态综合判定技术,为气象观测设备的运行保障服务。

## 1. 现状分析

国内气象行业运行监控工作按业务分工分别由气象信息部门和气象观测部门承担。前者工作开展较早,从开始自动化气象观测工作之初已有,现仍在不断完善,其更多考量数据的传输情况,先后提出了数据的及时率、逾限率和缺报率三类考核指标[24];后者近10年来才规模化开展[11,19,25],相较于气象信息部门的监控工作,其更注重观测设备运行的稳定可靠能力,目前业务中使用的指标为业务可用性[26]。

气象观测保障部门主要工作为:通过对气象装备验收测试把关、维护维修管理、装备/备件供应保障管理以及对气象仪器的计量标校等业务工作,保障气象观测网的稳定可靠运行,其中运行监控是重要手段,而实时监控设备真实运行状态是前提。

前期,一方面因各观测设备自身运行状态信息有限,更主要原因是观测领域运行监控业务刚刚开始,缺乏深入开展该方面工作的意识,再加上技术手段尚不成熟,设备运行监控工作更多是基于信息传输间接反映设备运行状态的方式,然而,仅仅针对观测数据传输情况的监控不能满足气象观测保障的业务需求。以观测数据信息到达情况作为仪器装备运行状况分析的方式存在很大不足:当设备故障时气象观测数据到报不一定为0%,系统软件有可能自身产生随机数据上传,或者有空报上传,或者将人为观测数据编入报文中上传;而且数据到报率为100%时也未必说明设备即为正常运行,此时的报文中有可能某些观测要素缺测,或者传输的为空报文,或者上传的数据质量很差,无法业务使用,这种状况只能说明数据传输正常,无法确切判定设备是否故障、具体的故障部位、故障的持续时间等,无法为综合气象观测网设备维修保障提供技术支撑和参考依据;再者,近年来伴随业务的不断完善和技术不断发展,监控的外延也在不断扩展,由一开始的针对观测设备运行状况的实时逐渐向对观测保障业务工作、观测数据质量状况、观测站网动态变化以及观测环境等转变。因此,基于气象观测信息达到情况作为设备运行状态的判定方法对气象设备维修保障,尤其是对远程故障的诊断等参考意义不大。

目前,综合气象观测运行监控系统(以下简称"ASOM")[11,19]中采用的各气象观测设备运行状态判定标准不一,除天气雷达外,大部分仍然以观测数据的到报情况以及到报数据的质量状况作为主要判定依据[12],此种方式受通信传输状况,尤其受系统中采用的数据质量控制方法好坏的影响很大,在客观、真实再现设备自身运行状态方面存在较大局限性。

## 2. 状态判定方法

运行状态检测信息是反映设备"健康"状况的最直接信息,观测数据质量好坏是设备运行状况的间接反映,气象观测元数据是进行运行状况判定的重要辅助信息,而基于各级一线监控保障业务人员在 ASOM 中人工填报的运行状态业务表单是最直观状态信息。伴随近年来运行监控工作在气象观测装备保障业务中效益的不断体现,无论是设备的可监控性设计[1]、元数据标准规范制定[27]、观测数据质量控制技术[28],还是在 ASOM 业务填报功能的完善[29]等方面都做了大量的工作。

本文研制的运行状态综合判定技术即采用设备运行状态数据、气象观测数据、气象观测元数据和气象保障业务数据四类数据进行。

状态数据主要由各气象观测设备的内置检测和外部检测设备检测到的设备自身状态信息,如电压、频率、温度、功率等。该部分信息由设备自身产生,通过气象数据通信骨干网逐级上传到气象业务部门。此处的状态数据是设备自身状态信息以及报警信息的统称。

观测数据主要由探测设备采集到直接或间接反映大气状况的气象要素值。如自动站采集温、压、湿、风和雨等信息,该部分信息由传感器采集得到,通过气象数据通信骨干网逐级上传气象业务部门。此处不考虑探测设备本身导致的观测数据误差。

元数据是指关于数据的内容、质量、条件和其他特性的数据,有时也称为描述数据或诠释数据的数据,如数据的属性、存储长度、采集频次、处理方法等,设备的型号、生产厂家、寿命、检定周期等,以及观测站的地理位置、责任人等。通过元数据能够对信息资源进行详细、深入的了解。该部分数据是设备或观测站开始业务使用时必须具备的基本信息,通过各级备案,国家级具有所有设备、台站等的管理权和资料的所属权。

业务数据主要指各级运行部门和业务人员(更多的是台站级)在第一时间基于对设备运行的判断、对设备的维护和维修等,在 ASOM 中填报的维护维修保障等业务数据。

具体设备状态判定时采用自动判定和人工识别相结合的方式进行(图 1),其中自动判定包括上述判定依据中的状态数据、观测数据、元数据,人工判断为上述中业务数据。

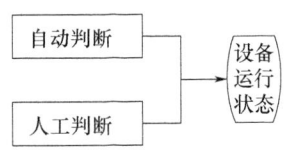

图 1 设备运行状态判定总体思路

上述四类数据分别来自气象观测设备、业务管理部门和业务操作人员三方面(图 2)。其中气象观测设备指所有在我国气象行业中使用的自动观测设备的总称,此处不包含人工观测站;管理部门特指元数据信息的业务管理部门,包含国家级和省级;业务用户特指从事气象观测装备技术保障的省级、地市级和台站级业务保障人员。

气象观测设备产生设备运行状态数据和气象实时观测数据,管理部门产生元数据信息,业务用户产生业务操作表单数据。三个源头产生的四类数据分别产生四类状态,依次用状态1~4表示,四类状态各自产生四类状态因子,由该四类状态因子通过综合判定,产生最终的设备运行状态(图2)。综合状态判定时四类因子对最终状态影响的优先级从高到低依次为:业务数据状态因子＞元数据状态因子＞状态数据状态因子＞观测数据状态因子。

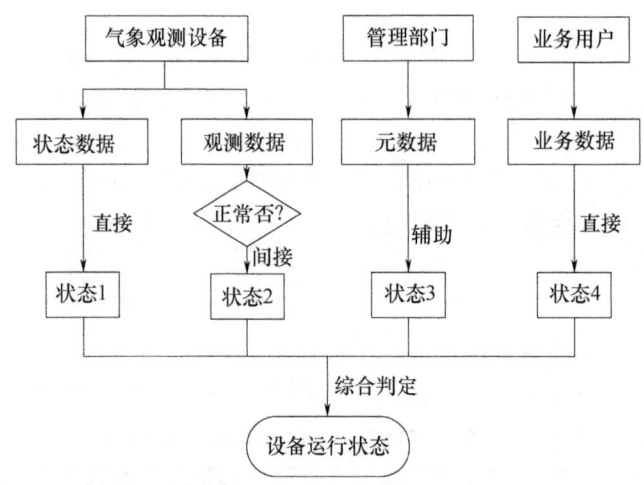

图2 设备运行状态判定流程

图2中状态1为通过设备运行状态数据直接反映的设备运行状态因子。将这些状态数据与已制定的各项目的标准进行对比,其高低、有无、强弱等对比结果反映设备的状态,包括正常、报警、故障、无数据;状态2为通过观测数据间接反映的设备运行状态。设备故障时将会产生失真的观测结果。基于此前提,通过对气象仪器观测到探测数据的分析、质量控制,判断气象要素采集结果的合理性,进而间接反映设备的运行状态,包括数据正常、数据错误、数据可疑、无数据;状态3为通过元数据信息辅助反映的设备运行状态因子。观测台站的环境信息、仪器检定状况、观测范围和频次、台站的地理位置等信息可辅助进行设备状态以及观测的数据有效性,如新一代天气雷达的观测时段、非观测时段;状态4为通过观测台站的维修保障填报业务数据信息直接反映的设备运行状态因子,包括维护、维修、特殊情况停机等,每种探测设备填报业务数据各有异同;设备运行状态:基于上述的状态1~4的综合分析,得出的设备最终运行状态。

目前气象观测业务中不同设备可产生的自身状态信息不同,设备的可监控性也存在差异[1],在进行不同设备运行状态判定时根据其实际提供的可监控信息具体进行分析。如目前新一代天气雷达含自身状态信息、能产生观测数据、有维修保障人员填报的业务数据,有元数据信息,但数据不规范,其综合状态的判定主要基于状态前三类数据确定;区域级自动气象站的自身设备状态信息缺乏,目前没有维修保护业务数据,元数据信息也很有限,所以其综合状态基本由经过对观测数据进行数据质量控制,由观测数据间接反映。

## 3. 状态定义

依据设备状态的真实情况,同时结合观测业务特点,将设备的运行状态分为正常、报警、故障和非观测时段四类,分别由绿色、橙色、蓝色和灰色标识,四类状态的具体定义如下。

绿色代表正常状态。判定标准为：设备运行状态信息显示正常，观测数据无质量问题，设备及观测结果与元数据吻合，且无填报的维修保障相关异常信息。

橙色代表报警状态。判定标准为：设备状态显示报警；观测数据经质量控制后为可疑；设备及观测结果与元数据存在可控范围内的偏差；维修保障业务信息显示维护。

蓝色代表故障状态。判定标准为：设备状态显示故障；无观测数据，或收到观测数据，但经质量控制后数据显示为错误；设备及观测结果与元数据存在较大偏差，为明显错误；维修保障业务填报信息显示故障。

灰色代表非观测状态，指按照我国气象观测业务规范或业务要求，在某些时段内设备处于待机状态，不开展观测任务。该状态为配置状态，根据气象观测业务规定不同设备灵活配置。

上述状态定义中，"正常"状态各判定条件为"且"的关系，即所有条件都要满足；"报警"状态和"故障"状态各判定条件为"或"的关系，即只要有一个条件满足，就产生相应状态。

## 4. 实例分析

目前 ASOM 中实现了对新一代天气雷达观测网、自动气象站观测网、探空系统观测网、自动土壤水分观测网、大气成分观测网、风廓线雷达观测网、GNSS/MET 观测网、全国雷电观测网以及全国风能资源专业观测网的实时运行监控[19]，现有各类观测设备的可监控性不尽相同，新一代天气雷达作为大型气象装备，其监控信息设计相对比较完备，维护保障机制相对比较成熟，而天气雷达中又以北京敏视达雷达有限公司生产的天气雷达无论其性能，还是稳定性等各方面均相对其他厂家的好[30]，在此以该厂的 SA 雷达为例进行说明（下文中的雷达特指 SA 型雷达）。

雷达自身可产生并在 ASOM 中接收到的文件信息有四类，分别为状态文件、报警文件、产品文件和基数据文件，其中基数据文件因数据处理能力问题，未在 ASOM 中加工处理；ASOM 中可产生的业务数据有来自停机通知、故障维修单和维护单中人工填报的维护维修业务表单；元数据目前仅有来自 ASOM 观测站网信息管理子系统中设备、人员和台站等有限信息。

按照图 2，SA 雷达的状态数据来自此处的"状态文件"和"报警文件"，观测数据文件来自此处的"产品文件"，元数据来自观测站网子系统，业务数据来自相关业务表单。"状态文件"中目前能提供的状态信息有功率、噪声温度、幅度和相位平衡等共计 24 个参数；"报警文件"中能提供的检测信息分七大类，分别为发射系统（XMT）、接收机/信号处理器（RSP）、伺服系统（PED）、控制系统（CTR）、配电系统（UTL）、存档 A（ARCH）和其他（N/A），共计 268 个报警点。

雷达每 10 min 进行一次运行状态评价，每天共计有 144 个评价时次，结合状态文件和报警文件具体参数值，以及产品文件、维护维修记录、观测时段、元数据等信息，进行状态综合判定，结果分正常、报警、故障和非观测时段类，具体如下。

绿色代表正常状态。判定标准为：设备状态正常，无报警信息，产品无质量问题，设备及观测结果与元数据吻合，无填报的维修保障相关异常信息。

雷达状态判定时先要进行是否开机的预判，因雷达在开机和待机时都会有状态文件和报警文件上传，仅靠文件是否到达并不能真实判定雷达运行状态。预判标准为：雷达状态文件中有 5 类系统状态字段，1 表示系统正常、2 表示系统可用、3 表示需要维护、4 表示系统故障和 5

表示系统关机,当状态文件中对应的系统状态为非系统关机(即状态5),认为天气雷达处于开机状态。

橙色代表报警状态。判定标准为:设备状态显示报警;产品经质量控制后为可疑;设备及观测结果与元数据存在可控范围内偏差;维修保障业务信息显示维护。

蓝色代表故障状态。判定标准为:设备状态显示故障;无产品数据,或收到产品数据,但经质量控制后为错误;设备及观测结果与元数据存在较大偏差,为明显错误;维修保障业务信息显示故障。

灰色代表非观测状态。判定标准为:在非观测时段内,状态文件、报警文件和产品文件均未到达,或状态文件和报警文件到达,但雷达未处于开机状态。根据新一代天气雷达观测规定中的时间规定进行雷达是否处于正常关机状态的判断,如遇到重大天气过程或紧急状态需要在非观测时段紧急开启雷达时,系统按观测时段根据报警文件、状态文件和探测数据文件是否到达,进行雷达运行状态的判断。

以新疆雷达为例,2016年1月26日,新疆地区建设的雷达均处于非汛期,根据中国气象局新一代天气雷达业务运行规定正常开机时间为10—15时,在非观测状态下若雷达没有开机运行,系统状态判定为灰色(如五家渠雷达09时状态表现为灰色);若雷达提前开机且运行设备状态正常,无报警信息,产品无质量问题,设备及观测结果与元数据吻合,无填报的维修保障相关异常信息,系统状态判定为绿色(如石河子和库尔勒雷达);如图3所示,新疆喀什雷达09时起出现橙色代表的报警状态,详细报警信息显示雷达冷却开关脱扣,雷达发射系统报警,同时出现蓝色代表的故障状态,发现喀什雷达并未上传雷达产品数据。与此同时,喀什雷达站维修人员在及时发现雷达报警进行现场维修后,雷达恢复正常运行,并提供维修保障信息(图4)。

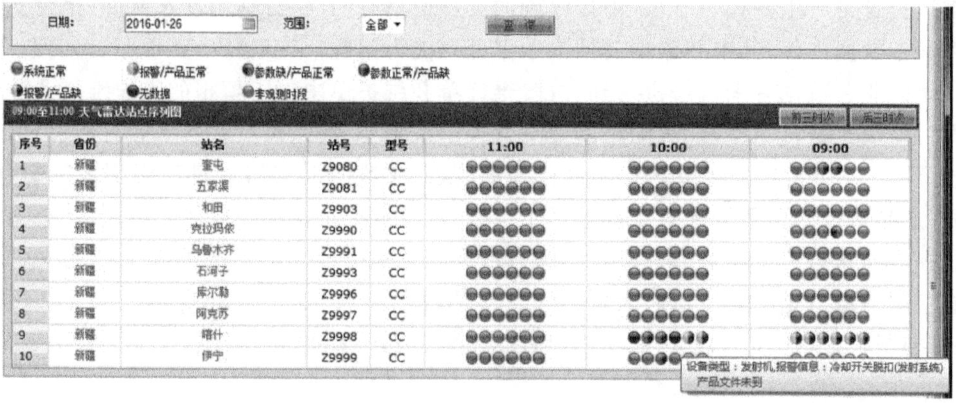

图3 新一代多普勒天气雷达运行状态实时显示

目前ASOM中元数据信息不太完整,缺乏比较完备的数据规范,状态判定中对其的利用仅停留在提供设备、站址等最基本信息的初级层面,以元数据进行状态、观测数据质量等综合校验的工作尚未展开;状态文件中提供的能够进行雷达各主要部件运行状态判定的检测信息比较有限,无法给出更细致、更全面的运行状态信息;针对观测产品的数据质量控制算法也开展得十分有限,只能进行特别明显的数据质量问题检测;业务表单用以辅助设备运行状态判定的工作受业务规范性、表单填报及时性以及表单设计科学合理性的因素制约而存在一定的局

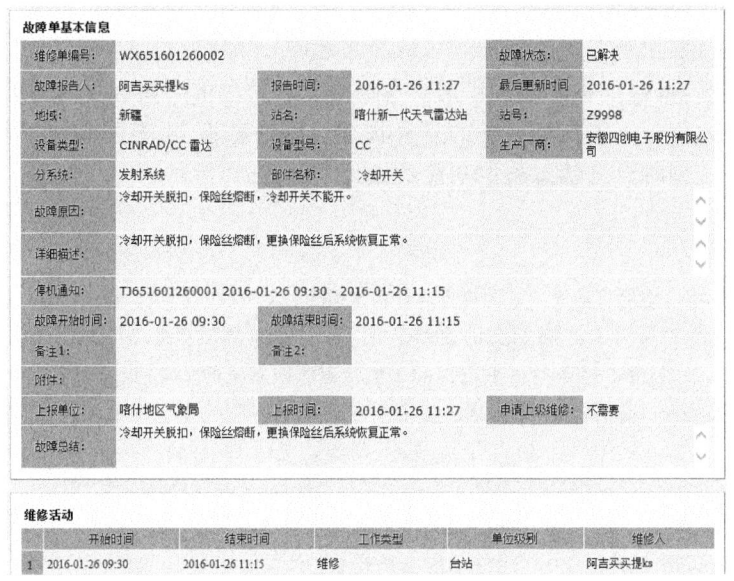

图 4 天气雷达故障填报信息

限性。尽管受上述各类因素影响,以设备自身运行状态信息、观测数据信息、元数据信息以及业务操作数据信息作为设备运行状态的综合判定能更真实、准确地反映设备的运行状态,提高了雷达的维修保障能力,近年来,国内新一代天气雷达的平均故障持续时间相较于 2008 年的 24 h 大幅度下降,目前达到了 10 h,全国天气雷达观测网的平均业务可用性由在开始监控之初的 89% 上升了近 10%[30]。

## 5. 结论

本文从气象观测设备运行保障角度出发,基于各观测设备自身运行状态检测信息,如天气雷达的发射机功率、自动气象站的主板温度、风廓线雷达的噪声温度等,结合气象观测数据,如天气雷达的基本反射率、自动气象站的气象要素数据、自动土壤水分观测仪的土壤体积含水量等,气象观测元数据信息以及各级气象观测技术保障业务人员人工填报的故障维修维修单、常规维护单等业务表单数据,研制了我国气象观测设备自动与人工相结合的运行状态综合判定技术;同时制定了绿色对应正常、橙色对应报警、蓝色对应故障和灰色对应非观测时段的设备运行状态分类和显示标准。研究贴合气象装备技术保障业务实际需求,在一定程度上促进了我国气象观测技术装备运行监控业务工作的科学化开展。

然而,国内现有大部分观测设备自身可提供的状态检测信息有限,几乎所有设备均不能细化到设备的最小可更换单元;观测数据质量控制技术参差不齐,地面自动站稍好,其余设备质控技术科学性和业务化可应用性有待提高;元数据的规范性、标准化不够,真正业务中更多是发挥效益难度较大;业务表单数据的获取受业务管理、表单自身设计等多方面因素的制约,也有很大的空间需要提高。尽管经过各类数据信息综合校验判断,能在近端真实反映远端设备的真实运行状态,但当设备状态异常时,目前的技术在定位设备故障的具体部位、故障原因等有助于开展设备维修保障工作,细节部分方面仍然很欠缺,急需加强;另外,需要加强业务、数据等的规范化、标准化建设。

气象观测运行监控是在气象保障领域内新兴起的一项实时性业务工作,要真实、准确地定位设备的运行状态,被监控对象能提供的自身运行状态信息的丰富程度是主要的因素,目前的气象观测设备中大部分气象观测设备的自身状态检测信息不全,有的缺失,因此,加强气象技术装备功能规格定型时自身状态检测功能的设计是关键。

## 参考文献

[1] 李雁,周青,李峰,等.地面自动气象观测设备运行状态检测信息设计[J].气象科技,2015,43(6):1044-1053.
[2] 窦红霞.发动机监控所需 ACMS 报文的故障分析[J].航空维修与工程,2013,2:52-53.
[3] 杨小强,黄智刚,张军,等.基于空地数据链的飞机状态监控系统的实现[J].电讯技术,2003,1:68-72.
[4] 敖凯军,鲁浩,吴剑秋.多传感器信息融合技术在发动机状态监控系统中的应用研究[J].传感器世界,2004,7:22-25.
[5] 吴寅,刘文波,李开宇.列车行车状态监测无线传感系统设计[J].计算机测量与控制,2012,20(3):627-629.
[6] 吴寅,刘文波,李开宇.铁轨压力状态监测无线传感系统的设计[J].自动化仪表,2012,33(7):73-75.
[7] 戴喜明,袁涛,吴定雪.基于 GSM/GPS/GIS 车辆状态监控系统的设计与实现[J].微计算机信息,2006,22(25):246-248.
[8] 廉捷,李占洪,李晓群.DF_(7G)型机车远程信息采集与故障诊断系统[J].铁道技术监督,2013,41(6):25-27.
[9] 幸晋渝,刘念,郝江涛,等.电力设备状态监测技术的研究现状及发展[J].继电器,2005,33(1):80-84.
[10] 袁汉福.MTL8000 在机泵运行状态监控方面的应用[J].自动化博览,2008,6:70-73.
[11] 裴翀,宋连春,吴可军等.我国综合气象观测运行监控系统的设计与实践[J].气象,2011.37(2):213-218.
[12] 李雁,梁海河,孟昭林等.自动气象站运行效能统计[J].应用气象学报,2009,20(4):504-509.
[13] 中国气象局大气探测技术中心.新一代天气雷达全网监控实施方案[R].2003:1-15.
[14] 中国气象局气象探测中心.中国气象局气象探测中心 2014 年度业务技术报告[R].2015:15-30.
[15] 中国气象局综合观测司.关于综合气象观测系统运行监控业务职责流程(试行)的通知[Z].气测函〔2010〕235 号.
[16] 敖振浪,谭鉴荣,郑明辉.大型自动气象站探测网络实时监控系统的设计和实施[J].成都信息工程学院学报,2002,17(3):178-183.
[17] 龚贤创,谢从刚,杨代才,等.湖北气象监测网络业务管理系统及其应用效果[J].暴雨灾害,2008,27(3):278-282.
[18] 侯飙,隋丹.黑龙江省土壤水分自动观测站运行监控平台功能简介[J].黑龙江气象,2012,29(3):39-40.
[19] 李峰,秦世广,周薇,等.综合气象观测运行监控业务及系统升级设计[J].气象科技,2014,42(4):539-544.
[20] 李雁,李峰,赵志强,等.中国区域自动气象站运行监控系统建设[J].气象科技,2013,41(2):231-235.
[21] 李雁,裴翀,郭亚田,等.中国风能资源专业观测网运行监控系统建设及应用[J].资源科学,2010,32(9):1679-1684.
[22] 吴东丽,梁海河,曹婷婷,等.中国自动土壤水分观测网运行监控系统建设[J].气象科技,2014,42(2):278-282.
[23] 中国气象局气象探测中心.中国气象局气象探测中心气象现代化实施方案(2014—2020 年)[R].2013:1-50.
[24] 中国气象局预报与网络司.关于 2010 年度全国各类气象资料传输业务质量的通报[Z].气预函〔2011〕5 号.
[25] 梁海河,孟昭林,张春晖,等.综合气象观测运行监控系统[J].气象,2011,37(10):1292-1300.

[26] 中国气象局综合观测司. 观测司关于印发综合气象观测系统仪器装备运行状况通报办法的函[Z]. 气测函〔2015〕73号.

[27] 中国气象局气象探测中心. 综合气象观测运行监控系统升级详细设计说明书[R]. 2014:1-735.

[28] 周青,张乐坚,李峰,等. 自动气象站实时数据质量分析及质控算法改进[J]. 气象科技,2015,43(5):814-822.

[29] 中国气象局气象探测中心. 综合气象观测系统运行监控平台(ASOM)完善改进方案[R]. 2011:1-37.

[30] 中国气象局综合观测司. 中国气象局综合观测司关于2014年度新一代天气雷达等观测装备运行状况的通报[Z]. 气测函〔2015〕17号.

# 地面自动气象观测设备运行状态信息检测技术*

李雁[1,2,3] 周青[2] 李峰[2] 周薇[2] 徐鸣一[2] 梁海河[2]

(1. 中国科学院地理科学与资源研究所,北京 100101;2. 中国气象局气象探测中心,北京 100081;3. 中国科学院大学,北京 100049)

**摘 要**:地面自动气象观测设备运行状态检测机制不足一直是困扰我国地面气象观测运行保障工作的一大难题。本文从运行监控实际业务需求角度出发,在梳理现有业务运行地面自动气象观测设备结构基础上,结合部分研究成果,从数据采集模块、气压观测模块、温湿度观测模块、风观测模块、地温观测模块、雨量观测模块、供电系统模块、软件模块、能见度观测模块和称重降水观测模块共 10 个方面逐一细化了每一主要部件的状态检测点,并对其进行了分类和编码,同时参考现行业务运行设备长 Z 数据报文,制定了地面自动气象观测设备运行状态报文规范,最终研制了地面自动气象观测设备运行状态信息检测技术。通过统一规范、标准,研究结果可解决目前我国地面自动气象观测设备监控信息设计规范缺失的问题,,可缓解当前厂家多、型号杂、设备不统一的不利局面,有利于推进地面自动气象观测设备运行监控技术规范化建设工作。

**关键词**:自动站 运行状态 参数 检测 监控 设计

# 引 言

地面观测是综合气象观测的重要组成部分[1]。在没有气象仪器之前,气象观测全凭目力和感觉判定;17—18 世纪,在气象仪器发展基础上,欧洲陆续组建了局地气象观测网;至 19 世纪末,随着通信网络发展,基本建成了系统的气象台站网;此后,伴随各种气象仪器的研制和新技术应用,常规观测逐渐向自动化遥测过渡。

近年来,我国气象部门地面观测站的数量急速增加,截至目前,已初步建成了 2424 套由国家基准气候观测站、国家基本气象观测站和国家一般气象观测站组成的国家级地面自动观测站网[2]和由 40000 余套中小尺度自动气象观测站构成的观测要素较为齐全、站点数量庞大的地面区域自动气象观测网[3],而且伴随气象现代化进程的推进,也已经或正在陆续开展自动土壤水分、风能、太阳能、农业气象、交通和旅游气象以及海洋等专业和专项自动化观测系统建设[1]。

如何做好如此庞大观测系统的保障工作,一直是困扰气象观测技术装备保障业务管理部门的一大难题。运行监控、维护维修、装备供应及计量检定是气象装备保障活动的四项重要环节[4],其中运行监控是近年来在我国气象保障领域内兴起的一项实时业务活动[5],它是通过将设备远端的状态、数据等信息拉到近端,反映设备、数据等的真实状态,以便第一时间发

---

\* 本文发表在《气象科技》,2015,43(6):1030-1039.

现问题,并且解决问题,达到快速保障的目的[6]。按监控的方式,可分为直接监控和间接监控;按其时效性,可分为实时监控和非实时监控;按其监控的对象,可以分为设备运行状态的监控、探测数据质量的监控、设备维修保障状态的监控、观测站网变更的动态监控、观测环境的监控等。

运行监控技术手段已成为气象保障领域内不可或缺的重要组成部分,而且伴随计算机信息技术发展、观测自动化程度提高以及地面气象观测业务体制改革的进行,其越来越重要。该技术在国外气象装备保障领域发展较早,且技术较为成熟,典型代表为美国的地面自动气象观测站网(ASOS)[7]和天气雷达网的保障工作(WSR-88D)[8]。国内运行监控在航空航天领域[9-11]、汽车[12]、火车[13-15]、电力[16]以及石油输油管线系统等[17-18]中应用较多,而且无论从设备监控点设计还是具体参数信息检测和显示等方面都做得比较细致,应用效果也比较好,如在火车制动系统监控中,可以实现其刹车片运行状态的监控,可以实现火车铁轨压力状态的监测等;而在气象装备保障领域中针对气象观测设备真实运行状态的实时监控工作开展得较晚[5-6,19-23],而且不同装备的可监控性参差不齐,大型装备(如天气雷达)相对较好,其余装备可监控性较差,缺乏对设备运行状态可检测点和运行参数的系统性设计,无法提供真实运行状态信息或提供的信息有限。目前业务中采用的基于观测数据的设备运行状态判断方式因脱离了对设备运行状态的分析,存在不全面和不准确的局限性,难以准确定位系统主要部件的真实运行状态,进而无法实现故障的快速诊断,造成故障修复时间长、系统可用性低等问题,影响了地面自动气象观测设备保障工作的开展,亟须加强对其自动化监控技术的规范化设计。近几年,国内在自动站运行状态自动检测方面也做了相关研究工作[24],基于新型自动站架构完成了自动气象站传感器BIT(内置测试)电路设计和数据采集处理升级,实现了自动气象站运行状态和故障自动检测功能,并生产出样机进行了外场比对试验,该类研究成果对业务化自动站状态检测信息设计具有借鉴意义。

本文从多年运行监控业务工作实际需求角度出发,基于现有地面自动气象观测设备相关功能设计[25,26],同时参考国内外行业内和行业外的部分研究成果[24],进一步梳理了地面自动气象站设备分级分类,细化了设备各最小更换单元状态检测点,并进行了各主要检测点的编码设计,制定了常规地面自动气象站、称重式降水观测设备和能见度仪等几类常规地面气象观测设备状态文件的编排格式规范。该项工作的开展有助于促进和推动我国地面气象观测自动化监控技术的进程,同时可为自动站升级改造提供理论依据。

# 1. 设计思路

地面自动气象观测设备除主要指常规地面自动气象(候)站外,伴随近年来气象观测自动化进程的推进以及专业气象观测设备的不断研发和业务使用,还包括云能天观测设备、红外地温观测设备、自动土壤水分观测设备、辐射观测设备、梯度风能观测设备、称重式降雨观测设备、交通以及旅游气象服务观测设备等,其中部分设备已在业务中运行多年,部分尚处于测试阶段。

地面自动气象(候)站到目前为止已进行了两代的更新,其中第一代采用集散式设计结构,即由"采集器+传感器+外围设备"组成的硬件和"嵌入式软件+业务软件"组成的软件组成;第二代基于控制器区域网(Controller Area Network,CAN)嵌入式系统技术和外部现场总线技术设计,硬件部分采用"主采集器+外部总线+分采集器+传感器+外围设备"结构设计,主采集器与分采集器以 CAN 总线连接,外围设备主要包括电源、终端设备、通信接口和外存储器,软件包括嵌入式软件和业务软件两部分[25]。CAN 总线的运用既加强了自动气象(候)站系统内部的通信联系及其可靠性,其特有的 CAN OPEN 协议又规范了主采集器与各分采集器的通信格式,使不同厂家设备的互换有了明确的标准,因此,未来采用总线方式的第二代自动气象(候)站(以下简称"二代站")设计方式将是未来我国地面自动气象观测设备的主流,目前正处于由一代向二代的过渡阶段。

本文在第二代自动气象(候)站的基础上,根据设备运行监控业务需求和从维修保障便捷性的角度出发,首先梳理了地面自动气象观测设备结构,进行设备的分级分类,根据分类结果在各主要观测节点设置了状态的检测信息和状态分类;其次,分别进行上述各组成结构单元、运行状态名称及其状态值编码设计;最后,参考国家级现行业务中地面自动气象站实时气象观测数据文件(气象业务中称为长 Z 文件),设计地面自动气象观测设备运行状态信息文件。

## 2. 检测点设计

### 2.1 设备分类分级

设备分类分级是进行仪器装备运行状态监控的基础性工作,通过细化仪器装备结构,以便进行基础或关键部件运行状态检测点设计,为后续远程监控提供可监控信息。

二代站采用 CAN 总线技术和国际标准 CAN OPEN 协议设计,满足系统标准定义和统一接口的采集器、传感器均可实现兼容性和互换性[25]。以二代站为代表的地面自动气象观测设备大的结构可分为采集系统、观测模块、外围设备和软件四部分,其中采集系统包括主采集器和若干个分采集器,观测模块包括地温(草温、雪温)观测模块、温湿度观测模块、气压观测模块、风观测模块、雨观测模块、云能天观测模块、称重式降水观测模块、辐射观测模块、蒸发观测模块、红外地温观测模块、自动土壤水分观测模块以及其余新增地面气象观测模块等,外围设备包括供电系统、CAN 总线、通信传输设备、业务终端设备、附属设备,软件包括嵌入式软件和业务软件 2 部分,其中每个结构大类又由若干个最小可更换单元(FRU)器件组成。此处的观测模块是连接到采集系统上(主采集器或分采集器),具可插拔式设计,并含有一定状态自检功能的集合体,它包含传感器、相关电子链路(传感器之间或内部的连接线,如设备运行的检测电路)、设备运行微诊断系统、显示系统(部分设备可能包含)等,各类传感器附属于相应的观测模块。整体结构如图 1 所示。

其中,主采集器是二代站的核心,负责完成基本气象要素数据采集、处理、质量控制、状态监控以及对分采集器的管理,可挂接气温、湿度、气压、雨量(翻斗或容栅式)、风向、风速、蒸发、总辐射、能见度等传感器;分采集器负责对所接入的传感器进行数据采样以及响应主采集器的命令,包括气候观测分采集器、辐射观测分采集器、地温观测分采集器、土壤水分观测分采集器、海洋气象观测分采集器、温湿分采集器,其中气候分主采集器可直接挂接的传感器包括:气温(3 支)、通风防辐射罩(3 组)、降水量(0.5 mm 翻斗式、称重式)、风速(1.5 m 高度)、红外地温传感器;地温分采集器可直接挂接的传感器包括:地面温度传感器、草面温度传感器、土壤温度(8 层)传感器;土壤水分分采集器可直接挂接的传感器:8 层土壤水分传感器;温湿分采集器

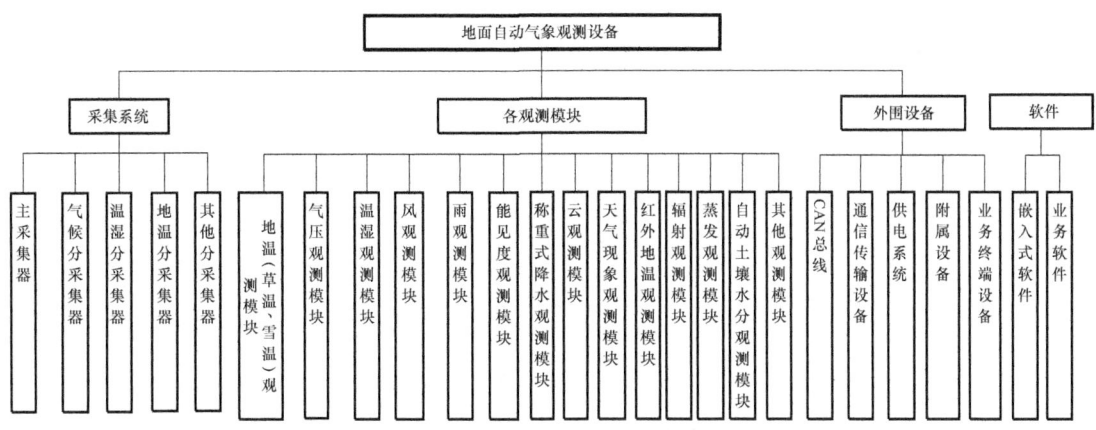

图 1 地面自动气象观测设备结构分类分级示意图

可直接挂接的传感器包括:气温、湿度传感器;辐射观测分采集器可直接挂接包含日照传感器在内的 10 个辐射传感器;海洋气象观测分采集器可挂接观测表层海温、海盐、海表流速流向、水质等要素的传感器。

## 2.2 检测信息设计

检测信息设计是在设备分类分级的基础上细化可监控点,并且对每一部分的可监控点信息进行具体状态的规范化设计。研究中依据以上地面自动气象观测设备分类分级结构,对主采集器和已在业务中使用或未进行业务化但技术相对成熟的分采集器或观测模块,包括气候分采集器、地温分采集器、温湿分采集器,温压湿风雨基本要素观测模块、能见度观测模块和称重式降水观测模块,以及供电系统和软件状态进行检测及编码设计。

(1)主采集器状态信息设计。主采集器是整套地面自动气象观测系统的核心,对其检测信息主要从主板温度、主板电源、交流供电以及机箱门等检测点以及 CF 卡(Compact Flash,即便携式闪存卡)、CAN 总线、GPS(Global Positioning System,即全球定位系统)模块和 A/D 模块(Analog/Digital,即模拟/数字转换器)等组成结构进行设计,具体如表 1 所示。

表 1 主采集器运行状态检测点及各自运行状态信息

| 检测点 | 运行状态 |
| --- | --- |
| 运行状态 | 正常、故障、没有检查、没有配置 |
| 电源电压 | 正常、未检测到、偏高、偏低、超上限、超下限、没有检查 |
| 主板温度 | |
| 供电类型 | 交流、直流 |
| 主板 | 正常、损坏、没有检查、没有配置 |
| 电缆 | 正常、未连接、接触不良、没有检查、没有配置 |
| AD 模块 | 正常、故障、没有检查、没有配置 |
| 计数器模块 | 正常、故障、没有检查、没有配置 |
| CF 卡 | 正常、未插入、故障、无法访问、没有检查、没有配置 |
| CF 卡余量 | 余量充足、余量不足、余量用完 |
| GPS 模块 | 正常、授时无效*、故障、没有检查、没有配置 |

续表

| 检测点 | 运行状态 |
|---|---|
| GPS 电缆 | 正常、未连接、没有检查、没有配置 |
| 门开关状态 | 打开或未关好、关上 |
| LAN 状态 | 正常、故障、没有检查 |
| RS232/RS485 终端通信状态 | 正常、故障、没有检查 |
| CAN 总线状态 | 正常、故障、没有检查 |

注:"授时无效"一般指不能定位或天线未连接,由于主采集器具备 GPS 自动对时功能,当 GPS 对时功能失效时会报警。

上表电压、温度等物理量中,"正常"表示数值处于正常范围,"偏高/偏低"表示采样值偏高/偏低,"超上/下限"表示采样值超过测量范围上/下限,"没有检查"表示无法判断当前工作状态;主采集器组成模块中,"正常"表示正常工作,"故障"表示设备有故障无法工作,"没有配置"表示没有配置该设备。

(2)分采集器状态信息设计。分采集器硬件包含高性能的嵌入式处理器、高精度的 A/D 电路、高精度的实时时钟电路、大容量的程序存储器、参数存储器、传感器接口、通信接口、CAN 总线接口、监测电路、指示灯等。新型自动气象站的分采集器与主采集器一样,均须对主板温度、工作电压等物理参数以及电路板、AD 模块、计数器模块、通信电缆、接口等组成结构单元进行检测,从而判断分采集器数据采样、数据传输等工作状态是否正常,便于台站进行设备状态监控。表 2~4 分别是气候分采集器、温湿分采集器和地温分采集器的运行状态检测点及各自运行状态信息设计。

表 2　气候分采集器运行状态检测点及各自运行状态信息

| 检测点 | 运行状态 |
|---|---|
| 供电电压 | 正常、未检测到、偏高、偏低、超上限、超下限、没有检查 |
| 主板温度 | 正常、未检测到、偏高、偏低、超上限、超下限、没有检查 |
| 供电类型 | 交流、直流 |
| 气候分采集器 | 正常、故障、没有检查、没有配置 |
| 电路板 | 正常、损坏、没有检查、没有配置 |
| AD 模块 | 正常、故障、没有检查、没有配置 |
| 计数器模块 | 正常、故障、没有检查、没有配置 |
| 电缆 | 正常、未连接、接触不良、没有检查、没有配置 |

表 3　温湿分采集器运行状态检测点及各自运行状态信息

| 检测点 | 运行状态 |
|---|---|
| 供电电压 | 正常、未检测到、偏高、偏低、超上限、超下限、没有检查 |
| 主板温度 | 正常、未检测到、偏高、偏低、超上限、超下限、没有检查 |
| 供电类型 | 交流、直流 |
| 温湿分采集器 | 正常、故障、没有检查、没有配置 |
| 电路板 | 正常、损坏、没有检查、没有配置 |
| AD 模块 | 正常、故障、没有检查、没有配置 |

表 4  地温分采集器运行状态检测点及各自运行状态信息

| 检测点 | 运行状态 |
| --- | --- |
| 供电电压 | 正常、未检测到、偏高、偏低、超上限、超下限、没有检查 |
| 主板温度 | |
| 供电类型 | 交流、直流 |
| 地温分采集器 | 正常、故障、没有检查、没有配置 |
| 电路板 | 正常、损坏、没有检查、没有配置 |
| AD 模块 | 正常、故障、没有检查、没有配置 |
| 计数器模块 | 正常、故障、没有检查、没有配置 |

(3)温湿观测模块状态信息设计。温湿度传感器状态检测参数有:信号电压、信号电阻、工作电压、工作电流等。温湿度传感器运行是否正常,取决于这些参数是否都处于正常合理的工作范围,若超出了范围则说明传感器某个元件或某些元件有了故障;当信号线损坏或者温度传感器铂丝断裂时将导致气温数据显示缺测,需要对信号线、铂丝状态进行检测;当湿敏电容故障或者长期处于高温高湿环境下时,湿度数值总是显示90%以上或100%并持续不变,引起观测失效,因此需要对湿敏电容状态进行检测[27]。表5为温湿观测模块运行状态检测点及其运行状态信息设计。

表 5  温湿观测模块运行状态检测点及各自运行状态信息

| 检测点 | 运行状态 |
| --- | --- |
| 温度传感器信号电阻 | 正常、未检测到、偏高、偏低、超上限、超下限、没有检查 |
| 湿度传感器信号电压 | |
| 温度(湿度)传感器工作电压 | |
| 温度(湿度)传感器工作电流 | |
| 温度传感器电缆 | 正常、未连接、短路、没有检查、没有配置 |
| 温度传感器信号线 | 正常、损坏、未连接、没有检查、没有配置 |
| 温度传感器 | 正常、铂丝断裂、铂丝短路、阻值过大、没有检查、没有配置 |
| 湿度传感器电缆 | 正常、未连接、短路、没有检查、没有配置 |
| 湿度传感器信号线 | 正常、损坏、未连接、没有检查、没有配置 |
| 湿度传感器电路板 | 正常、损坏、没有检查、没有配置 |
| 湿敏电容 | 正常、损坏、饱和失效*、没有检查、没有配置 |
| 通风防辐射罩 | 不正常、正常、没有检查、没有配置 |

注:"饱和失效"指湿敏电容长期处于高温高湿环境,导致传感器持续维持高湿值而使测量失效。

(4)气压观测模块状态信息设计。目前自动气象站普遍采用的气压传感器主要是芬兰 Vaisala 公司生产的 PTB220 智能型全补偿式数字气压传感器,感应元件为硅电容压力传感器 BAROCAP,气压传感器内有微处理器,属智能传感器,通过 RS-232 串行通信口将气压测量数据传送给采集器。气压传感器供电电压范围是 10~30 V,供电电流平均值小于 30 mA[26],通过检测电压、电流值可以了解传感器工作状态;当传感器电缆接触不良或损坏时会导致气压数据跳变,需要对传感器电缆进行检测。气压观测模块运行状态检测点及其运行状态信息设计如表6所示。

表6 气压观测模块运行状态检测点及各自运行状态信息

| 检测点 | 运行状态 |
| --- | --- |
| 工作电压 | 正常、未检测到、偏高、偏低、超上限、超下限、没有检查 |
| 工作电流 | |
| 传感器电缆 | 正常、损坏、未连接、接触不良、没有检查、没有配置 |
| 信号线 | 正常、损坏、未连接、接触不良、没有检查、没有配置 |
| 传感器 | 正常、损坏、没有检查、没有配置 |

（5）风观测模块状态信息设计。风向传感器一般由单翼风向标、内装风向码信号发生器的壳体、电路板、轴承以及信号输出插座组成，其输出的为七位格雷码数字量或电压、电流模拟量，输出信号电压值范围为0～2.5 V，输出信号电流值范围为4～20 mA。风速传感器一般由三个压塑成型的轻质风杯、内装随风杯旋转的截光盘、包含信号变换电路（霍尔开关元件）的壳体以及信号插座组成，风速传感器输出的是频率数字量，输出信号频率值范围为0～1221 Hz，此外，风向、风速传感器供电电压范围是DC(5±0.5)V，风向传感器供电电流平均值小于20 mA，风速传感器供电电流平均值小于5 mA[26]。因此，可通过检测电流、电压、频率值来反映传感器的工作状态，这些参数值若超出了范围则说明传感器某个元件或某些元件有了故障；当信号线损坏或者传感器遭雷击时将导致风速、风向数据显示缺测，需要对信号线、传感器状态进行检测；当冬季风速传感器被雨凇、雾凇冻住或者被卡死时会致使风速值一直为0，需要对传感器被冻住或卡死进行检测；当风速、风向传感器内部轴承被污染或磨损时，会导致风速值偏小，需要对轴承状态进行检测[27]。表7为风观测模块运行状态检测点及其运行状态信息设计。

表7 风观测模块运行状态检测点及各自运行状态信息

| 检测点 | 运行状态 |
| --- | --- |
| 风向传感器信号电压（信号电流） | 正常、未检测到、偏高、偏低、超上限、超下限、没有检查 |
| 风向/风速传感器工作电压 | |
| 风向/风速传感器工作电流 | |
| 风速传感器信号频率 | |
| 风向/风速传感器电缆 | 正常、损坏、未连接、短路、没有检查、没有配置 |
| 风向/风速传感器信号线 | 正常、损坏、未连接、没有检查、没有配置 |
| 风向/风速传感器 | 正常、损坏、冻住或卡死*、没有检查、没有配置 |
| 风向/风速传感器轴承 | 正常、污染或磨损*、没有检查、没有配置 |

注："冻住或卡死"表示在冬季，风速/风向传感器被雨凇、雾凇冻住导致传感器示值长时间持续不变的状态；"污染或磨损"表示传感器内部轴承受到污染或磨损致使启动风速变大，即小风速时仪器示值为0。

（6）雨量观测模块状态信息设计。目前自动气象站雨量传感器一般使用双翻斗雨量筒或单翻斗雨量筒，双翻斗雨量传感器主要由承水器（常用口径为20 cm）、上翻斗、汇集漏斗、计量翻斗、计数翻斗、磁钢和干簧管等组成，单翻斗雨量筒主要由承水器（口径为159.6 mm）、过滤漏斗、翻斗、干簧管和底座等组成。降水量每次达到0.1 mm时，通过计数翻斗翻动，磁钢对干簧管扫描，使干簧接点因磁化而瞬间闭合一次，送出一个电路导通脉冲，相当于0.1 mm降雨量,雨量脉冲信号被滤波和整形后被计数器计数,CPU 每隔 1 min 读取该计数器的内容获得雨量值。当信号线或者干簧管损坏时将导致雨量数据始终显示为 0,需要对信号线、雨量传感器状态进行检测;当雨量传感器漏斗、翻斗或滤网堵塞时将导致雨量值偏小,需要对漏斗或滤网的状态进行检测;当磁钢松脱时会导致有翻斗翻转声但无信号输出,因此需要对磁钢单独进行检测。表 8 为雨量观测模块运行状态检测点及其运行状态信息设计。

表 8　雨量观测模块运行状态检测点及各自运行状态信息

| 检测点 | 运行状态 |
| --- | --- |
| 传感器信号电压 | 正常、未检测到、偏高、偏低、超上限、超下限、没有检查 |
| 传感器信号电流 | |
| 传感器积水信号电压 | |
| 脉冲数 | |
| 上翻斗的脉冲数 | |
| 传感器电缆 | 正常、损坏、未连接、没有检查、没有配置 |
| 传感器信号线 | 正常、损坏、未连接、没有检查、没有配置 |
| 传感器干簧管 | 正常、损坏、短路、不闭合、没有检查、没有配置 |
| 传感器滤网 | 正常、堵塞*、没有检查、没有配置 |
| 传感器磁钢 | 正常、松脱*、没有检查、没有配置 |

注:"堵塞"表示雨量传感器漏斗、翻斗或滤网堵塞,或被蜘蛛结网挂住,导致雨量值偏小或下雨时雨量值总为 0;"松脱"表示雨量传感器磁钢松脱致使传感器有翻斗翻转声,但无信号输出。

(7)地温观测模块状态信息设计。地温包括地表温度、草面温度、雪面温度、浅层地温和深层地温,均为标准 4 线制铂电阻测温。新型自动站地温传感器共 10 支,其中地表温度 1 支、草面温度 1 支,5 cm、10 cm、15 cm、20 cm、40 cm、80 cm、160 cm、320 cm 地温各 1 支,在此分别以地温传感器 1~10 来表示。铂电阻温度传感器状态检测见上文温湿观测模块中介绍,地温观测模块运行状态检测点及其运行状态信息设计如表 9 所示。

表 9　地温观测模块运行状态检测点及各自运行状态信息

| 检测点 | 运行状态 |
| --- | --- |
| 传感器 1 信号电阻 | 正常、未检测到、偏高、偏低、超上限、超下限、没有检查 |
| 传感器 1 工作电压 | |
| 传感器 1 工作电流 | |
| …… | |
| 传感器 10 信号电阻 | |
| 传感器 10 工作电压 | |
| 传感器 10 工作电流 | |
| 传感器 1 电缆 | 正常、损坏、未连接、接触不良、短路、没有检查、没有配置 |
| 传感器 1 信号线 | 正常、损坏、未连接、没有检查、没有配置 |
| 传感器 1 | 正常、铂丝断裂、铂丝短路、阻值过大、没有检查、没有配置 |
| …… | …… |

续表

| 检测点 | 运行状态 |
|---|---|
| 传感器 10 电缆 | 正常、损坏、未连接、接触不良、短路、没有检查、没有配置 |
| 传感器 10 信号线 | 正常、损坏、未连接、没有检查、没有配置 |
| 传感器 10 | 正常、铂丝断裂、铂丝短路、阻值过大、没有检查、没有配置 |

(8)能见度观测模块状态信息设计。目前二代站能见度采用前向散射仪来进行观测,其由传感器、采集器、外围设备等部分组成。其中,传感器部分包括接收器、发射器和和控制处理器等;采集器包括接口单元、中央处理单元、存储单元等;外围设备主要包括终端微机、供电电源、电源防雷器、蓄电池和无线通信模块等。

前向散射能见度仪的采集器对传感器按预定的采样频率进行扫描,对气象变量测量值进行转换,使传感器输出的电信号转换成气象单位量,得到采样瞬时值,其交流供电电压范围是 220($\pm10\%$)V,供电频率范围是 50($\pm6\%$)Hz,直流供电电压范围是 12($\pm5\%$)V[26],可通过检测电压、频率值来反映设备的工作状态,这些参数值若超出了范围则说明设备某些元件可能有了故障;当雷击导致防雷板被击穿或采集器通信板被烧坏时,能见度示值将始终不变,需要对采集器、通信模块运行状态进行检测;当通信电缆损坏或接触不良时会导致能见度数据显示缺测,需要对电缆状态进行检测;当感应传感器镜头遭到污染时,或发射器、接收器故障时将导致能见度仪数值偏高,需要对传感器工作状态和窗口污染情况进行检测[28];另外,需要根据天气情况对能见度仪镜头进行加热,防止镜头表面结露、结霜、积雪,因此,接收器和发射器的加热、通风状态也需要进行实时检测。综上所述,能见度观测模块运行状态检测点及其运行状态信息设计如表 10 所示。

表 10 能见度观测模块运行状态检测点及各自运行状态信息

| 检测点 | 运行状态 |
|---|---|
| 采集器主板电压 | 正常、未检测到、偏高、偏低、超上限、超下限、没有检查 |
| 采集器供电频率 | |
| 采集器主板温度 | |
| 蓄电池电压 | |
| AC-DC 电压 | |
| 供电类型 | 交流、直流 |
| 采集器 | 正常、故障、没有检查、没有配置 |
| 采集器电路板 | 正常、损坏、没有检查、没有配置 |
| 通信模块 | 正常、损坏、没有检查、没有配置 |
| 接收器加热 | 正常、偏高、偏低、停止 |
| 接收器通风 | 正常、偏高、偏低、停止 |
| 发射器加热 | 正常、偏高、偏低、停止 |
| 发射器通风 | 正常、偏高、偏低、停止 |
| 自检测 | 通过、未通过 |
| 电源系统充电器 | 正常、损坏、没有检查、没有配置 |
| 接收器 | 正常、损坏、没有检查、没有配置 |

续表

| 检测点 | 运行状态 |
|---|---|
| 发射器 | 正常、损坏、没有检查、没有配置 |
| 窗口污染 | 无、轻微、一般、重度、没有检查 |
| 电缆 | 正常、损坏、未连接、没有检查、没有配置 |
| CAN 防雷模块 | 正常、损坏、没有检查、没有配置 |
| 直流电源防雷模块 | 正常、损坏、没有检查、没有配置 |
| 交流电源防雷模块 | 正常、损坏、没有检查、没有配置 |

(9)称重式降水观测模块状态信息设计。称重式降水传感器即满足固态降水自动化观测,同时也支持液态降水自动化观测,且其测量精度较翻斗式雨量传感器更高,其主要由承水口、外壳、盛水桶、载荷元件及处理单元、底座组件、防风圈等部件组成。称重式降水传感器供电电压范围是 DC(12±2)V,供电电流范围是平均值小于 20 mA[26],可通过检测电压、电流值来反映设备的工作状态;当盛水桶溢出或载荷元件损坏时,将导致降水量示值始终为 0,需要对载荷单元状态以及盛水桶是否溢出进行检测;当敏感元件损坏或处理单元故障时导致降水量数据显示缺测,需要对敏感元件和处理单元状态进行检测;当挡风圈或承水口有积雪时,将导致降水量数据偏高或者与实际天气情况不符,需要对挡风圈或承水口积雪状态进行检测[29]。其运行状态检测点及其运行状态信息设计如表 11 所示。

表 11 称重式降水观测模运行状态检测点及各自运行状态信息

| 检测点 | 运行状态 |
|---|---|
| 器供电电压 | 正常、未检测到、偏高、偏低、超上限、超下限、没有检查 |
| 器供电电流 | |
| 器主板温度 | |
| 器供电类型 | 交流、直流 |
| 器自检测状态 | 通过、未通过 |
| 器载荷元件 | 正常、损坏、没有检查、没有配置 |
| 器处理单元 | 正常、损坏、没有检查、没有配置 |
| 器敏感元件 | 正常、损坏、没有检查、没有配置 |
| 器防风圈 | 正常、有积雪或结冰、没有检查、没有配置 |
| 器盛水桶 | 正常、损坏、溢出、没有检查、没有配置 |
| 器电缆 | 正常、损坏、未连接、没有检查、没有配置 |

(10)供电系统状态信息设计。供电系统一般由开关电源、充电器、蓄电池、防雷模块等组成,12 V 蓄电池作为直流电源给自动气象站供电,外部供电电源(市电、柴油发电机、太阳能电池板、风能电池板等)则通过充电控制器对 12 V 电池浮充电。供电系统状态检测常用的参数有:开关电源输出电压、开关电源输出电流、蓄电池电压、蓄电池放电电流、负载电压、负载电流等。当电源控制器发生故障将导致电池无法充电,所有的观测数据将显示缺测,当供电系统电路板遭雷击时,也将导致观测数据显示异常,因此需要对电源控制器、电路板的工作状态进行检测;当电源箱保险丝断裂、蓄电池或充电器损坏时,将致使后备电源无法进行供电,因此需要实时检

测蓄电池等部件的运行状态。供电系统运行状态检测点及其运行状态信息设计如表12所示。

**表12 供电系统运行状态检测点及各自运行状态信息**

| 检测点 | 运行状态 |
| --- | --- |
| 开关电源电压 | 正常、未检测到、偏高、偏低、超上限、超下限、没有检查 |
| 开关电源电流 | |
| 蓄电池电压 | |
| 蓄电池电流 | |
| 负载电压 | |
| 负载电流 | |
| 供电系统电路板 | 正常、损坏、没有检查、没有配置 |
| 供电系统保险丝 | 正常、断裂、没有检查、没有配置 |
| 电源控制器 | 正常、损坏、没有检查、没有配置 |
| 开关电源 | 正常、故障、没有检查、没有配置 |
| 交流供电 | 正常、不正常 |
| 蓄电池电缆 | 正常、未连接、没有检查、没有配置 |
| 蓄电池 | 正常、损坏、过放、电量不足、没有检查、没有配置 |
| 充电器 | 正常、故障、没有检查、没有配置 |

(11)软件状态信息设计。地面自动气象观测设备软件包括嵌入式系统软件和业务应用软件两部分。主/分采集器中运行的软件为嵌入式系统软件,承担嵌入式系统和各外部设备的运行管理,负责完成数据的采集、质量控制、数据通信、数据处理、数据存储以及运行状态的检测等;业务应用软件专门用于实现接收和显示采集器的观测数据,输入人工观测数据并进行编发观测报告等。当嵌入式软件中的自动站参数(包括测站基本参数、通信参数、传感器参数等)设置不正确或软件运行错误时会导致计算机与采集器通信失败,当参数文件内容为空时会导致嵌入式软件无法打开,当嵌入式软件时间不同步时会导致采集数据缺测,此外,当嵌入式软件中的通信设置不正确时会导致正点数据无法正常下载;当嵌入式软件出现"观测数据超历史极值"的虚警时,会导致真实数据被误判为错误,可通过与人工记录比较从而修订极值库数据;当业务应用软件升级或安装不当时将导致正点报文无法上传。因此,软件运行状态检测点及其运行状态信息设计如表13所示。

**表13 软件运行状态检测点及各自运行状态信息**

| 检测点 | 运行状态 |
| --- | --- |
| 嵌入式软件参数设置 | 正常、异常、没有检查 |
| 嵌入式软件通信设置 | 正常、异常、没有检查 |
| 嵌入式软件时间同步性 | 同步、不同步、没有检查 |
| 嵌入式软件质量控制结果 | 正常、异常、错误、没有检查 |
| 嵌入式软件运行状态 | 正常、异常、没有检查 |
| 业务应用软件参数设置 | 正常、异常、没有检查 |
| 业务应用软件运行状态 | 正常、异常、升级、没有检查 |

## 3. 检测信息编码设计

基于二代自动气象(候)站状态文件格式中工作状态值编码方式,并结合地面气象要素上传数据文件中各要素标识符,对地面自动气象观测设备各组成结构单元、运行状态名称及其状态值分别进行编码,具体规则设计如下。

(1)各组成结构单元编码。状态结构类编码采用英文大写字母"ZXX"来表示,其中字母Z表示状态变量,XX标识各状态结构类的名称(英文的首字母缩写),如ZMC表示主采集器(Main Collector)。由于在地面气象要素上传数据文件新格式中对温、压、湿、风等要素数据段分别设立了标识符,因此地面自动气象观测设备结构类编码首先要与现有业务地面数据文件格式中相应字段标识符保持一致,如气压观测模块编码为ZPP、温湿观测模块编码为ZTH等等。状态结构类编码不超过三位英文字母,当为两位英文字母时,以空格补齐位数。综上所述,各状态结构类编码如下:主采集器—ZMC,气候分采集器—ZCC,温湿分采集器—ZTC,地温分采集器—ZDC,气压观测模块—ZPP,地温(草温、雪温)观测模块—ZDT,温湿观测模块—ZTH,风观测模块—ZWI,雨观测模块—ZR,能见度观测模块—ZVV,称重式降水观测模块—ZWP,供电系统—ZPS,软件—ZS。

(2)状态结构类中各子组成单元编码。状态名采用英文大写字母+数字组合来表示。英文大写字母表示各状态名的名称(英文的首字母缩写),其中不同状态结构类的同一类状态名采用相同的英文字母来表示,如主采集器供电电压和气候分采集器供电电压均采用PV(Power Voltage)来表示;数字除了标识状态名本身以外(如主采集器RS232/RS485终端通信状态编码为RS2/RS4),还用于区别多个传感器的各个状态名,如地温传感器共有10个,第1个的工作电压采用PV1表示,第2个的工作电压采用PV2表示。另外,当状态名表示自动站各组成单元的综合状态时,编码采用"S"(Synthesis State)作为后缀。状态名编码不超过三位数,当为两位数时,以空格补齐位数。根据上述规则对各子结构的状态名进行编码,如供电电压(工作电压)编码为PV、供电类型编码为PT、供电频率编码为PF、主板温度编码为MT、电缆编码为EC、信号线编码为SW、通风防辐射罩编码为RS、干簧管编码为RP等。

(3)各检测设备状态值定义。各状态名对应的状态值采用数字0~9以及英文大写字母N来表示。由于地面自动气象观测设备检测点种类较多,运行状态意义不尽相同,这里将各设备运行状态分为四类,分别对每类状态进行统一编码。第Ⅰ类代表主采集器、分采集器以及各传感器等设备的运行状态,其中正常统一编为"0",故障统一编为"2""9"均表示没有检查,"N"则均表示无此设备,此4种编码为固定取值并具有普适性,对于各设备的"正常""故障""未检查""未配置"这4种运行状态均采用该编码方式,而其余运行状态用"3~8"等数字来表示,且不同设备编码方式各异,同一运行状态编码值具有不同的含义,例如,对于温度传感器而言,用"3"表示铂丝断裂,用"4"表示铂丝短路,用"5"表示阻值过大,而对于湿敏电容传感器,"3"表示饱和失效,对于风传感器,"3"表示设备冻住或卡死;第Ⅱ类代表主采集器、分采集器的电源电压、主板温度以及传感器的信号电压、信号电流、信号电阻、信号频率等检测点的运行状态,用"0"表示数值处于正常范围,"2"表示未检测到信号,"3"表示采样值偏高,"4"表示采样值偏低,"5"表示采样值超测量范围上限,"6"表示采样值超测量范围下限,"9"表示没有检查;第Ⅲ类代表主采集器、分采集器、传感器连接电缆以及传感器信号线的运行状态,"0"表示正常,"2"表示电缆损坏,"3"表示未连接,"4"表示接触不良,"5"表示短路,"9"表示没有检查;第IV类比较特殊,主要包括主采集器和分采集器供电类型、CF卡余量、主采集器门开关状态等,其运行状态的编码方式不同于前三类,且每种检测点状态都有各自不同的编码方式,例如,供电类型使用"0"表示交流供电,用"1"表示直流供电;CF卡余量使用"0"表示余量充足,用"1"表示余量不足,用"2"表示余量用完。

为使地面自动气象观测设备运行状态检测编码更具标准化和通用性,在此将上述各类状态值统一归为以下五种状态大类:正常(表示设备运行正常)、故障(表示设备损坏或者未检测到任何信号,无法正常工作)、维护性报警(表示设备工作状态值超出了一定正常范围,仍可继续工作,但需要维护)、故障性报警(表示设备工作状态值已超出了阈值,可能发生故障,需要诊断和维修)、未检查(表示未进行状态的检测)和未配置(表示未配置该设备),编码均用两位英文字母表示,分别为:正常编为NM(Normal),故障编为MF(Malfunction),维护性报警编为MA(Maintainable Alarm),故障性报警编为BA(Broken-down Alarm),未检查编为ND(Non Detection),未配置编为NL(Null),按照状态大类的定义将上述4类设备的运行状态进行归类,例如,"采样值偏高"和"采样值偏低"可归为"维护性报警","采样值超测量范围上限"和"采样值超测量范围下限"可归为"故障性报警";电缆"接触不良"和"短路"可归为"维护性报警",电缆"未连接"可归为"故障性报警"等等。具体状态值编码方式及分类详见表14。

**表14 地面自动气象观测设备状态值编码说明**

| 类别 | 状态 | 状态编码 | 状态大类编码方式 |
|---|---|---|---|
| I | 主采集器、分采集器等 | "0"表示正常;"2"表示故障,不能正常工作;"3~8"表示各设备的具体运行状态;"9"表示没有检查,不能判断当前工作状态;"N"表示没有配置该设备 | "0"归为正常(NM);"2"归为故障(MF);"3~8"归为维护性报警或者故障性报警,各设备状态值的归类方式不尽相同,如对于温度传感器而言,"3"铂丝断裂归为故障性报警(BA),"4"铂丝短路和"5"阻值过大归为维护性报警(MA)。"9"归为未检查(ND);"N"归为未配置(NL) |
| II | 电压、温度、电阻、电流、频率等 | "0"表示处于正常范围;"2"表示未检测到信号,无法工作;"3"表示采样值偏高;"4"表示采样值偏低;"5"表示采样值超测量范围上限;"6"表示采样值超测量范围下限;"9"表示没有检查,不能判断当前工作状态 | "0"归为正常(NM);"2"归为故障(MF);"3"和"4"归为维护性报警(MA);"5"和"6"归为故障性报警(BA);"9"归为未检查(ND) |
| III | 电缆、信号线 | "0"表示正常;"2"表示电缆损坏;"3"表示未连接;"4"表示接触不良;"5"表示短路;"9"表示没有检查,不能判断当前工作状态;"N"表示没有配置该电缆 | "0"归为正常(NM);"2"归为故障(MF);"3"归为故障性报警(BA);"4"和"5"归为维护性报警(MA);"9"归为未检查(ND);"N"归为未配置(NL) |
| IV | 主采集器、分采集器供电类型 | "0"表示交流供电;"1"表示直流供电 | 此类状态名由于比较特殊,其编码方式不同于以上三类,这里不再对其进行状态大类划分 |
| IV | CF卡余量 | "0"表示余量充足;"1"表示余量不足;"2"表示余量用完 | |
| IV | 主采集器门开关 | "0"表示关上;"1"表示打开或未关好 | |
| IV | 通风防辐射罩 | "0"表示正常;"1"表示通风状态不正常;"9"表示没有检查,不能判断当前工作状态;"N"表示没有配置该防辐射罩 | |
| IV | 自检测 | "0"表示自检测通过;"1"表示自检测未通过 | |

# 4. 状态文件设计

我国实时气象业务数据分观测要素数据和设备运行状态数据两类,这两类数据在气象观测站自动采集完后定时向省级和国家级气象业务部门自动上传,传输介质有气象业务专用通信网、GPS(Global Positioning System,即全球定位系统)、北斗卫星、中国联通与中国移动商用通信网四种形式,传输方式基本采用具有固定格式的数据文件进行,文件内容采用 ASCII 字符写入。地面自动气象站运行状态文件设计包括文件名和文件内容设计两部分。

## 4.1 文件名设计

地面自动气象观测设备每定时形成一个上传文件,采用定长的文件记录方式以 ASCII 字符写入每一条记录),记录尾用回车换行结束,每个要素值高位不足补空格,文件名定义为:
Z_SURF_I_IIiii_yyyyMMddhhmmss_R_EQU_FTM.XT
其中,Z 表示文件为国内交换的资料,SURF 表示地面观测,I 指示其后字段代码为测站区站号,IIiii 为测站区站号,yyyyMMddhhmmss 代表文件生成时间"年月日时分秒"(UTC,世界时),R 表示文件为状态信息,EQU 表示设备类型标识(如地面国家级自动气象站为 AWS,中小尺度自动气象站为 REG,自动土壤水分观测站为 ASM,梯度风观测站为 WNDSRC,大气成分观测站为 CAWN),FTM 表示定时观测资料,TXT 表示文件为文本文件。

## 4.2 文件内容设计

国家级现行业务中地面自动气象站实时气象观测数据采用 TXT 文件(气象业务中称为长 Z 文件)方式上传,根据其具体观测要素,文件内容编排共分 13 段,分别为:测站基本信息、气压数据、气温和湿度数据、累计降水和蒸发数据、风观测数据、地温数据、自动观测能见度数据、人工观测项目、其他重要天气、小时内每分钟降水量、人工观测连续天气现象、数据质量控制码和文件结束符,其中每一个字段中根据实际观测要素又分为若干项。

地面自动相关观测设备运行状态文件中具体内容编排参考现有业务运行自动站长 Z 文件格式,同时按照本研究中制定的设备运行状态检测信息和编码规则,具体文件内容设计为:文件共 16 段,包括基本参数行、自动站各设备模块状态检测标识行以及状态信息行。状态信息文件第 1 段为本站基本参数,第 2 段为采集器、传感器等标识,第 3~15 段为各检测点状态信息,第 16 段是为扩展地面自动气象观测设备其他观测模块工作状态信息的预留位。每段尾用回车换行"<CR><LF>"结束,第 16 段后面加上"=<CR><LF>"表示单站数据结束,文件结尾处加"NNNN<CR><LF>"表示全部记录结束。

本站基本参数行包括台站区站号、经纬度、观测场海拔高度及设备类型共 5 组,每组用 1 个半角空格分隔;各设备模块状态检测标识行包括主采集器、气候分采集器、地温分采集器、温湿分采集器、气压、温湿、风、雨、地温(草温、雪温)、能见度、称重式降水观测模块、供电系统以及软件等 13 个组成部分的状态检测标识,若有该项目存"1",无该项目则存"0",另外,预留 20 个字节(用"—"填充)作为新增检测项目的标识;第 3 条记录起为各采集器、传感器各检测点的工作状态,以 ASCII 字符写入,其工作状态值位长、排列顺序及各要素工作状态依据自动站状态检测编码规范取值进行。以北京海淀自动气象站为例,文件内容格式如表 15 所示。

表 15  状态文件内容格式说明

| 记录 | 内容 | 范例 | 说明 |
|---|---|---|---|
| 第一段 | 站号、经度、纬度、观测场海拔高度及设备类型 | 54511 1161659 395902 00469 1 | ①经度和纬度按度分秒存放,经度存7个字节,纬度存6个字节;观测场海拔高度保留1位小数,原值扩大10倍存入;②设备类型标识:基本要素站存"1",气候观测站存"2",基本要素与气候观测要素综合站存"3",…… |
| 第二段 | 采集器、传感器标识 | 1 1 1 1 1 1 1 1 1 1 1 1 1 1 ————————————— | 有此设备存"1",否则存"0",按照顺序依次存放 |
| 第三段<br>第十五段 | 状态信息 | 20141016110000<br>ZMC 0 0 0 3 0 0 0 0 0 0 0 0 0 0 0 0 0 0 0 0<br>ZCC 0 0 0 0 0 0 0 0<br>ZTC 0 0 0 0 0 0 0 0<br>ZDC 0 0 0 0 0 0 0 0<br>ZPP 2 5 5 0 0 0 | ①观测时间为年月日时分秒;②依据设备状态检测参数编码规范进行排序和取值,每个状态结构类编码均为一条记录,紧随其后的是具体检测点状态值,例如 ZMC 为主采集器,其后第4个字节为3表示主采集器主板温度采样值偏高,其余显示正常 |
| 第十六段 | 保留 | ————————— | 保留是为了扩展其他观测要素工作状态信息,均用"—"填充 |

## 5. 讨论

本文在梳理现有业务运行地面自动气象观测设备结构的基础上,基于现有运行监控业务需求,结合部分研究成果,从数据采集模块(主采集器和分采集器)、气压观测模块、温湿度观测模块、风观测模块、雨观测模块、地温观测模块、供电系统模块和自动站软件模块8方面组成的常规观测设备以及能见度观测模块和称重降水观测模块2类非常规观测设备逐一细化了每一主要部件的状态检测点,进行了编码,并针对每一类检测点进行了状态分类,与此同时参考现行业务中长Z观测数据报文格式,制定了适用于设备运行监控的地面自动气象观测设备运行状态报文格式,最终研制了地面自动气象观测设备运行状态信息检测技术。研究结果可以在一定程度上解决目前我国地面自动气象观测设备缺乏监控信息设计规范的问题,同时可以解决我国各厂家自动气象站状态监控数据格式不规范、不统一的问题,将在一定程度上指导设备生产厂家进行现有设备更新,提升地面自动站设备运行保障能力;此外,对于观测和数据利用业务部门,通过设备状态和探测数据相结合,共同判断自动气象站数据质量,提高了数据的真实性和可用性等。尽管如此,研究结果自身及成果在具体实际操作中将可能存在如下问题。

(1)仅从用户需求的角度提出了业务需求,实际能否实现,需要硬件设计单位考究,并从对可行检测点提出技术解决方案。

(2)研究中的设备分类分级基本基于新型站的结构分类进行,其采用 CAN 总线接口方式除了可以挂接常规温、压、湿、风、降水等常规传感器外,还可以实现对各类辐射、蒸发、红外地温、能见度、称重降水和雪深等非常规观测设备的插拔式挂接,但现在非常规设备中除能见度和称重降水外,其余传感器模块有些还未定型,有些尚处于研制阶段,有些虽已定型,但不属于现有业务运行的设备,针对这些传感器模块的状态检测规范等相关内容本研究没有涉及。

(3)研究中针对不用设备或模块制定的状态检测点,部分内容是现有设备中已经能支持,即已经能产生这些状态信息,而有些属于研究部分,要实现对这些状态的检测需要对硬件设备进行大的改进,这部分内容未来可根据实际情况进行设备的升级和改进。

(4)编码规范是参考现行业务中的长Z数据文件格式设计,文件以报文形式逐级上传,但国内气象观测业务中采集数据有网其他方式转变的趋势,如采用数据流的形式实时传输,本研究基于现行方式设计,未考虑其他形式。

尽管存在诸多问题,本研究开展仍可为厂家进行地面观测设备研发时开展状态检测点设计提供参考;与此同时,该项工作为其余气象观测设备运行状态检测功能设计和状态文件编排提供基础性模板。但无论是设备分级分类标准、检测规范还是最后制定的状态文件格式,在具体标准规范制定过程中以及将来的实际业务使用中仍不同程度存在一些不足需要改进,或者伴随业务体制的改革需要不断调整。

**致谢:**

本研究由中国气象局气象关键技术集成项目地面自动站设备状态信息规范研制及业务试验(CMAGJ2013M68)项目支持;同时,本研究得到了地面观测网自动化运行监控技术研究团队和中国气象局气象探测中心地面与高空观测室有关人员的理论指导与技术支持,在此表示感谢!

## 参考文献

[1] 中国气象局. 中国气象局关于印发《综合气象观测系统发展规划(2014—2020年)》的通知[Z]. 气发〔2013〕108号.

[2] 中国气象局综合观测司. 中国气象局综合观测司关于2013年12月—2014年5月新一代天气雷达等观测装备运行状况的通报,综合气象观测系统运行监控评估报告——2014年在用业务仪器装备年度运行分析报告(2013.12—2014.5)[R]. 2014.

[3] 中国气象局气象探测中心. 全国区域自动气象站运行监控月报[R]. 2014.

[4] 中国气象局. 中国气象局关于加强气象观测技术装备保障业务发展的意见[Z]. 气发〔2013〕113号.

[5] 裴翀,宋连春,吴可军,等. 我国综合气象观测运行监控系统的设计与实践[J]. 气象,2011,37(2):213-218.

[6] 李雁,李峰,赵志强,等. 中国区域自动气象站运行监控系统建设[J]. 气象科技,2013,41(2):231-235,277.

[7] http://www3.amss.nws.noaa.gov/[EB/OL].

[8] http://www.roc.noaa.gov/WSR88D/Operations/Operations.aspx[EB/OL].

[9] 窦红霞. 发动机监控所需ACMS报文的故障分析[J]. 航空维修与工程,2013(2):52-53.

[10] 敖凯军,鲁浩,吴剑秋. 多传感器信息融合技术在发动机状态监控系统中的应用研究[J]. 传感器世界,2004(7):22-25.

[11] 杨小强,黄智刚,张军,等. 基于空地数据链的飞机状态监控系统的实现[J]. 电讯技术,2003(1):68-72.

[12] 戴喜明,袁涛,吴定雪. 基于GSM/GPS/GIS车辆状态监控系统的设计与实现[J]. 微计算机信息,2006,22(25):246-248.

[13] 廉捷,李占洪,李晓群. DF_(7G)型机车远程信息采集与故障诊断系统[J]. 铁道技术监督,2013,41(6):25-27.

[14] 吴寅,刘文波,李开宇. 列车行车状态监测无线传感系统设计[J]. 计算机测量与控制,2012,20(3):627-629.

[15] 吴寅,刘文波,李开宇.铁轨压力状态监测无线传感系统的设计[J].自动化仪表,2012,33(7):73-75.
[16] 幸晋渝,刘念,郝江涛,等.电力设备状态监测技术的研究现状及发展[J].继电器,2005,33(1):80-84.
[17] 袁汉福.MTL8000在机泵运行状态监控方面的应用[J].自动化博览,2008(6):70-73.
[18] 杜怀栋,孟祥波.体积管检定流量计运行状态监控系统的研制[J].石油工业技术监督,2008(2):51-54.
[19] 中国气象局大气探测技术中心.新一代天气雷达全网监控实施方案[R].2003:1-15.
[20] 中国气象局大气探测技术中心.气象探测全网运行监控系统功能规格书[R].2007:10-25.
[21] 李雁,裴翀,郭亚田,等.中国风能资源专业观测网运行监控系统建设及应用[J].资源科学,2010,32(9):1679-1684.
[22] 吴东丽,梁海河,曹婷婷,等.中国自动土壤水分观测网运行监控系统建设[J].气象科技,2014,42(2):278-282.
[23] 李峰,秦世广,周薇,等.综合气象观测运行监控业务及系统升级设计[J].气象科技,2014,42(4):539-544.
[24] 中国气象局气象探测中心.地面观测网自动化运行监控技术研究系统功能规格说明与详细设计[R].2011:1-231.
[25] 陈冬冬,杨志彪,施丽娟,等.新型自动气象站结构特点及其优越性[J].气象水文海洋仪器,2011(4):93-99.
[26] 中国气象局监测网络司,中国气象局大气探测技术中心.第二代自动气象站功能规格书[R].2008:1-300.
[27] 周青,梁海河,李雁,等.自动气象站故障分析排除方法[J].气象科技,2012,40(04):567-570.
[28] 刘哲辉,丛旭日,李治君.XDN01前向散射能见度仪的几个故障分析[J].山东气象,2012,32(4):54-55.
[29] 巩宏亚,谢万军,马良,等.浅谈称重式降水传感器[J].甘肃科技,2013,29(1):60-62.

# 自动气象站探测网实时监控关键技术*

周钦强[1]　李源鸿[2]　李建勇[1]　吕雪芹[2]

(1. 广东省气象探测数据中心,广州　510080;
2. 广州气象卫星地面站,广州　510080)

**摘　要**:基于GPRS通信的自动气象站观测网实现了探测数据的高效快速集中采集处理,但站网的扩容更新维护和全网自动气象站监控与维护成为日常保障业务中一个重要但却费时费力的任务。在阐述自动气象站全网远程实时监控系统基本原理和系统架构的基础上,对站网扩容更新维护算法、在线自动气象站的远程指令控制等关键技术给予了深入分析,并根据实时探测数据判断采集器及各传感器工作状态,实现故障信息的自动提取与短信报警。在对全省近3000个区域自动气象站组网运行监控保障业务应用中,该系统较好地实现了全省自动气象站组网维护和工作状态远程实时监控,满足了自动气象站组网容量日渐扩大的业务保障需求,大大提高了组网自动气象站的维护保障效率。

**关键词**:自动气象站　实时监控　设备状态　站网维护

## 引　言

广东省接近3000个区域自动气象站全部实现了基于GPRS技术的组网通信,基本实现了全省区域自动气象站探测数据集中采集与处理模式。但日渐庞大的观测站网带来实时海量气象探测数据的同时,也带来了繁重的组网维护与设备监控保障任务。在自动气象站GPRS通信组网[1-4]实现的基础上,深入研究自动气象站实时远程组网维护算法和状态实时监控,无需人工干预即可实现站网设备状态实时监控,故障信息自动提取与短信报警,新装气象站自动识别加载,站点IP地址变更信息自动识别,缺测时次报文自动补调,站点组网信息变更自动提示,气象站组网自动校时,自动气象站通信终端(DTU)在/离线状态实时监控等自动气象站日常维护与实时监控任务,大大提高了自动气象站正常运行效率,真正发挥自动气象站GPRS组网在气象探测业务中的作用。

## 1. 工作原理

自动气象站全网远程实时监控系统[5,6]主要包括自动气象站设备状态监控、组网更新维护、数据质量监控、故障分析与显示、指令控制和短信报警提示等模块,系统架构如图1所示。

---

\* 本文发表在《气象科技》,2011,39(4):477-482.有改动。

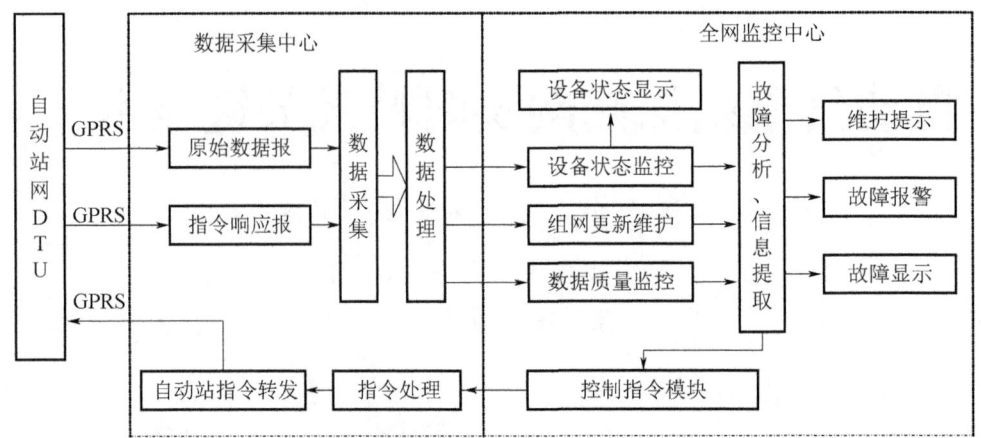

图1 自动气象站全网监控中心架构图

组网监控中心通过 GPRS 网络接收网内自动气象站上行监控信息，并发送下行指令远程控制自动站设备终端，实现观测站远程实时监控功能。

(1)上行监控信息。每个自动气象站 DTU 数据通过 GPRS 网络发送到数据采集中心[7]，采集中心将数据解析处理完成后转发到全网监控中心，其中包括：自动气象站状态监控信息、观测报文数据和组网通信信息等。全网监控中心对这些数据进行分类处理：设备状态信息提取显示、组网更新维护信息提示和数据质量控制，并对处理过程中异常数据或故障进行短信提示[8,9]：自动站设备故障（包括采集器和各传感器）、通信模块 DTU 离线报警、新增站点入网更新提示、DTU SIM 卡更换提示和网内自动站站号设置错误报警等。

(2)下行控制指令。自动气象站补调缺失数据、更改参数设置等，全网监控中心发出控制指令，经数据采集中心转发到 GPRS 网络接入点，直接发送到对应自动气象站通信终端 DTU，实现对其无线远程控制。

## 2. 关键技术分析

### 2.1 组网自维护

组网更新维护模块主要实现自动气象站入网自动加载、网内站点静态 IP 地址变更自动识别、网内站点配置信息变更自动更新、缺测时次报文自动补调及故障短信自动报警等功能。

(1)配置文件

按照地市行政区划管理每个自动气象站的配置信息，包括所属地区、站号标识、静态 IP 地址，其中每个地区所辖自动气象站站号与其通信终端静态 IP 地址一一对应。采用可扩展标记语言(XML)文件格式配置每个站点的基本属性，可读性强，便于开发维护，文件格式如图2所示。其中，根节点<station></station>表示网内所有自动气象站集合。

一级子节点<A></A>…为地区代码，表示自动气象站归属地区，如 A 代表广州地区；一级子节点<O></O>为特殊站号标识的自动气象站集合，如粤港澳合建自动气象站等。

二级子节点<G10></G10>表示 A 地区所分配站号段为"G10"的自动气象站集合，其他二级子节点同。

```
<?xml version="1.0" encoding="UTF-8"?>
<station>
    <A>         <G10>
                        <G1001>192.168.4.137</G1001>
                        <G1002>192.168.4.114</G1002>
                        ……
                </G10>
        ……
    </A>
    ……
    <O>
                        <G59490>192.168.5.40</G59490>
                        <G65318>192.168.18.29</G65318>
                        ……
    </O>
</station>
```

图 2 自动气象站组网配置文件

三级子节点＜G1001＞192.168.4.137＜/G1001＞表示站号为 G1001 的自动气象站对应的通信终端 DTU 静态 IP 地址为 192.168.4.137,其他三级子节点同。

(2)组网维护

基于上述配置文件设计实现的组网维护更新算法,主要实现如下功能:

① 自动识别并加载自动气象站入网站号标识及其静态 IP 地址,并自动判别其所属地区。由于数据采集中心为每个地区自动气象站分配独立的数据接收端口,每个自动气象站 DTU 在入网前必须配置采集中心服务器 IP 地址及数据接收端口;

② 自动识别网内任意自动气象站站号标识更改或 IP 地址更改(更换 SIM 卡);

③ 无法识别新入网观测站站号标识及 IP 地址时,调用短信发送模块提示业务维护人员;

④ 当网内 2 个以上观测站站号标识设置重复时,调用短信发送模块向监控中心维护人员及站点所在地区负责人短信报警;

⑤ 特殊站号的处理。粤港澳合作气象观测站通用站号标识为 5 位数字编码,为了兼容这些特殊站号标识,在配置文件和内存结构中单独为其分配资源;同时也便于使用 5 位数字临时站号入网调试新装观测站的工作状况,增强了组网监控中心的兼容性。

## 2.2 组网保障

### 2.2.1 设备运行状态监控

设备运行状态监控主要包括数据采集器、各要素传感器和通信终端 DTU 等设备的工作状态监控。

(1)数据采集器。数据采集器监控信息主要包括采集器启动/关闭时间和工作电压。通过采集器启动/关闭时间监控是否存在干扰自动气象站正常工作的频繁重新启动/关闭现象;通过采集器工作电压监控采集器工作市电/太阳能供电状况。若电压逐渐降低,说明市电供电中断或太阳能充电电池老化,采集器完全依赖随机电池供电,一旦达到采集器工作截止电压,数据采集器停止工作。

(2)各要素传感器。每份自动站数据报均包含所有探测要素传感器的状态检查位,通过状态检查位监控每个探测要素传感器的工作状态。基本六要素自动气象站的传感器状态检查位定义参见表1。

表1 自动气象站基本六要素传感器状态监控

| 要素 | 状态码 | 故障描述 |
|---|---|---|
| 风向 | 0x00 | 风向传感器7位格雷码全0检查,若有其中任一位非0,风向异常 |
| 风向 | 0x7f | 风向传感器7位格雷码全1检查,若有其中任一位非1,风向异常 |
| 风速 | 0x00 | 风速传感器正常工作 |
| 风速 | 0x01 | 本次风速采样超范围(>100 m/s) |
| 风速 | 0x02 | 本次风速采样数值非法突变(跳变>32 m/s) |
| 风速 | 0x09 | 风速传感器处于长时间静风状态 |
| 风速 | 0x11 | 报警,阵风大于17 m/s,若经常出现实际风速大于当地其他观测风速,则检查采集器中风传感器型号设置是否正确 |
| 气温 | 0x00 | 气温传感器正常工作 |
| 气温 | 0x01 | 本次气温采样超范围的非法值 |
| 气温 | 0x02 | 温度传感器通过的环路电流不正常或为0 |
| 气温 | 0x03 | 气温传感器没有连接 |
| 气温 | 0x0a | 气温ADC电路出错 |
| 湿度 | 0x00 | 湿度传感器正常工作 |
| 湿度 | 0x01 | 本次湿度采样超范围的非法值 |
| 湿度 | 0x02 | 湿度传感器没有连接或电压输出为0 |
| 湿度 | 0x0a | 气温ADC电路出错 |
| 气压 | 0x00 | 气压传感器正常工作 |
| 气压 | 0x01 | 本次气压采样超范围的非法值 |
| 气压 | 0x02 | 气压传感器没有连接或没有信号输出 |
| 降水 | 0x00 | 雨量传感器正常工作 |
| 降水 | 0x01 | 有感雨信号但本时次没有雨量记录 |
| 降水 | 0x02 | 雨量传感器干簧片长时间吸合 |
| 降水 | 0xff | 雨量设置为不观测,但输出正常数据 |

(3)通信终端DTU。监控信息包括DTU终端标识、静态IP地址、注册时间、最近心跳时间、重发包情况、接收包累计情况等。其中注册时间是指DTU成功接入GPRS网络的时间;最近心跳时间是指DTU与自动气象站之间每隔5 min握手协议通信成功的时间,如果不为当前时间,则DTU与自动站之间通信中断,自动气象站无法将探测数据发送给DTU;重发包情况说明了该站点所在地的GPRS网络通信质量;接收包累计情况是指每天08时至当前时间,自动站按照所设定时间间隔自动发出的原始探测数据包数量,它说明了该站来报情况,累计值每日08时自动清零。

### 2.2.2 自动气象站报文质量监控

报文质量监控主要实现对全网自动气象站的数据报文质量监控与整理入库,并自动调用指令控制模块对缺测时次报文进行自动补调,主要故障现象及解决方案归纳如下。

(1)某站点每个时次均有数据报,但报文全部为空。导致该现象的主要原因是有二:一是数据采集器与通信终端DTU之间的通信波特率设置是否一致;二是数据采集器与通信终端DTU之间的标准串口连接线是否正确。

(2)某站点数据来报数量小于/大于正常来报数量。检查自动气象站自动发报时间间隔是否与其他组网自动气象站设置一致。

（3）自动气象站数据报文按一定时间间隔规律性时有时无。出现该故障现象的站点一般为太阳能供电自动气象站，若太阳能充电电池老化，其每日充电电量不足以保证自动气象站全天候工作，当电池电压降低到自动气象站截止电压时，自动气象站停止工作，待太阳能充电电量高于自动气象站工作电压时，重新启动工作，因此出现该站点资料时有时无的现象。

（4）自动气象站和DTU工作正常，但采集中心无法接收其探测资料。检查DTU配置参数中服务器IP地址和端口是否与采集中心服务器的IP地址和端口一致。由于DTU采用UDP通信协议，故当其配置服务器IP地址和端口不正确时，DTU仍正常工作，但采集中心接收不到探测资料。

（5）自动气象站和DTU工作正常，数据采集中心正确采集其探测资料，但该站点所属地区无法采集其探测资料，其他某个地区却能接收到其探测资料。由于每个地区自动站DTU都配置有专用的上传服务器端口，此现象说明该自动气象站DTU服务器端口设置为其他地区的资料上传端口，其数据上传到其他地区的接收堆栈中进行处理。

（6）自动气象站和DTU全部设置正确并正常工作，但数据采集中心仍接收不到其探测资料。检查数据采集中心配置文件是否自动加载该站点配置信息，该站点所属地区的站号标识段"Gxx"第一次在该地区安装时，其站号标识段在配置文件中没有配置，故自动加载程序无法加载该站点的配置信息，数据采集中心亦无法解析处理其探测资料。需要人工将该地区站号标识段"Gxx"添加到配置文件对应的归属地区中，后续该站号标识段的站点配置信息即可全部自动识别加载。

（7）自动气象站前后时次探测要素数据存在明显差异，或该自动气象站没有安装的探测要素却出现该要素探测数据。检查该自动站采集器参数中站号设置是否正确，其站号与网内其他自动气象站站号设置相同，则出现同一站号的2套自动气象站同时并网运行，因此其探测资料相互覆盖，出现前后探测要素数据差异较大或莫名其妙出现未安装探测要素数据等现象。

## 2.3 远程控制

远程控制主要针对故障分析模块生成的自动气象站设备故障、数据报质量监控中出现的错误参数自动进行远程修正控制，其中包括补调资料、校时、自动气象站复位、获取自动气象站监控信息、设置/获取发报时间间隔、设置/获取站号、设置/获取探测要素和设置/获取传感器型号等。

（1）控制指令配置文件

每一条控制指令在采集器内被翻译成一个指令代码，组网监控中心封装控制指令时所需要的基本属性包括站号、指令代码及参数。配置文件格式如下：

```xml
<? xml version="1.0" encoding="UTF-8">
<cmdMap>
    <cmd>
        <code>0</code>
        <name>DATETIME</name>
        <para>XXXXXX</para>
    </cmd>
```

……
</cmdMap>

其中,根节点<cmdMap></cmdMap>为控制指令集合;一级子节点<cmd></cmd>为控制指令;二级子节点<code></code>控制指令码;二级子节点<name></name>控制指令名称;二级子节点<para></para>控制指令参数,其中 X 位数表示参数长度,监控中心据此判断所接收控制指令的参数是否正确。

(2)指令解析与封装

自动气象远程控制指令的发送格式为:sn + cmd + [para],其中:sn——站号标识;cmd——控制指令名称;[para]——指令参数,可选。

组网监控中心根据 sn 提取组网配置文件中的静态 desIP 地址,根据 cmd 提取指令配置文件中的指令代码 code,将其封装为观测站可识别指令串 snCmd,发往数据采集中心 GPRS 网络接入点,程序流程图如图 3 所示。

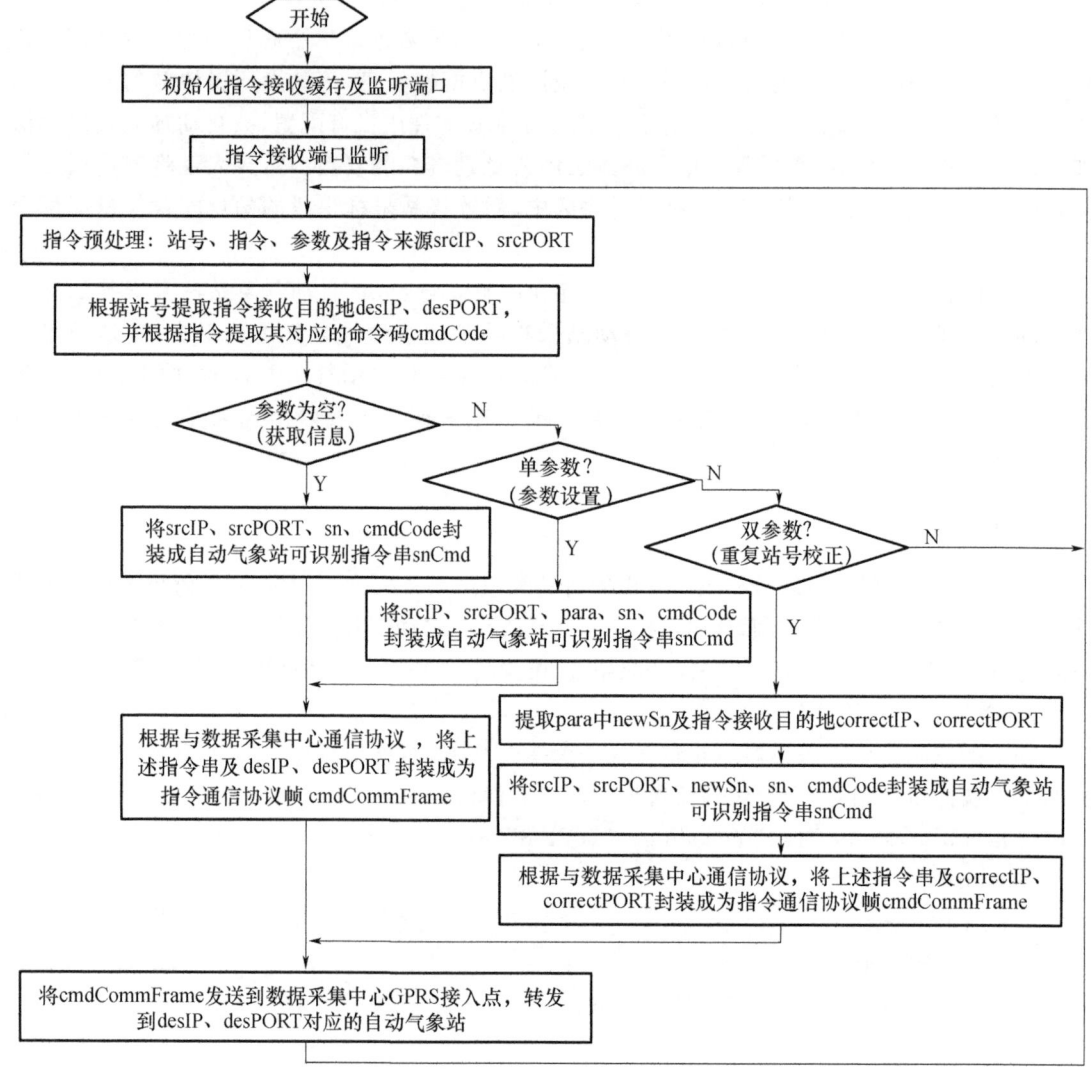

图 3  指令解析处理流程图

组网监控中心与数据采集中心之间的通信控制协议帧为：
$$>>>> + \text{desIPport} + \text{length} + \text{snCmd},$$
其中,>>>>为控制指令通信协议帧帧头;desIPport 为指令接收自动气象站静态 IP 地址与端口,端口固定为 3000;length 为自动气象站可识别指令串长度;snCmd 为自动气象站可识别指令串。

## 3. 结束语

针对区域自动气象站 GPRS 通信组网容量日渐增大、维护保障业务日益繁重的业务应用背景,对所实现的区域自动气象站全网实时监控系统关键技术进行了深入研究,重点分析了自动站组网维护、自动站全网监控保障和远程控制功能实现。所实现的系统能够自动实时监控全部入网自动气象站设备运行状态、探测数据质量及通信终端 DTU 运行状态信息,对入网自动气象站的信息变更实现自动识别更新,并通过 GPRS 网络对自动气象站进行远程实时指令控制。此外,还对组网自动气象站所有更新提示及故障信息在第一时间通过短信通知一线业务维护人员,实时高效地为区域自动气象站更大面积和数量的布点组网维护提供了一种切实有效的监控保障方案。

但本文所论述的组网监控中心仍然存在如下有待改进的地方,也将是今后重点研究内容。

(1)网内多个自动气象站站号标识设置重复时,须人工翻阅业务文件查找正确设置后方能发送指令进行修正,可考虑把气象业务规划的站号标识与其静态 IP 地址纳入平台配置中来,作为标准参数配置,真正实现故障远程修正自动化。

(2)所述监控平台主要研究同种型号自动气象站组网的实时监控任务,今后将重点研究不同型号自动气象站组网远程实时监控,以增强监控平台的兼容性和通用性。

**参考文献**

[1] 马渝勇,华明,李佳. 基于移动通信网络的中小尺度加密自动气象站网资料收集技术[J]. 气象科技,2007,35(1):143-147.

[2] 刘春明,张少刚,张永博. 极端环境下自动气象站数据远程传输方案设计[J]. 气象科技,2009,37(4):469-471.

[3] 刘聪,顾建,吴国平,等. 基于 GPRS 的远程气象观测数据实时采集传输系统及其应用[J]. 应用气象学报,2004,15(6):712-718.

[4] 周钦强,敖振浪,谭鉴荣. 基于 GPRS 的自动气象站通信组网方案研究[J]. 微计算机信息,2008,15:152-153,200.

[5] 杨晓武,黄兴友,徐平. 加密自动气象站实时监控与查询显示系统[J]. 气象科技,2008,36(4):506-509.

[6] 于占江,李建明,居丽玲. 河北省加密自动气象监测网络系统[J]. 气象科技,2007,35(2):289-291.

[7] 周钦强,谭鉴荣,伍光胜,等. 基于 TCP 多连接通信实时并发数据处理技术研究[J]. 计算机工程与应用,2007,18:246-248.

[8] 韩琇,李凯,黄磊,等. 自动气象站 SMS 监控系统[J]. 气象,2005,31(11):79-81.

[9] 高峰,侯飙,等. 自动气象站实时数据监测及 SMS 报警系统[J]. 气象水文海洋仪器,2009,26(2):112-114.

[10] 李源鸿,敖振浪. 自动气象站网实时监控系统结构设计方法[J]. 气象,2003,29(1):32-34.

[11] 李源鸿,敖振浪,李建勇,等. 广东省地面气象综合探测全网实时监控系统[J]. 广东气象,2007,29(4):5-7.

[12] 敖振浪,谭鉴荣,郑明辉. 大型自动气象站探测网络实时监控系统的设计和实施[J]. 成都信息工程学院学报,2002,17(3):179-183.

# 综合气象观测三维可视化在线监控设计

周钦强 敖振浪 李建勇 黄宏智

(广东省气象探测数据中心,广州 510080)

**摘 要**:针对当前综合气象观测站网监控方式单一、故障监测报警定位不精细不直观、展现方式单调等问题,结合三维地理信息系统(3D GIS)和虚拟现实(VR)技术,对全网气象探测设备及其运行环境进行虚拟建模,建立实际场景与虚拟模型间的观测数据、设备运行状态驱动映射规则,实时驱动各类气象探测设备虚拟模型组件状态随探测数据、运行状态的变化而实时更新;并通过设备故障分级、故障层级自动定位机制,实现监测在线、远程诊断、指导维修等仿真重现。业务运行表明,系统有力提升了综合气象观测站网运行监控的自动化与智能化,为全省自动化观测无人值守业务提供了高效的监控保障手段。

**关键词**:气象探测 虚拟模型 三维 可视化 在线监控

# 引 言

多年以来,随着物联网、计算机技术及通信技术的快速发展,气象探测设备运行监控自动化、信息化水平不断提高,裴翀、梁海河等学者[1-4]研究开发了国家级综合气象观测运行监控系统(ASOM),宏观上系统实现了天气雷达、自动气象站等主要观测设备的全要素、全类型、全量数据的平面融合监控;李伟等[5]针对L波段探空雷达网设计了运行监控系统,张东明等学者[6,7]结合个性化需求,开展了省级气象探测装备运行监控业务保障系统的研究开发。上述系统为充分发挥综合气象观测站网建设运行效益提供了科学化、信息化的技术支持,但这些监控系统仍然存在部分需要人工填报、值班员工作量大、二维报表界面展现形式单一、故障监测报警定位不精细不直观、随着设备数量和种类不断增加运维压力越来越突出等问题。

近年来,基于3D GIS、虚拟现实及数字孪生等新技术在车间三维可视化监控等领域的应用相对较为成熟[8-13],在气象领域的应用也备受关注,国内许多气象部门也进行了相关研究与实践,取得了一定成果。沈晔等学者[14-17]系统归纳了虚拟现实技术在天气现象(云、雪、雨)模拟、天气系统(流场、温度场)模拟及数值预报产品模拟等领域的研究现状,以及在气象维修保障、影视宣传、气象科普、气象灾害场景等方面的应用;梅鸿辉等学者[18-20]提出了多普勒天气雷达、雷电等气象数据三维可视化系统的设计与实现;赵铁松等学者[21-24]对三维GIS平台在气象可视化领域的应用做了深入研究,杨礼敏等学者[25-27]对气象信息全流程可视化监控、自动气象站可视化监控等做了初步探索研究与应用。但围绕大型地面综合气象观测站网三维可视化监控的研究相对较少,尤其以实时数据驱动的运行监控三维可视化系统研究开发尚属空白,且上述成果普遍存在系统开发门槛高、开发效率低、系统可移植性差,无法很好地解决综合大型地面气象观测站网运行场景、实时运行状态与实况数据可视化综合展示、故障分层精确可视化定位等监控全流程透明度、智能化问题,只能知道观测设备出现故障,但无法知道具体是哪些部件故障或异常,智能化与直观可视化效果较差。

新一代综合气象观测站网 3D 可视化运行监控系统创新地运用虚拟现实(VR)技术和三维地理信息(GIS)技术,基于集约、高效、快速、便捷、共享与科学理念,集成全省 15 大类近 3000 个气象探测设备与传输网络运行状态以及各类自动气象站实况数据,实时驱动设备 3D 虚拟运行场景、设备 3D 建模与剖切、故障层级可视化自动定位与同步实时报警、数据时空一致性检验等运行监控关键业务模块,智能、全面展现全网探测设备运行状态与实时/历史观测数据,可见即可得,有效提升气象装备保障能力和效率,推进广东省集中统一的综合气象观测站网运行监控信息化与智能化水平。

## 1. 系统功能架构

综合气象观测站网 3D 可视化运行监控系统兼顾监控与保障功能,主要由三部分构成:各类探测设备运行与数据传输状态信息多源采集、状态信息与实况观测数据加工处理对三维虚拟模型的实时驱动映射、融合三维 GIS 的探测设备运行状态与实况数据三维虚拟模型综合实时展现,如图 1 所示。在三维可视化场景中对 15 大类近 3000 个气象探测装备的运行状态、传输状态与实况数据进行一体化监控展示,实现综合气象观测站网监测在线、远程诊断、故障定位和数据仿真重现的可视化与智能化,并兼顾查询、统计、分析等功能。

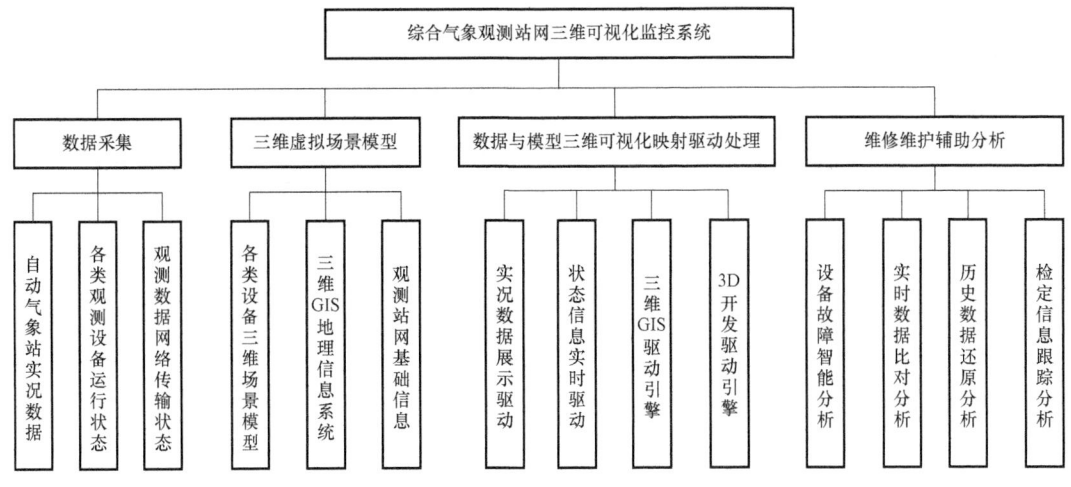

图 1 系统主要功能架构

(1)设备运行与传输状态信息采集。对天气雷达等原有 15 大类探测设备分别采用 TCP/UDP/FTP/网页抓取等不同方式孤立获取的运行与传输状态信息,基于统一的数据结构设计进行汇集优化入库,重点解决完善不同设备的接入和不同协议数据的解析。

(2)三维虚拟场景建模。基于全省综合气象观测站网信息、各类探测设备结构与业务场所环境等基础数据,对各类设备进行运行场景与结构组件(部件)三维虚拟建模,并融合三维 GIS 系统,构建全网设备三维可视化虚拟场景全息化模型。

(3) 三维虚拟模型实时数据驱动映射。全网探测设备运行状态、网络传输状态及各类自动气象站实况观测数据经过解析处理后,与三维模型驱动引擎耦合,实时更新各类探测设备虚拟模型状态与信息看板实况数据展示。

(4) 维修维护辅助分析。通过各类自动气象站实况数据的时空质控对比分析,有效排查分析既定时空范围内的同要素极值的真实性;基于地域、时间的故障查询统计分析等,助力提升全网综合气象观测设备的保障效率。

可见,系统开发关键技术为全息化虚拟场景构建、设备运行状态与实况观测数据采集处理、设备运行状态与观测数据对虚拟模型的实时映射,其中综合气象观测站网运行场景到虚拟场景的实时驱动映射是实现三维可视化监控的核心。

## 2. 全息化虚拟场景模型构建

综合气象观测站网全息化虚拟场景模型基于各类观测设备实际运行场景与组成结构构建,每类设备生成独立的运行场景库与组件模型库,结合观测站网各类设备类别、站址、要素等基础属性信息融入三维 GIS 系统,并耦合导入实况数据、运行状态的映射驱动规则,构建流程如图 2 所示。

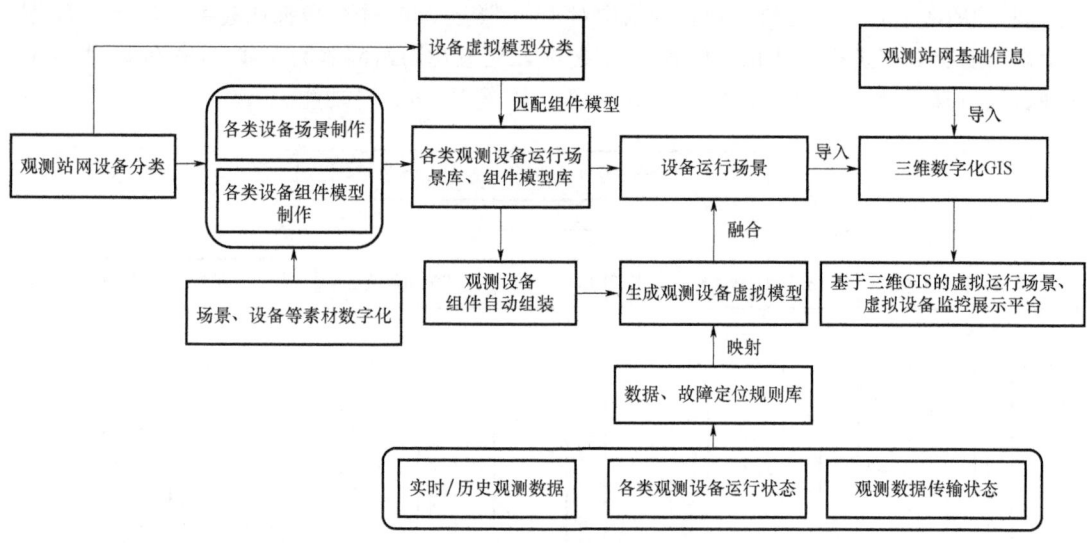

图 2 各类设备全息化虚拟场景构建流程

### 2.1 素材采集

综合气象观测站网包括地面自动气象站、天气雷达、风廓线雷达、探空雷达、GNSS/MET、自动土壤水分站、生物舒适度仪、交通气象站、船舶气象站、石油平台气象站、浮标气象站、回南天气象站、闪电定位仪、区域自动气象站、海岛气象站共 15 类主要观测设备。虚拟场景建模素材主要包括台站场景和安装设备图纸与照片,如站场施工图、竣工图、站区平面布置图、设备布置图、设备结构图与配套手册以及站点介绍文字或视频资料等,并逐一完成各类信息数字化录入归档,用于构建场区设施、建筑及观测设备的三维虚拟场景模型。

## 2.2 场景模型构建

各类设备全息化虚拟场景模型分为三个层次,自上而下来看分别为运行场景、观测设备以及结构单元,按照采集素材构建模型部件库,并快速组装建立设备三维模型,以天气雷达为例,如图 3 所示。对 15 类设备进行建模,其中 12 个天气雷达站和 16 个风廓线雷达站是按实际运行场景分别建模,其他 13 类设备主要安装在地面气象观测场内,每类设备对应构建一个虚拟模型。

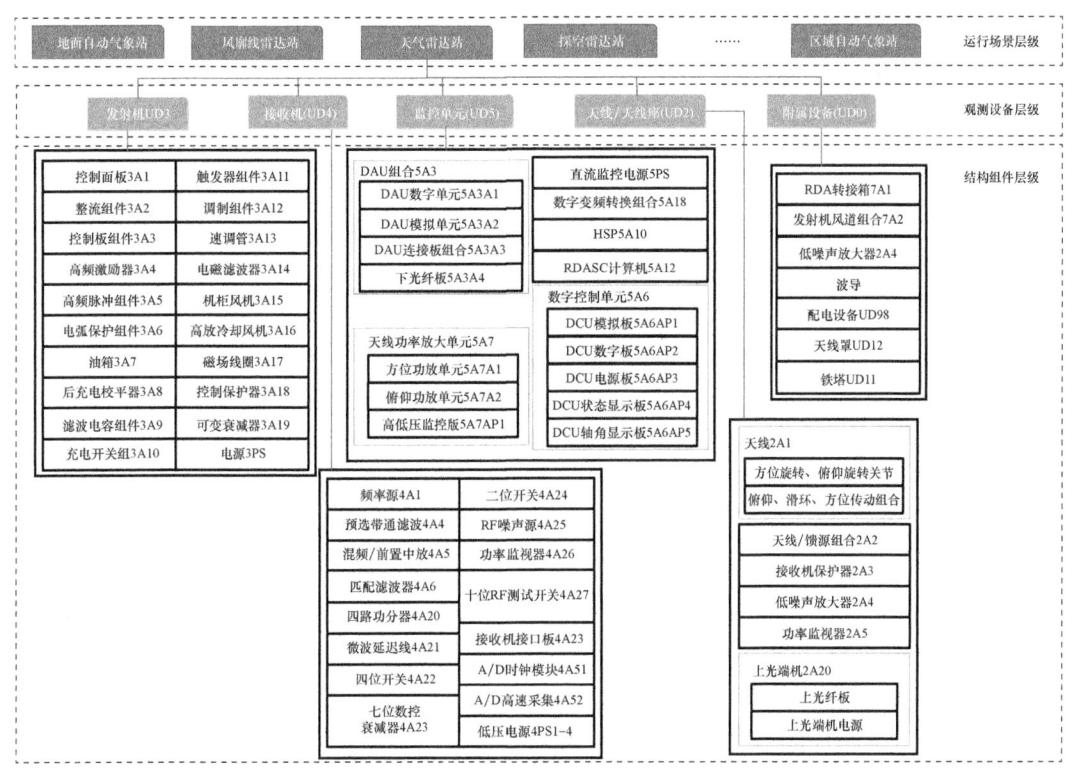

图 3 综合气象观测设备三维虚拟模型结构(天气雷达)

## 2.3 基础数据植入

基础数据植入包括广东省三维 GIS 地理信息数据(谷歌系统 22 级瓦片数据)和综合气象观测站网各类观测设备基础信息,包括类别、站址(经纬度)、站名、简介、联系方式等,以对站场建筑、装置与设备等快速、准确、逼真的三维建模进行绑定。

值得注意的是,为保证各类观测设备场景模型在谷歌三维 GIS 地理信息系统中的位置一致性,首先获取各类设备实际运行场景在谷歌地图上的坐标位置,如图 4 所示,以此为坐标将设备虚拟场景模型植入广东省三维 0.60 m 高精度卫星遥感影像地理信息系统,采用不同精度卫片通过地景融合技术生成彩色三维地图,并通过有限的地形高程实现对地形曲面的数字化模拟或者说是地形表面形态的数字化表示,完成数字高程模型(Digital Elevation Model,DEM)数据制作和三维场景生成。

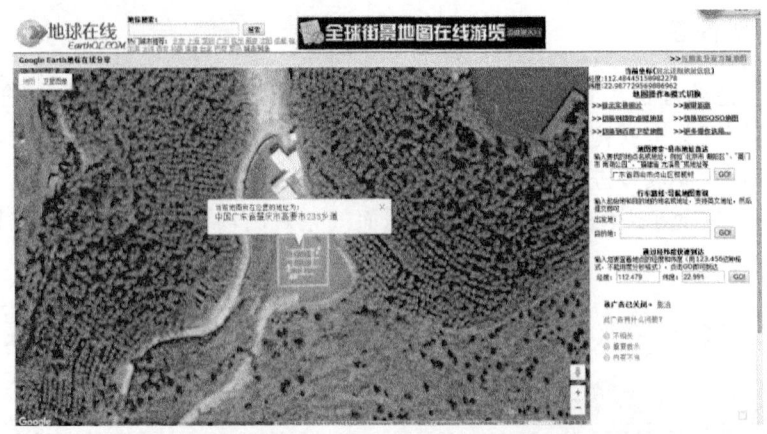

图 4　国家地面气象站在谷歌地图上位置坐标

## 3　数据采集与处理

综合气象观测站网三维可视化运行监控系统数据源主要包括综合气象观测网设备（网络）实时运行状态和各类自动气象站实况观测数据，数据采集与加工处理是驱动设备状态实时智能化自动定位与三维可视化展现的重要基础。

### 3.1　状态信息

15类探测设备运行状态来源于各自的状态文件，实时解析统一保存到数据库。为了更精细的对设备各种运行状态进行分级展现以及组件级自动定位，需要对各类状态信息进行预处理，主要包括故障判定规则、分级报警规则、故障组件定位规则等。

（1）故障判定

15类探测设备的故障判定主要分为两大类，其中天气雷达、风廓线雷达、探空雷达、GNSS/MET及闪电定位仪等均由其功能规格需求书约定的状态文件定义具体的故障种类及描述，在此不再赘述。其余各类自动气象站的故障分类主要包括电源、采集器、通信及各要素传感器状态等，以此为例详细说明故障判定规则，如表1、表2所示。其中，第5项各气象要素传感器工作状态判定如表2所示。

表1　DZZ1-2型自动气象站故障或异常判定依据

| 序号 | 故障描述 | 判定依据 |
| --- | --- | --- |
| 1 | 数据中断 | 当前实时数据表中无数据更新>10 min |
| 2 | 采集器无交流电 | 采集器AC交流检测电路检测不到交流电 |
| 3 | 采集器直流电压偏低 | 采集器DC检测直流电压<9 V |
| 4 | 采集器直流电压偏高 | 采集器DC检测直流电压>14 V |
| 5 | 各气象要素传感器（气温、湿度、气压、风向、风速、雨量、草温、8层地温、蒸发、能见度）状态异常 | 判定依据参见表2 |

## 表 2  DZZ1-2 型自动气象站各要素传感工作状态判定

| 标识代码值 | 工作状态描述 | 备注 |
|---|---|---|
| 0 | "正常":正常工作 | |
| 2 | "故障或未检测到":无法工作 | 温度传感器通过的环路电流不正常或为 0 |
| | | 湿度传感器没有连接或电压输出为 0 |
| | | 气压传感器没有连接或没有信号输出 |
| | | 雨量传感器干簧片长时间吸合 |
| | | 风向传感器 7 位格雷码全 0 和全 1 检查,若有其中任一位非 0 和非 1,风向故障 |
| | | 风速传感器处于长时间静风状态 |
| 3 | "偏高":采样值跳变偏高 | 跳变范围按照功能规格需求书要求 |
| 4 | "偏低":采样值跳变偏低 | 跳变范围按照功能规格需求书要求 |
| 5 | "超上限":采样值超测量范围上限 | 气温:$<-75℃,>80℃$<br>气压:$<400$ hPa,$>1100$ hPa<br>相对湿度:$<0\%,>100\%$<br>1 min 降水量:$<0$ mm,$>10$ mm<br>0~5 min 降水量:$<0$ mm,$>50$ mm<br>2 min、10 min 平均风向:$<0°,>360°$<br>2 min、10 min 平均风速:$<0$ m/s,$>75$ m/s<br>瞬时风速:$<0$ m/s,$>150$ m/s |
| 6 | "超下限":采样值超测量范围下限 | 草面、地表温度:$<-90℃,>90℃$<br>5 cm 地温:$<-80℃,>80℃$<br>10 cm 地温:$<-70℃,>70℃$<br>15 cm 地温:$<-60℃,>60℃$<br>20 cm 地温:$<-50℃,>50℃$<br>40 cm 地温:$<-45℃,>45℃$<br>80 cm、160 cm、320 cm 地温:$<-40℃,>40℃$<br>能见度:$<0$ km,$>70$ km<br>蒸发量:$<0$ mm,$>100$ mm |
| 9 | "没有检查":无法判断当前工作状态 | |
| N | "传感器关闭或者没有配置" | |

(2)故障组件自动定位

根据设备故障判定规则,设定各类探测设备每项故障报警对应的组件或部件关系,以便运行状态由 3D 引擎驱动虚拟模型的部件或组件实时做出状态变化与故障提示。以 TWP3 型风廓线雷达为例说明故障组件定位规则,根据 TWP3 型风廓线雷达数据文件上传情况及其状态监控文件,故障描述及部件或组件定位如表 3 所示。

**表 3　TWP3 型风廓线雷达故障定位组件及故障报警等级**

| 序号 | 故障报警 | 定位部件或组件 | 故障等级 |
| --- | --- | --- | --- |
| 1 | 5 min 数据文件(ROBSFILE)、30 min 数据文件(HOBSFILE)、60 min 数据文件(OOBSFILE)、原始数据文件(ORIGINALFILE)、状态数据文件(STATUSFILE)、径向数据文件(RADFILE)全部或部分缺测 | 整机虚拟运行场景 | 1 |
| 2 | 波束控制单元失效(BSUFAULT) | 发射机波束控制单元及天线 | 1 |
| 3 | 波束控制单元电源电压值过低 | | 3 |
| 4 | 天线驻波值异常 | | 3 |
| 5 | 天线反射功率值过低 | | 2 |
| 6 | 波束指向状态异常 | | 2 |
| 7 | 发射机电源电压值过低或输出 0((TX_5V<4.0)\|\|(TX_13V<7.0)\|\|(TX_28V<23.0)\|\|(TX_36V<25.0)\|\|(TX_50V<35.0)) | 发射机电源模块：5V/13V/28V/36V/50V | 3 |
| 8 | 发射机过温报警 | 发射机机柜 | 3 |
| 9 | 发射机输出功率值小于 1.5 kW 或 0 | 发射机固态发射模块 | 2 |
| 10 | 发射机占空比值<8% | | 1 |
| 11 | 发射机反射功率值异常 | | 2 |
| 12 | 射频开关状态异常 | 发射机射频开关组件 | 2 |
| 13 | 发射机工作脉宽值异常(高模式 0.8 μs，低模式 0.4 μs) | 发射机固态发射模块 | 3 |
| 14 | 发射机驻波状态异常 | 发射机机柜 | 3 |
| 15 | 发射机输入状态异常(TXRFINFAULT) | | 2 |
| 16 | 发射机输出状态异常(TXRFOUTFAULT) | | 2 |
| 17 | 频综电源电压过低或为 0 | 接收机机柜 | 2 |
| 18 | 接收通道电源电压过低或为 0 | | 2 |
| 19 | 激励信号输出值异常 | | 3 |
| 20 | 本振信号输出状态异常 | | 3 |
| 21 | 数字中频内部直流电源值过低或为 0 | | 3 |
| 22 | 数字中频内部 A/D 采样时钟状态异常 | | 3 |
| 23 | 数据处理终端计算机状态(含网络连接)异常 | 发射机机柜计算机 | 2 |
| 24 | UPS 状态无输出或电压过低 | UPS 供电单元(含电池) | 2 |
| 25 | 音频功放输出状态异常 | 无线电声学探测(RASS)组件 | 3 |

值得注意的是，在广东全省 86 个国家地面气象观测站中，气温、湿度、雨量分别以 3 个传感器同步观测业务运行，须建立故障报警传感器与实际安装位置的一一对应关系。以气温为例，其故障与定位规则定义如表 4 所示，湿度、雨量传感器同理。

表 4　新型站气温、湿度、雨量多传感器数据与故障定位规则

| 定位标识代码 | 描述 | 定位规则 |
| --- | --- | --- |
| 1 | 气温 3 异常,气温 1、2 正常 | 百叶箱内从左边数第 4 支 |
| 2 | 气温 2 异常,气温 1、3 正常 | 百叶箱内从左边数第 3 支 |
| 3 | 气温 2、3 异常,气温 1 正常 | 百叶箱内从左边数第 3、第 4 支 |
| 4 | 气温 1 异常,气温 2、3 正常 | 百叶箱内从左边数第 2 支 |
| 5 | 气温 1、3 异常,气温 2 正常 | 百叶箱内从左边数第 2、第 4 支 |
| 6 | 气温 1、2 异常,气温 3 正常 | 百叶箱内从左边数第 2、第 3 支 |
| 7 | 3 个气温状态皆异常 | 百叶箱内从左边数第 2、第 3、第 4 支 |

注:从百叶箱内左边数第 1 支气温传感器为双套站气温单传感器,向右 3 支传感器分别为新型站 1、2、3 号气温传感器。同理,湿度、雨量 3 个传感器分别约定排序定位规则。

(3) 分级报警

若 15 大类设备所有数据中断、故障、模块或组件报警、异常(如采样)等现象均给予报警提示,将使系统各类探测设备故障报警提示较为杂乱,不利于故障严重站点的遴选与优先保障,因此根据每类设备故障报警种类、数量和实际保障业务需求设定故障报警等级,以便根据故障轻重缓急对各类设备监控保障进行高效灵活管理。各类探测设备分别设定故障报警等级,如表 5 所示,系统将在虚拟场景模型中自动屏蔽高于所设定级别的故障报警展现(等级数字越小,故障等级越高),仅在后台记录故障报警详情,以便查询统计分析。

表 5　全网气象探测设备故障分级报警设定

| 序号 | 设备种类 | 故障等级设定 |
| --- | --- | --- |
| 1 | 天气雷达 | ○第 1 级　○第 2 级……○第 N 级 |
| 2 | 国家地面站 | ○第 1 级　○第 2 级……○第 M 级 |
| 3 | 风廓线雷达 | ○第 1 级　○第 2 级……○第 X 级 |
| 4 | 区域自动站 | ○第 1 级　○第 2 级……○第 Y 级 |
| 5 | GNSS/MET | ○第 1 级　○第 2 级……○第 Z 级 |
| 6 | 自动土壤水分站 | ○第 1 级　○第 2 级……○第 U 级 |
| 7 | 闪电定位 | ○第 1 级　○第 2 级……○第 V 级 |
| …… | …… | …… |

在此以 TWP3 型风廓线雷达为例说明故障报警等级分类规则,其他探测设备同理,并可根据实际监控保障业务予以优化调整。

① 第 1 级:超过 30 min 无数据上传,ROBS、HOBS、OOBS、ORI、STA、RAD 六种文件 30 min 内全部缺测。

② 第 2 级:峰值发射功率<2.0 kW 的故障,影响业务可用性;或 ROBS、HOBS、OOBS、ORI、STA、RAD 六种文件少于 6 个文件未到,影响到报率。

③ 第 3 级:风廓线雷达各组件未导致雷达停机的报警,不影响雷达正常运行,故障定位到各个报警组件。

④ 第 4 级:风廓线雷达出现的其他报警,不影响正常业务运行,但需要给予定期适当关注

或维护。

### 3.2 实况观测数据

实况观测数据主要将各类自动气象站各要素数据映射到虚拟场景模型环境下的对应传感器部件上,实时更新展现。实况观测数据从业务数据库通过标准化信息数据服务接口(IDEA)访问获取。IDEA 接口在并发服务能力、数据写入、服务治理、流量控制、应用服务接口扩展开发以及非结构化数据的存储研究等方面为多个核心气象业务系统提供数据支撑,每日访问量已突破 500 万次,为用户提供高并发、高性能的访问接口,提供丰富的资料种类、丰富的应用接口等在线服务,成为内部业务流、数据流运转的重要枢纽,最终形成"一级数据中心,多级业务应用"的数据支撑环境。

## 4. 观测数据与状态数据映射驱动

DEEP EYE 三维驱动引擎实现了虚拟现实技术、空间 GIS 技术及模拟仿真技术的有机融合,是根据实况数据、运行状态变化实时驱动气象探测设备虚拟场景模型更新变化的关键核心枢纽,各类设备与对应虚拟模型的数据实时驱动映射关系如图 5 所示。

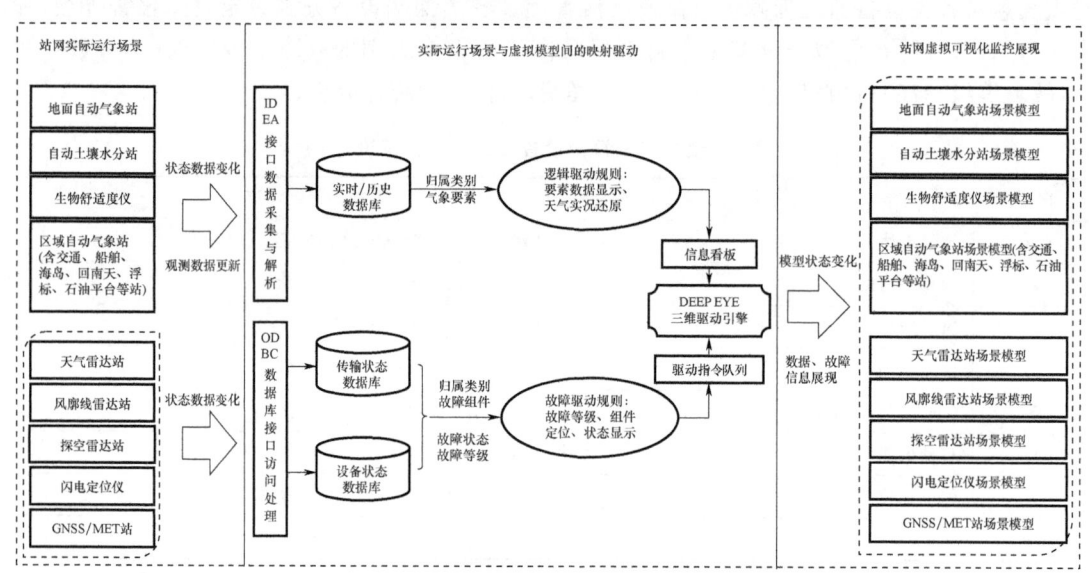

图 5 设备与虚拟模型的数据实时驱动映射关系

通过数据采集与处理得到的两类数据信息,一种是用以实时展现的各类自动气象站实况观测数据,一种是用以驱动设备三维虚拟模型状态更新变化的状态信息。对于实况观测数据,对每个气象要素传感器及其实时观测数据,通过 Unity 3D 上的 NGUI 模块,制作实况观测数据信息看板进行实时更新展示。

对于每类设备运行状态信息,为使其三维虚拟模型状态实时反映真实运行状态,利用队列结构来存放运行状态信息驱动指令。在每类三维虚拟模型脚本上创建对应的驱动指令队列,将经过故障判定、故障分级与自动定位等加工处理后生成的驱动指令存放到指令队列中,根据队列先进先出原则,DEEP EYE 三维模型驱动引擎顺序接收队列驱动指令,依次实时自动定位探测设备组件,并将组件状态更新为红色(故障)或黄色(报警),并结合信息看板对设备运行状态信息进行一体化展现,从而实现全网气象探测设备运行状态实时三维可视化监控,系统实现如图6所示。

图6 气象探测设备虚拟场景模型三维可视化监控

## 5. 结论与讨论

全国气象部门首创建设了广东省综合气象观测站网三维可视化监控系统紧贴扁平化气象探测监控业务发展需求,多源数据采集分析处理,运用虚拟现实(VR)技术与三维地理信息系统(3D-GIS)新理念,实现气象探测设备运行状态、实时/历史数据、实站探测场景等的三维可视化有机融合与绚丽展现。系统具有智能化的设备故障实时自动诊断定位、即时故障报警和远程支持能力;具有三维GIS系统的观测数据时空关联质控检查能力,对各类自动气象站在相同时间区间、相邻空间分布站点观测数据的同步时空一致性分析,有效提升对探测数据存疑值的质控分析效率。系统自业务运行以来,有效提升了气象装备运行监控效率,有力保障全省国家地面气象站无人值守业务顺利开展实施,业务可用性、数据到报率等考核指标提高1‰左右。但系统仍然存在有待改进与完善的地方,将是今后重点研究内容,以满足更加全面与精细化的气象设备监控业务需求。

(1)须进一步梳理各类探测数据流传输业务流程,加强数据流可视化监控,对各类气象观测数据的传输流程节点进行可视化精确定位监控。

(2)基于流计算技术,在各类观测数据采集传输过程中进一步完善对各类原始探测数据的质控分析与监控。

**参考文献**

[1] 裴翀,宋连春,吴可军,等. 我国综合气象观测运行监控系统的设计与实践[J]. 气象,2011,37(2):213-218.
[2] 梁海河,孟昭林,张春晖,等. 综合气象观测运行监控系统[J]. 气象,2011,37(10):1292-1300.
[3] 李峰,秦世广,周薇,等. 综合气象观测运行监控业务及系统升级设计[J]. 气象科技,2014,42(4):539-544.
[4] 李雁,李峰,赵志强,等. 中国区域自动气象站运行监控系统建设[J]. 气象科技,2013,41(2):231-235.
[5] 李伟,张春晖,孟昭林,等. L波段气象探测网运行监控系统设计[J]. 应用气象学报,2010,21(1):115-120.
[6] 张东明,王志诚,汪章维. 省级气象装备运行监控系统设计开发[J]. 浙江气象,2019,41(1):35-38.
[7] 周钦强,李源鸿,李建勇,等. 自动气象站探测网实时监控关键技术[J]. 气象科技,2011,39(4):477-482.

[8] 周成,孙恺庭,李江,等. 基于数字孪生的车间三维可视化监控系统[J]. 计算机集成制造系统. https://kns.cnki.net/kcms/detail/11.5946.TP.20200817.0917.008.html.2020.08.17.

[9] 邱枫,刘治红,吴跃,等. 离散制造机加车间三维可视化监控系统[J]. 机械设计与制造,2020(7):205-213.

[10] 罗家文. 数字化车间实时三维可视化监控关键技术研究[D]. 南京:南京航空航天大学,2019.

[11] 胡祥涛,罗宏亮. 虚拟车间三维监控系统研究与实现[J]. 智能制造,2018(7):31-37.

[12] 贾亚楠,张延辉,霍智超,等. 一种三维可视化技术在电力监控系统中的运用[J]. 电气技术,2020(4):105-107.

[13] 鸿雁,陈绪兵,杨凯. 油气站场三维可视化在线监控系统研究[J]. 石化技术,2017(9):79-81.

[14] 沈晔,徐志刚,李永才. 虚拟现实技术在气象领域的应用[J]. 气象科技,2019,47(3):531-536.

[15] 邹丽萍. 基于虚拟现实的气象灾害场景关键技术研究[D]. 南京:南京信息工程大学,2012.

[16] 闻春华,李志鹏. VR_AR技术在气象观测站场景管理中的应用[J]. 电子技术与软件工程,2020(10):34-35.

[17] 段文广,刘燕,段文强,等. VR技术在地面气象观测设备保障技能培训中的应用[J]. 气象科技进展,2019,9(6):49-52.

[18] 严丙辉. 结合地理信息的气象数据可视化平台设计与实现[D]. 杭州:浙江大学,2013.

[19] 鲍婷婷,焦圣明,殷笑茹. 多普勒天气雷达三维可视化分析平台设计与实现[J]. 气象科技,2020,48(4):490-495.

[20] 朱传林,王学良,范宏飞,等. 闪电数据三维可视化统计分析系统设计与实现[J]. 气象科技,2017,45(1):59-63.

[21] 赵铁松,王晓云,李伟,等. 基于B_S架构和开源WebGIS平台的气象观测站网可视化系统[J]. 气象科技,2013,41(1):57-61.

[22] 路明月,张其林,甘文强,等. 基于GIS的雷电数据可视化地图组件设计与实现[J]. 气象科技,2011,39(6):823-827.

[23] 杨军,熊晓洪,等. 基于三维GIS的地县级气象服务平台[J]. 气象科技,2013,41(1):78-82.

[24] 张学全,王伟,王鹏,等. 三维气象GIS平台关键技术研究与实现[J]. 气象科技,2015,43(2):226-231.

[25] 杨礼敏,胡平,王亚东. 上海气象信息全流程可视化监控系统的设计与实现[J]. 气象科技进展,2019,9(3):29-35.

[26] 陈余才,行鸿彦,季鑫源,等. 自动气象站可视化监控系统设计[J]. 气象水文海洋仪器,2012(1):39-44.

[27] 杨睿,申耀新,范雯杰. 自动气象站虚拟实训系统的设计与实现[C]. 全国气象观测技术交流会论文集,2014.

# 基于 ArcGIS Engine 的气象设备监控方法*

张 建[1]　李 雁[2]　吴小铭[1]　周 青[2]　夏元彩[2]　周宏印[1]

(1. 南京莱斯信息技术股份有限公司,南京 210007；
2. 中国气象局气象探测中心,北京 100081)

**摘　要**：运行监控系统的建设提升了综合气象观测网气象探测设备的运行保障能力。作为运行监控系统的有益补充,本文以 ArcGIS Engine 为核心技术,构建了面向气象观测领域的 GIS 应用程序平台,重点讨论了气象观测设备的监控方法,解决了 C/S 架构下气象设备监控的数据采集、数据处理、地图更新等若干关键问题,并将数据检索、地图展示、设备监控、统计分析、产品发布、观测站网信息管理等融为一体,实现了气象设备监控的多元化、信息化、可视化、专业化、产品化。本文可以为我国综合气象观测设备运行监控技术的发展提供参考依据。

**关键字**：ArcGIS Engine　地理信息系统　综合气象观测系统　监控

# 引　言

　　伴随近年来气象灾害事件的频发,气象预报预测对气象保障服务的需求不断扩大,综合气象观测运行监控业务已成为我国气象装备保障服务的重要组成部分。自 2006 年以来,中国气象局气象探测中心组织开发了综合气象观测系统运行监控平台,它是面向全国气象探测网业务运行监控及技术保障的实时业务系统,实现了对新一代天气雷达、自动气象站、探空系统、风能等设备的实时监控和保障[1-4]。系统由运行监控、维护维修、装备保障、站网管理、综合评估、信息发布等模块组成[1,2]。运行监控系统的建成大幅提升了综合气象观测系统的技术保障能力,为气象预报服务及气候变化监测提供了基础支撑[1,2,5,6]。

　　监控中 GIS 应用模块以 ArcGIS Server 为核心,结合 WebGIS 关键技术,不仅直观显示了气象设备及探测网络的分布和覆盖,而且利用 GIS 空间分析算法,计算探测数据的等值面、等值线,并将其与生成好的雷达拼图、卫星云图等产品叠加显示,可以为技术保障人员监控气象设备运行状况提供辅助决策,同时有助于分析天气过程,及早发现异常天气现象,提高防灾减灾和应对气候变化的分析决策能力[7-11]。然而,WebGIS 有其局限性,具体表现为：数据处理效率不高,无法充分发挥 GIS 空间分析的强大功能；受网络性能及访问量影响较大,容易造成网络瓶颈；客户端只起到请求和显示查询结果的作用,无法充分发挥客户机的作用；传输给客户端的图像数据用户不能直接对其进行分析；打印输出的图片可视化效果较差等。美国环境系统研究所(以下简称"ESRI")推出的 ArcGIS Engine 技术可以较好解决上述问题。

　　本文以 ArcGIS Engine 为核心技术,构建了面向气象观测领域的 GIS 应用程序平台,重点讨论了针对多气象观测设备的监控方法及关键技术。期望本文可以为我国综合气象观测运行

---

\* 本文发表在《气象科技》,2013,41(4)：630-634。

监控系统的建设提供参考。

## 1. 总体设计思路

气象设备监控主要包括状态监控和数据监控两个方面。状态监控是以气象设备作为监控对象,实时收集设备的运行状态信息,通过对观测设备运行状态、技术性能参数、故障报警等信息的整理分析,形成对气象设备综合效能和发展态势的评估结果。数据监控是通过对气象设备观测数据的连续性、时间一致性、空间一致性、气候极值的可靠性检查,实时给出观测数据质量检查等级,综合显示气象观测数据的产品,形成数据质量分析评估报告。气象设备遍布全国,其观测数据则展现了全国各个地区在某一时刻的气象状况和气候特征。GIS 是综合处理和分析地理空间数据的一种技术系统,气象设备监控与 GIS 技术相结合,是我国综合气象观测设备运行监控技术的发展趋势。

ArcGIS 是一个建立地理信息系统的平台。ArcGIS Engine 是 ESRI 开发的用于建立自定义独立地理信息系统(GIS)的应用程序平台,它支持多种应用程序接口(APIs),拥有许多高级 GIS 功能,而且构建在工业标准基础上的嵌入式 GIS 组件库。它由 5 个部分组成:基本服务,由 GIS 核心 ArcObjects 构成;数据存取,可以对栅格和矢量格式进行存取,包括强大的地理数据库;地图表达,包括用于创建和显示带有符号体系和标注功能的地图 ArcObjects,以及创建自定义应用程序的专题制图功能的 ArcObjects;开发组件,用于快速应用程序开发的高级用户接口控件和用于高效开发的一个综合帮助体系;运行时选项,ArcGIS Engine 运行时可以与标准功能或其他高级功能一起部署。

通过 ArcGIS Engine 可以快速建立面向气象设备监控的 GIS 应用程序,提供地图交互、创建与分析,地理数据创建与管理,以及空间分析、3D 分析等高级功能。

整个系统以 ArcGIS Engine 技术和 MFC 框架为基础,以 COM 组件开发为核心,采用 C/S 基本架构,在国家级和省级集中部署,将数据采集、数据处理、数据检索、地图展示、设备监控、统计分析、产品发布、站网管理融为一体,实现气象设备监控的多元化、信息化、可视化、专业化、产品化。

## 2. 数据的采集与处理

### 2.1 气象探测数据

气象探测数据具有实时性、多样性、持续性、大数据量等特点(表1)。以自动气象站为例,全国有超过 32000 个站,其中观测数据文件每 10 min 向中国气象局报送一次,如果将更正报以及重复报文件计算在内,每天的文件传输量超过 5 GB。能否在较短时间内将探测数据报文采集并解析入库,从而形成监控产品成为气象设备监控的关键因素之一。

表1 部分气象探测数据报文传输量估算

| 观测设备 | 数量 | 报文类型 | 文件大小 | 传输频率 | 日/年容量估算 |
|---|---|---|---|---|---|
| 天气雷达 | >120 | 状态文件 | 1 kB | 6 min | 5.6 GB/2 TB |
| | | 报警文件 | 1 kB | 随时 | 1 MB/365 MB |
| | | 产品文件 | 1~100 kB | 6 min | 30 GB/11 TB |

续表

| 观测设备 | 数量 | 报文类型 | 文件大小 | 传输频率 | 日/年容量估算 |
|---|---|---|---|---|---|
| 自动气象站 | >32000 | 状态文件 | 1~50 kB | 10 min | 1.5 GB/547.5 GB |
| | | 观测文件 | 1~700 kB | 10 min | 4.8 GB/1.72 TB |
| 探空系统 | >120 | 探空状态文件 | 1~5 kB | 6 h | 1.5 MB/0.5 GB |
| | | 测风状态文件 | 1~5 kB | 6 h | 1.5 MB/0.5 GB |
| | | 基数据文件 | 200~500 kB | 6 h | 100 MB/36 GB |
| | | 高空报文 | 1~50 kB | 10 min | 1 MB/365 MB |
| 风能 | >400 | 分钟观测文件 | 200~500 kB | 1 h | 3.2 GB/1.1 TB |
| | | 10 min 观测文件 | 100~200 kB | 1 h | 1.4 GB/500 GB |
| | | 状态文件 | 50~100 kB | 1 h | 700 MB/250 GB |
| 土壤水分 | >1000 | 观测文件 | 1~100 kB | 1 h | 800 MB/285 GB |

注:数据量为估算,与实际每天略有偏差。

系统的报文采集可采用如下两种方式:一是采用由国家气象信息中心主动推送到指定FTP服务器的方式,该方式具有较高的采集效率,可以基本保证报文的实时性,并且用于报文传输管理的开销很小;二是系统主动到信息中心服务器定时下载报文,这种方式在省级监控系统中运用较多,该方式采集效率较低,且需要维护下载列表,并存在一定程度的重复操作。本系统采用主动推送的方式进行。系统采集到报文后,还可以进行二次分发,供其他系统或个人使用。

系统报文处理采用多线程处理方式,任务并发的最小执行单位为文件,可以有效提高资源使用效率,进而提高系统的处理效率。文件解析同时包含数据容错、格式校验、质量控制、监控产品生成等多项操作,保证设备监控的及时性和准确性;经过一年多各种极端条件下的测试,结果表明数据处理具有较强的稳定性,可以保证7×24 h不间断运行;同时,系统具有完备的日志,在遇到系统故障时,通过查询日志可以定位错误,迅速排除故障,并及时处理积压的文件(图1)。

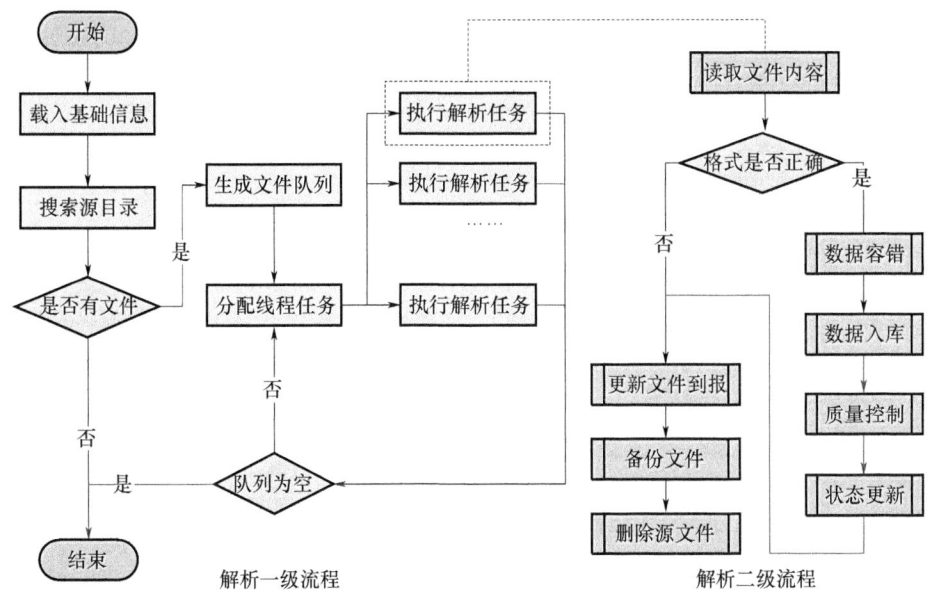

图1 数据解析流程

## 2.2 基础信息数据

基础信息数据主要包括气象探测设备信息和基础地理信息数据。

不同气象探测设备的报文格式不同,同一类气象探测设备不同厂家的报文格式也有差异,探测设备信息的准确性直接关系到后台报文处理程序的正常运行;而探测设备的地理位置信息(经纬度信息)会影响 GIS 地图的显示。

各台站将探测设备的基础信息上报到系统中,具体操作包括设备的新建、更新和删除。上报内容有:站名、站号、型号、经度、纬度、海拔高度、地区、厂家、联系电话等。当系统检测到设备的基础信息发生变化后,会及时更新后台数据服务和 GIS 地图;基础地理信息数据主要是 1:25 万的 GIS 地图的源数据,包括国界、省界、市界、县界、河流、湖泊、公路、铁路等。这些信息更新的频率不高,当有地理信息数据更新时,需要更新 Geodatabase 中的 Feature 数据信息。

## 3. 地图的更新与展示

### 3.1 GIS 数据存储

GIS 数据主要通过 Shapefile 和 Geodatabase 两种方式存储。

Shapefile 是一种基于文件方式存储 GIS 数据的文件格式,它至少由 .shp、.dbf 和 .shx 三类文件组成,分别存储空间、属性和前两者的关系,是 GIS 中比较通用的一种数据格式。

Geodatabase 是一种基于 RDBMS 存储的数据格式,目前主要有三类:Personal Geodatabase,数据在存到 ArcSDE Geodatabase 以前,一般都是放在 Access 里面便于管理,但是这种方法受到存储空间(最多 2 G)和操作系统的限制;File Geodatabase,将不同类型的 GIS 数据集放在一个文件夹下,ArcGIS 推荐用 File Geodatabase 方式来存储和管理本地文件;ArcSDE Geodatabase,将不同类型的 GIS 数据以表的形式存放在关系数据库里(表 2)。

表 2 Geodatabase 的类型比较

| | ArcSDE Geodatabase | File Geodatabase | Personal Geodatabase |
|---|---|---|---|
| 存储 | 关系型数据库 Oracle、SQL Server、DB2、Informix 等 | 每个数据集是独立的文件夹,含多个数据文件 | 存储在微软的 Access 数据库里面(.mdb 格式) |
| 用户 | 多用户。ArcSDE 包括三个类型:①Personal ArcSDE;②Workgroup ArcSDE;③Enterprise ArcSDE | 多个读权限的用户,一个写权限的用户 | 多个读权限的用户,一个写权限的用户 |
| 空间限制 | 取决于数据库的存储空间 | 单个数据集可以存储 1 TB 的数据,每个文件数据库可以包含多个数据集 | 最大存储空间 2 G,但为提高数据库效率,空间应该限制在 500 M 以内 |
| 平台 | Windows/Unix/Linux 等;支持通过局域网内任意平台数据库连接 | 跨平台 | Windows 操作系统 |
| 安全性 | 由数据库实施安全机制 | 依赖于操作系统 | Windows 文件系统安全 |
| 管理 | 由数据库提供的工具对空间数据进行管理 | 文件系统管理 | Windows 文件管理 |

File Geodatabase 是 ESRI 抛开微软 Access 容量限制自己开发的 Geodatabase 存储格式,具有以下优点:跨平台,可以支持 Windows、Linux、Solaris;支持所有 Geodatabase 特征,包括

vector、raster、terrain、annotation 等;海量数据支持,每一个数据集支持 1 TB 的数据,原则上取决于存储空间大小;支持数据压缩;能够表示数据间的空间关系,方便查询。

ArcSDE 适合企业级的部署,而 File Geodatabase 更加适合中小型项目在本地(局域网)部署。经过测试,利用 File Geodatabase 存储数据,与利用其他存储方式相比,在开始载入 GIS 地图时略有延迟,却可以大幅提高数据处理效率。因此,本系统利用 File Geodatabase 存储 GIS 数据。

## 3.2 GIS 数据更新

基于 GIS 平台的大量气象设备观测数据的实时更新是气象设备监控的重点与难点。在基于 ArcGIS Server 的 B/S 架构系统中主要通过 ArcSDE Geodatabase,将数据库中的视图作为数据源,将 GIS 数据更新操作转换为查询操作,从而提高了数据处理效率。本系统基于 ArcGIS Engine 的 C/S 架构系统,采用 File Geodatabase 存储数据,无法使用视图方式,因此需要运用各种手段提高 GIS 数据的更新效率。

ArcGIS Engine 提供了 IFeatureClass 和 IFeatureCursor 接口,可以创建、更新、删除 GIS 数据;利用 IWorkspace 接口可以直接通过 SQL 语句更新数据,它适合更新少量的数据以及将同一字段赋成相同的值,SQL 语句的数据更新效率较高,且操作简单,ITable 接口在删除数据时效率最高。

IFeatureClass 接口是操作 GIS 数据的常规方法,当气象设备数量较多时,调用所有 GIS 要素数据效率较低,此时若将待更新的数据组存入列表中并将它们排序,再利用二叉树技术检索数据项信息,可以大幅提高效率。

## 3.3 GIS 地图展示

气象设备在 GIS 地图中展示是设备监控的重要内容。系统基于 GIS 地图将状态显示、统计分析、要素查询、等值线(面)分析等功能融为一体,方便业务监控人员了解设备状态、准确定位故障原因、及时发布报警信息;同时便于研究人员查询下载数据资料、分析研究观测要素、打印输出 GIS 地图。

基于 GIS 的设备监控基本功能包括:运行状态,开始采用专题图的形式,列出设备的状态饼图,地图放大后显示每个站点的状态,点击可进入查看单站信息;序列图监控,显示站点某日24 个时次的状态序列;状态统计,统计各站点的状态;观测要素,显示站点某时次某要素的观测值,并可进行数据分析;要素查询,查询站点的观测要素;要素曲线图,显示站点各要素的观测值曲线(图 2)。

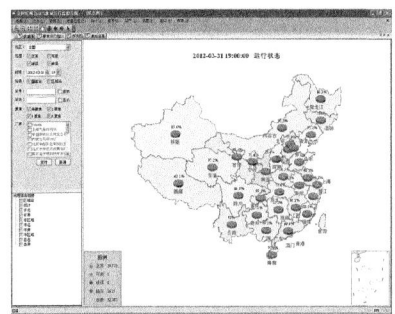
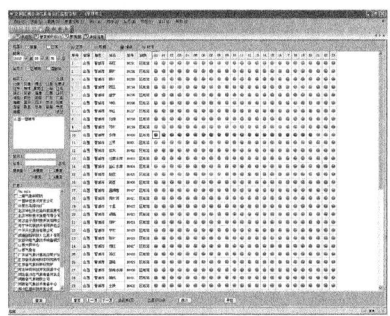

图 2 设备状态监控界面

## 4. 问题与展望

目前,基于 ArcGIS Engine 的区域自动气象站和土壤水分运行监控系统已经在中国气象局气象探测中心部署,运行状况良好。系统在稳定性以及实时进行 GIS 空间分析的能力方面较 WebGIS 有一定优势,与 WebGIS 结合使用可以提升气象设备监控的技术水平。系统仍有一些方面需要完善:站点更新较为繁琐,需要设计一套安全机制防止更新失败;空间分析算法需要优化;地图展示不够精美等。

观测数据更新效率未来依然是研究重点,ArcGIS 10 引入了 TIME 的概念或许可以从技术上解决这个难题。

## 5. 结语

GIS 技术在一定程度上提升了气象观测设备运行监控的能力。本文以 ArcGIS Engine 为核心技术,构建了面向气象保障领域基于 C/S 架构的 GIS 应用平台,重点讨论了大量气象观测设备的监控方法,解决了数据采集处理、地图更新显示等关键问题,为我国综合气象观测运行监控系统的建设提供参考。

### 参考文献

[1] 梁海河,孟昭林,张春晖,等. 综合气象观测运行监控系统[J]. 气象,2011,37(10):1292-1300.

[2] 裴翀,宋连春,吴可军,等. 我国综合气象观测运行监控系统的设计与实践[J]. 气象,2011,37(2):213-218.

[3] 李雁,裴翀,郭亚田,等. 中国风能资源专业观测网运行监控系统建设及应用[J]. 资源科学,2011,32(9):1679-1684.

[4] 李雁,李峰,赵志强,等. 中国区域自动气象站运行监控系统建设[J]. 气象科技,2013,41(2):231-235.

[5] 孟昭林,李雁,陈挺,等. 综合气象观测系统业务运行综合评估技术研究[J]. 气象,2011,37(2):219-225.

[6] 周青,梁海河,李雁,等. 自动气象站故障分析排除方法[J]. 气象科技,2012,40(4):567-570.

[7] 吴彤,倪绍祥,张春晖,等. 基于 ArcGIS Server 的气象设备监控系统的设计与实现[J]. 地球信息科学学报,2011,13(1):80-87.

[8] 朱仕杰,南卓铜. 基于 ArcEngine 的 GIS 软件框架建设[J]. 遥感技术与应用,2006,21(4):385-390.

[9] 罗显刚,刘家奎,冯可. 基于三维地球的气象综合 GIS 平台的研究与设计[C]. 第七届长三角气象科技论坛论文集,2010.

[10] 陈述彭,鲁学军,周成虎. 地理信息系统导论[M]. 北京:科学出版社,1999.

[11] 龚建雅. 地理信息系统基础[M]. 北京:科学出版社,2002.

# 基于微信的天气雷达移动式运行监控系统的设计与实现

郭海平

(内蒙古自治区大气探测技术保障中心,呼和浩特 010051)

**摘　要**:针对新一代多普勒天气雷达缺少移动端监控平台、异常告警不及时、互动交流不快捷等问题,设计实现了基于微信企业号的新一代天气雷达移动式运行监控系统。该系统主要由信息收集、信息处理、信息推送、信息反馈以及互动交流等几部分组成,具有新一代天气雷达移动监控、分级自动告警、维修保障视频自动推送、互动反馈交流等功能。本系统很好地实现了新一代天气雷达运行状况移动、便捷、实时监控和快速远程技术支持,使新一代天气雷达运行监控和技术保障工作时效大幅提升,为提高天气雷达运行效能发挥了重要作用。

**关键词**:微信企业号　新一代天气雷达　运行监控系统

## 引　言

新一代天气雷达为天气预报、气象决策与服务、人工影响天气作业提供了重要资料。目前全国已建成 210 余部新一代天气雷达。围绕新一代天气雷达运行监控与技术保障,前人已经积累了大量经验和研究成果,例如,梁海河等[1]主持设计了综合气象观测运行监控系统,孟昭林[2]提出了低成本对雷达软件系统进行远程维护操作控制方案,陈德生等[3]研发了新一代天气雷达综合监控系统,毛飞等[4]研发了新一代天气雷达远程视频监控保障系统,姜小云等[5]研究实现了新一代天气雷达远程故障诊断与应急维修,并给出了具体操作方法。

目前内蒙古布网建设新一代天气雷达 10 部,其中,CINRAD/CD 雷达 4 部,CINRAD/CB 雷达 5 部,CINRAD/CA 雷达 1 部。随着雷达站网的规划建设,内蒙古还将有几部新一代天气雷达投入业务应用。近年来,新一代天气雷达运行监控和短信告警方面[6-8]已取得大量研究成果并在雷达技术保障业务中发挥了积极作用,但在天气雷达运行监控移动化、智能告警、人员在线快捷互动交流方面的研究还有所欠缺。业务人员在气象局域网内开展天气雷达运行监控值班,因时间、空间、值班人数等限制,一定程度上制约了天气雷达运行异常/设备故障"早发现、早响应、早排除"[9]。针对上述问题,本文设计了天气雷达移动式运行监控系统,充分应用移动互联网技术,在微信企业号内实现了内蒙古 10 部新一代天气雷达运行状况移动监控、设备异常信息分级推送、维修保障视频自动推送、人员快捷互动交流等功能,对于缩短新一代天气雷达故障响应修复时间、降低技术保障成本,提高其运行效能具有重要的支撑作用。

## 1. 系统总体设计

中国气象局气象探测中心研发推广的运行监控业务系统(以下简称 ASOM 平台)[10]已实现天气雷达状态文件、产品文件等数据的收集,按照状态正常产品异常、状态异常产品正常等类别对雷达运行状况进行了判识,并生成了对应的告警信息,也可在 ASOM 平台查询到雷达台站填报提交的维护维修表单。在此基础上,新一代天气雷达移动式运行监控系统采用 Nutz 框架技术、B/S 结构模式进行了二次开发。系统主要由信息收集、信息处理、信息推送、信息反馈与互动交流几部分组成(图1)。

信息收集主要是从 ASOM 平台获取天气雷达状态正常产品异常、状态未到产品正常、状态报警产品正常、状态报警产品异常、无数据等设备运行异常告警信息。同时,从 ASOM 平台获取雷达台站业务人员填报提交的周维护、月维护、季维护和年维护等设备维护表单信息,以及台站填报的故障停机通知单、特殊情况停机通知单。信息处理主要是针对上述所收集的设备告警信息、维护维修表单进行累计持续时长的分析,并按照系统管理员设定的告警级别生成相应的告警信息。其中,告警级别可以根据需要灵活调整。信息推送主要是将本系统生成的不同级别的告警信息与省、市以及雷达站业务管理人员和技术保障人员建立对应关系,通过微信、手机短信两种渠道推送到相关人员手机上。信息反馈是指雷达站人员收到系统推送的消息后,在微信中向上级监控、保障、管理人员反馈雷达维护维修进展,反馈的形式可以是文字、图片、语音、视频以及文档。互动交流主要是指省、地市、雷达站三级人员(业务管理和技术保障人员)可以通过本系统移动端应用程序快捷交流,特别是省级保障人员与雷达台站机务人员,可以快速建立故障诊断和远程技术支持通道。

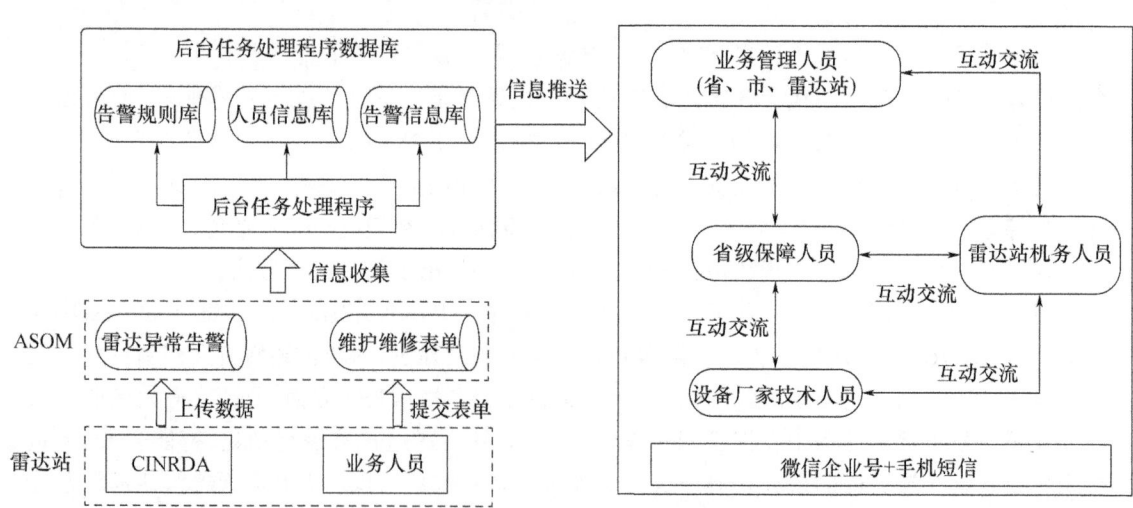

图 1 系统结构图

表1以天气雷达状态正常产品异常、状态未到产品正常和故障停机通知单为例,阐述了天气雷达告警类型、级别、持续时间和告警信息内容的对应关系。

表 1 告警信息对应关系表

| 类型 | 级别(级) | 持续时间 | 信息内容示例(以 A 站天气雷达为例) |
|---|---|---|---|
| 状态正常产品异常 | 1 级 | 20 min | A 站天气雷达已连续 20 min 状态正常产品异常,请关注 |
|  | 2 级 | 30 min | A 站天气雷达已连续 30 min 状态正常产品异常,请关注 |
|  | 3 级 | 40 min | A 站天气雷达已连续 40 min 状态正常产品异常,请关注 |
| 状态未到产品正常 | 1 级 | 20 min | A 站天气雷达已连续 20 min 状态未到产品正常,请关注 |
|  | 2 级 | 30 min | A 站天气雷达已连续 30 min 状态未到产品正常,请关注 |
|  | 3 级 | 40 min | A 站天气雷达已连续 40 min 状态未到产品正常,请关注 |
| 故障停机通知单 | 1 级 | 1 h | A 站天气雷达故障停机已连续 1 h,请关注 |
|  | 2 级 | 6 h | A 站天气雷达故障停机已连续 6 h,请关注 |
|  | 3 级 | 12 h | A 站天气雷达故障停机已连续 12 h,请关注 |
| …… | …… | …… | …… |

## 2. 系统功能设计

新一代天气雷达移动式运行监控系统由 Web 端管理平台、后台任务处理程序、微信端应用平台 3 个功能模块组成(图 2),在微信内实现了新一代天气雷达运行状况移动监控、历史 24 h 内设备运行异常详情查询、设备运行异常信息分级快捷推送(10 s 内完成)、常见故障维修视频推送、用户之间互动交流等主要功能。

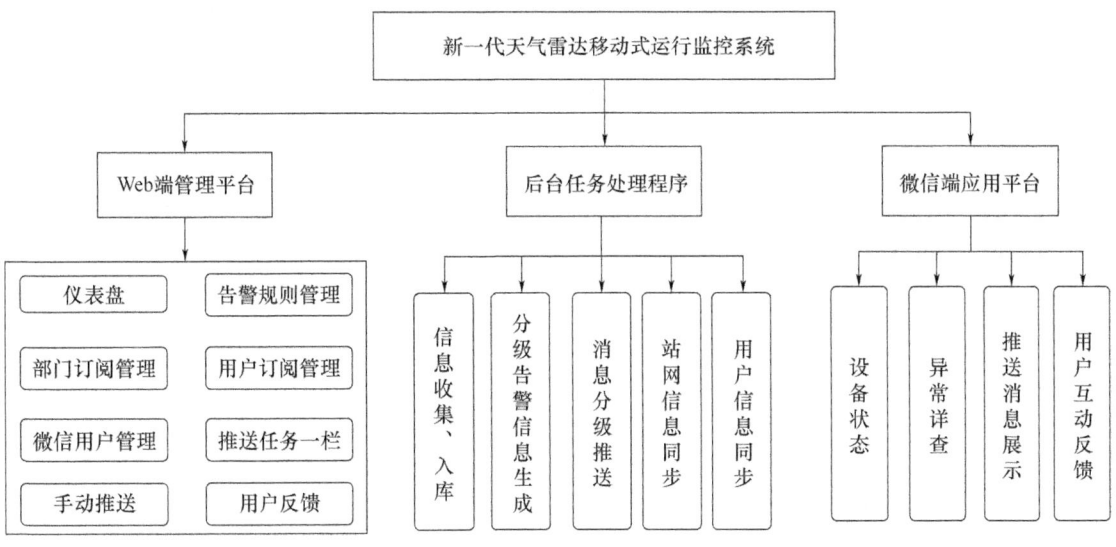

图 2 系统功能图

### 2.1 Web 端管理平台

Web 端管理平台主要用来实现设备告警规则管理、部门和用户订阅管理、查询历史推送消息、手动编辑消息并发送、微信用户管理、用户在线沟通交流等功能。同时,以"仪表盘"的形式集中展示全省新一代天气雷达运行实况,点击"仪表盘"可详细查询各天气雷达历史 24 h 内运行异常详情。目前,该系统 Web 端管理平台已在内蒙古自治区大气探测技术保障中心运行监控值班室大屏幕实时展示,有效解决了原 ASOM 平台监控值班人员需要点击切换多个页面方能了解雷达运行状况、设备告警信息浏览不便等问题。

## 2.2 后台任务处理程序

后台任务处理程序模块一是对本系统从 ASOM 平台获取的雷达运行异常信息、维护维修表单入库并计算持续时间,根据本系统告警规则生成不同级别的雷达告警信息,存入本系统设备推送信息数据表;二是按照部门和用户订阅规则,以微信消息推送、手机短信的形式,将雷达告警信息分级推送到相关用户手机;三是根据雷达台站人员填报的故障类型,将系统中已录制的对应维修保障视频推送到一线保障人员微信端应用平台内。

## 2.3 微信端应用平台

微信端应用平台一是自动接收本系统后台任务处理程序推送的雷达告警信息,二是以"饼图"的形式集中展示全省雷达运行状况(与 ASOM 平台实时同步),三是浏览本系统后台任务处理程序推送的雷达维修保障视频,四是省级与台站雷达机务人员在线交流雷达维护维修进展(雷达厂家人员也可纳入)。

# 3. 系统主要功能实现和关键技术

系统采用 Eclipse 作为代码编辑工具,采用 MySQL 开源数据库作为数据存储媒介,采用 Tomcat 作为应用服务器,采用 Nutz 开源框架、Java 程序设计语言、HTML5、Bootstrap 和 JavaScript 等技术实现。下面就本系统主要功能实现方法进行阐述。

## 3.1 信息收集入库

系统后台模块中设计了一个信息收集处理任务程序,该程序定时扫描 ASOM 平台设备告警表和维护维修数据表,并按照雷达站号从中选择出与天气雷达相关的告警信息,分别存入本系统告警信息原始表和维护维修表单原始表。

## 3.2 生成推送消息

系统后台模块中设计了一个自动计算雷达故障信息、维护维修表单持续时间的任务程序,该程序不断扫描告警信息原始表和维护维修表单原始表,并按照系统管理员设定的告警级别关系表,自动识别各类告警信息、维护维修信息是否达到相应的告警级别。如达到,则写入本系统信息推送任务表;如未达到,则继续跟踪计算直至达到或告警终止。其工作流程如图 3 所示。

## 3.3 消息和保障视频自动推送

系统后台模块中设计了一个消息和雷达技术保障视频推送任务程序,该程序定时扫描信息推送任务表,发现新的未推送记录后,按照部门和用户订阅规则自动将告警信息推送到订阅用户手机上。同时,根据故障类型,将已经录制并存储于系统数据库中的技术保障视频推送给台站人员,便于其开展维护维修参考。

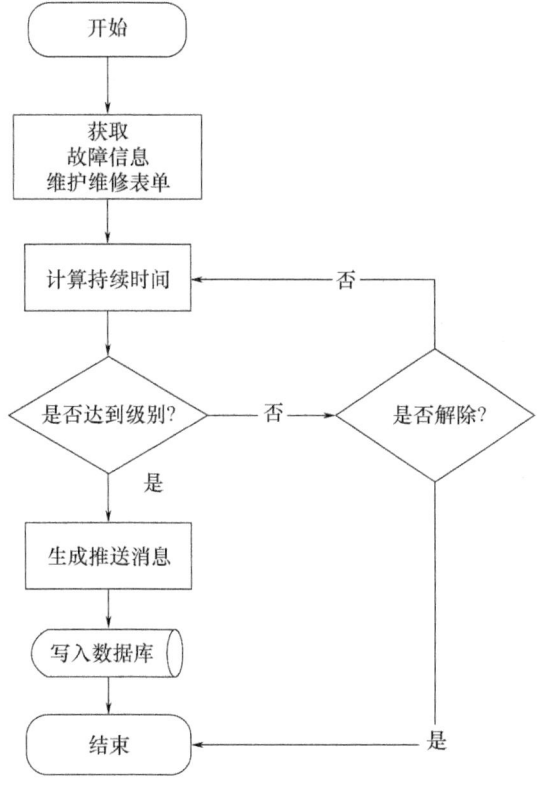

图 3 推送信息生成流程图

## 3.4 微信用户反馈与在线互动交流

用户收到推送消息后,可以在微信聊天窗口内以语音、文字、图片、视频、文档等多种形式向省级保障人员反馈雷达维护维修进展;省级保障人员也可与省、市、雷达站等任意一级业务管理人员、技术保障人员进行在线沟通交流。该功能对于省级保障人员与雷达站机务人员快捷沟通尤为实用、方便,很好地解决了以往沟通不畅的问题。

## 3.5 关键技术

本系统的关键点是如何及时采集天气雷达异常和维护维修信息,依据告警规则快速与用户进行匹配,最终形成规范完整的推送信息并通过微信向相关用户快速分发,进而满足天气雷达"分级保障和故障早发现、早告知、早响应"保障需求。为此,本系统采用 FancyTree 动态树插件,将用户、台站、设备异常信息进行绑定,并自动调用企业微信服务接口将设备告警消息即时推向用户微信。

## 4. 结论

本文结合内蒙古自治区新一代天气雷达"三级管理、两级保障"业务现状,提出了通过企业微信号实现分级推送雷达告警信息和维护维修信息、移动式运行监控的设计思路,设计研发了新一代天气雷达移动式运行监控系统,通过与 ASOM 平台底层数据库的有效对接,在 ASOM 平台运行监控和维护维修信息的基础上,实现了雷达移动监控、分级告警、视频推送、互动反馈等功能,有效解决了监控不方便、告警不及时等问题。系统研发成功后,进一步拓展实现了国家自动气象站、探空系统、区域自动气象站、土壤水分站等观测设备类似功能,并最终命名为"观测宝"。系统移动端推送消息和设备异常详查界面如图4所示。

图 4  推送信息和设备异常详查界面图

目前,"观测宝"系统已被纳入中国气象局综合观测司 2019 年度技术装备类科技成果推广目录,并在内蒙古自治区、广东省、河北省推广应用,系统运行稳定,在新一代天气雷达技术保障工作中发挥了重要作用。

## 参考文献

[1] 梁海河,孟昭林,张春辉,等.综合气象观测运行监控系统[J].气象,2011,37(10):1293-1294.
[2] 孟昭林.新一代多普勒天气雷达远程诊断控制管理方案研究[J].气象科技,2006,34:94-97.
[3] 陈德生,魏延涛,等.新一代天气雷达监控系统设计与应用[J].沙漠与绿洲气象,2011,34:113-115.
[4] 毛飞,李建明,金龙,等.新一代天气雷达远程视频监控保障系统设计与实现[J].气象科技,2017,45:64-66.
[5] 姜小云,李昭春,吴俞.新一代天气雷达远程故障诊断与应急维修应用探讨[J].干旱气象,2016,34:376-378.
[6] 荀家宝,左湘文,胡斌,等.基于PLC的新一代天气雷达远程控制系统设计与实现[J].气象科技,2019,47:714-716.
[7] 谭龙.新一代天气雷达系统[J].广西气象,2003,24(1):58-59.
[8] 裴翀,宋连春,吴可军,等.我国综合气象观测运行监控系统的设计与实践[J].气象,2011,37(2):213-214.
[9] 梁海河,张沛源,牛防,等.全国天气雷达数据处理系统[J].应用气象学报,2002,13(6):749-754.
[10] 中国气象局大气探测技术中心.新一代天气雷达全网监控实施方案[R].2006:1-15.

# 气象雷达网运行保障业务信息采集技术*

李 峰  夏元彩  李 雁  秦世广

(中国气象局气象探测中心,北京 100081)

**摘 要**:本文主要介绍目前中国新一代天气雷达观测系统在未实现智能化运行的条件下,根据观测业务规定和台站实际作业流程,在业务运行监控保障 ASOM 系统中设计各类雷达维护维修记录表单,并采用基础数据管理的方式,实现雷达各类业务表单的可定制化自动生成的方法。台站人员在开展雷达设备维护保障工作过程中执行各类业务记录单填报,ASOM 系统经自动处理和加工,实现观测设备常规维护和故障维修业务信息的采集、汇总、分发和应用。通过采集的信息还可以实现对我国气象雷达观测网运行能力及装备保障能力的分析评估。

**关键词**:气象雷达  运行保障  信息采集  技术

## 引 言

气象探测设备的常规维护、故障维修是各级技术保障部门特别是气象台站的主要日常工作之一。截至 2016 年,全国已经建设了 189 部天气雷达并实现业务运行,根据观测系统业务规范[1-4],几乎每天都会有大量台站开展雷达设备维护维修活动,如何才能及时跟踪了解这些保障业务,尤其是雷达设备在重要天气过程中的设备维护维修进展,并提供相应的远程技术支持,这是现代气象装备保障信息化工作提出的一项重要命题。

中国气象局气象探测中心于 2008 年设计开发了综合气象观测运行监控系统(ASOM1.0)[5],初步提出了气象雷达维护保障的技术框架。2014 年通过技术升级完成了 ASOM2.0 开发[6],并根据现有雷达的技术体制和业务管理规范,对气象雷达保障信息采集方法设计进行了改进和完善。依托该系统探测中心创建了国家级综合气象观测运行监控业务,实现了全网观测设备,尤其是天气雷达网的运行状态监控、站网信息管理、维护维修信息管理、装备供应信息管理以及雷达运行综合分析评估、监控信息发布等业务功能。

ASOM2.0 系统中,天气雷达维护维修信息管理是通过对全国范围的天气雷达设备的日常维护、故障维修等信息的实时收集和快速处理,实现对设备的常规维护、故障维修情况的实时跟踪,建立维护维修知识库,实现远程技术支持,并利用上述信息对设备的可用性、可靠性等进行分析评估[6]。其中,天气雷达维护维修业务信息采集技术是在现阶段观测设备智能化不足,信息化功能不高的条件下根据现有的保障业务规范、流程和实际作业方式经过信息化设计而实现的,既符合当前观测系统现实状况,又满足观测装备监控保障业务人员的业务需求。本文着重讨论 ASOM2.0 系统中雷达台站维护维修业务信息化的设计和实现技术,旨在为我国

---

\* 本文发表在《气象水文海洋仪器》,2017(2):49-57.

气象观测业务信息化建设提供参考。

## 1. 维护维修信息的采集方法设计

现代化的装备保障信息获取方式应该是方便、快捷、自动采集的,条件是观测设备具备高度的智能化,自身有自检功能,对于设备的每个可更换单元的性能状态变化,能够实时检测,输出检测结果。这样,一旦设备某个部件状态异常、发生故障,或者在维修维护过程中更换了器件,设备则能够自动识别新器件,并输出相应信息,远程监控系统可以通过新旧信息的变化对比,判断维修保障作业的实际操作、进程,评估保障业务的效果、效率。

目前,我国的气象雷达观测设备尚不具备上述智能化,甚至设备本身的基础信息和运行状态信息都非常有限,更不具备自检识别更换新旧器件的能力。因此,为了及时获取相应的保障信息,我们根据业务规定和实际保障作业方式,在 ASOM 系统中采用业务表单的方式,设计相应的内容,由台站保障人员填报,通过业务系统及时采集,并对信息进行处理、管理(图1)。

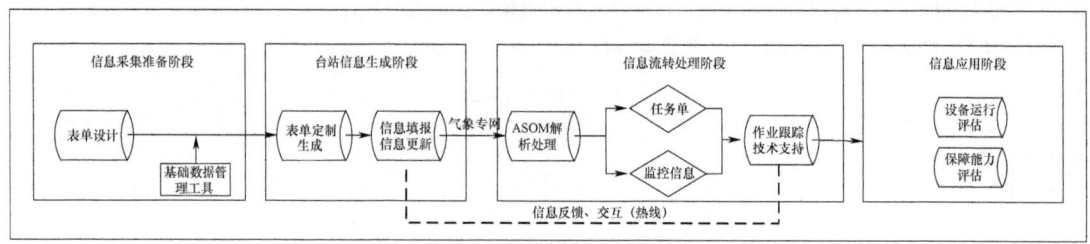

图1 气象雷达运行保障信息采集技术流程

根据雷达台站设备保障工作的业务规定,结合实际设备构造以及业务系统功能,保障业务表单分为停机通知单、常规维护记录单、故障维修记录单等,具体内容和设计如下。

### 1.1 停机通知单

由于目前很多台站存在人站分离的情况,为第一时间反映雷达设备的运行状态,台站在进行雷达维护或维修活动时,如果需要停机作业,则必须先填报停机通知单,通知单格式如表1所示。其中,通知单基本信息(停机通知单编号、发布人、报告时间、地域、台站、设备类型、设备型号)为系统根据登陆账户自动生成,停机类型、停机原因、停机开始时间和结束时间以及备注由台站填报。

表1 停机通知单设计表

| 停机通知编号 | | 发布人 | | 报告时间 | |
|---|---|---|---|---|---|
| 地域 | | 台站 | | | |
| 设备类型 | | 设备型号 | | | |
| 停机类型 | | 停机原因 | | | |
| 停机开始时间 | | 停机结束时间 | | | |
| 备注: | | | | | |

## 1.2 常规维护记录单

根据气象观测设备维护保障的业务规定[1-3]，雷达常规维护工作定期开展，分为日维护、周维护、月维护、季维护和年维护五类，各类维护工作涉及的项目和内容不同，那么常规维护记录单必须对应各类维护分别设计。为了统一规范、便于管理，可以将常规维护记录单内容设计成基本信息和设备维护项两部分。维护基本信息（表2）包含表单编号、记录人、记录时间、省份、台站、站名等信息，还有雷达类型、型号，维护开始时间、结束时间，如需要停机，还应填报停机通知单，这些对于了解保障活动开展是必须的，也便于信息查询和统计。

表2 常规维护记录单基本信息表

| 维护单基本信息 | | | | | |
|---|---|---|---|---|---|
| 维护单编号 | | 维护记录人 | | 记录时间 | |
| 省份 | | 站号 | | 站名 | |
| 设备类型 | | | 设备型号 | | |
| 停机开始时间 | | | 维护结束时间 | | |
| 停机通知 | | | | | |

天气雷达维护项部分应包括检查项目和检查结果，为了应对复杂情况，可以留有备注和说明。检查项目内容较为复杂，且不同设备不同维护期内容不同，应根据各类设备的业务维护规定，制定相应检查项，例如，表3给出了雷达常规维护（日维护）的记录表设计。

表3 雷达常规维护（日维护）记录表的设备维护项

| 检查维护内容 | | 检查维护结果 | 填写说明 | 备注 |
|---|---|---|---|---|
| 各分机之间的通信链路情况 | | （正常√ 不正常×） | | |
| 查看工作日志，查看雷达性能 | | （正常√ 不正常×） | | |
| 发射机峰值功率 | | （填数值） | | |
| 检查机房空调及除湿系统 | 温度 | | （填数值）无人值守站，检查日填写 | |
| | 湿度 | | （填数值）无人值守站，检查日填写 | |
| 终端计算机运行情况 | | （正常√ 不正常×） | | |
| 雷达系统软件运行情况 | | （正常√ 不正常×） | | |
| 雷达数据采集、产品及状态信息的生成和传输软件运行情况 | | （正常√ 不正常×） | | |
| 操作系统及杀毒软件运行情况 | | （正常√ 不正常×） | | |
| 雷达数据存储及计算机磁盘空间满足存储要求情况 | | （正常√ 不正常×） | | |
| 数据产品传输网络及通信情况 | | （正常√ 不正常×） | | |
| 计算机系统时间检查 | | （正常√ 不正常×） | | |
| 通过UPS控制面板查看 | 输入电压 | （填数值） | 无人值守站，检查日填写 | |
| | 输出电压 | （填数值） | 无人值守站，检查日填写 | |

续表

| 检查维护内容 | | 检查维护结果 | 填写说明 | 备注 |
|---|---|---|---|---|
| 通过UPS控制面板查看 | 输入电流 | （填数值） | 无人值守站,检查日填写 | |
| | 输出电流 | （填数值） | 无人值守站,检查日填写 | |
| | 输出频率 | （填数值） | 无人值守站,检查日填写 | |

检查中发现的问题及处理情况：

维护人员签名：

## 1.3 故障维修记录单

雷达故障维修活动通常比常规维护复杂,根据业务流程和规定,故障维修记录单设计主要包括基本信息、故障表述、维修活动、换件记录等方面内容。

表单基本信息与维护记录单相似,为用户登录后系统自动生成,内容主要包括报告人、报告时间、省份、站号、站名、设备名称、型号、生产厂商等基本信息。

故障描述部分主要是要填报详细的故障信息（表4),包括故障发生的起止时间,故障定位、现象、原因,故障处理过程的总结等,该项信息不仅提供了保障活动的详细作业内容,而且可为故障维修知识积累、故障分布及设备运行情况统计分析提供基础信息。

表4 故障维修记录单故障描述部分

| 分系统 | | 部件名称 | |
|---|---|---|---|
| 故障原因 | | | |
| 详细描述 | | | |
| 停机通知 | | | |
| 故障开始时间 | | 故障结束时间 | |
| 附件 | | | |
| 故障总结 | | | |

维修活动部分是对具体维修情况进行跟踪了解,包括维修起止时间、工作类型、维修单位与人员等信息,该部分也为分析评估保障能力提供基础信息。

维修活动如果需要换件,还应有换件记录,内容包括更换时间、部件名称、型号等,便于备件出入库管理、寿命跟踪、备件消耗评估等。

## 1.4 年度巡检记录单

按业务规定,每年观测设备尤其是骨干网设备要进行年度巡检,巡检内容按各类观测业务规定开展,完成年度巡检后72 h内应及时将相关年度巡检记录信息上报,以供业务管理使用。

年度巡检记录内容应涵盖巡检全部工作,基本信息包括巡检编号、记录人、记录时间、台站、设备、巡检级别、起止时间。如需要,还应附停机通知。具体工作和巡检结果较为复杂,一般设计以附件形式添加。

## 2. 常规维护记录表单的订制及管理技术

前述的常规维护业务记录表单分类多、内容复杂,尤其不同设备不同维护周期维护项目也不同,另外,如果增加一类雷达新设备就需要重新设计新表单,再添加至业务系统,更为繁琐困难。同时,为了规范业务人员填报,提高效率,也便于后续的分析评估,ASOM采用基础数据管理的方法,让系统用户在基础数据管理里面,制定相应的规范词条,建立基础词条库,通过基础词条选择,完成各类业务表单的个性化设置、自动生成。

基础数据管理主要包括常规维护项管理、系统参数管理、字典项管理和常规维护计划管理等。

### 2.1 常规维护项管理

常规维护项管理是将各类设备需要维护的项目进行规范定义,作为词条存储,并且可以根据需要对设备常规维护检查项进行增加、修改或删除,从而可以自动生成相应的设备维护记录单。根据《关于印发新一代天气雷达观测和维护记录表薄的通知》(气测函〔2011〕224号),天气雷达全部常规维护项目约有63项,其中,日维护12项、周维护12项、月维护17项、年维护22项,我们可以把这些项目分类定义全部存储在项目维护项目库,以备调用。如果根据需要另外增加维护项,就可以常规维护项管理中进行添加检查项或检查项组等,如图2所示,在雷达"外观检查各类电源变压器"检查项组中增加一项新内容,在该管理中只需要填报"维护项名称"及各信息项即可。完成后,增加的项组就会出现在维护项目列表中。

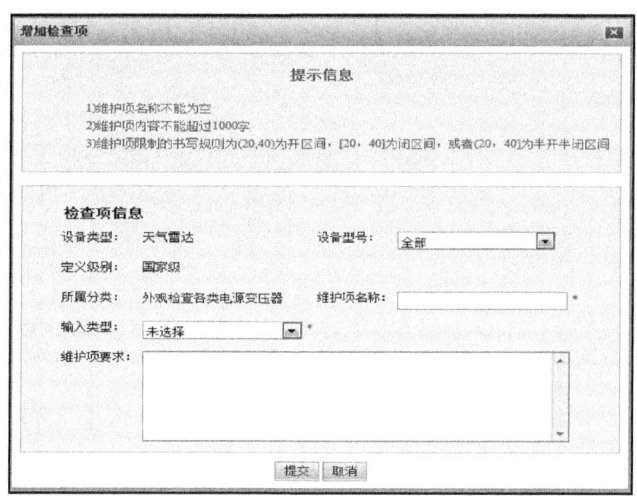

图2 增加检查项

### 2.2 字典项管理

字典项管理是将设备维护维修项所对应的结果进行规范性设计,制成可选项,方便台站人员在维护维修设备时填报。例如,周维护中雷达天线及伺服机械部件检查项,其对应结果字典项可定义为工作正常与否,这样制作周维护表单时,在维护项雷达天线及伺服机械部件检查栏,就对应有正常、不正常选项,检查人员只需要勾选即可。字典项的内容十分丰富,对应所有业务表单处理的规范性操作内容,如果初始设计时没有的条目,可以通过增加、修订进行补充,如图 3 所示,左侧是字典项列表,右侧是对选定的字典项进行管理,可以更新或删除,另外还定义了字典项值是为编程调用方便,同时也可以设定其默认显示属性。如果增加新的字典项,只需要在增加栏填上字典项目名称、字典项值、默认显示方式、显示顺序等就可以完成(图 4),该字典项就进入字典项库中,这样就可以在制定业务表单时对应生成。

图 3　字典项管理

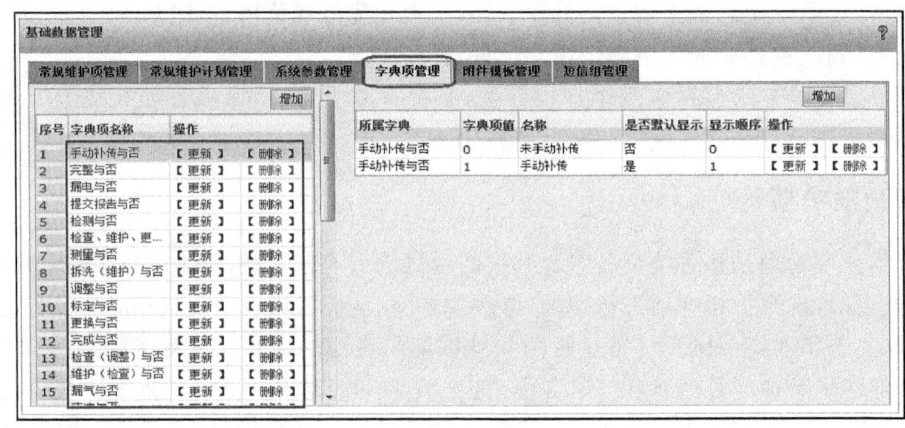

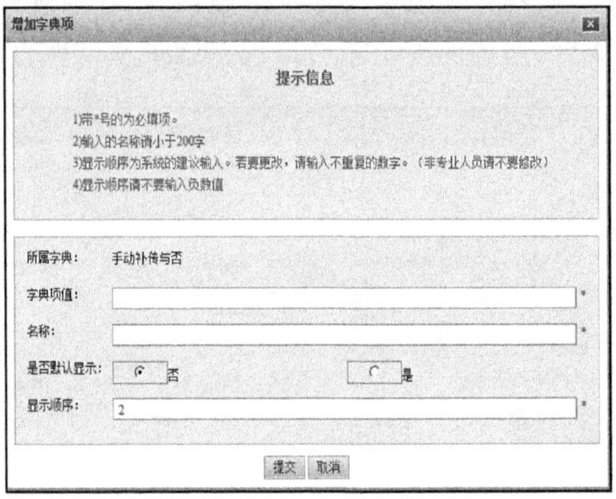

图 4　增加字典项内容

## 2.3　系统参数管理

系统参数管理是将维护维修等业务表单的状态,以及表单相关内容的结果、操作或进程进行标准化设计和管理,用于制作表单时自动生成相关选项,便于填报时勾选。

图 5 给出了系统参数管理的界面,左侧是保障业务表单涉及到的所有参数类型,右侧是选定的"故障单状态"对应的内容,反映了故障单(上报的问题)可能出现的 6 种状态,设计时分别赋予参数值和参数顺序。业务人员只需要在填补故障单时根据实际情况进行选择即可。

图 5　系统参数管理

类似于字典项管理,系统参数也可以实现增加、更新、删除进行动态管理,以适应不断增加的业务及信息变换需求。例如,选择"维护类型",可以通过定义增加的参数名称,参数值和参数顺序,就能够完成"维护类型"对应参数定制,然后出现在系统参数管理部分(图略)。

## 2.4　常规维护计划管理

常规维护计划是根据业务规定定期对观测设备进行维护,一般分为日维护、周、月、季、年维护,不同维护周期则维护项目不同,为了规范化管理该工作,可以通过信息化设计来实现不同周期常规维护记录单,业务保障人员只需要对照记录单内容开展维护工作即可。

图 6 给出了天气雷达常规维护计划管理表。由图可见,在表单左侧将天气雷达的全部维护项目按照系统结构列出,每一项对应有日、周、月、季、年等周期选项,以及相应的设备型号和维护要求。这样,通过勾选相对应的维护项目、维护周期等,就可以定制完成某型号雷达的日、周、月、年维护业务表单。其中,天气雷达常规维护项目为"常规维护项管理"设定的检查项目(见 2.1 节)。为了统一考核,在 ASOM 中这个管理通常是由国家级管理员来完成。

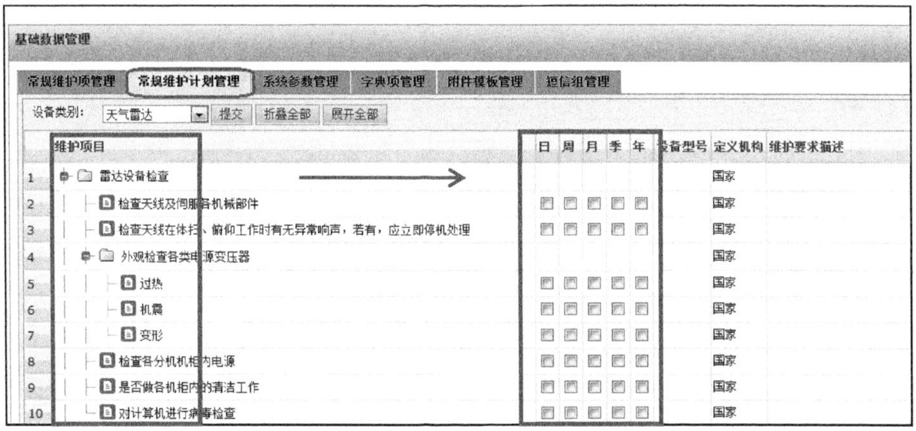

图 6　常规维护计划管理

综上,根据各类业务表单设计要求,通过基础数据管理中常规维护项管理、字典项管理的常规维护计划管理,就可以完成天气雷达不同常规维护表单的定制、生成。制定了维护计划后,系统会根据维护周期以及工作日等相关因素,自动计算出雷达常规维护的建议完成日期,并且将建议完成时间与应完成维护工作的状态列于维护维修工作台上,使得维护工作的进行更加有效[9]。

## 3. 保障信息的处理

### 3.1 业务表单的汇总

上述各类业务表单业务保障人员在常规维护或故障维修时完成填报后,ASOM 系统通过后台处理进行分类管理,按照库表结构分别存储在系统数据库,库表信息包括表单的编号、台站信息、设备信息、保障类型信息和保障时间信息,便于规范管理和查询调用。

### 3.2 业务表单的查询

为了方便查询,ASOM 系统设计了检索引擎来完成。检索引擎分为雷达维护表单和故障维修表单查询。维护表单查询内容包括表单编号、维护类型、区域、台站、设备类型、型号及维护开始时间、结束时间等。维修表单查询内容包括业务表单的编号、区域、台站、设备类型、故障开始时间、持续时间、报告人、故障简单描述等信息。通过不同的检索项,就可以查询台站上传的业务表单,进而可以查看业务表单的具体内容。图 7 给出了故障信息查询和查询结果图。

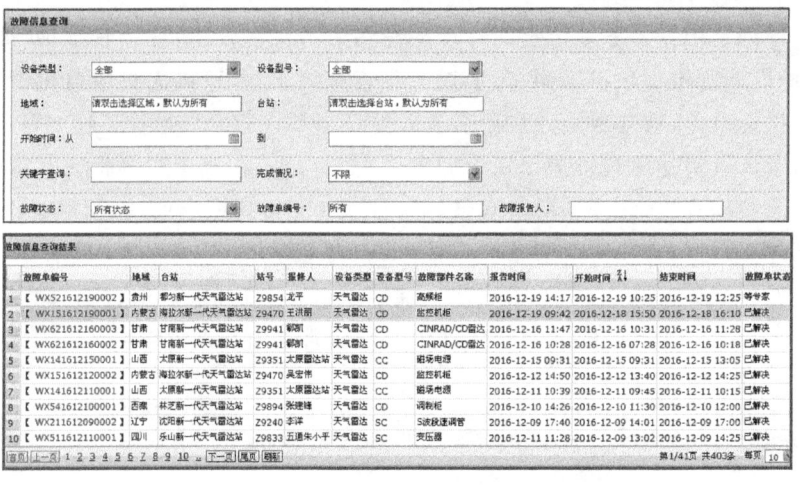

图 7 ASOM 系统天气雷达故障单信息查询及查询结果

### 3.3 保障信息的分发

为了将保障信息及时、准确、快速地分发到相关业务人员和管理部门,我们在 ASOM 系统中设计研发了邮件和短信功能。

首先,设计邮件和短信的启动点,即在"什么情况"下会向业务人员发送短信。目前根据业务需要,我们确认在"生成故障单、上报故障单、维护超期未做、转发远程技术支持单、停机通知、自动上报故障单"6 个业务环节启动信息通知。

其次，为了自动发送邮件和短信，需要设计不同的业务环节对应的发送对象，即在"哪个"业务环节应向"谁"发送邮件和短信。为了实现这个功能点，首先要建立组织结构，组织结构内按照业务分工，建立相应的组名（即发送对象），对于每个组名（发送对象）对应 6 个业务环节，然后根据实际需要将两者进行搭配即可。在 ASOM2.0 中，我们通过短信组管理功能设计来实现上述管理，见图 8。

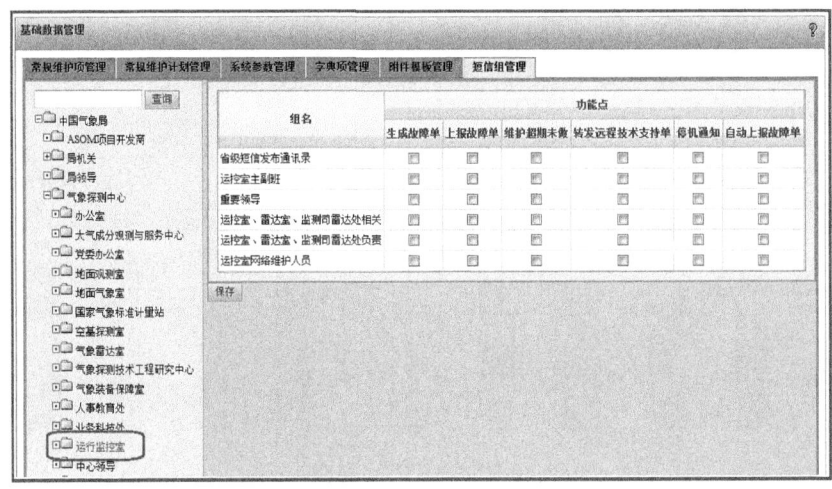

图 8　短信组管理设计

## 4. 保障业务信息的应用

利用 ASOM 系统采集到的气象雷达装备保障业务信息，经过处理，不但可以直接跟踪台站设备保障业务的进展，及时提供远程技术支持，帮助台站技术人员解决问题。而且，利用上述信息进行汇总、统计、分析，可以对我国气象雷达观测设备的运行能力以及装备保障的业务能力进行系统性评估。图 9 给出了 ASOM 系统利用采集的保障信息对我国新一代雷达的业务可用性、平均无故障时间、故障持续时间以及故障次数、故障分布等指标的分析评估结果，反映了我国新一代天气雷达的可用性、稳定性和可靠性都在逐年增加。另外，还可以准确分析雷达各组件的故障率，以便开展有针对性的保障和技术升级。这类评估在中国气象局已经形成了正式的业务，每年探测中心都将利用上述方法提供一份全国气象综合观测系统运行评估报告，为气象装备管理部门和仪器生产厂家的选型决策、设备管理和技术改进提供参考。

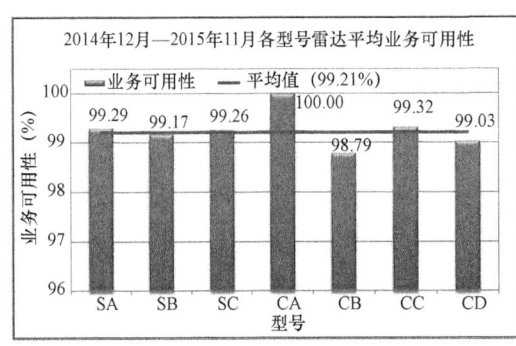

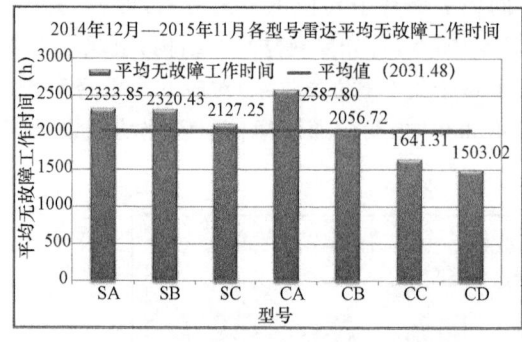
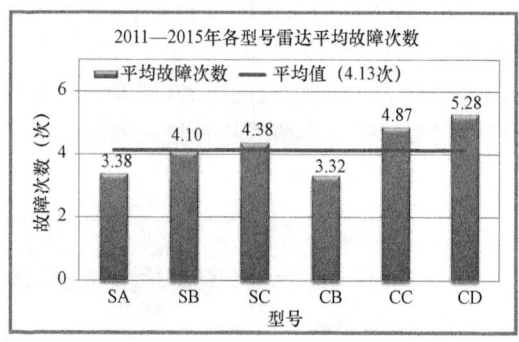
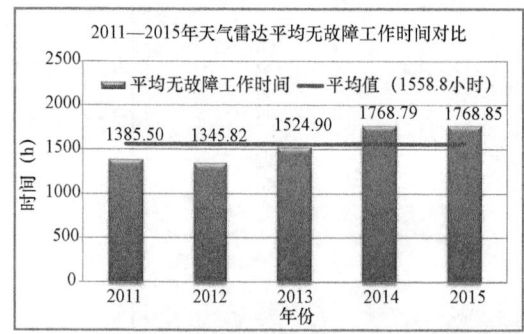

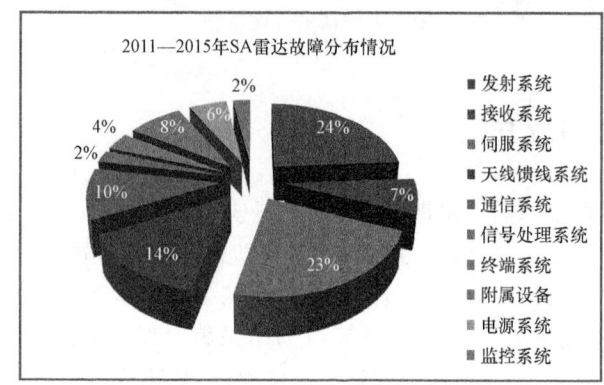

图 9 基于采集的雷达运行保障信息开展的新一代天气雷达网运行和维护保障能力评估分析应用

## 5. 结语

综上所述,本文根据观测业务规定和实际业务操作在 ASOM2.0 系统中研制了气象设备天气雷达维护维修保障各类业务表单制作技术,通过台站保障人员的填报,实现信息的汇总、查询、分发,就能够完成保障业务信息的整个采集流程。该信息在实际业务中应用到气象雷达保障业务进展的远程跟踪、指导、技术支持和雷达设备运行、业务能力的分析评估工作中发挥了巨大作用。这种技术在目前观测设备智能化不足,技术水平不高的条件下是实用和必需的。随着气象综合观测系统飞速发展,观测设备智能化、网络化改进,设备信息更加完整,设备自检功能更加先进,装备保障业务信息化技术也正面临着人工、半自动向自动化转变,这需要气象信息化全面推进的过程,限于中国气象观测系统目前的技术体制和水平,本文所述的技术方法在一段时间内还将发挥巨大作用。当然,为了满足日益精细的服务需求,该方法还需要在信息内容、形式设计和技术实现上不断改进和完善。

## 参考文献

[1] 中国气象局综合观测司．新一代天气雷达业务质量考核办法[Z]．气测函〔2011〕202号,2011:1-24.
[2] 中国气象局综合观测司．新一代天气雷达观测规定[Z]．气发〔2005〕137号,2005:1-11.
[3] 中国气象局综合观测司．气象观测装备维修业务管理办法(试行)[Z]．气测函〔2014〕160号,2011:1-10.
[4] 中国气象局综合观测司．气象装备技术保障手册[Z]．气测函〔2011〕192号,2011:262.
[5] 裴翀,宋连春,吴可军,等．我国综合气象观测运行监控系统的设计与实践[J]．气象,2011,37(2):213-218.
[6] 李峰,秦世广,张乐坚,等．综合气象观测运行监控业务及系统升级设计[J]．气象科技,2014,42(4):539-544.
[7] 石城,梁海河,孟昭林,等．新一代天气雷达故障处理和故障标准化平台的研发与应用[J]．气象科技,2012,40(2):160-164.
[8] 孟昭林,李雁,陈挺,等．综合气象观测系统业务运行综合评估技术研究[J]．气象,2011,37(2):219-225.
[9] 邵楠,裴翀,夏元彩,等．ASOM护维修信息管理子系统的开发与应用[J]．山东气象,2012,32(4):51-53.

# 第三篇

## 观测网运行分析评估技术

# 综合气象观测系统业务运行综合评估技术研究*

孟昭林 李 雁 陈 挺 石 城

(中国气象局气象探测中心,北京 100081)

**摘 要**:综合气象观测网运行监控系统是我国气象探测设备运行保障的实时业务系统。本文以装备技术保障工程理论为基础,按可靠性、维修性、保障性、业务性、经济性等多个范畴,从装备运行状态、装备性能参数、探测数据质量、通信传输、供应保障、维护维修等方面,提出了针对我国综合气象观测网中各类设备的运行、维护和保障等工作进行综合评估的技术方法,建立了综合评估指标体系。综合评估指标体系的建立可以为综合气象观测系统的稳定、可靠运行提供保障,为决策人员进行决策和设备生产厂家进行设备选型、改进等提供信息依据。

**关键词**:综合气象观测系统 运行评估 指标体系

## 引 言

现代气象业务的重点是以提高公共气象服务水平为目标,面向预报服务业务和发展需求,建立能连续、稳定、可靠运行为基础的综合气象观测系统。随着气象现代进程的加快,由地基、空基、天基观测系统组成的综合气象观测系统建设快速发展[1],综合气象观测系统运行监控作为气象行业的一项新兴业务,日益成为气象探测业务保障工作中的重要组成部分。运行监控工作的核心是保障观测网的稳定、可靠运行,最终目标是提高其运行效能。为使我国综合气象观测网的效益充分发挥,需要开展面向全国综合气象观测系统技术保障能力的评估工作。

国际上,早在 20 世纪 50 年代,军工领域针对武器装备从设计和应用角度出发,开展装备质量管理的可靠性、维修性、保障性研究,建立综合保障工程理论,目前已经发展到面向全系统、全寿命的信息化可靠性工程研究阶段[2-4]。国内从 70 年代起,有少数在军工领域从事该方面研究工作[5],到 80 年代开始可靠性研究进入较快发展阶段,主要应用于电子、核能、军工、电力等行业[6-12]。杨秉喜等在《雷达综合技术保障工程》中,全面阐述了雷达质量与可靠性、维修性、保障性的关系[13];丁朝阳提出采用专家定性评价方法,基于气象服务保障能力评估体系基础,采用模糊综合评判法对某气象台的气象服务保障能力进行了评估[14]。气象探测行业中,除有少数针对单个系统进行评估的研究外[15,19-21],基本仅以探测数据到达率作为业务考核指标,而针对我国综合气象观测系统中探测网设备运行情况综合评估方面的研究基本是空白,缺乏综合、全面、客观的评估方法。

本文从我国气象探测业务的实际特点出发,依托综合气象观测网运行监控系统汇聚的探

---

\* 本文发表在《气象》,2011,37(2):219-225.

测信息,采用综合保障工程技术方法[16],结合国内外相关领域的研究成果,提出可靠性、维修性、保障性、业务性和经济性五大评估范畴,研究评估我国综合气象观测网运行保障业务情况的技术方法,建立了综合评估指标体系。综合评估指标体系的建立可以为综合气象观测系统的稳定、可靠运行提供保障,为决策人员进行决策和设备生产厂家进行设备选型、改进等提供信息依据。

## 1. 综合气象观测网运行监控系统

中国气象局气象探测中心组织开发的综合气象观测网运行监控系统是我国气象探测设备保障领域内的实时业务系统[17]。目前主要监控综合气象观测网中投入业务运行的新一代天气雷达、探空系统、国家级地面自动气象站三类设备,为适应业务发展需要,未来还将陆续实现对 GPS/MET、雷电探测系统、风廓线、风能探测设备、太阳能探测设备等新型探测系统的监控保障。系统开发的目标是提高气象技术装备保障现代化管理水平和业务运行质量,建立以探测网业务运行监控和技术保障系统为支撑平台的"信息化、规范化、体系化"业务运行模式。系统的使用对象为我国台站级、省级和国家级业务人员、管理人员和决策服务人员。

系统提供对各类气象装备的运行状态监控、探测数据监控、技术保障信息管理、业务运行综合评估、业务基础信息管理等功能。其中,状态监控可以提供的实时运行状态、连续追踪历史状态、装备运行性能参数;探测数据监控提供探测数据质量监控、探测数据产品监控能力;技术保障信息管理分为装备保障信息管理、装备维修管理、日常业务运行管理三个部分;业务运行基础信息管理提供探测系统业务运行基础信息管理维护功能,涉及测站基本信息管理、测站装备配置信息管理、人员信息管理以及技术保障部门信息管理;业务运行综合评估根据装备运行状态监控、探测数据质量监控、技术保障信息等,评估探测系统运行情况。

## 2. 综合气象观测网运行综合评估

我国气象探测装备研发和业务运行管理主要集中在追求高技术性能,对可靠性、维修性设计指标缺乏足够重视,装备管理考核主要是完成"点性能"的验收测试,业务评估也基本停留在针对系统探测数据的到达情况,这些远远跟不上现代装备质量管理的步伐。现代质量管理是面向全系统贯穿于全寿命周期的信息化全面质量管理。建立综合气象观测网运行综合评估技术,针对运行使用情况进行综合评估,对提升装备质量管理水平具有重要意义。

### 2.1 气象探测装备业务运行特点

起源于军工领域的可靠性评估强调军用武器装备的战备完好性,该指标适用于备战状态和战时状态,其特点是备战时间常远远大于战时时间。气象探测装备业务运行特点是长期使用,且要求持续稳定运行。因此,针对气象探测装备的运行评估主要是对使用可用性进行评价,是面向气象探测系统业务运行的评价。

### 2.2 综合评估原则和评估内容

综合气象观测网运行综合评估需要以质量管理工程理论为基础,以综合技术保障工程方法为依据,以提高装备运行效能为目标,紧密依托气象探测和监控保障业务,进行信息化、规范化、体系化的综合技术评估,其突出特点体现在面向气象探测设备保障实际业务。

(1)综合评估基本原则

根据气象探测装备业务运行特点,综合评估应遵循以下几个基本原则。系统性原则:需要从全方位对评估对象展开综合性评估,保证评估的全面性和可信度;客观性原则:需要根据实际运行情况,尽可能采集客观数据进行评估;可测性原则:需要明确定义评估指标涵义,数据收集方便,计算简单;实用性原则:综合评估需要有针对性,满足业务运行评估需要;适用性原则:综合评估不仅适用于单一探测系统,而且适合于综合气象观测系统中所有气象探测设备。

(2)综合评估内容

总体而言,装备质量管理综合评价可以归结为技术评价、经济评价、效能评价、环境评价和综合评价等几个方面。根据可靠性和维修性理论中对产品状态的描述以及综合技术保障工程方法分类[13,17],气象探测装备使用过程全生命周期时间剖面图如图1所示。

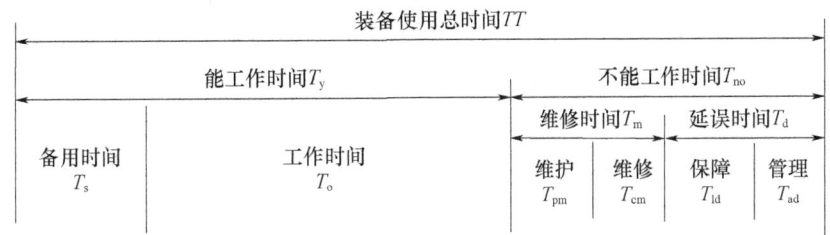

图1 气象装备全寿命周期剖面图

气象装备全生命周期(对应总使用时间 $TT$)中按服役状态总体可划分为能工作(对应时间 $T_y$)和不能工作(对应时间 $T_{no}$)两种状态,其中,能工作状态中又可分为设备处于备用状态(对应时间 $T_s$)和设备真正业务运行状态(对应时间 $T_o$);不能工作状态中含维护维修(对应时间 $T_m$)和故障保障延误(对应时间 $T_d$)两种状态。

气象装备全生命周期 $TT$ 由备用时间 $T_s$、工作时间 $T_o$、维修时间 $T_m$ 和延误时间 $T_d$ 组成,即:

$$TT = T_o + T_s + T_{pm} + T_{cm} + T_{ad} + T_{ld} \quad (1)$$

气象装备在全生命周期中的应工作时间 $TT_o$ 为:

$$TT_o = T_o + T_{pm} + T_{cm} + T_{ad} + T_{ld} \quad (2)$$

装备寿命周期中三个状态分别对应可靠性(Reliability)、维修性(Maintainability)和保障性(Supportability),也即装备质量工程管理中的 RMS 体系[18]。可靠性是用来定量描述在给定的工作期间内装备可能处于无故障状态的时间;维修性是用来描述如果采用规定的程序和资源、在给定时间内装备保持在或恢复到规定状态的能力;保障性是用来定量描述需要附加的保障延误时间。

气象探测业务运行过程完成的任务剖面如图2所示,其总任务 $T$ 按照完成任务阶段和内容可分为数据采集任务 $T_1$、数据传输汇集任务 $T_2$ 和数据质量分析任务 $T_3$,分别需要评估装备探测状态和性能可靠性、数据通信传输及时性和探测数据质量的可信性。

因此,以气象装备全寿命周期为线索,依据装备质量管理理论基础并结合气象探测装备实际业务运行特点,综合气象观测系统业务运行综合评估主要从可靠性、维修性、保障性、业务性以及经济性五大范畴展开。

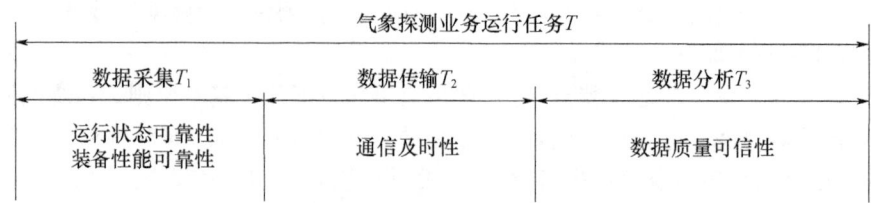

图 2 气象探测设备业务运行任务剖面图

## 3. 综合评估指标体系和计算方法

### 3.1 可靠性评估

可靠性即装备在规定时间内和规定条件下完成规定功能的能力。通常装备的使用条件、自身性能、维修条件、环境条件、操作技术等都将影响综合气象观测网中气象探测设备运行可靠性的高低。由于我国综合气象观测网中不同探测设备业务运行的时限要求、产生的探测数据以及不同探测设备数据的传输情况等都不尽相同，因此有必要分别进行评估。具体如表 1 所示。

表 1 可靠性评估范畴

| 评估范围 | 评估指标 | 符号 | 计算方法 | 指标说明 |
|---|---|---|---|---|
| 装备运行能力 | 完好可用性 | $A_s$ | $(T_o+T_s)/TT$ | 装备状态可用性，含备用情况 |
| | 运行可用性 | $A_o$ | $(T_o)/TT_o$ | 装备实际运行可用性，不含备用情况 |
| | 平均无故障工作时间 | MTBF | $(T_o)/(FF+1)$ | 平均故障间隔时间 |
| 装备性能 | 性能可用性 | $A_p$ | $(T_y)/T_o$ | 装备运行参数达标率分析 |
| 通信传输能力 | 到报率 | $R_{dr}$ | $T_{dr}/TT_c$ | 应到报数据时间占应工作时间的比率 |
| | 及时率 | $R_{di}$ | $T_{di}/TT_c$ | 及时到报数据时间占应工作时间的比率 |
| | 逾限率 | $R_{do}$ | $T_{do}/TT_c$ | 逾限报数据时间占应工作时间的比率 |
| 数据质量 | 数据可用性 | $A_q$ | $(T_a)/TT_c$ | 可用数据时间占应到达数据时间的比率 |

注：$FF$ 为故障次数；$T_{dr}$ 为数据到报时间；$T_{di}$ 为数据及时到报时间；$T_{do}$ 为超过业务规定时间的数据到报的时间；$T_a$ 为数据可用的时间；$TT_c$ 为规定时间内应到达数据的时间。

装备运行状态：装备运行能力是考察系统可靠性的重要指标之一。气象探测装备运行状态是对装备系统运行状态的综合反映，可以通过装备运行可用性（$A_o$）、完好可用性（$A_s$）和平均无故障工作时间（MTBF）反映；装备性能参数：每一类气象探测系统均应含自身运行状态检测的运行性能参数，这些参数直接反映装备的性能状况；探测数据质量：获取高质量探测数据是进行气象观测系统的根本目标。通过数据质量监控技术可以完成探测数据质量监测。数据质量的可用性（$A_q$）指标可以说是系统可靠性考核的最重要参数；通信传输能力：探测数据、装备运行状态数据以及装备运行性能数据等都要通过通信传输手段进行获取，通信传输是气象探测运行实时监控的重要一环，因此通信传输也是保证系统可靠的重要组成部分。

## 3.2 维修性评估

维修性指装备在规定的条件和规定的时间内，按规定的程序和方法进行维修时，保持或使装备恢复到规定状态的能力。维修能力的高低不但与装备本身的结构有关，而且还与维修人员的技术水平、人员素质等有关。气象探测系统运行中的维修性通过维修可用性（$A_m$）、平均故障修复时间（MTTR）、最大维修时间（$M_{maxct}$）、站级修复比（$R_s$）、省级修复比（$R_p$）及平均预防性维修时间（$M_{tp}$）等进行评估。如表2所示。

表2 维修性评估范畴

| 评估范围 | 评估指标 | 符号 | 计算方法 | 指标说明 |
|---|---|---|---|---|
| 维护维修能力 | 维修可用性 | $A_m$ | $(T_o)/(T_o+T_{cm}+T_{pm})$ | 维修敏感可用性的简称 |
|  | 平均修复时间 | MTTR | $T_{cm}/(FF+1)$ | 故障平均修复时间 |
|  | 最大维修时间 | $M_{maxct}$ | $Max(T_{pm},T_{cm})$ | 最大维护时间和最大修复时间 |
|  | 站级修复比 | $R_s$ | $F_s/(FF+1)$ | 台站维修人员修复所占比率 |
|  | 省级修复比 | $R_p$ | $F_p/(FF+1)$ | 省级维修人员修复所占比率 |
|  | 平均预防维修时间 | $M_{tp}$ | $T_{pm}/N_p$ | 平均维护时间 |

注：$F_s$ 为台站修复的故障次数；$F_p$ 为省级修复的故障次数；$N_p$ 为对设备进行维护的总次数；$T_{pm}$ 为对设备进行维护的总时间。

维修可用性是维修敏感性可用性的简称，也称可达可用度，用于评估完全由于装备维修维护工作对系统运行造成的影响。是对维修维护能力的综合评估，维修可用性高，表明维修能力强，维修及时、高效。

## 3.3 保障性评估

装备保障性反映装备综合技术保障对探测装备维修延误情况，装备保障性与物资供应保障、技术资料、保障设施、储存和运输、人力资源及管理决策水平有关。气象探测系统运行的保障性通过保障可用性（$A_d$）、平均保障延误时间（$M_{ldt}$）、国家级备件延误时间（$M_{ldtn}$）、省级备件延误时间（$M_{ldtp}$）、台站级备件延误时间（$M_{ldts}$）进行评估。如表3所示。

表3 保障性评估范畴

| 评估范围 | 评估指标 | 符号 | 计算方法 | 指标说明 |
|---|---|---|---|---|
| 供应保障能力 | 保障可用性 | $A_d$ | $(T_o)/(T_o+T_{ld}+T_{ad})$ | 保障敏感可用性的简称 |
|  | 平均保障延误时间 | $M_{ldt}$ | $(T_{ld}+T_{ad})/(FF+1)$ | 供应保障延误平均时间 |
|  | 国家备件延误时间 | $M_{ldtn}$ | $T_{ldn}/(FF+1)$ | 国家备件保障的平均延误时间 |
|  | 省级备件延误时间 | $M_{ldtp}$ | $T_{ldp}/(FF+1)$ | 省级备件保障的平均延误时间 |
|  | 台站备件延误时间 | $M_{ldts}$ | $T_{lds}/(FF+1)$ | 台站备件平均延误时间 |

注：$T_{ldn}$ 为国家级备件延误时间；$T_{ldp}$ 为国家级备件延误时间；$T_{lds}$ 为国家级备件延误时间。

保障可用性是保障敏感性可用性的简称，用于评估完全由于装备保障供应工作对系统运行造成的影响。反应保障供应工作效率、是对保障能力的综合评估，保障可用性高，表明保障供应及时、高效，管理决策水平高。

## 3.4 业务性评估

业务性指标是与综合气象观测网运行监控实际业务相关的一类评估指标,主要用来评估日常业务性工作的开展情况。业务性指标中包括探测系统运行时间达标率,即运行时间超额率($R_o$)、日常维护报告率($R_{rd}$,$R_{rw}$,$R_{rm}$,$R_{ry}$)、故障报告填报率($R_f$)、维修报告填报率($R_{cm}$)等。具体如表4所示。

表4 业务性评估范畴

| 评估范围 | 评估指标 | 符号 | 计算方法 | 指标说明 |
| --- | --- | --- | --- | --- |
| 日常业务 | 运行时间超额率 | $R_o$ | $(T_o-T_w)/T_w$ | 超过规定运行时间的比率 |
| 日常业务 | 值班记录填报率 | $R_{rd}$ | / | 实际填报次数占应填报次数的比率 |
| 日常业务 | 故障报告填报率 | $R_f$ | / | 实际填报次数占应填报次数的比率 |
| 日常业务 | 维修报告填报率 | $R_{cm}$ | / | 实际填报次数占应填报次数的比率 |
| 维护报告填报情况 | 周维护填报率 | $R_{rw}$ | 每周1次 | 实际填报次数占应填报次数的比率 |
| 维护报告填报情况 | 月维护填报率 | $R_{rm}$ | 每月1次 | 实际填报次数占应填报次数的比率 |
| 维护报告填报情况 | 年维护 | $R_{ry}$ | 每年1次 | 有/未做此维护 |

注:$T_w$为气象业务规定应该开机运行的时间。

运行时间超额率$R_o$主要是考核存在业务应观测时间设备有关的一个指标,如我国因存在汛期和非汛期,我国新一代天气雷达业务运行时间也不相同,一般汛期全天候进行开机观测,而非汛期一般为10—15时进行开机观测。

## 3.5 经济性评估

经济性指标是围绕经济效益进行的,主要是寿命周期费用分析和经济可行性分析,包括探测系统运行成本、保障成本和维修成本等。

经济性指标将作为长远目标进行研究。

# 4. 综合评估指标体系适用性

气象探测业务运行评估指标体系具有广泛的适用性。从运行评估的设备来看,不仅适用于单一气象探测系统,而且适合于天气雷达、探空系统、自动气象站、气象资源观测设备等多种气象探测系统的运行评估;按地理区域来说,适合于对国家级、省级、地市级和台站级等多级区域范围内气象探测系统的综合评估。

在实际运行监控评估中,将根据实际条件,可以有选择地进行成熟项目的评估,并在实施中逐步改进和完善。

# 5. 应用分析实例

目前,综合气象观测网中部分气象探测系统缺乏可评估信息,本实例以新一代天气雷达为代表,针对各种探测系统采用指标体系中适当的指标进行评估。主要分析2008年1月1日至

10月30日期间的运行情况。

## 5.1 天气雷达运行评估

新一代天气雷达是目前我国综合气象观测网中监控信息比较多的探测系统,但不同型号设备可提供的信息不同,所以,我国新一代天气雷达的可评估性也存在较大差异。天气雷达运行评估是以雷达系统运行状态可用性分析为主,以通信传输能力、维修能力、保障供应能力分析为辅。通过对2008年1月1日至10月30日期间天气雷达的运行情况,按天气雷达型号进行了评估和分析,在统计雷达出现故障次数基础上,分析统计平均维修时间、平均保障延误时间,评估雷达的可用性,表5是几个主要评估指标的计算结果。

表5 天气雷达运行可用性计算结果

| 评估指标 | 型号 | | | | | | 备注 |
|---|---|---|---|---|---|---|---|
| | SA | SB | SC | CB | CC | CD | |
| 运行状态(%) | 94.20 | 88.20 | 94.30 | 92.90 | 92.80 | 89.30 | 运行可用性 |
| 通信传输(%) | 98.01 | 98.18 | 97.71 | 97.49 | 96.72 | 92.75 | 数据到报率 |
| 维修能力(%) | 97.90 | 95.10 | 98.50 | 98.20 | 98.80 | 97.00 | 维修可用性 |
| 保障能力(%) | 98.40 | 94.30 | 98.70 | 98.20 | 98.90 | 96.70 | 保障可用性 |

为了方便进行综合对比分析,对相应评估项目采用按评估指标分为优、良、中、差进行评价归类分级,分别用A、B、C、D表示。表6为采用装备状态、装备性能、通信传输、维修能力以及供应保障能力五个方面对2008年1—10月我国各型号天气雷达运行状况的综合分析评估结果。

表6 我国各型号天气雷达运行综合评估

| 评估指标 | 型号 | | | | | | 备注 |
|---|---|---|---|---|---|---|---|
| | SA | SB | SC | CB | CC | CD | |
| 装备状态 | A | B | A | A | A | B | 运行可用性分析 |
| 装备性能 | A | A | D | B | C | D | 参数可用定性评估 |
| 通信传输 | A | A | B | B | B | C | 数据到报率 |
| 维修能力 | B | C | A | A | A | B | 维修可用性分析 |
| 供应保障 | A | C | A | A | A | B | 维修可用性分析 |

从统计分析结果看,评估结果与我国新一代天气雷达实际运行情况具有较好的一致性。

## 5.2 自动气象站运行评估

自动气象站系统由于系统顶层设计等原因,缺乏状态监控信息。这里只对数据质量和通信传输能力进行评估,分析结果见表7。从统计分析结果看,由于数据质量可用性实际上是对包含数据到报情况的探测系统综合分析,对数据质量可用性分析有很大影响,造成与人们通常的探测设备质量概念不一致,特别是Vaisala自动站。分析原因主要是地域和气候影响,Vaisala自动站大部分安装在西藏和青海,通信条件比较差。

表7 自动站系统运行评估结果分析

| 评估指标 | Vaisala | 长春厂 | 广东 | 华创 | 天津厂 | 无锡所 | 备注 |
|---|---|---|---|---|---|---|---|
| 数据质量（%） | 95.42<br>B | 96.47<br>B | 93.1<br>C | 97.19<br>A | 97.03<br>A | 98.02<br>A | 数据可用性，数据到报有一定影响 |
| 通信传输（%） | 95.53<br>B | 96.57<br>B | 93.12<br>C | 97.3<br>A | 97.14<br>A | 98.09<br>A | 数据到报率 |

## 5.3 探空系统运行评估

探空系统相对而言是最稳定的探测系统，探测数据到报率稳定在100%，但有时会有重复报、逾限报出现。探测数据质量实时监控方法有待开发。下面从探空系统运行情况，统计L波段探空雷达部件稳定性。

通过对2008年1月1日至10月30日探空系统的报警情况统计，发现报警发生的部件主要有印刷板、驱动电源、程序方波、仰角限位、精扫触发、粗扫触发等共24类。从统计结果来看，全国80部L波段探空雷达共有各类部件报警6889起，报警的具体分布如图3所示。从图中可以看出，印刷板产生报警的情况最严重，占总类报警的53%，驱动电源产生报警的情况所占的比重最小，仅占报警总量的2%。

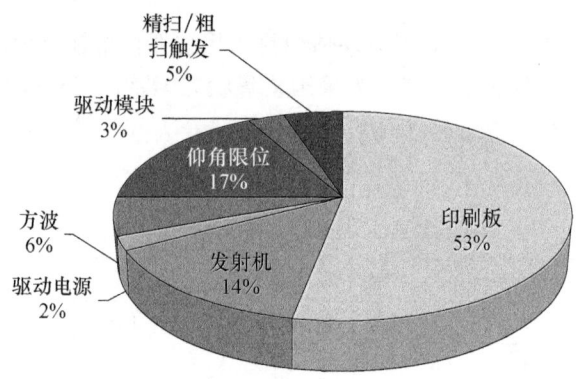

图3 L波段探空系统部件报警故障率分析

## 6. 小结

针对国内气象探测装备研发和业务运行中的不足，按照气象探测装备全寿命周期为线索，依托综合气象观测网运行监控系统，以装备技术保障工程方法为基础，从我国气象探测业务的实际特点出发，提出可靠性、维修性、保障性、业务性、经济性等多个范畴，从装备运行状态、装备性能参数、探测数据质量、通信传输、供应保障、维护维修等方面提出了针对我国综合气象观测网中各类设备的运行、维护和保障等工作的综合评估指标体系，提供了各类指标具体计算方法。通过对2008年各型号新一代天气雷达业务运行情况的实际分析评估，评估结果能够较好地反映天气雷达实际运行情况。

综合气象观测系统业务运行综合评估技术的建立对开展综合气象观测网运行监控业务具有一定的指导意义。为实现综合气象观测网气象探测设备运行综合评估体系更加科学化、更符合气象探测运行监控与保障实际业务的需求,还需要持续性地开展如下相关研究工作:①建立装备监控信息需求规范,提供有效监控评估信息;②面向数据质量的评估,目前数据质量监控技术还不成熟,需要加强数据质量监控技术方法研究,提高观测数据质量的可靠性,获取高质量探测数据;③面向运行保障评估,深化维护维修、供应保障信息化、系统化管理,理清维修业务级别、实际维修时间、备件级别和时间、管理延误原因和时间等,通过评估分析提高装备管理水平;④深化系统效能分析研究,从简单技术评价向经济评价、效能评价、综合评价方向发展。

## 参考文献

[1] 宋连春,李伟. 综合气象观测系统的发展[J]. 气象,2008,3(34):3-9.
[2] Crow L H. Estimation procedure for the duane model:ADA0139372[R]. Aberdeen Proving Ground,Maryland:Unite States Army Material Systems Analysis Activity,1972:32-44.
[3] Department of Defense Washington D C. MIL2HDBK2189 Reliability growth management[S]. Washington D C,USA:Department of Defense,1981:130-134.
[4] U. S. Air Force. Air force reliability and maintainability program[R]. AFR80-5,1978.
[5] 郑开陛. 导弹冲击规范的制订及其可靠性[J]. 强度与环境,1979(4):23-17.
[6] 李立强. 宇航工程可靠性研究中的加速试验技术[J]. 强度与环境,1979(3):54-62.
[7] 顾基发,赵丽艳. 航天系统安全性分析的概率风险评估方法[J]. 系统工程与电子技术,1999,21(8):28-31.
[8] 刘浩华. 后勤装备保障效能评估研究[J]. 装备指挥技术学院学报,2006,17(3):29-30.
[9] 郭齐胜,袁益民. 军事装备效能及其评估方法研究[J]. 装甲兵工程学院学报,2004,18(1):1-2.
[10] 海军,王春颖. 军交运输装备保障效能评估方法初探[J]. 国防交通与工程技术,2009(4):31-34.
[11] 潘星,常文兵,符志明. 装备研制可靠性工作项目风险等级评估方法研究[J]. 项目管理技术,2009,7(7):21-26.
[12] 尹江丽,王莉. 军用卫星通信系统效能评估指标体系研究[J]. 武器装备自动化,2008,6(27):9-11.
[13] 杨秉喜. 雷达综合技术保障工程[M]. 北京:中国标准出版社,2002:10-80.
[14] 丁朝阳,唐万年. 多级模糊综合评判法在气象服务保障能力评估中的应用[J]. 气象科学,2005,1(25):48-54.
[15] 李雁,梁海河,孟昭林,等. 自动气象站运行效能统计[J]. 应用气象学报,2009,4(20):504-509.
[16] 花兴来,刘庆华. 装备管理工程[M]. 北京:国防工业出版社,2002:100-150.
[17] 中国气象局大气探测技术中心. 气象探测全网运行监控系统功能规格书[R]. 2007:10-25.
[18] 中华人民共和国国家标准. 可靠性维修性术语(GB/T 3178-94)[S]. 1995:5-8.
[19] 杨为民,阮键,俞沼,等. 可靠性维修性保障性总论[M]. 北京:国防工业出版社,1995:1-20.
[20] 陶士伟,徐枝芳. 加密自动站资料质量保障体系分析[J]. 气象,2007,33(2):34-41.
[21] 陶士伟,张跃堂,陈卫红,等. 全球观测资料质量监视评估[J]. 气象,2006,32(6):53-57.

# 自动气象站运行效能统计*

李 雁  梁海河  孟昭林  裴 翀  石 城

(中国气象局气象探测中心,北京 100101)

**摘 要**:利用中国气象局气象探测中心综合气象观测系统运行监控平台(ASOM)中对自动气象站(AWS)的监控情况,将监控平台上 2131 套自动气象站的运行效能分华北、东北、华东、中南、西南、西北 6 个区域从数据到报率、数据可用性和可靠性三方面进行了统计,并从数据报文格式错误和数据要素错误两方面对影响自动站效能的因素进行了分析。结果表明:数据到报率是数据可用性和可靠性的前提条件;在数据到报率一定的情况下,数据报文格式错误较数据要素质量错误更多地影响数据的可用性和可靠性;数据格式错误中,第一行格式错误和第二行格式错误对自动气象站效能的影响程度也不尽相同,相比较而言,第一行格式错误对效能的影响程度更大;从数据质量的情况来看,各观测要素之间对自动气象站效能的影响程度也存在一定的差别,地温要素错误是主要影响因子,其次为气温;在地温要素中,不同层次的地温对自动气象站效能的影响也存在一定的差异,320 cm 地温的影响程度最大,而 5 cm 地温的影响程度最小,基本呈现出越往地下深处地温要素对效能的影响程度越大的趋势。

**关键词**:ASOM  AWS  效能  统计  分析

# 引 言

地基、空基和天基一体化的综合观测系统是现代观测体系建设的目标[1],自动气象站是地基观测的重要组成部分。中国气象局自国家"十五"计划开始,陆续在全国各台站装备多要素自动气象站,在某些环境恶劣或高海拔地区替代人工观测。然而,受各种因素的制约,自动气象站观测的数据报文格式和观测要素数据出错率较高,影响了自动气象站本身效能更大程度地发挥,给预报工作带来很大的不便。

本文以中国气象局气象探测中心综合气象观测系统运行监控平台(ASOM)中监控的全国 2131 套国家级自动气象站为基础[2],构建了数据到报率、数据可用性和可靠性三类运行指标,统计了华北、东北、华东、中南、西南、西北 6 个区域的自动气象站效能情况,并且从数据报文格式错误(第一行格式错误、第二行格式错误和时间错误)情况和数据要素错误(温、压、湿、风等)两方面分析了影响自动气象站效能的主要因素,最后提出了可行性建议。通过开展本研究对提高自动气象站的运行效能有一定的指导意义;另外,本研究的开展还有助于获得更准确的观测资料,利于预报工作的开展。

---

\* 本文发表在《应用气象学报》,2009,20(4):504-509。

## 1. 综合气象观测系统运行监控平台(ASOM)简介

综合气象观测系统运行监控平台(ASOM)是在中国气象局现行的两级管理(中国气象局职能司、省级气象局职能处)和三级保障体系(中国气象局保障部门、省级气象局保障部门、地市局台站等)框架上,按照气象装备技术保障职责和业务流程,以满足气象探测业务运行监控和技术保障的需要,为实现技术保障工作向管理信息化、流程规范化、业务体系化方向发展提供的一个有力的技术支撑平台[3]。

该系统定位为全国气象探测网业务运行监控及技术保障的实时业务系统,服务于探测网技术保障人员和业务管理人员,是现代气象综合观测系统的重要组成部分[3]。目前,该系统监控的设备包括全国各省(区、市)新一代天气雷达114部(8部尚未验收)、探空雷达120部、自动气象站2131套[3],具有设备运行监控、探测数据监控、维护维修管理、探测业务运行评估、站网信息管理、装备保障管理等功能[4]。

图1为综合气象观测系统运行监控平台(ASOM)中对自动站的监控界面。

图1 综合气象观测系统运行监控平台(ASOM)界面

## 2. 运行效能评估指标的建立

综合气象观测系统运行监控平台(ASOM)中监控的自动站包括气候观象台(原国家基准气候站)、气象观测一级站(原国家基本气象站)和气象观测二级站(原国家一般气象站)三类,三者数量分别为235套、752套和1144套。

自动气象站运行状态通过台站上传的数据报文中的观测数据质量反映。在监控平台上将自动气象站的运行状态分为4类(图1)。

(1)数据正常(绿色):正常接收到自动气象站探测数据报文,经相关判定方法检查发现,探测数据无任何数据质量问题发生,数据完全正常。数据质量控制等级为0。

(2)数据异常(橙色):正常接收到自动气象站探测数据报文,经相关判定方法检查发现,观测要素数据可疑,数据基本可用。数据质量控制等级为1或2。

(3)数据错误(红色):正常接收到自动气象站探测数据报文,但经相关数据质量判定方法检查发现,观测要素数据错误或数据格式错误,数据不可用。数据质量控制等级为3。

(4)传输异常(灰色):由于自动气象站设备故障或网络传输故障,无任何数据传输。

自动气象站的观测数据的准确情况将直接影响天气预报的准确性[4]。为了客观、定量评价自动气象站运行情况,使用数据到报率、数据可用性和可靠性三类指标。

数据到报是指自动气象站观测数据报文在规定时间内由台站每天24个时次上传到中国气象局;数据可用是指到报数据中尽管有可疑和异常情况发生,但不影响对设备的总体评价;数据可靠是指在设备申报故障或申报维护而关机时段之外,数据及时到报,且无异常、错误和传输异常情况发生。

根据上述定义,三类指标表示如下:

$$到报率 = \frac{应工作时次 - 未到报时次}{应工作时次} \times 100\%$$

$$可用性 = \frac{应工作时次 - 数据错误时次 - 未到报时次 - 格式错误时次}{应工作时次} \times 100\%$$

$$可靠性 = \frac{应工作时次 - 数据错误时次 - 数据异常时次 - 未到报时次 - 格式错误时次}{应工作时次} \times 100\%$$

其中,应工作时次为自动站自投入使用到考核结束所经历的时间;未到报时次为在应工作时次内缺少报文的时次,和上述自动站的运行状态中的传输异常相对应;数据错误时次为在应工作时次内对上传数据报文中观测数据经数据质量判定方法发现存在数据质量错误的时次,和上述自动站的运行状态中的数据错误相对应;数据异常时次为在应工作时次内对上传数据报文中观测数据经数据质量判定方法发现数据质量存在可疑或异常的时次,和上述自动站的运行状态中的数据异常相对应;格式错误时次为在应工作时次内由于自动站的原始报文不符合自动站报文编码规则,无法对原始报文进行解析入库的时次。

## 3. 自动站运行效能统计分析

### 3.1 自动站运行效能统计

首先,将监控平台上的自动气象站按中国行政区划划分到华北、东北、华东、中南、西南和西北6个区域;其次,对全国2131套自动气象站自2007年9月1日至10月31日的运行情况分区域从数据到报率、数据可用性和可靠性三个方面进行统计,结果如图2所示。

从上图可以看出,西南地区自动站的数据可用性和可靠性最低,远远低于81.96%和81.51%的平均水平;东北地区的效能最高。

### 3.2 自动气象站运行效能分析

影响自动气象站运行效能高低的因素主要有自动气象站故障和网络传输情况、数据报文的格式错误和观测要素自身数据错误情况。自动气象站故障和网络传输直接影响数据到报效果。

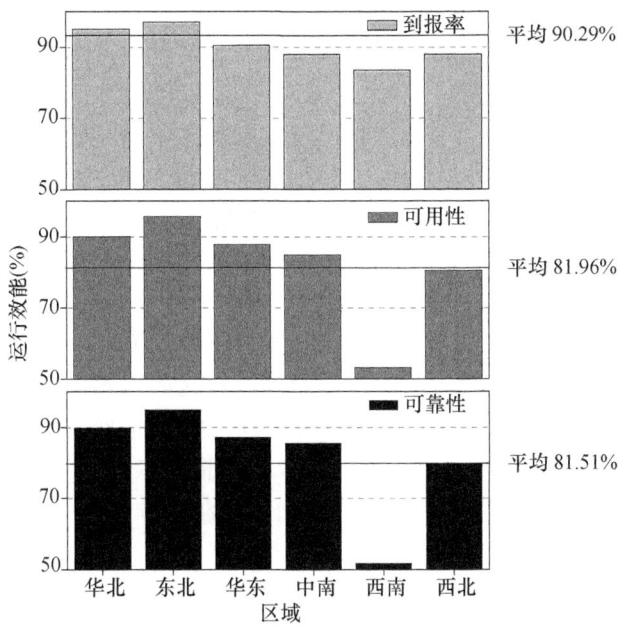

图 2　自动站运行效能统计

在此，统计了 2007 年 9 月 1 日至 10 月 31 日自动气象站的数据报文格式错误和数据质量错误，具体结果如图 3 所示。

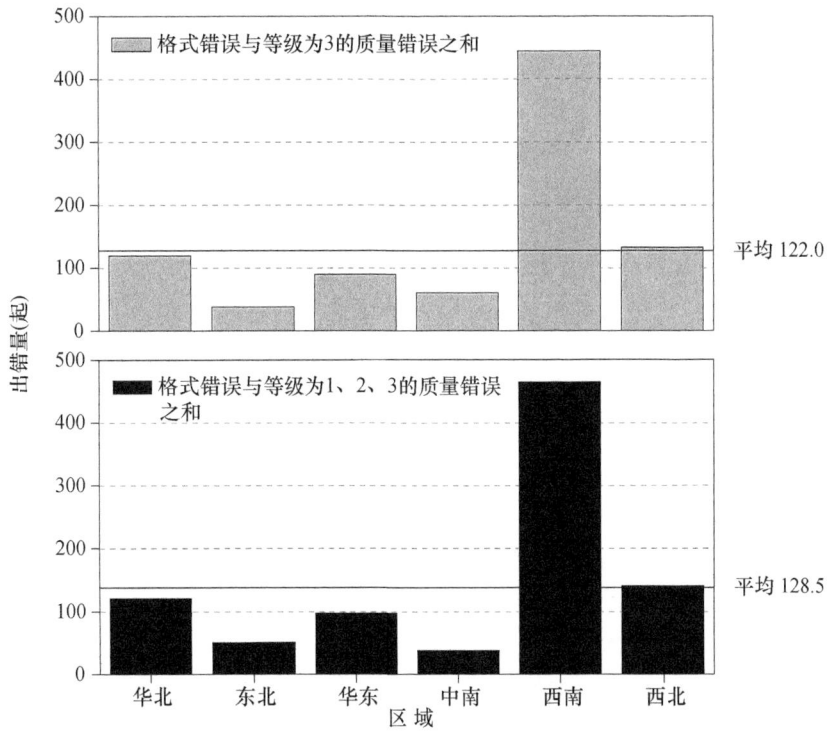

图 3　数据报文格式错误和数据质量错误

从图3中可以看出,不同区域自动气象站的出错量之间存在较大的差异,西南地区错误情况最明显,其错误总量远远高于128.5的平均水平;东北和中南地区出错量最少,远远低于平均水平。

自动气象站数据报文或数据要素出错情况与自动气象站运行效能之间存在很大的关系。从图2和图3的对比中可以发现,西南地区数据出错情况最频繁,而且该区域数据到报率较其他区域相比也最低,导致该区域自动气象站的运行效能停留在一个较低的水平(图2);相反,东北和中南区域数据出错量最小,不但如此,这两区域数据到报率也保持较高的水平,所以,这两个区域自动气象站效能也较高。

自动站的观测要素数据错误和报文异常来自于以下几个方面:设备故障、软件故障、外界干扰、设备维护不当或欠维护、台站参数设置不当等。在这些因素中,设备故障引起的观测数据错误和报文异常情况最严重,而引起设备故障的主要因素包括传感器老化、极端天气影响(风杯被冻结)、雷击等。西南地区一方面自动气象站数量较多,另一方面该区域地形、天气现象复杂多变,雷电现象多发;此外,由于自动气象站本身防雷方面存在缺陷,雷击导致传感器、采集器损坏也较其他区域频繁。

### 3.2.1 数据报文格式错误

自动气象站采集的数据每小时正点向中国气象局以报文形式上传,在中国气象局对上传的原始报文进行解析。解析后的报文由四条记录组成:

第一行(本站基本参数):包括区站号、经度、纬度、观测场海拔高度、气压传感器海拔高度、观测方式共6组项目34个字,每组用一个半角字符分开;

第二行(器测项目):包括观测时间、风速、风向、气温、地温以及气压和能见度等共52个要素值262个字节,每组用一个半角字符分开;

第三条记录(小时中分钟降水量):120个字节,每分钟2个字节,即1~2位为第1分钟的记录,3~4为第2 min的记录……依此类推,119~120位为第60 min的记录;每分钟内无降水时存入"00",微量存入",,",降水量≥10.0 mm时,一律存入99,缺测存入"//";

第四条记录:共23个要素值,每组用1个半角空格分隔,无该条记录内容时则省略,"="加在分钟降水量之后。文件最后一条记录为NNNN,表示文件结束[5]。

根据上述编码规则,将这段时间内数据报文错误类型列举如下:

(1)第一行和第二行观测要素字符长度超出或少于相应字段报文编码长度。

例:56144 314800 0983500 --31840 --31850 4

阴影部分长度应该为6个字节,实际文件中为7个字节。

(2)观测要素缺失,用半角空格表示,不符合报文编码规范。

(3)第一行中观测时间、站点经纬度及海拔高度信息缺失。

(4)报文中出现乱码,如出现字母、*、一等。

(5)dos下混杂Unix符号,只回车不换行。

(6)文件名中日期错误或不完整。

例:Z_O_AWS_ST_C_BETJ_023312042200000.TXT

处理日期显示为233年,严重错误。

(7)无数据,缺测无标注。

(8)分钟数据雨量为"0",累计雨量为"////"。

(9)分钟雨量数据为无法识别"—",而累计雨量为"0"。

(10)分钟数据雨量之和不等于累计雨量值。

上述为数据报文格式错误的几大类型。

为研究数据报文格式错误与数据可用性和可靠性之间的关系,在固定数据到报率不变的情况下,做了数据报文格式错误和数据要素质量错误与数据可用性和可靠性之间的偏相关分析,结果如表1所示。

表1 数据可用性和可靠性与数据质量错误和异常情况及报文格式错误之间偏相关分析

| 控制变量 | 变量 | 质量错误控制等级为1,2和3 | 格式错误 |
| --- | --- | --- | --- |
| 到报率 | 可用性 | -0.274 | -0.961** |
| | 可靠性 | -0.49 | -0.957** |

注:**表示相关系数达到0.01的显著性水平。

从表1中可以发现,数据报文格式错误是影响数据可用性和可靠性的主要因子。

如上文所述,数据报文格式错误可分为第一行格式错误、第二行格式错误和时间错误等几类,为了研究数据运行效能究竟受哪一类格式错误控制,本文又做了在此期间几类格式错误的分布图,如图4所示。

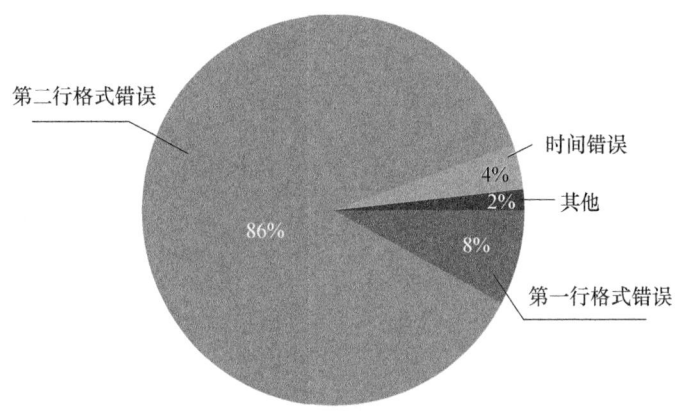

图4 数据报文格式错误中各类格式错误出错量对比图

从各类格式错误所占比重来看,不同类型的格式错误出错的几率之间存在较大差别,第一行格式错误出错率占所有报文格式错误的86%,而第二行格式错误和时间错误的出错情况所占比重较低,说明第一行格式错误是自动气象站可用性和可靠性的主要限制因子。

第一行格式错误基本上是由于数据处理软件造成的,而引起第二行格式错误的因素较多,设备损坏、软件处理的故障及线路连接等都有可能引起此类错误的发生。因此,按时对软件升级、对设备定期维护都有可能避免此类错误的发生。

### 3.2.2 数据质量错误

自动气象站探测的气象要素有:2 min平均风向、2 min平均风速、10 min平均风向、10 min平均风速、最大风向、最大风速、瞬时风向、瞬时风速、极大风向、极大风速、小时降水量、气温、最高气温、最低气温、相对湿度、最小相对湿度、水汽压、露点、本站气压、最高气压、最低气压、草温、最高草温、最低草温、地温、最高地温、最低地温、5 cm地温、10 cm地温、15 cm地温、20 cm

地温、40 cm 地温、80 cm 地温、160 cm 地温、320 cm 地温、海平面气压等[7]。目前自动气象站数据质量控制的方法有要素连续性检查、气候极值检查、气候学界限值检查、要素一致性检查[6-20]。在综合气象观测系统运行监控平台（ASOM）中，通过要素连续性检查、气候极值检查、气候学界限值检查、要素一致性检查和综合检查方法对上述要素进行质量控制。

在此，对两个月期间数据质量的错误情况进行了统计。从统计结果来看，各要素出错量之间存在很大的差别，地温要素占各要素出错总量的大部分，其次为气温要素，而降水、风速、水汽压和湿度要素错误量很低（图5）。

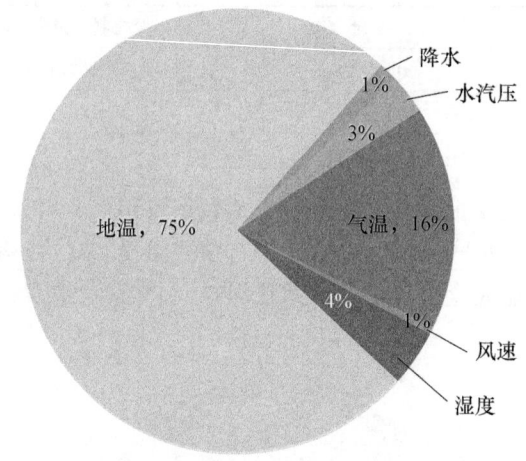

图5　数据质量错误中各类要素出错量对比图

不但如此，各地温要素之间出错的概率也存在较大的差别，其中320 cm 地温出错量所占比重较大，其次为160 cm 地温，5 cm 地温出错量所占比重最小，各层次地温要素之间基本呈现随深度加深而出错概率上升的趋势（图6）。

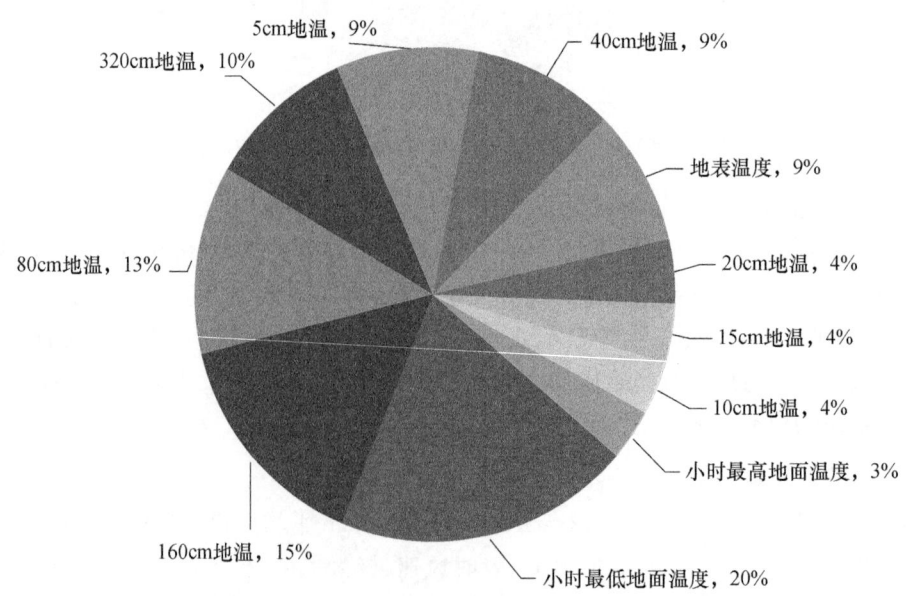

图6　数据质量错误中地温各要素之间出错量对比图

通过对9—10月两个月间自动气象站各观测要素出错情况的分析,发现自动气象站观测数据错误主要呈现如下特点。

(1)观测数据往往表现为同一时次各类要素同时显示为异常,且变化趋势一致。此种情况主要是因数据采集器故障引起,可能是采集器遭雷击或数采器与传感器之间的连接线松动,而遭雷击的现象比较普遍。

(2)观测要素出错时还表现为单个要素超极值或保持恒定。此种现象往往是因传感器本身造成的。

(3)观测要素出错还表现为多个或单个要素在短时间内以较大的幅度波动变化。

## 4. 结论

通过上述分析,发现影响自动气象站运行效能的主要因素如下。

(1)数据到报情况是影响数据可用性和可靠性的主要因子,它是评价数据可用性和可靠性的前提。

(2)在数据到报率一定的情况下,数据报文格式错误较数据要素质量错误更多地影响数据的可用性和可靠性。

(3)在数据格式错误中,第一行格式错误和第二行格式错误对自动气象站效能的影响程度也不尽相同,相比较而言,第一行格式错误对效能的影响程度更大。

(4)从数据质量的情况来看,各观测要素之间对自动气象站效能的影响程度也存在一定的差别,地温要素错误是主要影响因子,其次为气温;在地温要素中,不同层次的地温对自动气象站效能的影响也存在差别,320 cm地温的影响程度最大,而5 cm地温的影响程度最小,基本呈现出越往地面深处则地温要素对效能的影响程度越大的趋势。

**参考文献**

[1] 冯筠,高峰,黄新宇. 构建天地一体化的全球对地观测系统——三次国际地球观测峰会与GEOSS[J]. 地球科学进展,2005,20(12):1327-1333.
[2] 中国气象局大气探测技术中心全网运行监控与保障室. 气象探测全网运行2007年度监控分析报告[R]. 北京:中国气象局,2007:1-3.
[3] 中国气象局大气探测技术中心. 气象探测全网运行监控系统技术报告[R]. 北京:中国气象局,2007:1-14.
[4] 中国气象局. 地面气象观测规范[M]. 北京:气象出版社,2003:133-139.
[5] 中国气象局. 地面气象观测数据文件和记录簿表格式[M]. 北京:气象出版社,2005.
[6] 王新华,罗四维,刘小宁,等. 国家级地面自动站A文件质量控制方法及软件开发[J]. 气象,2006,32(3):107-112.
[7] 刘小宁,任芝花. 地面气象资料质量控制方法研究概述[J]. 气象科技,2005,33(3):199-203.
[8] 王伯民. 基本气象资料质量控制综合判别法的研究[J]. 应用气象学报,2004,15(增刊):50-59.
[9] 刘小宁,鞠晓慧,范邵华. 空间回归检验方法在气象资料质量检验中的应用[J]. 应用气象学报,2006,17(1):37-43.
[10] 任芝花,熊安元. 地面自动站观测资料三级质量控制业务系统的研制[J]. 气象,2007,33(1):19-24.
[11] 方炳兴. 常规气象资料质量的综合控制[J]. 气象,1994,20(2):33-36.
[12] 杨贤为. 气候应用专用数据库气象资料质量检验[J]. 气象,1998,24(12):33-36.

［13］陶士伟，张跃堂，陈卫红，等．全球观测资料质量监视评估[J]．气象，2006，32(6)：53-58．

［14］任芝花，刘小宁，杨文霞．极端异常气象资料的综合性质量控制与分析[J]．气象学报，2005，63(4)：526-533．

［15］熊安元．北欧气象观测资料的质量控制[J]．气象科技，2003，31(5)：314-320．

［16］Secretariat of WMO. Guide To Meteorological Instruments and Methods of Observation (Sixth Edition) [R]. 1996：Ⅱ.1-1，Ⅱ.2-1，Ⅱ.3-1．

［17］Lanzante J R. Resistant,robust and nonparametric techniques for the analysis of climate data：Theory and examples,including applications to historical radiosonde station data[J]. Int J Climatol. ,1996,16：1197-1226．

［18］Gandin L S. Complex quality control of meteorological observation [J]. Monthly Weather Review,1988, 116(5)：1137-1156．

［19］Vejen F,Jacobsson C,Fredriksson U,et al. Quality control of meteorological observations automatic methods used in the Nordic countries[R]. Climate Report,2002,No. 8/2002,KLIMA．

［20］Eischeid J K,Baker C B,Karl T R. The quality control of longterm climatological data using objective data analysis[J]. J Appl Meteor,1995,34：2787-2795．

# 气象观测设备业务可用性评估算法改进

李雁[1] 孙超[2] 雷勇[1] 李磊[3] 郭海平[4]

(1. 中国气象局气象探测中心,北京 100081;2. 国家气象信息中心,北京 100081;
3. 内蒙古自治区新巴尔虎左旗气象局,海拉尔 021000;4. 内蒙古大气探测
技术保障中心,呼和浩特 010051)

**摘 要**:现代气象观测工作始于观测设备的业务运行,止于观测数据被需求用户转变为预报服务或科研产品,观测设备运行保障是中间环节,业务可用性是气象装备稳定可靠运行能力、维修保障能力和数据质量状况的综合评价指标。当前气象观测保障业务中在用的业务可用性评估算法中未有效利用各类装备运行状态参数信息、未建立设备维护工作与设备运行能力考核的关联机制及总体考核考虑因素单一等问题。为规范、引导气象保障各项工作朝着健康、智能化方向发展,科学化衡量气象观测设备稳定可靠运行状况,以便为设备生产厂家、决策者、业务管理者和用户提供参考,本文对气象观测保障业务中使用的设备运行业务可用性评估算法从设备关键部件自身运行参数信息、气象观测保障业务填报信息以及观测数据质量状况三方面进行了改进,并以新一代天气雷达为例,对新旧算法对业务可用性的影响因素、考评结果进行了对比分析,结果表明新算法更能真实反映气象观测装备的运行状况及气象观测保障水平。本文还对新算法中对"维护"状态的处理、装备运行参数的利用、各设备状态对应重叠时段的处理、数据质量控制等方面进行了讨论,对气象观测网运行评估业务后续发展方向进行了展望。期望研究结果为气象观测保障工作提供参考。

**关键词**:气象观测 装备保障 业务可用性 评估 改进

# 引 言

气象观测是气象预报预测服务的基础(郑国光,2016)。目前我国已建成了集地基、空基和天基为一体的综合气象观测系统,全国观测设备总数达 10 余种、60000 多个站,确保观测系统的稳定可靠运行是气象观测保障业务工作的根本目标,其中的考核评估是衡量气象保障强弱和设备运行能力高低的重要手段,考评算法的科学性将直接影响保障工作,进而影响决策。

气象观测设备运行考核评估工作伴随气象观测保障技术手段的发展而不断完善,国内气象观测保障领域该工作大致可分三个阶段:第一阶段为 20 世纪 50 年代到 21 世纪初,具体到 2011 年,这个阶段基本为地面常规和高空气象观测,且大部分为人工观测,对设备的运行评估仍然主要停留在对观测数据采集、传输和到报,且对资料考评方法沿用至今(中国气象局预报与网络司,2014)。第二阶段为 2011—2015 年,该阶段是我国气象观测基于信息化保障快速发展的几年,原因是伴随大气监测自动化工程、气象监测与灾害预警工程(国家发展与改革委员会,2008)、气象雷达工程(国家发展与改革委员会,2017)和山洪地质灾害防治气象保障工程(中华人民共和国国务院,2010)等重大气象工程的开展,我国基本建成了现在规模的种类齐全、数量庞大、自动化程度高的综合气象观测观测系统(中国气象局综合观测司,2018),为更好

提供设备运行气象保障服务,各地气象部门纷纷建设保障信息化平台,中国气象局也主持开发了气象观测设备运行监控系统(李雁 等,2010,2013;梁海河 等,2011;裴翀 等,2011;吴东丽 等,2014;中国气象局观测网络司,2011),出现了各类评估算法和考核手段(李雁 等,2009;梁海河 等,2011;孟昭林 等,2011;涂爱琴 等,2015;周青 等,2012,2013)。该阶段是我国气象观测保障领域运行评估工作快速发展的时期。第三阶段为2015年至今,随着国内气象观测网运行保障技术进一步完善,更主要的是气象预报服务对气象观测保障工作要求的不断提高,在前期工作基础上我国气象观测主管部门主持制定并下发了针对国内气象仪器装备运行状况的通报办法(中国气象局综合观测司,2015b),并进行了应用分析(徐鸣一 等,2017),暂行评估观测设备涵盖新一代天气雷达、国家级台站自动气象站、高空气象观测系统、雷电监测站、区域气象观测站、自动土壤水分观测仪和气溶胶质量浓度观测仪器,具体通报装备种类根据业务发展需求可适时调整,并且省级将根据自身需求可增加对装备计量检定、仓储物资供应等的评估考核。该阶段是运行评估指标更加丰富和细化、涉及观测业务更加全面的时期。

当前在用观测设备运行评估技术和手段均在传统观测设备和观测业务基础上提出。传统气象观测业务包括采集、传输、加工和分发四部分,大部分设备缺乏自检机制,但随着观测、保障及信息技术的更新,过去的四大块业务定义已经改变,当前及未来大型复杂设备成为气象装备的主力,设备越来越自动化、智能化,设备关键部件自诊断机制将进一步完善,数据采集和加工逐步趋于合并,伴随物联网时代的到来,传输和分发的概念越来越模糊和淡化,数据存储也必将以分布式存储形式全面应用。观测设备的智能化、现行的保障模式和分析评估等辅助技术手段也须改进和完善。

本文是在前期设备运行评估工作基础上,为适应气象装备智能化发展方向,同时兼顾当前业务技术现状,针对当前观测保障业务中采用的设备运行可用性算法提出了改进方案。

# 1. 可用性介绍

## 1.1 装备运行时间划分

装备运行状态总体分为能工作和不能工作两种状态,运行能力具体计算时通过不同状态对应的时间体现。对气象业务仪器装备考核评估从其业务运行算起,一直到装备器件报废结束。将业务运行气象装备全寿命周期 $TT$ 分为能工作时间 $T_{yes}$ 和不能工作时间 $T_{no}$,具体如图1所示。

能工作时间 $T_{yes}$ 含工作时间 $T_o$ 和待命时间 $T_s$。待命时间是装备处于能工作而不工作的备用状态时间,包括如下几类:我国天气雷达观测规范中规定的在非汛期10:00—15:00之外的时间(中国气象局监测网络司,2005)、探空系统固定观测时次之外的时间、遇到超强天气时为确保重大仪器装备的安全采取的保护性关机时间及遇到特殊社会事件而采取的行政指令性关机时间。

不能工作时间 $T_{no}$ 包括维修时间 $T_m$ 和延误时间 $T_d$。维修时间主要指设备已经发生故障时的检测、维修及维修后调试、拷机等时间,具体分为修复性维修时间 $T_{cm}$ 和预防性维修时间 $T_{pm}$。修复性维修时间包括故障定位、换件或原件修理、装配、调试和拷机等过程所用时间;预防性维修时间包括维修前准备、检查、预防性维护以及为了延长设备正常运行而采取的定期维

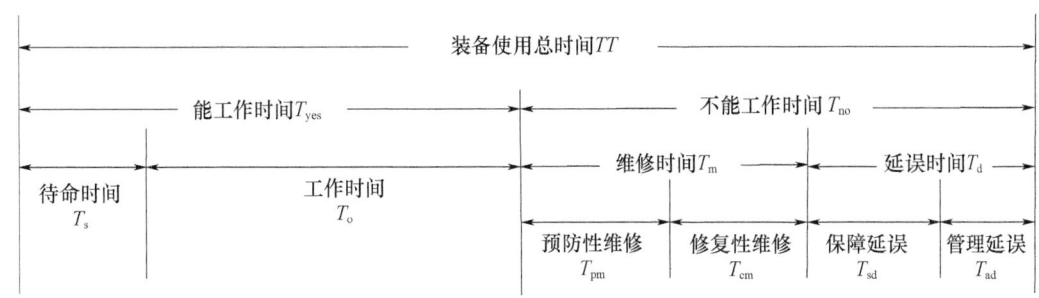

图 1 气象装备全寿命周期剖面图

护、巡检等时间。延误时间分为保障延误时间 $T_{sd}$ 和管理延误时间 $T_{ad}$，管理延误时间指因行政管理原因（如非装备保障的行政事务、指挥调度不当等）所延误的时间，保障延误时间是指因等待备件和维修人员及备件运输等所耽误的时间。

## 1.2 可用性定义

可靠性工程认为可用性是衡量设备性能和后期保障水平的重要指标（杨为民和屠庆慈，1998）。国际标准化委员会将可用性（Availility）定义为"在特定的使用场景下，产品为特定用户用于特定目的时所具有的有效性、效率和主观满意度"（ISO，2018）；美国国防部军用手册认为"可用性是根据需要产生的某种百分比度量值，描述某一时刻机器或设备处于受控或工作状态的程度"（United States Department of Defense，1997），将其分为瞬时可用性、平均可用性、稳态可用性、固有可用性、可达可用性和使用可用性几类；我国国家标准及相关专业机构认为可用性是"在要求的外部资源得到保证的前提下，产品在规定的条件下和规定的时刻或时间区间内处于可执行规定功能状态的能力，它是产品可靠性、维修性和维修保障性的综合反映"（《可靠性维修性保障性术语集》编写组，2002；国家技术监督局，1994），包含瞬时可用度、平均可用度、渐近可用度和稳态可用度几类；气象保障领域内，孟昭林等（2011）认为可用性为一个框架，是体现设备或系统可靠性、可维护性和可保障性的综合参数，针对装备运行能力其可分为完好可用性和运行可用性，针对装备性能称为性能可用性，针对装备维修状况称为维修可用性，针对装备物资供应保障称为保障可用性。

可用性是气象装备在随机时刻进行观测时处于可工作或可使用状态的程度：

$$X_i = \begin{cases} 0, (t \text{ 时刻装备处于可用状态}) \\ 1, (t \text{ 时刻装备处于不可用状态}) \end{cases} \quad (1)$$

其在 $t$ 时刻的可用性 $A$ 为：

$$A(t) = P\{X(t) = 0\}$$

式中：$A(t)$ 为瞬时可用性，是可靠性、维修性和保障性的综合反映。装备在时刻 $t$ 少出故障，或出了故障用较少保障资源即能快速修复，则可用性高。

气象装备基本在室外或野外连续作业，且寿命大都在 10 年以上（中国气象局综合观测司，2017），用瞬时可用性指标反映其可用特性存在缺陷，用平均可用性更合适（刘建军和朱元景，2012）。

平均可用性指产品在一段确定时间 $[0, t]$ 内的可用性平均值，即：

$$\overline{A} = \frac{1}{t}\int_0^t A(\tau)d\tau \qquad (2)$$

式中:$0 \leqslant A \leqslant 1$,它表示在长期运行过程中产品处于可用状态的时间比例。

在装备业务中,具体计算时用某一段时间段内的平均能工作和平均不能工作时间表示:

$$\overline{可用性} = \frac{能工作时间}{能工作时间 + 不能工作时间} \times 100\% \qquad (3)$$

气象装备的平均可用时间和平均不可用时间分别是可工作时间和不可工作时间的数学期望,分别需要其对应的时间密度函数求得,实际工作中很难开展。大型装备实际保障管理中用的较多、对实际保障工作更具指导意义的指标主要为固有可用性 $A_i$、可达可用性 $A_a$ 和使用可用性 $A_o$。三者的侧重点不同,计算方式也存在差异。

(1)固有可用性 $A_i$ 仅与工作时间和修复性维修时间有关的可用性参数,计算方式为:

$$A_i = \frac{MTBF}{MTBF + \overline{MTTR}} \times 100\% \qquad (4)$$

式中:MTBF(Mean Time between Failure)为平均故障间隔时间,不包括故障诊断时间、定期维护、巡检等时间以及拷机时间;MTTR(Mean Time to Repair)为平均修复性维修时间或平均修复时间,包括故障诊断时间、维修时间、保障延误时间。

(2)可达可用性 $A_a$ 是指在一定理想外界条件支持下,如人员、工具和备件供应充分且及时,装备可良好工作的概率,计算方式为:

$$A_a = \frac{MTBM}{MTBM + \overline{MMDT}} \times 100\% \qquad (5)$$

式中:MTBM(Mean Time between Maintenance)和 MMDT(Mean Maintenance Down Time)分别为平均维修间隔时间和平均维修时间或平均维修停机时间。

(3)使用可用性 $A_o$ 是评价装备在给定时间与后勤保障和使用环境下,在任一随机时刻应召时能够投入使用的预期时间百分比,计算方式为:

$$A_o = \frac{MTBM}{MTBM + \overline{MDT}} \times 100\% \qquad (6)$$

式中:MDT(Mean Down Time)为平均停机时间,不仅包括 MTTR,还包括预防性维修时间和延误时间。

$A_i$ 是排除了预防性维修时间、后勤时间、等待时间和因管理需要产生的停机时间,$A_a$ 排除了后勤时间、等待时间和因管理需要产生的停机时间,$A_o$ 考虑了装备全寿命周期中所有时间段因素,也即包含装备全寿命周期中所有状态。$A_o$ 是可靠性、维修性和保障性的综合参数,是装备完好性及装备运行能力的定量度量指标。

在实际保障业务评估分析中,对应图1中各阶段划分,$A_i$、$A_a$ 和 $A_o$ 计算方式分别为:

$$A_i = \frac{T_o + T_s}{T_o + T_s + T_{cm}} \times 100\% \qquad (7)$$

$$A_a = \frac{T_o + T_s}{T_o + T_s + T_{cm} + T_{pm}} \times 100\% \qquad (8)$$

$$A_o = \frac{T_o + T_s}{T_o + T_s + T_{cm} + T_{pm} + T_{sd} + T_{ad}} \times 100\% \qquad (9)$$

这三类指标中,$A_o$ 在实际气象保障业务工作更具现实指导意义。

## 2. 现有算法

我国气象观测保障领域使用的考评指标有：运行效能、业务可用性、可用率、平均无故障时间、平均故障持续时间、故障次数和稳定运行率等（中国气象局观测网络司，2011；中国气象局气象探测中心，2016b；中国气象局综合观测司，2015b，2018），其中业务可用性（Availability operation，简称"$A_o$"）是反映气象仪器装备运行稳定性的综合性指标，也是中国气象局向各地区、设备生产厂家定期评估通报的重要指标。

在用业务可用性算法计算方法为装备能工作时间占业务规定应运行时间的百分比，即：

$$可用性 = \frac{能工作时间}{能工作时间 + 不能工作时间} \times 100\% \tag{10}$$

评估数据来源为综合气象观测系统运行监控平台（以下简称"ASOM"）（中国气象局综合观测司，2015c），当前是2.0版本（李峰 等，2014），评估的气象装备有全国新一代天气雷达观测网、全国地面自动气象观测网和全国L波段高空观测网等10种设备（中国气象局气象探测中心，2010）。

根据各设备技术特点和能获取到数据的具体情况，各装备 $A_o$ 计算方式可分以下三类。

（1）完全基于装备所采集的观测数据。由数据的质量状况来反馈设备运行状态，如装备某一时次的观测数据经数据质量控制认为该数据错误，则认为当前时次该设备处于故障状态，即该时次该装备不可用。此方法适用对象基本为无法生成仪器装备运行状态信息或产生的状态信息不足以定位设备自身运行状态的装备，有以下几类：

国家级地面自气象动站业务可用性：

$$业务可用性 = \frac{应工作时次 - 未到报时次 - 报文格式错误时次 - 数据错误（或要素缺测）时次}{应工作时次} \times 100\% \tag{11}$$

高空气象观测系统稳定运行率：

$$稳定运行率 = \frac{应工作时次 - 数据错误时次 - 未到报时次 - 数据格式错误时次}{应工作时次} \times 100\% \tag{12}$$

自动土壤水分业务可用性：

$$业务可用性 = \frac{应工作时次 - 数据错误时次 - 未到报时次 - 报文格式错误时次}{应工作时次} \times 100\% \tag{13}$$

（2）完全基于保障业务人员在ASOM中填报的装备故障、维护、专项业务活动等的表单数据。业务表单中的开始、结束时间即为该装备该时间段的对应表单类型状态，如装备故障表单中填写的故障开始和结束时间点即为该装备状态为故障而不能工作的时间。该类装备主要为新一代天气雷达，对应的 $A_o$ 指标为：

$$A_o = \frac{T_{on} + T_{pm} + T_s}{T_t} \times 100\% \tag{14}$$

总时间（$T_t$）为《新一代天气雷达观测规定》中规定的观测时间（中国气象局，2005）；雷达运行时间（$T_{on}$）表示系统正常、系统报警两种状态时间的代数和；雷达维护时间（$T_{pm}$）是维护性停机、维修性停机、专项活动停机维护等非故障性停机的总时间;雷达特殊情况停机时间 $T_s$ 是观测时段内的特殊情况停机时间。

(3) 完全基于装备自身运行状态信息。依据自身状态检测信息判定当前时次设备状态,如装备运行状态参数超限,则认为该时次该装备状态为不可用,对应时间为不能工作时间。该类装备主要为雷电定位系统,其业务可用性指标为:

$$业务可用性 = \frac{正常时次 + 可疑时次}{应工作时次} \times 100\% \tag{15}$$

正常时次指状态数据经参数检查为正常的次数,可疑时次指状态数据显示自检偏差或晶振偏差过大的次数。

## 3. 改进算法

可用性算法在实际操作中的难点和关键点在于如何定位各类别时间所对应的状态以及如何精确确定各个时间起始点,这关系到各类时间值的大小,进而直接影响最终评估结果的准确性和有效性,例如,要想获取装备正常运行的时间,则要定位何为"正常",什么样的条件归为正常的范畴。

当前 ASOM 中运行状态判定规则各设备间不尽相同。新一代天气雷达通过保障人员填报的各类业务表单决定,如果有故障表单,则当前时次装备状态为故障,此时的时间即为不可用时间;自动气象站、自动土壤水分观测站、测风塔等传感器类观测设备以及 GNSS/MET 站、探空系统和风廓线雷达运行状态通过其上传的观测数据质量状况决定,如经数据质量控制判定为错误(含数据缺报或格式错误),则当前时次装备状态被认为不可用,对应的为不可用时间;闪电定位系统的运行状态通过其设备自身状态信息决定,设备状态不可用则数据不可用(李峰 等,2014)。

此运行状态判定模式存在如下缺陷:(1)气象装备尽管前期对自身状态检测方面设计不足,但仍有一些关键状态参数可供参考,如地面自动站之前一直有采集器主板电压、温度等参数信息,天气雷达有对几大主要系统的参数信息设计等,且这一方面工作一直在加强,更重要的是未来伴随气象装备智能化时代的到来,仪器装备的自检测功能将进一步完善且能自修复,作为气象观测装备保障领域的设备运行分析评估,设备自身状态参数信息应是进行设备可用与否判定的首选;(2)观测数据质量控制算法受局地天气过程、各地下垫面特征、质控所采纳的空间范围等具体因素的影响,经常存在误判的情况;观测数据正常与否和观测设备运行状态不能完全画等号,设备运行正常了,但后期非观测段软件等也可能造成数据异常;此外,不同用户因不同目的对数据质量的要求也不尽相同;(3)保障业务人员填报的业务表单数据经常存在误填、填写不规范甚至有时存在伪填的现象,如有些故障表单长期不关闭、不及时填,有些将故障单填写为维护单,有些填写不规范等。因此,单独基于有限的设备状态参数、观测数据质量或故障表单定位装备运行状态,其结果与设备真实状态之间经常会存在较大差异,无法真实反映装备运行能力。

为解决该方面问题,李雁等(2016)提出了基于各装备自身运行状态信息(如天气雷达的发射机功率、自动气象站的主板温度、风廓线雷达的噪声温度等)、气象观测要素信息(如天气雷达的基本反射率、自动气象站的温压湿风、自动土壤水分观测仪的土壤体积含水量等)和维修保障业务表单填报信息(如故障单、维护单、特殊停机等)的设备运行状态综合判断方法,基于该方法可更为精确地定位气象观测装备真实运行状态,其中的不可用状态对应时间即为装备不可用时间。基于该思路,气象装备保障中业务可用性算法可重新定义为:

$$业务可用性 = \frac{实际业务运行时间 - 状态不可用时间}{实际业务运行时间} \times 100\% \quad (16)$$

也即:

$$业务可用性 = \frac{业务规定应工作时间 - 待命时间 - 参数异常时间 - 故障时间 - 观测数据错误时间}{业务规定应工作时间 - 待命时间} \times 100\% \quad (17)$$

和

$$A_o = \frac{TT - T_s - T_{no}}{TT - T_s} \times 100\% \quad (18)$$

或

$$A_o = \frac{TT - T_s - T_{bad\_parameter} - T_{down} - T_{bad\_data}}{TT - T_s} \times 100\% \quad (19)$$

式中,$T_{bad\_parameter}$、$T_{down}$ 和 $T_{bad\_data}$ 分别对应装备参数异常(不可用)时间、故障单中的故障持续时间和质控结果判定的数据错误时间,这三个时间即为图1中的不能工作时间 $T_{no}$。在具体计算时,需要剔除参数异常时间、故障表单中的故障持续时间与观测数据错误时间中相互重叠的时间;对于缺乏仪器装备运行参数信息的装备,或未在 ASOM 中开展业务表单填报的设备,其业务可用性通过其余可用项计算,计算时当前项的时间项为0。

相比较之前算法,此改进算法提高了基于设备自身参数信息进行设备可用性评判的权重,这将引导或迫使观测装备研发单位或设备生产企业加大对设备自身状态检测、远程修复能力的研发应用,可以在很大程度上缓解或解决当前业务使用的大部分气象观测设备自身状态检测机制不完善、影响后期设备远程维修保障的问题;同时,考虑到当前在用仪器装备自诊断机制不健全的缺陷以及当前观测设备维修保障业务值班的现状,沿用了现有算法中针对天气雷达运行考评时以现有保障业务平台中人工设备故障填报信息辅助进行设备运行状态判断的形式;此外,沿用了地面自动气象站、自动土壤水分观测站等以观测数据质量状况间接反映设备运行状态的方式。因此,此种方法评估结果相对更科学,能更真实再现仪器装备的运行状况。

# 4. 讨论

## 4.1 对装备"维护"重新定位

维护是维修与保养的结合,是为使装备保持规定技术状态,按事先规定的计划或相应技术条件规定进行的技术管理措施(舒正平,2013),我国国家标准中将维修分为修复性维修和预防性维修两大类(国家技术监督局,1994),预防性维修是在装备实质性故障前开展的检查和测试措施,旨在降低装备失效概率或延缓功能退化。气象装备保障中维护或巡检的根本目的是为使装备在战时状态能保持良好"战斗"能力,因此,此处的预防性维修也即气象装备保障中的维护。

在之前可用性算法中,日常维护时间 $T_{pm}$ 被归为能工作时间 $T_{yes}$(见公式(14)),但其工作性质为减少故障的辅助性措施,应归为维修、不能工作时间 $T_{no}$ 范畴;此外,因为当前业务中对维护次数和持续时间没有做业务考核,而装备的日、周、月、年维护和汛前巡检维护等均算作装备状态可用,导致现在的维护工作不彻底但过于频繁,如图 2 所示。

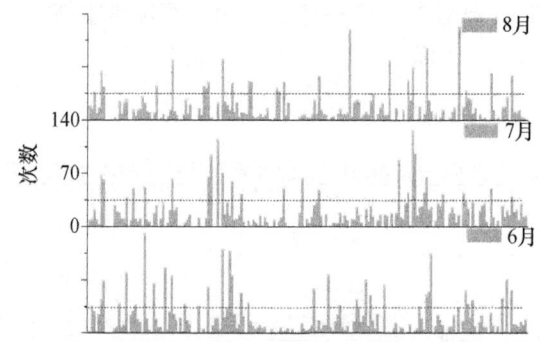

图 2　2017 年全国 190 部天气雷达 6—8 月维护次数
(横点线为装备月平均维护最大次数;横坐标为不同雷达站,纵坐标为各站对应的月总维护次数;
维护包括日维护、周维护、月维护、季度维护及年维护)

按照天气雷达观测规范(中国气象局,2005),天气雷达每月平均维护次数的最大量为 35 次,但统计发现,6—8 月维护次数超过 35 次的站点数占总站点数的比例分别是 19.5%、13.2% 和 13.7%,平均超过 15%,超过 100 次的有 8 站,50 次以上的 55 站。当前的评估算法中维护状态按装备可用计算,所以个别台站为提高设备运行考核评估结果,设备发生故障时,在 ASOM 中将其状态填报为"维护",导致评估指标虚高(图 3)。

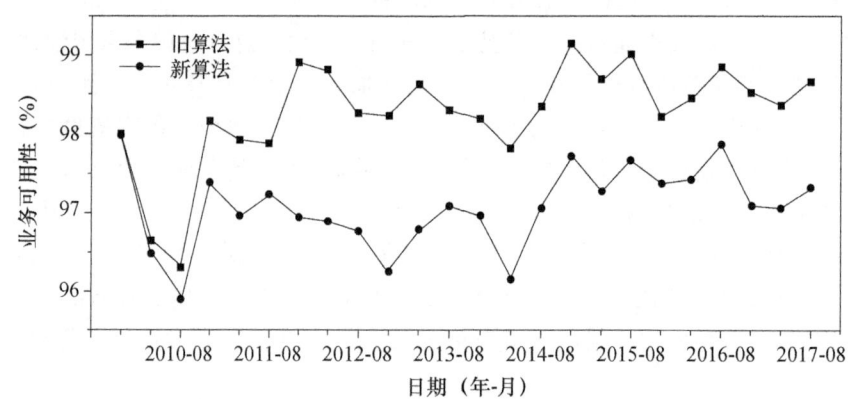

图 3　2010—2017 年全国天气雷达网 6—8 月平均新旧算法业务可用性评估结果对比
(源数据均来自 ASOM 系统(中国气象局综合观测司,2015c),旧算法评估结果中将维护定位为正常状态;
新算法是不考虑 $T_{bad\_parameter}$ 和 $T_{bad\_data}$ 时的评估结果,并将维护定位为故障状态)

可以看出,分析时段内各月份旧算法业务可用性指标均高于新算法计算结果,总体平均值旧算法高出新算法 1.2%。尽管预防性维修可以提高装备的平均维修间隔,但如果过于频繁,则会影响系统的可达可用性。

## 4.2　仪器装备运行参数信息利用

气象装备通过将大气感知信息与电信号之间的数模转换实现气象基本信息的观测,在此过程中,仪器装备性能参数稳定程度将直接影响观测结果误差大小。

当前设备状态可用与否判定方法中,除天气雷达和闪电定位系统采用了部分状态信息外,其余装备均通过观测数据质量状况体现。目前气象装备观测中经常存在这样的情况,即装备性能参数远远偏离正常范围时观测数据仍上传并为用户使用,此种情况下测得的数据存在较大的误差,即便数据质量尚未达到不可用程度,但设备性能已处于不可用的状态。天气雷达发射机峰值功率是发射机主要性能参数,在一定程度上可反映天气雷达最基本运行状况,以此为例进行说明(图4)。可以看出,全国174部业务运行天气雷达发射机峰值功率参数异常站点数占总数的45.40%。

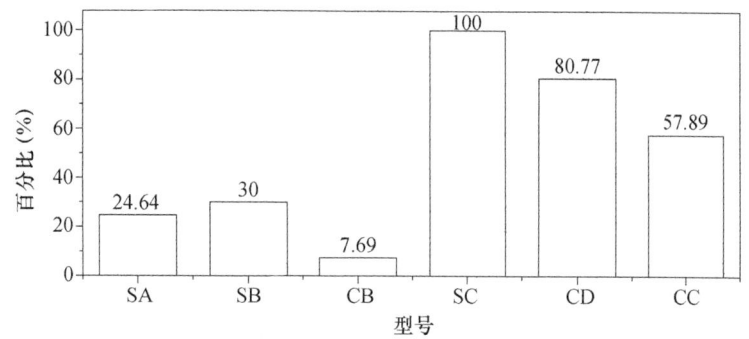

图4 2016年3月各型号新一代天气雷达发射机峰值功率异常统计
(S波段和C波段发射机脉冲峰值功率指标值分别为650 kW和250 kW;发射机峰值功率异常表现为长期低于参数指标值、长期阶段性为恒定值或长期为0(中国气象局气象探测中心,2016b))

设备运行参数异常意味着其带病工作,以其"亚健康"状态下获得的观测数据考评其运行状况,势必高估装备真实作战能力。因此,有效利用装备自身运行状态信息十分必要,但前提是装备具备完善的状态检测信息设计。

我国目前在用气象装备自身运行状态检测信息设计参差不齐,大部分装备尽管都有针对部分关键器件性能参数的检测信息设计,如自动气象站的主板温度和电压、闪电定位系统的晶振偏差、风廓线雷达的发射机功率等(曹婷婷 等,2017;李雁 等,2015;中国气象局综合观测司,2015a),但总体而言此方面设计都不十分完善,更重要的是对已有信息的利用率十分低下(表1)。

表1 新一代天气雷达状态报警点设计统计

| 部位(大系统) | 代码 | 数量 |
| --- | --- | --- |
| 发射系统 | XMT | 17 |
| 接收机/信号处理器 | RSP | 47 |
| 伺服系统 | PED | 36 |
| 控制系统 | CTR | 20 |
| 配电系统 | UTL | 27 |
| 存档A | ARCH | 6 |

注:此外还提供其他(N/A)状态报警点115个。

表1为目前我国新一代天气雷达状态信息检测点设计,目前有效状态检测点共153个,根据这些状态点对系统的影响,在原始设备运行状态文件中对其分为四类,不可工作(IN,Inoperable,系统不能工作,已自我保护,系统状态改为待机,不能获取雷达数据)、必须维护(MM,

Maintenance Mandatory,一旦条件允许时立即进行维护)、需要维护(MR,Maintenance Required,可在适当的时候维护)和不适用(N/A,对系统没有影响)(蔡宏 等,2014),在153个有效检测点中目前观测设备运行保障业务中实际用于设备状态定位的仅15个,如发射机功率、噪声温度、天线增益和脉冲带宽等,而且这些信息未与设备维修保障以及后期对设备运行分析评估关联,导致经常出现设备出现IN状态报警,但其依然产生观测数据,并业务和研究使用。

伴随未来气象装备向智能化发展,装备状态自检测、远程自修复发展趋势已十分明确,如何科学设计并利用仪器装备运行参数信息十分关键。

### 4.3 各状态重叠时段处理

按照新算法,装备运行状态由设备参数决定的状态、观测数据质量决定的状态和装备故障决定的状态三部分组成,装备整体的业务可用性可理解为由状态参数决定的业务可用性 $A_{o\_parameter}$、故障决定的可用性 $A_{o\_down}$ 和观测数据决定的可用性 $A_{o\_data}$ 三部分构成。在实际业务工作中仪器装备运行参数异常时间、人工填报故障单中设备故障时间以及观测数据质量不可用时间往往会存在时间上重叠或以多种组合的形式出现,也即装备参数异常时数据错误,同时台站装备保障业务人员填报了故障单,此种情况下会导致对装备综合的业务可用性 $A_o$ 偏低甚至出现负值的情况,新一代天气雷达为例分析如图5所示。

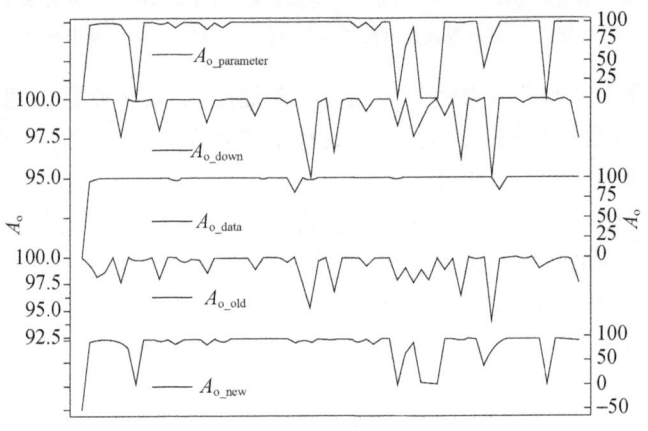

图5 各因素影响的设备业务可用性

(数据统计时段为2017年6—8月;$A_{o\_data}$ 数据源为中国气象局气象探测中心数据质量室(中国气象局气象探测中心数据质量室,2017);$A_{o\_parameter}$ 和 $A_{o\_data}$ 数据源为ASOM平台(中国气象局综合观测司,2015c),其中 $A_{o\_parameter}$ 计算时仅统计了各型号天气雷达发射机峰值功率异常情况,异常标准参考各型号多普勒天气雷达功能规格需求书(中国气象局,2010);$A_{o\_new}$ 和 $A_{o\_old}$ 分别为用新旧算法计算的业务可用性;横坐标为不同雷达站)

可以看出,个别天气雷达设备运行参数导致可用性偏低的情况十分严重,原因是设备运行参数长期异常(中国气象局气象探测中心,2016a);部分天气雷达尽管设备正常运转,但其采集的数据质量较差,导致其 $A_{o\_data}$ 偏低;从 $A_{o\_parameter}$、$A_{o\_down}$ 和 $A_{o\_data}$ 及与 $A_{o\_new}$ 的对比可以看出,设备故障、设备运行参数及观测数据质量情况对整体设备运行能力的影响程度。此外,从 $A_{o\_new}$ 的结果中可以发现,部分站点的可用性评估结果产生了负值,原因是设备故障时间、设备参数异常时间和数据异常时间在进行整体 $A_o$ 计算时发生了重叠,重复计算导致设备可不用的时间超过应该运行的时间,因此,为避免此种情况的发生,在后端评估计算时,三者之间需要建立严密的逻辑关系。

## 5. 结论与展望

气象装备保障是确保观测系统稳定可靠运行的重要手段。可用性是设备自身性能、维修能力和保障水平的综合反映。为规范、引导气象装备保障的各项工作朝健康、智能化方向发展,科学化衡量气象观测设备稳定可靠运行状况,以便为设备生产厂家、决策者、业务管理者和用户提供参考,本研究从设备关键部件自身运行参数信息、保障业务信息填报情况及观测数据质量状况三方面对气象观测维修保障业务中使用的业务可用性评估算法进行了改进,并从对"维护"状态的处理、装备运行参数的利用以及对重叠时段的处理三方面进行了分析讨论。

业务可用性评估算法改进符合气象装备保障社会化的理念,同时也满足智慧气象的发展要求。但此改进算法也受以下条件的限制:①故障表单设计及业务管理对表单填报的要求。气象装备全寿命周期中不能工作时间分为维护时间、维修时间、保障延误时间和管理延误时间(孟昭林 等,2011),其中维护时间和故障诊断时间不能严格界定为设备故障时间,故障时过长时间备件调拨时间也不能严格归为观测设备性能状况的衡量指标,同时保障业务人员在发现设备故障时填报的及时性和规范性也将影响最终评估结果,这些需要在业务平台故障表单设计时细化,而且需要在业务管理方面需要进一步规范化;②装备状态信息的完善。目前大部分气象装备的状态自检测信息不完善,用状态信息难以在实际业务中用以精确评判设备可用与否,需要建立或进一步完善改进;③数据质量状况对评估结果的影响。观测数据何值为正确、何值为错误,在气象预报服务业务和气象观测保障业务中的定位不尽相同,另外,大部分气象观测设备不仅仅只有一项观测要素,如地面自动气象观测站大部分为6要素站,含50多种观测信息,多种观测要素的质量状况与仪器装备整体评判的运行正常与否之间的对应关系也需要进一步细化。上述问题需要在技术方面进一步完善,如推进各项工作的标准化、规范化的建设。

气象观测质量管理体系是从全过程、全流程角度进行设计,既包括基本业务和业务技术支撑,又包括业务管理,是提高观测业务整体质量和水平的重要保证(气象观测质量管理体系试点建设专项设计团队,2018)。针对气象观测设备运行保障,其从装备设计、研制、准入、运行、数据处理到报废的全生命周期进行标准化、规范化设计,以加强装备运行的全面质量管理。本文中涉及的影响装备运行业务可用性高低的三方面直接因素分别主要是装备质量管理过程中设计与研制阶段和运行阶段的故障维修环节以及数据质量管理过程数据质量控制环节,除主要与技术层面有直接关系外,如质控算法、故障表单的科学化设计、有效设备状态参数信息的设置,还与业务管理有一定的关系,如对故障表单填报的管理力度、设备状态参数信息的管理要求等。因此,推进并实施我国气象观测质量管理体系(QMS-O-CMA)是气象观测设备运行能力提高、运行效益最大化发挥的重要保障。

**参考文献**

蔡宏,秦建峰,2014. CINRAD/SA 天气雷达 RDA 适配参数的组成与应用[J]. 气象科技,42(4):570-574.

曹婷婷,邵楠,李巍,等,2017. 影响全国自动土壤水分站运行能力因素分析[J]. 气象水文海洋仪器,34(4):27-30.

国家发展与改革委员会,2008. 印发国家发展改革委关于审批气象监测与灾害预警工程可行性研究报告的请示的通知[Z]. 发改农经〔2008〕398 号.

国家发展与改革委员会,2017. 国家发展改革委关于气象雷达发展专项规划(2017-2020年)的批复[Z]. 发改农经〔2017〕832号.
国家技术监督局.1994.GB/T 3187-94.可靠性、维修性术语1-32.GB.
《可靠性维修性保障性术语集》编写组,2002.可靠性维修性保障性术语集[M].北京:国防工业出版社.
李峰,秦世广,周薇,等,2014.综合气象观测运行监控业务及系统升级设计[J].气象科技,42(4):539-544.
李雁,梁海河,孟昭林,等,2009.自动气象站运行效能统计[J].应用气象学报,20(4):504-509.
李雁,裴翀,郭亚田,等,2010.中国风能资源专业观测网运行监控系统建设及应用[J].资源科学,32(9):1679-1684.
李雁,李峰,赵志强,等,2013.中国区域自动气象站运行监控系统建设[J].气象科技,41(2):231-235.
李雁,周青,李峰,等,2015.地面自动气象观测设备运行状态信息检测技术[J].气象科技,43(6):1030-1039.
李雁,李峰,郭维,等,2016.气象观测设备运行状态综合判定技术应用[J].南京信息工程大学学报,8(5):439-445.
梁海河,孟昭林,张春晖,等,2011.综合气象观测运行监控系统[J].气象,37(10):1292-1300.
刘建军,朱元景,2012.军事装备可用性指标评估模型[J].兵器装备工程学报,33(7):13-15.
孟昭林,李雁,陈挺,等,2011.综合气象观测系统业务运行综合评估技术研究[J].气象,37(2):219-225.
裴翀,宋连春,吴可军,等,2011.我国综合气象观测运行监控系统的设计与实践[J].气象,37(2):213-218.
气象观测质量管理体系试点建设专项设计团队,2018.中国气象局观测质量管理体系(QMS-O-CMA)总体设计方案[R].北京:中国气象局气象探测中心.
舒正平,2013.军事装备维修管理学[M].北京:国防工业出版社.
涂爱琴,黄磊,安忠亮,等,2015.气象装备静态保障能力评估方法的研究[J].气象水文海洋仪器,32(2):5-9.
吴东丽,梁海河,曹婷婷,等,2014.中国自动土壤水分观测网运行监控系统建设[J].气象科技,42(2):278-282.
徐鸣一,李峰,夏元彩,等,2017.新一代天气雷达2009-2014年运行状态分析[J].气象,43(3):365-372.
杨为民,屠庆慈,1998.21世纪初装备可靠性维修性保障性工程发展框架研究[J].中国机械工程,12:45-48.
郑国光,2016.中国气象百科全书·气象观测与信息网络卷[M].北京:气象出版社.
中国气象局,2005.新一代天气雷达观测规定[R].北京:中国气象局.
中国气象局,2010.新一代天气雷达功能规格需求书[R].北京:中国气象局.
中国气象局观测网络司,2011.关于印发综合气象观测系统仪器装备运行状况通报办法的函[Z].气测函〔2011〕141号.
中国气象局监测网络司,2005.关于印发《新一代天气雷达观测规定》的通知[Z].气测函〔2005〕81号.
中国气象局气象探测中心,2010.综合气象观测系统运行监控平台(ASOM)功能规格说明书V1.0[R].北京:中国气象局气象探测中心.
中国气象局气象探测中心,2016.综合气象观测系统运行监控质量分析报告[R].北京:中国气象局气象探测中心.
中国气象局气象探测中心数据质量室,2017.天气雷达数据质量月报[R].北京:中国气象局气象探测中心数据质量室.
中国气象局预报与网络司,2014.预报司关于印发全国地面自动站实时观测资料质量评估办法的通知[Z].气预函〔2014〕23号.
中国气象局综合观测司,2015a.观测司关于印发自动气候站功能规格需求书的函[Z].气测函〔2015〕125号.
中国气象局综合观测司,2015b.观测司关于印发综合气象观测系统仪器装备运行状况通报办法的函[Z].气测函〔2015〕73号.
中国气象局综合观测司,2015c.综合气象观测系统运行监控平台(ASOM)[OL].北京:中国气象局综合观测司.
中国气象局综合观测司,2017.中国气象局综合观测司关于印发气象专用技术装备使用年限标准的通知[Z].

气测函〔2017〕44号.

中国气象局综合观测司,2018. 观测司关于2016年度全国综合气象观测系统主要仪器装备运行状况的通报[Z]. 气测函〔2017〕24号.

中华人民共和国国务院,2010. 关于切实加强中小河流治理和山洪地质灾害防治的若干意见[Z]. 国发〔2010〕31号.

周青,李雁,裴翀,等,2013. 基于风能资源专业观测网的风能资源评估[J]. 气象科技,41(6):1153-1160.

周青,梁海河,李雁,等,2012. 自动气象站维修保障能力评估[J]. 气象科技,40(3):349-353.

ISO/TC 159/SC 4. 9241-11. 2018. Ergonomics of human-system interaction-Part 11:Usability:Definitions and concepts[S]. 1-29.

United States Department of Defense, 1997. Department of Defense Handbook:MIL-HDBK-470A, Designing and Developing Maintainable Products and Systems[R].

# 全国自动气象站运行能力统计及其影响因素分析*

李 雁 裴 翀 孟昭林 周 青

(中国气象局气象探测中心,北京 100081)

**摘 要**:自动气象站运行能力的高低和探测数据的质量状况直接影响气象预报的准确性和决策服务的有效性,对自动站运行状况进行科学、合理的评估以及对设备运行状况影响因素的分析十分必要。基于上述原因,本文从通信能力、设备运行能力和设备故障率三方面对综合气象观测系统运行监控平台上运行的全国所有国家级自动气象站的运行情况进行了综合评估,并对影响设备运行能力的因子进行了分析。结果表明:自动气象站的观测要素数据错误和报文格式错误是导致观测数据报文到报率低的主要因素;气候因子是影响设备运行能力的重要因素,针对性的进行自动站的极端天气抵抗能力研究也显得十分重要;从故障的原因分类中可以看出,雷击占故障总量的 40%,因此,加强自动气象站的防雷措施是提高自动气象站运行能力的重要环节;从自动气象站故障的发生部位的统计情况也可以发现,网络传输终端故障的发生频次也较高,统一网络传输方式也是降低设备故障、提高自动气象站运行能力的途径之一;从各自动气象站生产厂家数据到报率和设备运行能力的统计结果可以发现,无锡所、天津厂以及华创生产的自动气象站的效能较高,而广东的相对最低;自动气象站生产厂家多,设备接口不统一,参数复杂是影响自动气象站运行能力的最主要问题。因此,统一设备生产厂家是提高自动气象站运行能力的根本途径。

**关键词**:自动气象站 运行能力 影响因素 统计 分析

## 引 言

气候变暖是不争的事实[1]。随着全球气候变化影响的日趋明显,近年来极端天气、气候事件频发,影响日趋广泛,在未来还将呈加剧趋势。我国是处于东亚季风气候区的国家之一,同时也是世界上受气象灾害影响最严重的国家之一,需要气象服务提供更具针对性、准确性的基础保障[2]。

自动气象站是我国地基观测系统的重要组成部分[3]。自动气象站的探测水平和运行能力日益成为影响我国气象基本业务能力和气象服务水平的因素之一,要提高天气预报的准确率,提高服务质量,必须降低观测数据的错误率,提高设备的运行能力。然而,国内在自动气象站运行能力综合评估方面的研究还比较少[3]。

本文以综合气象观测系统运行监控平台(ASOM)中运行的 2000 多套国家基准气候站、国家基本气象站和国家一般气象站为基础,依据装备综合保障的要求[4],并结合我国自动气象站

---

\* 本文发表在《仪器仪表用户》,2010,17(2):4-8。

本身的运行特点,从设备通信能力、自身运行能力、故障情况几方面对我国自动气象站的运行情况进行了综合评估,并从观测要素数据错误情况、数据报文格式错误情况以及故障发生部位和故障原因等方面进行了分析。自动气象站运行状况的综合评估利于我国自动气象站运行能力的提高,为提供更具代表性、准确性和更有比较性的观测资料奠定基础。

# 1. 自动气象站数据质量控制方法介绍

地面气象观测记录必须具有代表性、准确性、比较性[5]。自动气象站的数据质量控制是提供可靠数据的前提,可靠的数据是准确提供预报服务的基础。因此,科学、合理的数据质量控制方法显得尤为重要,气象观测资料质量控制的重要性已经为所有使用气象资料的科学家所公认[6]。

目前,自动气象站的数据质量控制方法有瞬时值合理性检查、利用神经网络等人工智能技术进行质量控制检查、时间一致性检查、空间一致性检查、气候极值检查、逻辑检查、界限值检查、综合控制以及利用气候资料质量控制的空间概率方法进行质量检查等[7-19]。在综合气象观测系统运行监控平台中对自动站探测数据进行质量控制的方法主要有时间一致性检查、空间一致性检查、气候极值范围检查、内部一致性检查和综合控制。

## 1.1 气候极值范围检查

对气象资料进行气候极值检查前一般要经过界限值和要素允许值范围检查[20],考虑到实时资料时效性,将气候极值检查和界限值结合在一起进行,即气候极值范围检查。该方法设计时取要素设计值的置信区间上(下)限为气候极值的上(下)界值,通常置信区间上(下)限为给定设计频率最大(小)值加上(减去)2倍的标准差。

通过此种方式可计算全国范围内所有站点各要素各月的上下界值,对于超过极值上下界的数据,认为其错误。

## 1.2 内部一致性检查

有些气象观测要素相互之间关系密切,其变化规律具有一致性。根据该特性,就可对相关数据是否保持这种内部关系来检查其是否发生异常,以确保数据质量,即为内部一致性检查。如水汽压和露点温度之间应该与用气温和相对湿度计算得到的值一致,否则,水汽压和露点温度应该标记为数据可疑等。

## 1.3 时间一致性检查

大气中的有些观测数据与时间显著相关,具有良好的时间一致性,将此类数据与其时间上前、后的测值相比较,来判断其数据是否发生异常。例如:用1个月内某时次前后各1个时次内的所有资料组成一个序列,计算序列的中值、加权均值和加权标准差,通过比较被检数据与加权均值的绝对差值和加权标准差的值来确定数据质量。

## 1.4 空间一致性检查

气象要素分布的地理空间具有相关性,空间距离较近的气象站点的特征值比距离较远的站点具有更大的相似性。空间一致性检查即是根据上述特点进行的,其有效性取决于观测站网的密度和被检参数与空间的相关程度。通常利用与被检查台站邻近的台站同一时间观测的气象要素值进行比较,或利用邻近测站观测值通过一定的插值方法计算出被检查台站的估计值,由观测值与估计值进行比较。

### 1.5 综合检查

综合检查是利用上述检查结果,确定每个数据最终的数据质量状况[21]。如果某要素内部一致性、时间一致性和空间一致性检查结果显示错误,则认为该数据错误。

## 2. 自动气象站运行评估指标概述

按照装备综合保障性工程的要求[4]以及我国自动气象站自身的运行特点,对自动气象站的运行情况通过通信能力、设备本身运行能力、设备故障情况以及观测数据几方面进行考核。

### 2.1 通信能力

自动气象站观测数据和设备运行状态数据通过相关通信方式由观测站点上传至本省气象信息中心,再由本省气象信息中心将本省所有测站的观测数据统一打包上传至中国气象局,通信或网络状况是影响自动站效能发挥的重要因素。

自动气象站设备通信能力通过数据到报率反映,如下所示:

$$到报率 = \frac{应工作时次 - 缺少报文时次}{应工作时次} \times 100\% \tag{1}$$

到报是指观测数据在业务规定时间内由各省(区、市)气象信息中心按时上传至中国气象局[5]。

### 2.2 设备运行能力

目前,自动气象站的设备运行能力通过各类观测要素的数据质量状况反映。

根据相关数据质量控制方法将正常上传自动气象站的观测数据分为数据可疑、数据错误和数据正常三个级别。数据可疑时认为设备出现一定报警情形,仍然可用,但不可靠;观测要素错误时设备可能因雷击、电磁干扰或人为因素等导致设备故障,因而产生错误观测数据,此时设备既不可用又不可靠;数据正常时设备无任何报警和故障产生,设备完全可靠。

因此,设备运行可用性和可靠性的具体定义如下:

$$可用性 = \frac{应工作时次 - 数据错误时次 - 报文格式错误时次 - 未到报时次}{应工作时次} \times 100\% \tag{2}$$

$$可靠性 = \frac{应工作时次 - 数据错误时次 - 数据可疑时次 - 报文格式错误时次 - 缺报时次}{应工作时次} \times 100\% \tag{3}$$

其中:应工作时次为自动站自投入使用到考核结束所经历的时间;未到报时次为在应工作时次内缺少报文的时次;数据错误时次为在应工作时次内对上传数据报文中经数据质量判定方法发现存在数据质量错误的时次;数据可疑时次为在应工作时次内对上传数据报文中经数据质量判定方法发现数据质量存在可疑时次。

另外,按照地面气象观测业务要求[5],国家级自动气象站每小时整点由各省(区、市)气象局气象信息中心向国家气象信息中心上传观测数据。因此,对自动气象站设备运行状态的评估按时次进行,每小时进行一次评估。

## 2.3 故障率

自动气象站的设备故障情况也是通过观测要素的数据质量状况来反映的。一般为观测数据错误或缺报时人为设备产生故障。

因此,设备故障率的具体定义如下:

$$故障率 = \frac{数据错误时次 - 缺报时次}{应工作时次} \times 100\% \qquad (4)$$

# 3. 自动气象站运行能力统计

## 3.1 通信能力

目前,自动气象站观测数据传输的通信手段有国家气象专网、社会公网、北斗卫星传输等几种方式。

数据的到报率直接反映了通信能力的高低。图1为2007年9—10月和2008年1—12月全国所有站点观测数据到报率的变化趋势图。

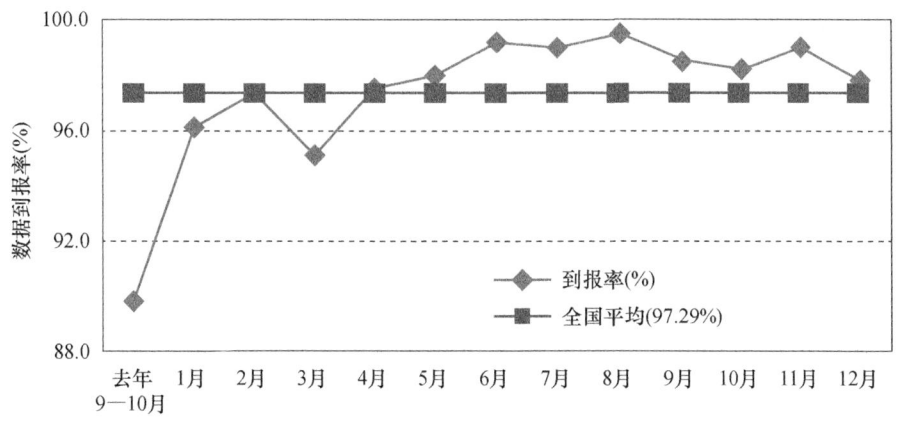

图1 2007—2008年国家级自动气象站数据到报率变化趋势图
(图上"去年9—10月"代表2007年9月和10月的平均值)

从图1中可以看出,全国自动气象站的数据到报率总体呈现上升的趋势,且保持在一个较高的水平,该时段全国平均达到了97.29%;此外,自动气象站数据到报率还表现为2007年9—10月偏低,2008年2—3月下降,然后自9月又逐渐下降的趋势。

## 3.2 设备运行能力

设备本身的性能决定了设备的运行能力;此外,外界气候因子的突然变化将会影响设备的正常运行,如冰冻天气、雷电天气等。

从图2可以看出,自动气象站的设备可用性和可靠性基本呈现"上升-下降-继续持续缓慢上升-下降"的变化趋势。

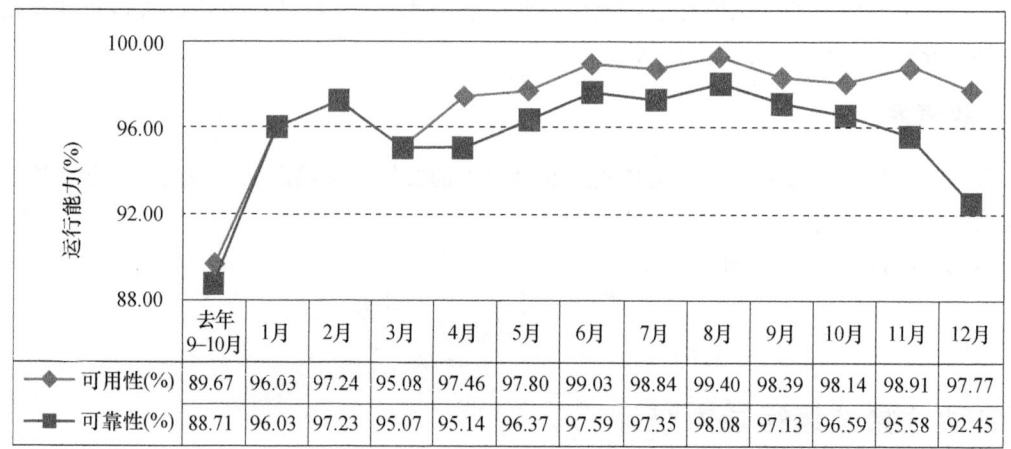

图 2　2007—2008 年国家级自动气象站设备运行能力变化趋势图
(图上"去年 9—10 月"代表 2007 年 9 月和 10 月的平均值)

目前,综合气象观测系统运行监控平台上在网运行的国家级自动气象站主要来自 6 个厂家,即 Vaisala、长春厂、广东、华创、天津厂和无锡所。图 3 是对上述自动气象站生产厂家 2008 年的数据到报率、设备可用性和可靠性的统计情况。

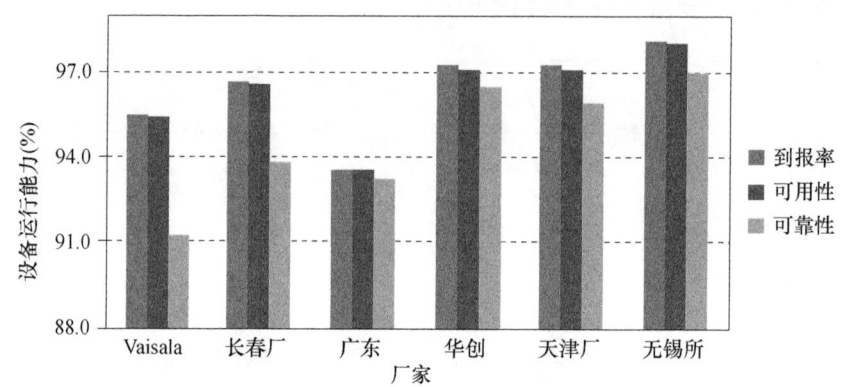

图 3　不同自动气象站厂家设备运行能力对比图
(因全国部分站点的设备生产厂家的信息不全,2129 套自动气象站中只有 1700 套设备有厂家信息,因此,本结果由此 1700 套设备统计得来;广东厂的设备只分布在广东省)

从图中可以看出,无锡所的自动气象站运行能力相对最高,而广东的设备运行能力相对最差。

## 3.3　设备故障率

由于目前自动气象站缺少涵盖各部件、采集单元或传感器的设备运行状态参数文件,只能通过观测数据反映。因此,观测要素数据错误情况和观测数据报文格式错误将间接反映设备的故障情况。

图 4 为 2007 年 9—10 月和 2008 年 1—12 月期间通过观测数据反映的自动气象站设备故障情况的变化趋势图。

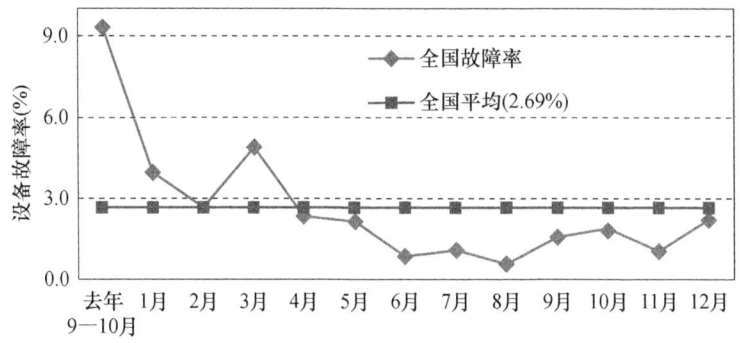

图 4  2007—2008 年国家级自动气象站故障率变化趋势

(图上"去年 9—10 月"代表 2007 年 9 月和 10 月的平均值)

从图中可以看出,自动气象站的故障率呈现逐渐下降至平稳的变化趋势;其次,全国所有站点的平均故障率保持在 2.96% 的水平,且自 4 月开始平均故障率低于全国平均 2.96% 的水平;另外,通过故障率和设备运行能力的对比可以发现,两者正好呈现相反的变化趋势。

## 4. 自动气象站运行能力影响因素分析

自动气象站的设备可用性和可靠性基本是基于数据到报率,数据到报是进行设备可用性和可靠性分析的前提[3]。影响数据到报的因素有自动气象站本身的故障情况、网络通行能力;设备运行能力除了与设备本身的故障情况有关之外,很大程度上还取决于观测数据本身的可用情况和装备的保障状况。

### 4.1 故障情况

自动气象站的故障情况影响数据到报率和设备可用性和可靠性。

自动气象站的故障,一方面将会影响设备的正常运转,影响报文的传输,最终影响数据到报率的提高,两者之间呈负相关,从图 1 和图 4 的对比中可以发现此种情况;另一方面,自动气象站的故障将影响设备可用性和可靠性的提高,因为自动气象站是全天候运行,而且部分站点为无人值守站点,有时当设备产生故障,采集器和传感器依然能采集和传输错误数据,因此,设备故障率将影响设备可用性和可靠性的提高,而且从图 2 和图 4 的对比中发现,故障率和设备可用性及可靠性之间呈现负相关关系。

按照自动气象站的采集单元及设备类型从设备故障的发生部位来看,自动气象站故障主要分为 Modem 故障、采集器引起的故障、传感器引起的故障、传输/网络故障、地温设备故障、供电系统故障、计算机故障、软件故障和其他故障共 9 类。统计了 2008 年 6—8 月期间自动站持续时间较长(大于 12 h)的故障,共计 97 起,具体如图 5 所示。

从图中可以看出,因网络传输问题引起自动站报文无法正常上传的情况最为严重,占故障总数的 26.8%;其次是采集器故障和传感器故障。

引起自动气象站故障的原因也多种多样,经统计分析发现主要有 4 类,分别是雷击、自然损坏、网络传输终端和因维护引起的问题(维护期间设备存在问题,但仍然正常上传报文)等。统计了 2008 年 7 月设备的故障情况,如图 6 所示。

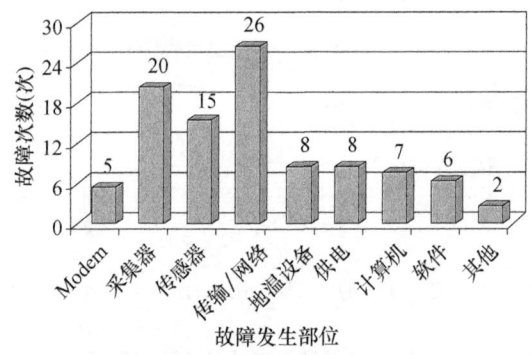

图 5　2008 年 6—8 月全国各省(区、市)自动气象站故障发生部位对比图

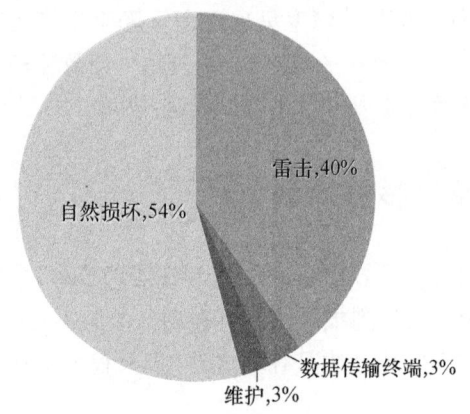

图 6　2008 年 7 月国家级自动气象站故障发生原因统计分析图

从图中可以看出,除自然损坏之外,因雷击引起的故障最为严重。因此,做好自动气象站的防雷措施是保证观测数据正确和设备正常运转的重要环节。

### 4.2　观测要素数据错误情况

观测数据的质量状况间接反映设备的运行状况。

国家级自动气象站的观测要素有温度、气压、湿度、风、降水、能见度共计 5 类,重点监控气温、气压、测风、降水等气象要素的数据质量情况。

目前,对自动站观测数据质量状况的监测主要通过 QC1 和 QC2 两种途径完成。QC1 通过软件自动完成;QC2 通过自动和人工两种方式相结合的判定方式,其中以 QC2 为主。

通过相应数据质量控制方法检查发现,观测数据的错误情况自 2007 年 9 月开始逐步呈现下降然后呈现平稳变化的趋势(图 7)。从图中可以发现观测要素数据错误情况与自动气象站的通信能力和设备运行能力之间呈现负相关关系。

经统计发现,2008 年全国所有国家级自动气象站共产生各类数据错误 38577 次,其中错误要素主要有温度、气压、湿度、风和降水几类,为统计各类要素的出错频率,做了各类观测要素数据错误对比分析图,如图 8 所示。

从图中可以看出,各要素出错的频率之间存在较大的差异,在温度、气压、风、湿度、降水等要素中地温要素的出错情况最严重,占错误总量的 62%,其次为气温要素和气压要素,风要素的出错频次最少。

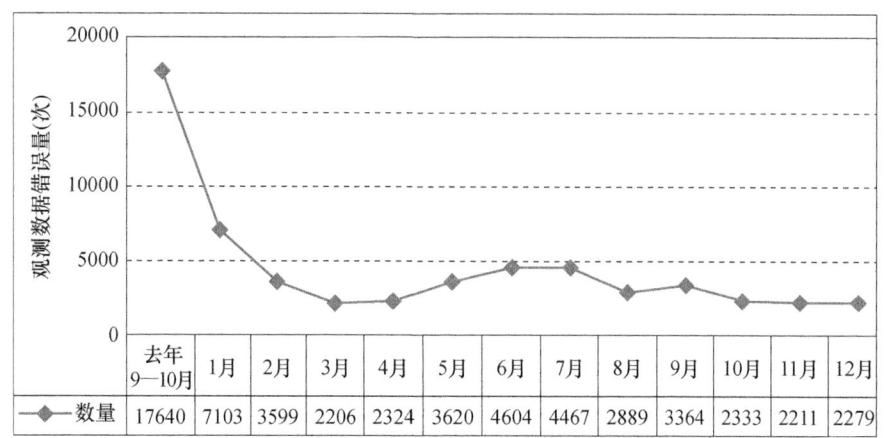

图 7　2007—2008 年国家级自动气象站观测数据错误量各月变化趋势图
（17640 次是 2007 年 9 月和 10 月的平均值）

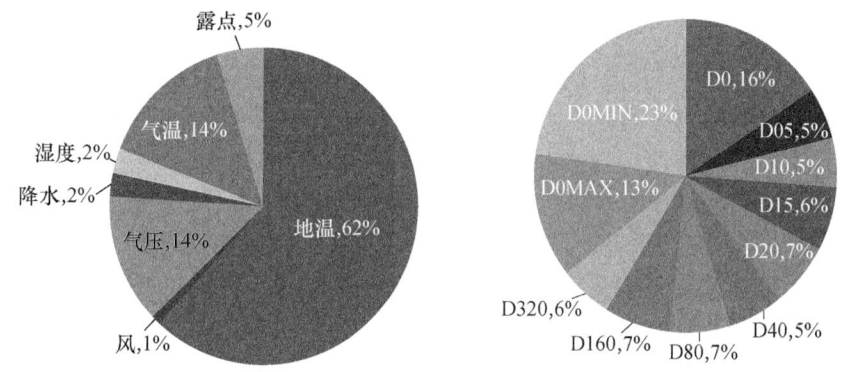

图 8　自动气象站观测数据错误百分比图　　自动气象站各层地温观测要素百分比图

（D0～D320 依次代表 0cm 到 320cm 地温，D0MAX 代表最高地面温度，D0MIN 代表最低地面温度）

在地温要素中，各层次地温的出错概率分配较为平均（图 9），相比较而言，地面温度出错情况较严重，尤其是最低地面温度出错所占比重最大，占所有地温要素出错情况的 23%，其次为 0cm 地温。

### 4.3　数据报文格式错误情况

观测数据报文格式错误量和观测要素数据错误类似，也间接反映了设备运行能力。

数据报文的格式错误主要分为北京时/世界时混用、分钟累积降雨量不等于小时雨量、正点数据缺报、传输历史数据、观测字段不符合报文编码规则、出现乱码等[3]。

在此，统计了 2007 年 7—10 月和 2008 年 1—12 月期间数据报文格式错误量的变化趋势图，具体如图 10 所示。从图中可以看出，数据报文格式错误的数量呈现明显下降最后趋于平稳的变化趋势，此趋势与观测要素数据错误情况的变化趋势类似。

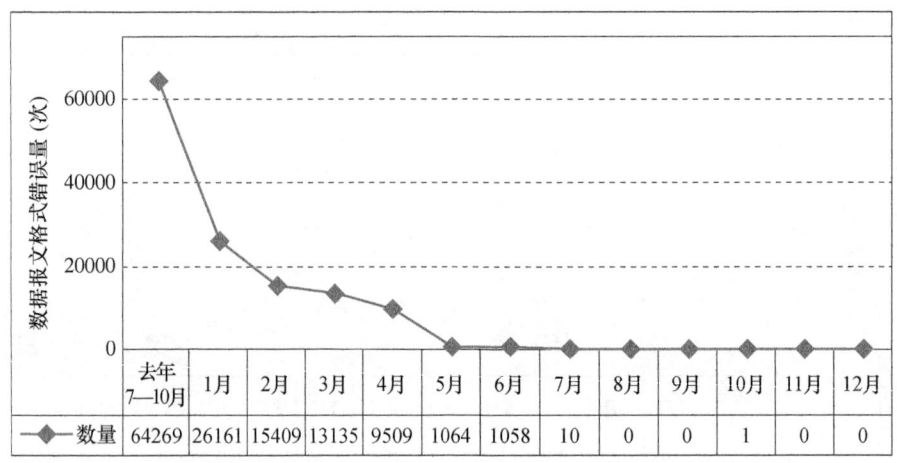

图 10　2007—2008 年自动气象站数据报文格式错误变化趋势图
(64269 次是 2007 年 7—10 月的平均值)

## 5. 讨论与结论

由于目前我国大部分自动气象站缺少对各采集模块、传感单元以及网络传输等硬件的检测参数，因此，自动气象站的设备运行能完全通过其上传的观测数据的质量状况来反映，当观测数据错误或不符合自动气象站报文编码规定的情形发生超过一定时限[22]，则说明设备出现了各类故障。

从设备运行能力变化趋势图(图 2)、观测要素数据错误(图 7)和数据报文格式错误(图 10)的对比来看，观测要素数据错误量和数据报文格式错误量自 2007 年开始至 2008 年 1 月呈现大幅度提升、3 月有所下降、继续上升至 8 月以后下降的趋势。

2007 年运行能力大幅度提升，主要因为自动气象站的运行监控开始于 2007 年 7 月，一开始的数据质量控制方法还处于初级阶段，运行监控的保障力度还不够，随着对自动气象站运行监控功能的逐渐增加和数据质量控制方法的逐渐完善，中国气象局和各省(区、市)气象局增加了保障力度，使自动气象站的数据到报率、设备可用性及设备可靠性均有了大幅度提升。

从图 2、图 7 和图 10 中可以发现，自 2 月开始数据到报率和设备运行能力均有所下降。一方面，因为 2—3 月是我国大部分地区气候交替的季节，气候的突然变化将有可能影响设备的性能；另一方面，2008 年 2 月正好处于我国南方的冰冻雨雪天气灾害期间，由于冰冻天气传感器被损坏，加上设备得不到及时的供应保障，最终导致了数据错误量的增加、数据到报率和设备运行能力的降低。

7 月数据到报率和设备运行能力有所下降，而 8 月这三类指标均有所提高。主要是因为 6—8 月处于我国的"主汛期"，是强对流天气现象多发的时间，可能在一定程度上影响设备的运行能力提高；8 月尽管也处于我国的汛期，但 8 月处于我国奥运会举办的时期，各级保障部门加大了保障力度，因此，该月我国自动气象站的三类评估指标均有所上升。

10 月开始自动气象站的数据到报率、设备运行能力又有所下降，因为伴随着气温的降低，设备的运行能力又因气候原因而有所下降。

通过上面的分析可以得出如下结论：

(1)自动气象站的观测要素数据错误和报文格式错误是导致观测数据报文到报率低的主要因素；

(2)气候因素是影响设备运行能力的重要因素，针对性地进行自动气象站的极端天气抵抗能力研究也显得十分重要；

(3)从故障的原因分类中可以看出，雷击占故障总量的40%，因此，加强自动气象站的防雷措施是提高自动气象站运行能力的重要环节；

(4)从自动气象站故障的发生部位的统计情况也可以发现，网络传输终端故障的发生频次也较高，可能与我国网络通信方式杂乱有关。因此，统一网络传输方式也是降低设备故障、提高自动气象站运行能力的途径之一；

(5)从各个自动气象站生产厂家数据到报率和设备运行能力的统计可以发现，无锡所、天津厂以及华创生产的自动气象站的效能较高，而广东的相对最低；

(6)自动气象站生产厂家多、设备接口不统一、参数复杂是影响自动气象站运行能力的最主要问题。因此，统一设备生产厂家是提高自动气象站运行能力的根本途径。

## 参考文献

[1] 秦大河,罗勇,陈振林,等. 气候变化科学的最新进展:IPCC第四次评估综合报告解析[J]. 气候变化研究进展,2007,3(6):311-314.

[2] 李雁,张春晖,梁海河,等. 气象应急移动车载系统及其在应急气象服务中的应用[J]. 信息化研究,2009,35(3):1-5.

[3] 李雁,梁海河,孟昭林,等. 自动气象站运行效能统计分析[J]. 应用气象学报,2009,20(4):504-509.

[4] 单志伟. 装备综合保障工程[M]. 北京:国防工业出版社,2007:25-60.

[5] 中国气象局. 地面气象观测规范[M]. 北京:气象出版社,2003:133-139.

[6] 刘小宁,任芝花. 地面气象资料质量控制方法研究概述.[J]. 气象科技,2005,33(3):199-200.

[7] 中国气象局. 中国人民共和国气象行业标准 地面气象观测规范第22部分:观测记录质量控制[S]. 中国气象局,2007:3-6.

[8] 杨贤为. 气候应用专用数据库气象资料的质量检验[J]. 气象,1998,24(12):33-36.

[9] 任芝花,刘小宁,杨文霞. 极端异常气象资料的综合性质量控制与分析[J]. 气象学报,2005,63(4):526-533.

[10] 任芝花,熊安元. 地面自动站观测资料三级质量控制业务系统的研制[J]. 气象,2007,33(1):19-24.

[11] 李铁,邹立尧,国世友. 东北地区低温气象资料数据集及其质量控制[J]. 应用气象学报,2004,15(zl):164-167.

[12] 王海军,杨志彪,杨代才,等. 自动气象站实时资料自动质量控制方法及其应用[J]. 气象,2007,10(33):102-109.

[13] Secretariat of WMO. Guide To Meteorological Instruments and Methods of Observation (Sixth Edition)[R]. 1996,Ⅱ.1-1,Ⅱ.2-1,Ⅱ.3-1.

[14] Lanzante J R. Resistant,robust and nonparametric techniques for the analysis of climate data:Theory and examples,including applications to historical radiosonde station data[J]. Int J Climatol,1996,16:1197-1226.

[15] Gandin L S. Complex quality control of meteorological observation[J]. Monthly Weather Review,1988,116(5):1137-1156.

[16] Vejen F,Jacobsson C,Fredriksson U,et al. Quality control of meteorological observations automatic meth-

ods used in the Nordic countries[R]. Climate Report,2002,No. 8/2002,KLIMA.

[17] Eischeid J K,Baker C B,Karl T R. The quality control of longterm climatological data using objective data analysis[J]. Journal of applied Meteorology,1995,34:2787-2795.

[18] 方炳兴. 常规气象资料质量的综合控制[J]. 气象,1994,20(2):33-36.

[19] Daly C,Gibson W,Doggett M,et al. A probabilistic spatial approach to the quality control of climate observations[C]. AMS Annual Meeting,Seattle,2004.

[20] 王新华,罗四维,刘小宁,等. 国家级地面自动站A文件质量控制方法及软件开发[J]. 气象,2006,32(3):107-112.

[21] 王伯民. 基本气象资料质量控制综合判别法的研究[J]. 应用气象学报,2004,15(增刊):50-59.

[22] 中国气象局. 地面气象观测数据文件和记录簿表格式[M]. 北京:气象出版社,2005:9-46.

# 综合气象观测系统运行监控业务信息化评估*

李 峰

(中国气象局气象探测中心,北京 100081)

**摘 要**：本文基于综合气象观测系统运行监控平台,对国家级运行监控业务信息化能力和水平进行了评估。结果表明,在"十二五"期间,综合气象观测运行监控业务在设备信息化、监控信息化、保障信息化、装备管理信息化、评估业务信息化、监控服务信息化、管理信息化 7 个方面取得了一定进步,总体上信息化综合指标,从 2011 年不足 50% 提高到 2016 年底的 80% 左右。但是,在气象观测设备本身、网络双向通信技术、业务流程构建、业务作业信息化设计和实现、业务管理信息化设计方面都还存在很大的不足。根据评估内容,本文对运行监控业务信息化水平评估,主要通过给出业务各环节的信息功能实现度和满足度定性评价,经定义转化成定量值,以便于对信息化建设年度变化的分析,如何更加准确、客观地评估业务信息化建设需要更多的探索和研究。

**关键词**：气象观测 运行监控 业务信息化 评估

# 引 言

自 20 世纪后期,计算机和通信网络迅速发展,大规模进入人类社会生产活动中,各行业的工作方式发生了革命性转变。信息化、自动化成为解放人类生产力、提高工作效率、促进科技进步最重要的技术和手段,人类也由此从"工业社会"进入"信息社会"阶段[1,2]。针对这一社会特征,为了评估国家和社会的发展水平,从 20 世纪 90 年代,国内外逐渐开展信息化评估理论研究,并组织了大量对国家、社会、行业的信息化程度和水平的评定评估研究。早期数十年,科学家们提出了多种信息化评估的方法和指标以图定量化对国家信息基础结果和信息利用能力进行评估[3]。进入 21 世纪后,随着行业分化和发展,更多针对行业信息化发展水平的评估工作进行了研究,包括教育、医疗、图书、档案、交通、电力、水利、国防等,以及国家、社会、城市等整体发展水平[4-10]。现代科技观念越来越清晰认识到,信息化是现代社会文明与进步、国家实力反映的一项重要指标。通过信息化评估,可以科学、客观地反映国家、社会以及各行业的现代化水平和技术能力,更准确地了解生产、技术、社会管理领域的缺陷和瓶颈。因此,对各行业和领域进行科学准确的信息化评估十分重要。

气象自诞生就是一门信息科学,与数据、信息密不可分。现在气象业务更是建立在海量数据、信息基础上,并且随着业务分工和流程不断细化,气象工作必须更加依赖和发展信息技术

---

\* 本文发表在《气象水文海洋仪器》,2018(3):109-115.

和信息系统。2015年,中国气象局发布了《气象信息化行动方案(2015—2016)》[11],提出以"互联网＋"理念推进气象与国家发展战略、社会经济发展、百姓衣食住行深度融合,赋予现代气象"智慧"的新特征。并具体提出以CIMISS为核心整合气象业务和业务系统,构建业务应用生态。沈文海[12]分析了"当前气象信息化所处阶段的特征及主要内涵",指出气象信息化经历了资源配置阶段、技术应用阶段,基本解决了以通信、计算和存储为主要内容的IT资源问题,基于互联网、计算机、移动通信、数据库、GIS、多媒体等技术和设备建立和开发了大量的业务信息系统,支撑和促进气象业务不断发展。

气象探测是整个气象业务的基础,气象装备运行监控是气象探测领域的一项重要业务,其目的是保障全国观测系统和站网稳定运行,实时监控和检查观测数据质量,跟踪、指导台站观测设备维修保障,调度管理装备供应和台站信息管理。近年来,气象探测业务的发展也极大促进和依赖信息系统与信息技术为基础的业务系统建设,其中,综合气象观测系统运行监控平台(ASOM)就是为保障全国气象探测设备稳定运行和观测质量为目的的业务平台[13],自2010年ASOM1.0投入业务运行以来,承担了观测设备的远程监控、维修保障、数据检查、装备供应和站网管理等功能,在保证气象探测业务发展中发挥了重要的信息化作用。2016年,ASOM2.0[14]的建成,更加丰富和完善了装备运行监控所承担的各项业务功能,功能更加完备,技术更加先进,效率提高明显,也标志着气象探测装备运行保障业务的信息化水平进一步提高。但是,如何评价和评定运行监控这项气象探测领域保障业务信息化水平,并通过评估发现业务信息化建设中存在的缺陷和瓶颈,这也是现代化气象业务发展所面临新的课题。

本文参考其他行业的信息化评估思路和方法,针对运行监控保障业务的实际情况,根据有关目标规划,设立评估目标和内容,采用定性与定量相结合的方法,对照业务工作中的各个作业环节,评估其从传统人工操作向电子化、自动化转变的能力和水平,客观评定运行监控业务的信息化发展情况,了解我国气象装备运行保障业务信息化进程,并对存在的问题进行梳理,为未来的发展和建设提供参考与指导。

# 1. 业务评估对象

为了反映我国综合气象观测系统运行监控业务信息化水平,根据现有观测系统构成和业务布局,本文评估内容主要包括三个方面:业务工作信息化、业务流程信息化和业务管理信息化(图1)。

业务工作信息化是指现阶段国家级运行监控日常业务工作中所涉及的各个环节、各种作业以及各种操作利用网络、通信、计算机、数据库、软件功能实现电子化、程序化、自动化的能力和水平。截至2016年年底,国家级运行监控日常业务主要包括观测设备运行监控、观测数据检查、监控信息服务、设备运行和质量评估、观测系统专项检查、观测站网管理6个方面。而业务工作信息化评估就是分析评定上述6个业务实现从传统的人工向电子化、自动化转变的能力和水平,而反映各项业务的信息化水平由更多更为具体的内容所构成。

业务流程信息化主要包括气象观测数据流程信息化和运行监控业务作业流转信息化,它反映了运行监控业务各环节之间流转、承接、处理的自动化、电子化水平。其中,数据流程信息化是指台站设备是否实现观测数据、设备信息、观测信息的自动采集、传输到各级业务节点,以及在各节点处理、加工的再生数据是否能够自动分发到其他业务链条。作业流转信息化是指

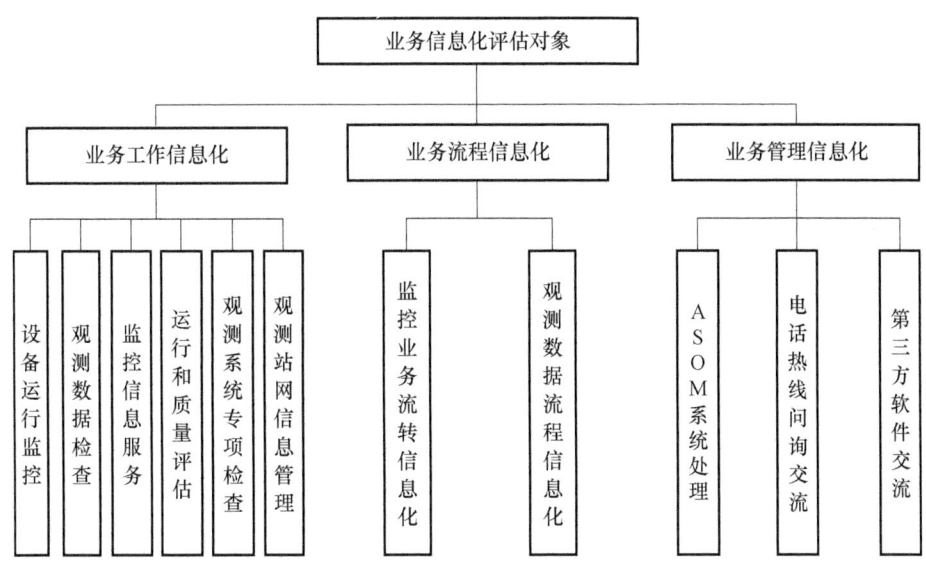

图 1　综合气象观测系统运行监控业务信息化评估内容树状结构图

各业务节点按照职责和规范处理产生的结果、决定或意见、消息等信息能否按照规定在相互之间进行自动传递、交互、反馈。

业务管理信息化是指依据管理职责对各节点的业务进行指导、处理、决策的电子化、自动化能力和水平,主要是指业务管理信息的交互与反馈的信息化能力。目前运行监控业务中管理信息的处理主要存在三种方式:①通过 ASOM 系统进行自动地业务管理信息流转,上传下达,各级业务人员接收处理;②通过电话热线问询、交流;③通过第三方软件交流。

## 2. 评估方法和指标

根据业务和信息系统建设的特点,对运行监控业务信息化评估,本文采用定性和定量相结合的方法实现。例如,运行监控日常业务中观测设备运行监控信息化采用评定全国观测系统和设备的可监控率作为指标,通过业务化的观测设备数据在 ASOM2.0 系统中实现远程在线监控的数量比可定量评估,而设备远程在线监控的实现能力和水平,则需要通过实际业务操作中,业务人员的评价给出。具体而言,前者评估指标包括设备种类监控率和设备数量监控率两项,可以通过监控系统设备监控数量定量计算。后者根据运行监控系统的功能项业务化实现率,以及业务人员的使用感受,给出分级评定:好(满足业务需求,满意度 80%~100%),较好(基本满足业务需求,满意度 60%~80%),一般(基本具备该项功能,但难以业务使用,满意度 40%~60%),较差(不具备功能,满意度 0~40%)。而对于"观测数据检查""监控信息服务""设备运行和质量评估""观测系统专项检查""观测站网管理"等业务信息化可以类似给出定性评定。

同样,对于业务流程信息化和业务管理信息化,也采用定性评定方法。最后,本文将通过定性转换成定量值,综合计算各项信息化评估结果的平均值,对于运行监控业务整体信息化程度给出了一个综合评价指标"业务综合信息化率"。

## 3. 信息化评估

### 3.1 观测系统运行监控率

依据《综合气象观测业务发展规划(2016—2020年)》,到2020年我国气象观测系统的构成总体目标,主要可以分为6大类15种。本文分析的对象是卫星观测以外的观测系统共计14种,具体种类见表1。

表1 2020年我国气象观测系统构成

| 系统大类 | 地面观测 | 海面观测 | 高空观测 | 天气雷达 | 飞机观测 | 卫星观测 |
|---|---|---|---|---|---|---|
| 观测系统种类 | 自动气象站<br>大气成分站<br>土壤水分站<br>雷电监测站<br>农业观测 | 海岛自动站<br>浮标气象站<br>船舶站 | 探空站<br>风廓线雷达<br>飞机观测<br>铁塔观测<br>GNSS/MET观测站 | 新一代天气雷达 | 各类要素传感器 | 各类载荷探测器 |

因此,本文观测系统运行监控率指标分为两种:一种是观测系统种类监控率＝已实现远程在线监控的观测系统种类数/在网的观测系统种类数。另一种是观测设备监控率 $A_i$＝每一类系统已实现远程在线监控的观测设备数/该类观测系统在网设备数,则观测系统设备运行监控率＝各类观测系统设备监控率均值＝$\dfrac{\sum_{i=1}^{n} A_i}{n}$。

2016年,综合气象观测运行监控系统 ASOM2.0 完成业务建设,实现了10种观测设备的在线监控功能,因此,对照表1观测系统种类(飞机、卫星观测除外)监控率达到了77.9%。而10种观测系统中每一种设备的监控覆盖率也取得明显提高,以天气雷达为例,2016年,全国已建好业务在网天气雷达数量为180部,全部实现在线监控,雷达监控覆盖率达到了100%,国家级自动站达到99.8%,GNSS/MET 为74%,而风廓线雷达网刚开始业务化运行试点,入网监控率仅有52%,全部观测系统设备运行监控率统计结果平均达到了82.2%。

### 3.2 在线监控能力信息化

除了设备实现在线监控覆盖率外,运行监控业务的信息化还体现在设备在线监控的效率和能力、装备保障信息获取率、装备供应管理信息化、评估业务信息化能力和水平上。

设备在线监控信息化能力主要由设备自身是否能够提供必要的运行信息和状态信息决定,但也需要一些技术方法和手段。那么,在线监控能力信息化评估的主要内容包括设备是否实现和怎样实现在线运行监控的技术手段,具体的元素包括数据监控、状态监控、预警信号、报警定位等。根据 ASOM2.0 功能,2016年各类设备在线监控实现信息化内容及测评结果如表2所示。

表2 2016年各类观测系统设备运行在线监控信息化测评结果

| | 天气雷达 | 探空系统 | 地面自动气象站 | 土壤水分站 | 雷电探测系统 | GNSS/MET | 风廓线雷达 | 大气颗粒物观测网 |
|---|---|---|---|---|---|---|---|---|
| 状态信息 | 较好 | 一般 | 较差 | 较差 | 一般 | 一般 | 一般 | 较差 |
| 状态分类 | 较好 | 较好 | 较好 | 较好 | 较好 | 较好 | 较好 | 一般 |
| 报警信号 | 较好 | 较好 | 较好 | 较好 | 较好 | 较好 | 较好 | 较好 |
| 故障定位 | 较好 | 一般 | 一般 | 一般 | 一般 | 一般 | 较好 | 一般 |
| 数据到报监控 | 好 | 好 | 好 | 好 | 好 | 好 | 好 | 较好 |
| 数据质量检查 | 一般 | 较好 | 较好 | 较好 | 一般 | 较好 | 较好 | 较好 |
| 综合定量结果 | 78% | 70% | 65% | 60% | 70% | 70% | 75% | 50% |

注:评估结果分为四等:"好"表示信息化水平满意度90%~100%,"较好"为70%~90%,"一般"为50%~70%,"差"为0~50%,下同。

## 3.3 装备保障和供应管理信息化

装备保障信息化内容包括台站保障业务单是否实现自动生成,业务表单信息填报是否实现电子化,业务表单管理、保障信息上报和分发是否实现自动在线处理。另外,对于保障业务实施过程和技术支持是否实现了网络化、信息化和自动化。由于现阶段各类设备和业务建设程度不同,其信息化水平和能力也不尽相同,表3给出了2016年底天气雷达保障业务信息化评估结果。

表3 2016年天气雷达装备维修保障业务信息化评估

| 评估内容 | 保障信息采集 | | | | | 保障业务实施 | | |
|---|---|---|---|---|---|---|---|---|
| 评估项 | 业务表单设计与自动生成 | 业务表单信息填报 | 业务表单管理 | 保障信息上报与分发 | 保障工作的在线组织与管理 | 在线诊断 | 在线维修 | 远程支持 |
| 满意度 | 好 | 好 | 好 | 好 | 较好 | 一般 | 差 | 一般 |
| 综合定量结果 | 90% | 90% | 90% | 95% | 70% | 50% | 20% | 50% |

按照天气雷达保障业务信息化评估内容和方法,综合8项测评结果,其装备保障信息化水平约为70%。类似地,其他观测系统的评估结果分别为:探空系统约达到50%,地面自动气象站为70%,土壤水分和GNSS/MET系统约为50%,雷电探测系统为60%,风廓线雷达为65%,而大气颗粒物观测网仅仅只有30%。

装备供应管理内容主要包括目前在实际装备供应保障中涉及的有关业务环节是否在业务软件系统(ASOM2.0)中实现电子化、自动化的功能,以及实际应用效果。其中,具体业务内容包括采购计划(编制、汇总、查询、统计),调度管理(入库、出库、库存、查询、跟踪、状态分析)是否实现电子化和功能操作等,表4给出了目前天气雷达装备供应业务信息化管理的评估结果。

表4 2016年天气雷达装备供应管理信息化功能

| 评估内容 | 采购计划 | | | | 装备管理 | | | | | |
|---|---|---|---|---|---|---|---|---|---|---|
| 业务项 | 编制 | 汇总 | 查询 | 统计 | 入库 | 出库 | 库存 | 跟踪 | 查询 | 分析 |
| 满意度 | 好 | 好 | 好 | 好 | 好 | 好 | 好 | 较好 | 较好 | 一般 |
| 综合定量结果 | 90% | 90% | 90% | 90% | 90% | 90% | 90% | 70% | 70% | 70% |

参照天气雷达装备供应管理业务信息化评估内容和方法，综合平均各项结果，各类观测系统的评估结果如表5所示。

表5 2016年各类观测系统装备供应管理业务信息化功能评估结果

| 观测系统 | 天气雷达 | 探空系统 | 地面自动气象站 | 土壤水分站 | 雷电探测系统 | GNSS/MET | 风廓线雷达 | 大气颗粒物观测网 |
|---|---|---|---|---|---|---|---|---|
| 评估结果 | 85% | 70% | 80% | 50% | 60% | 50% | 65% | 50% |

### 3.4 观测系统运行评估业务信息化

观测系统设备运行能力评估是全国观测系统运行监控业务的一项重要内容，每月每年定期开展并向全国各省（区、市）气象装备保障部门和业务管理部门发布评估报告，用以指导观测设备的维护和技术升级。为了科学有效地开展观测系统运行评估业务必须研制相关的评估指标并实现工程化自动化运行，并且能够以各种形式输出测评结果。根据该项业务的评估目的，表6给出了我国天气雷达系统运行能力评估的信息化内容。

表6 2016年天气雷达系统综合评估指标及业务化内容

| 评估内容 | 可靠性 | | | | | | 维修性 | | 保障性 | | | 业务性 | | | | | 经济性 |
|---|---|---|---|---|---|---|---|---|---|---|---|---|---|---|---|---|---|
| 评估指标 | 系统可用性 | 业务可用性 | 评估无故障时间 | 故障次数 | 数据报到率 | 数据可用性 | 特殊停机统计 | 平均故障修复时间 | 平均维护时间 | 平均保障延误时间 | 平均备件延误时间 | 平均故障持续时间 | 常规维护填报率 | 故障报告填报率 | 表单填报规范性 | 同次维护多次停机 | 停机无维护表单 | 无 |
| 测评结果 | 好 | 好 | 好 | 好 | 好 | 较好 | 好 | 好 | 好 | 一般 | 一般 | 好 | 好 | 好 | 较好 | 较好 | 一般 | 较差 |
| 综合定量结果（%） | 90 | 90 | 90 | 90 | 100 | 70 | 90 | 90 | 90 | 50 | 30 | 90 | 90 | 90 | 80 | 70 | 60 | 0 |

根据天气雷达运行评估的信息化能力各项评测结果，综合平均其结果约为75%。类似地，其他观测系统的运行评估业务的信息化水平结果见表7，结果显示，目前除了天气雷达和地面自动站运行评估的能力相对较好外，其他系统评估业务的信息化能力需要很大的提高。

表7 2016年各类观测系统设备运行评估业务信息化能力评估结果

| 观测系统 | 天气雷达 | 探空系统 | 地面自动气象站 | 土壤水分站 | 雷电探测系统 | GNSS/MET | 风廓线雷达 | 大气颗粒物观测网 |
|---|---|---|---|---|---|---|---|---|
| 综合定量结果 | 75% | 60% | 70% | 40% | 40% | 30% | 40% | 30% |

### 3.5 运行监控服务信息化

运行监控业务的重要任务就是及时发现观测系统中存在的问题，并及时为各级业务和管理部门提供服务。运行监控业务的实时性和目标性，要求所承担的服务形式信息化能力要具备较高的水平。2016年,基于ASOM2.0建设,基本上实现了10个观测系统运行状态的实时监控服务、观测数据和产品自动生成和发布、数据质量分析和评估等,这些结果都可以通过ASOM2.0系统及时提供图文数据服务,并且已经在日常工作中发挥了重要作用。但运行监控业务服务信息化总体上处在一个起步阶段,由于观测系统种类很多,服务需求不断增长,要求越来越高,因此,在服务信息化方面存在较大的发展空间。表8给出了各类观测系统运行监控业务服务信息化内容评估结果。

表8 2016年观测系统运行监控业务服务信息化评估结果(%)

| 信息化实现内容 | 状态图 | 时序图 | 统计图 | 基本要素产品 | 气象报警服务 | 运行评估结果 | 信息发布 | 多源资料比对 | 质控分析结果 | 平均值 |
|---|---|---|---|---|---|---|---|---|---|---|
| 天气雷达 | 90 | 90 | 85 | 80 | 85 | 90 | 80 | 70 | 70 | 82 |
| 探空系统 | 80 | 85 | 70 | 70 | 70 | 80 | 70 | 50 | 60 | 71 |
| 地面自动站 | 85 | 90 | 80 | 90 | 80 | 90 | 80 | 70 | 80 | 83 |
| 土壤水分站 | 70 | 80 | 70 | 80 | 70 | 75 | 70 | 60 | 60 | 71 |
| 雷电探测系统 | 75 | 80 | 65 | 80 | 70 | 80 | 70 | 50 | 50 | 70 |
| 风廓线雷达 | 70 | 80 | 70 | 80 | 75 | 75 | 70 | 60 | 70 | 72 |
| GNSS/MET | 50 | 60 | 50 | 60 | 60 | 60 | 65 | 50 | 50 | 56 |
| 大气颗粒物观测 | 30 | 50 | 50 | 50 | 50 | 50 | 60 | 30 | 40 | 46 |

### 3.6 业务流程信息化

业务流程信息化主要包括气象观测数据流程信息化、运行监控业务作业流转流程信息化。观测数据流程信息化主要依托气象专网实现台站设备端的数据、信息采集,经省级信息中心向国家级业务部门传输、分发、存储、应用,目前整个流程基本实现自动化。监控业务作业信息流转主要利用ASOM2.0系统,建立国、省两级业务信息的实时交互,将运行监控业务的每个环节处理生产的信息及时流转到下一个环节和用户,这一过程基本上都是通过ASOM系统实现,信息化程度依赖于前述每个业务环节信息化的建设水平。总体来看,按照目前运行监控业务职责和日常任务,通过业务系统功能开发,各项业务流转流程信息化基本能够满足业务需求,但在装备保障业务方面,受限于现在的业务系统功能和气象内网的通信体系架构,还不能完全满足现代化需求。因此,需要进一步梳理业务,通过流程再造和双向通信技术升级,实现下行监控指令的传递和反馈。

### 3.7 业务管理信息化

业务管理信息化目前主要通过三种方式实现:①ASOM2.0系统自动信息流转,上传下达,各级业务人员接收处理;②通过电话热线问询、交流;③通过第三方软件交流,如微信、QQ群。据统计,全年通过ASOM系统实现管理信息流转占70%,包括设备运行状态报警,装备维修保障活动进展和调度、督查,观测数据质量控制结果交互,站网信息变更等。通过电话热线的交流占25%,主要包括台站观测设备状态和数据质量检查,台站设备维修进展问询,业务表单的异常处理等。第三方软件交流占5%,主要信息内容包括业务系统的异常处理、功能咨询,业务产品的查询和异常处理,业务技术的交流等。从整体评估来看,业务管理信息化水平一般，与业务密切相关的内容信息化能力实现的较好，但在一些需要人力参与处理的方面信息化能力还需要加强建设。

## 4. 近5年业务信息化水平的变化

按照前述的评估方法和评估内容，表9给出2011—2016年运行监控业务有关的信息化建设水平的变化。如表中所见，对于目前主要的观测系统，天气雷达由于前期基础较好，在设备信息化、监控信息化、保障信息化、装备管理信息化、评估业务信息化、监控服务信息化、管理信息化7个方面，取得了一定进步，总体从2011年65%提高到2016年的82%。地面自动站由于设备升级改造在设备信息化方面取得了较大进步，通过增加运行状态信息的采集和监控，总体信息化水平从不足50%提高到75%左右。探空系统、土壤水分、雷电探测系统也有不同程度的改进，分别从50%、40%、50%提高到75%、60%、75%左右。从图2评估结果来看，运行监控业务总体信息化水平从2011年不足50%提高到2016年的80%，而其中对于观测设备种类和观测设备数量的可监控率实现上来看进步比较明显，这也反映了在"十二五"期间我国气象观测系统建设取得了明显的进步和效果。

表9 我国5类主要气象观测系统2011—2016年运行监控业务7个方面信息化建设的变化（单位：%）

|  | 设备信息化 | 监控信息化 | 保障信息化 | 装备管理信息化 | 评估业务信息化 | 监控服务信息化 | 管理信息化 |
|---|---|---|---|---|---|---|---|
| 天气雷达 | 70~80 | 60~80 | 70~85 | 60~80 | 80~90 | 60~85 | 50~80 |
| 自动站 | 0~90 | 60~90 | 60~80 | 50~75 | 60~85 | 60~80 | 50~75 |
| 探空 | 60~70 | 60~80 | 40~70 | 50~80 | 50~80 | 50~70 | 40~70 |
| 土壤水分 | 30~50 | 40~70 | 40~75 | 40~60 | 50~75 | 50~75 | 40~70 |
| 雷电 | 60~70 | 50~80 | 50~70 | 50~70 | 50~80 | 50~75 | 50~75 |

注：每格中的数据D-D，前一数据为2011的指标，后一数据为2016年的指标。

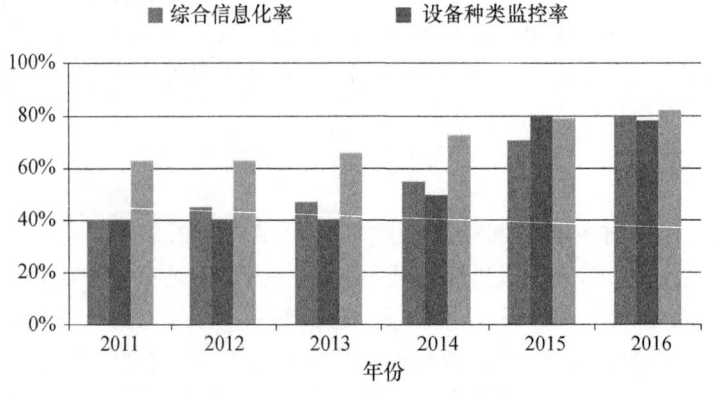

图2 我国气象观测系统及运行监控业务总体信息化水平2011—2016年的逐年变化

## 5. 小结与讨论

大力推进信息化建设是国家发展战略，对于各行各业，信息化建设水平决定了其在同行业中的地位和前途，互联网＋、大数据、云计算、智慧智能化都是现代化科技的产物，也是推进科技进一步发展的力量。值得注意的是，在信息化建设的同时，还需要同步研究信息化发展水平的评估技术和方法，用以准确客观地评定行业乃至整个社会信息化所处的阶段、存在的缺陷，这已经作为一门学科在全球范围经过了几十年的发展。目前，作为信息化学科一部分，信息化评估已经形成了较系统的理论和方法，但因为信息化的复杂性和特殊性，很难将普遍方法和技术指标完全准确地适用于日益细化的社会分工和行业中去。

综合气象观测系统运行监控业务本身是一项信息工作，必须依赖先进的信息技术，处理各种业务信息和数据。但是，为了有效地实现业务目标和信息化建设目标，首先需要我们将所有的业务、业务流程面向需求和观测系统架构梳理清晰，将所有的人工业务转化成信息元素，通过网络、计算、分析、数据库、图像技术来实现。运行监控业务信息化水平取决于观测设备本身的信息化能力、通信网络的架构和通信技术、业务环节信息化设计和实现技术以及数据分析、数据库架构和管理技术等。对运行监控业务信息化水平的评估以目前技术和条件，很难给出定量的结果，因为我们缺乏对信息化客观的描述也缺乏对信息化目标的定量定义，对业务本身的发展程度也不能定量化，根本原因是这些事物都是在不断发展变化的。本文从目前运行监控所承担的任务，以及实现日常业务所采用的技术手段，来评估整体业务信息化以及某类观测系统监控业务所具备的信息化能力，根本上来说还是定性评估，通过业务人员评价定义转化成定量指标，以便于我们更清楚目前所处的发展水平，并能够通过年度变化来认识业务信息化发展的历程和进步。从结果来看，经过"十二五"期间的建设，作为观测系统一项重要业务运行监控在信息化建设方面，尤其在设备信息化、监控信息化、保障信息化、装备管理信息化、评估业务信息化、监控服务信息化、管理信息化 7 个方面，取得了一定进步，总体上信息化综合指标从 2011 年不足 50% 提高到 2016 年底的 80% 左右。但通过分析，也清楚地发现在气象观测设备本身、网络双向通信技术、业务流程构建、业务作业信息化设计和实现、业务管理信息化设计方面都还存在很大的缺陷，这是未来业务信息化建设必须解决的关键环节和核心问题。当然，正如前面所述，对于如何更加准确、客观地评估业务信息化建设和能力水平，本文仅仅提供了一种探索，让更多学者关注该领域的研究，也是本文一项重要目的，这需要更多的探索和研究。

## 参考文献

[1] 马克·波拉特. 信息经济[M]. 袁君时，周世铮，译. 北京：中国展望出版社，1987：3-12.
[2] Sciadas G. From the Digital Divide to DIGITAL OPPORTUNITIES Measuring Info-states for Development [M]. Canada：NRC Press，2005：5-9.
[3] Masuda Y. The Information Society as Post-Industrial Society[M]. Washington，DC：World Future Society，1980：3-7.
[4] Borko H，Menou M I. Index of Information Utilization Potential[A]//Final Report of Phase 2 of the IUP Pilot Project[C]. Los Angeles：GSLIS/UCLA，1982：2-8.
[5] 国家统计信息中心. 中国各地区信息化水平测算与比较研究[J]. 统计研究，2001(2)：3-11.
[6] 邱惠君，黄鹏，由鲜举. 六种信息化评估体系比较//中国信息年鉴(2003)[M]. 北京：人民邮电出版社，

2003:21-26.

[7] 崔健. 企业信息化评估指标设计[J]. 中国科技信息,2016(8):134-135.

[8] 党亚茹,高峰. 民航信息化中期评估指标体系设计与研究[J]. 交通运输系统工程与信息,2003,3(2):32-37.

[9] 张学民,戴锋. 国防信息化评估指标体系的量化研究[J]. 信息工程大学学报,2003,4(2):87-89.

[10] 艾萍. 中国水利信息化评估研究与实践[M]. 武汉:长江出版社,2011:51-65.

[11] 中国气象局. 气象信息化行动方案(2015—2016)[Z]. 气发〔2015〕60号.

[12] 沈文海. 当前气象信息化所处阶段的特征及主要内涵[J]. 信息化研究,2016(9):81-86.

[13] 裴翀,宋连春,吴可军,等. 我国综合气象观测运行监控系统的设计与实践[J]. 气象,2011,37(2):213-218.

[14] 李峰,秦世广,张乐坚,等. 综合气象观测运行监控业务及系统升级设计[J]. 气象科技,2014,42(4):539-544.

# 自动气象站维修保障能力评估[*]

周青[1]　梁海河[1]　李雁[1]　刘钧[2]　贾树泽[3]　尹成海[4]

(1. 中国气象局气象探测中心,北京 100081;2. 中国华云技术开发公司,北京 100081;
3. 国家卫星气象中心,北京 100081;4. 黑龙江省大气探测技术保障中心,哈尔滨 150030)

**摘　要**：自动气象站的设备故障及技术保障水平影响着其运行效能的发挥。本文基于综合气象观测系统运行监控平台(简称 ASOM)中运行的 2400 多套国家级自动气象站,通过调研各型号自动站厂家备件以及 22 个省(区)2007—2008 年国家级自动气象站故障信息和维修数据,统计平均故障维修时间和平均故障持续时间等量化指标,对自动站的维修保障能力进行了综合评估,并对自动站故障部位、故障原因进行了统计分类,从而为实现统一的故障管理、提高技术保障能力、促进自动气象站维修保障能力评估自动化与标准化奠定基础。

**关键词**：自动气象站　故障　技术保障

# 引　言

自动气象站作为地面观测网的重要组成部分,能及时、连续地提供地面气象观测信息,在防灾减灾及气象预报服务等方面发挥着重要作用[1]。自动气象站的探测水平和运行能力是提高我国气象基本业务水平的关键因素之一,而设备故障及维修保障能力则影响着自动气象站运行效能的发挥[2-4],目前国内在自动站的维修保障能力评估方面的研究还比较少。

本文以综合气象观测系统运行监控平台(简称 ASOM)中运行的 2400 多套国家级自动气象站为研究对象,基于全国 22 个省(区)2007—2008 年的 2512 次自动站故障维修记录,通过统计平均故障维修时间和平均故障持续时间等量化指标对自动站的维修保障能力进行了综合评估,并对自动气象站故障部位、故障原因进行了统计分类。从而便于发现省级、台站级在技术保障及备件储备中的问题,并能加快技术人员对故障的界定以更方便、更准确地进行自动气象站最小可更换单元乃至整套系统的运行能力评估,提高自动站设备的技术保障能力,确保自动站持续稳定运行。

## 1. 自动气象站保障评估方法

我国自动站气象是 24 h 连续业务运行,台站的备件储备因地区而异,且各省保障体制不尽相同,技术水平有差异,为准确、科学地对自动气象站的运行能力及维修保障能力进行评估,根据我国自动气象站运行特点定义以下评估方法。

---

[*] 本文发表在 2012 年中国气象学会 S8 大气探测与仪器新技术、新方法论文集。

(1)平均故障维修时间(Mean Time to Repair,MTTR):自动站可维修性用 MTTR 来表示,用于描述一套自动气象站设备在选取评估时段内平均维修一次故障所需时间,用于评价故障排除的及时性和保障人员的技术水平,即:

$$\mathrm{MTTR} = \frac{\sum_{i=1}^{N_f} T_{cm}(i)}{N_f}$$

式中,$T_{cm}(i)$ 表示第 $i$ 次故障的故障维修时间,依据装备综合保障性工程的要求[5],即在备件、维修仪表等条件齐全的情况下,在一次故障中保障人员维修设备所耗费的时间;$N_f$ 表示一套自动气象站设备在选取评估时段内发生故障的次数。

(2)平均故障持续时间 $T_{afd}$(Average Failure Duration):用于描述一套自动气象站设备在选取评估时段内平均一次故障的持续时间,可评价保障人员的技术水平以及保障体系的响应速度,即:

$$T_{afd} = \frac{\sum_{i=1}^{N_f} [T_{cm}(i) + T_{ald}(i)]}{N_f}$$

式中,$T_{ald}(i)$ 表示第 $i$ 次故障的管理延误和等待备件所需时间,即保障体系在一次故障中用于准备维修以及等待备件和技术人员的时间。

基于以上保障能力评估方法,结合 7 个自动站生产厂家提供的备件清单,可对国家级自动气象站故障部位的最小可更换单元做出分级整理,并通过对全国 22 个省(区)2007—2008 年的自动气象站故障维修数据进行量化统计,为提高我国自动气象站的综合业务保障能力提供一定的依据。

## 2. 自动气象站维修保障能力分析

通过对 2007—2008 年 22 个省(区)的 2512 次自动气象站故障维修情况进行分析(图1),总体而言,自动气象站的平均故障维修时间 MTTR 低于 2 h,平均故障持续时间 $T_{afd}$ 低于 10 h,由此可知,我国自动气象站的维修技术人员水平较高,具有高效解决故障的技术能力,引起故障持续时间较长的主要原因是等待备件和技术人员需要一定时间。

从自动气象站各个组成部件来看,UPS 的 $T_{afd}$ 相对最长,约 17 h,其次为蒸发传感器、计算机和打印机等外部设备(>12 h),而时钟、通信隔离器的 $T_{afd}$ 相对最短,低于 2 h,可见外部设备的故障持续时间相对较长,这是由于外部设备的维修主体是气象系统以外的社会技术力量,所以对故障的响应速度比气象保障部门相对要慢;大部分传感器的 $T_{afd}$ 为 8~12 h,其中雨量传感器的 $T_{afd}$ 最短(<5 h),蒸发传感器最长(>14 h),由于对降水量的观测关系到国计民生,各级气象保障部门非常重视对雨量传感器的维护,且加强了台站雨量传感器的备件储备,因此雨量传感器的故障持续时间相对较短;采集器的 $T_{afd}$ 约为 9 h;而所有故障部位的 MTTR 均不超过 5 h。

我国国家级自动气象站主要有 ZQZ-CII、DYYZⅡ、DZZ2、CAWS600、MILOS500、DZZ1-2、AMS-Ⅱ 这几种型号,分别来自 7 个厂家。从各型号自动站的故障维修能力来看(图2),自动气象站的 MTTR 平均值为 1.65 h,$T_{afd}$ 平均值为 8.65 h;长春气象仪器有限公司生产的

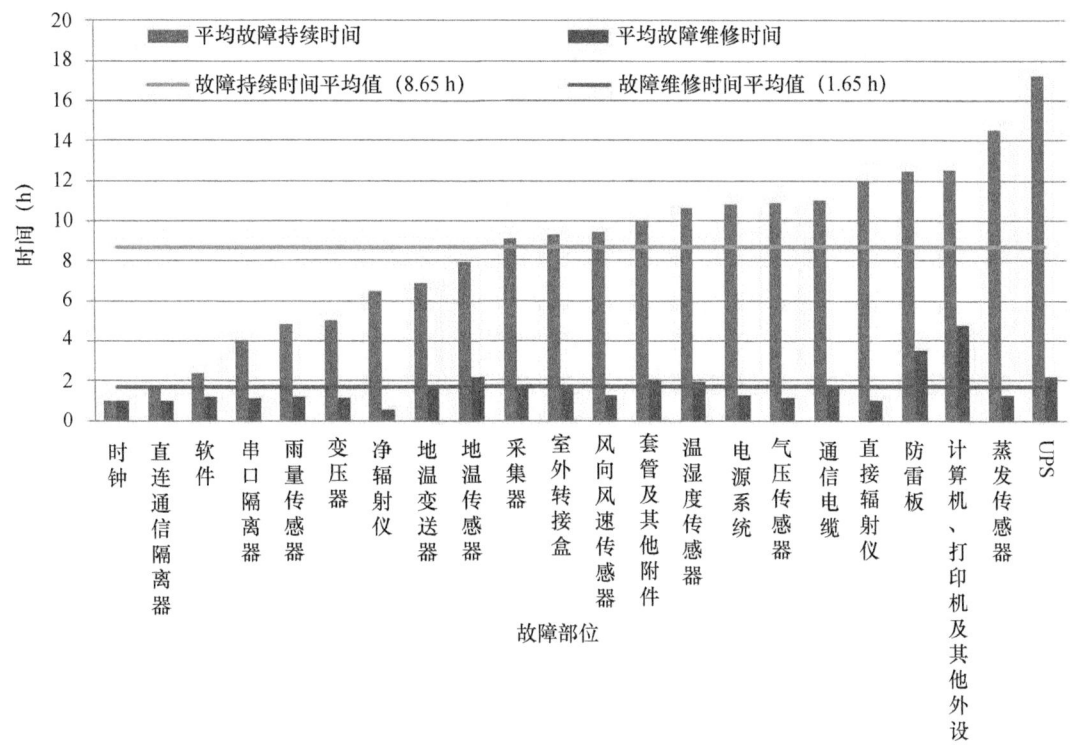

图1 2007—2008年自动站各部件故障评估指标统计

DYYZ-Ⅱ型自动气象站平均故障持续时间相对最长（约21 h），江苏省无线电科学研究所有限公司生产的ZQZ-CⅡ型自动气象站平均故障持续时间相对最短（约5 h），结合各型号自动气象站的地理分布特点，DYYZ-Ⅱ型自动气象站主要分布在东北大部、内蒙古、山西、陕西、四川、江西等地区，由于距离原因造成等待厂家技术人员的时间较长，故障持续时间较长，而ZQZ-CⅡ型自动气象站分布较集中，因此在故障维修活动中等备件和技术人员所延误的时间最短。

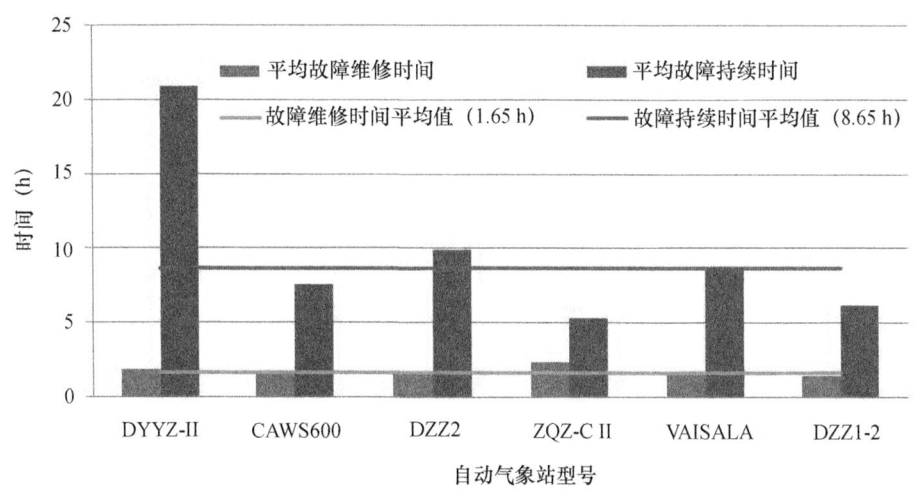

图2 2007—2008年自动气象站各型号故障评估指标统计

用不同站类的故障发生次数与相应站点个数的比值来表示各个站类的平均故障次数,因此由图3可知,三种站类的平均故障次数基本相当。基准站的平均故障持续时间相对最长,一般站相对最短;三种站类的平均故障维修时间均少于3 h(图4)。

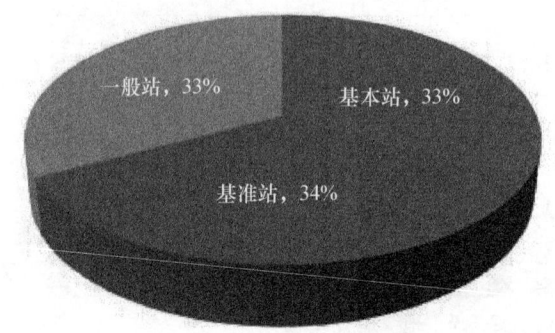

图3　2007—2008年自动气象站不同站类平均故障次数比例

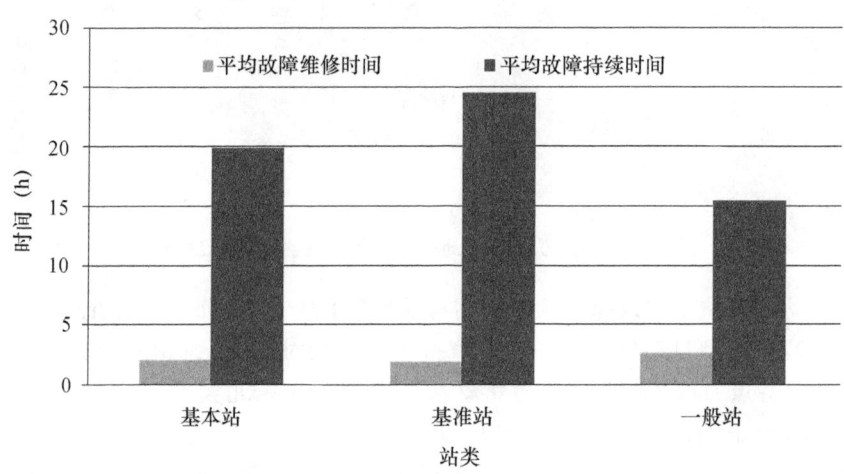

图4　2007—2008年自动气象站不同站类故障指标统计

## 3. 自动气象站故障部件及故障原因统计

通过对全国22个省(区)国家级自动气象站2007—2008年的2512次故障维修情况进行汇总,将自动气象站各个组成部件发生故障的次数进行了统计,如图5所示。由此可见,采集器和地温传感器发生故障的次数相对最多,各占总数比例的18%和16%;其次是温湿度传感器和风向风速传感器,分别占总数的13%和12%;雨量传感器、电源系统以及计算机等外部设备故障比例均为7%;串口隔离器、地温变送器、气压传感器、通信电缆、软件等部位故障发生频率相对较低,不到5%。

把自动气象站故障按照三类,即硬件故障、软件故障以及通信故障来划分;硬件故障又可分为采集器故障(接口电路故障、微处理器故障、存储器故障、通信接口故障)、传感器故障(地温8要素、草温、地表温度、风速、风向、气温、湿度、气压、辐射、降水、蒸发等传感器故障)以及外部设备故障(供电电源故障、业务终端设备故障、通信传输设备故障、其他外部设备故障等);软件故障主要包括采集软件故障和业务软件故障;通信故障主要包括无线信号和有线传输故障。

通过将自动气象站的组成结构逐步分级、细化,可以将故障部位定义到最小可更换单元,有利于维修保障人员在最短的时间内锁定自动气象站的故障所在,并针对性地进行诊断、处理,从而为下一步维修、备件更换等保障措施奠定基础;同时也有利于自动气象站的分系统部件的运行能力评估,为相关部门保障自动气象站的高效、稳定运行提供依据。

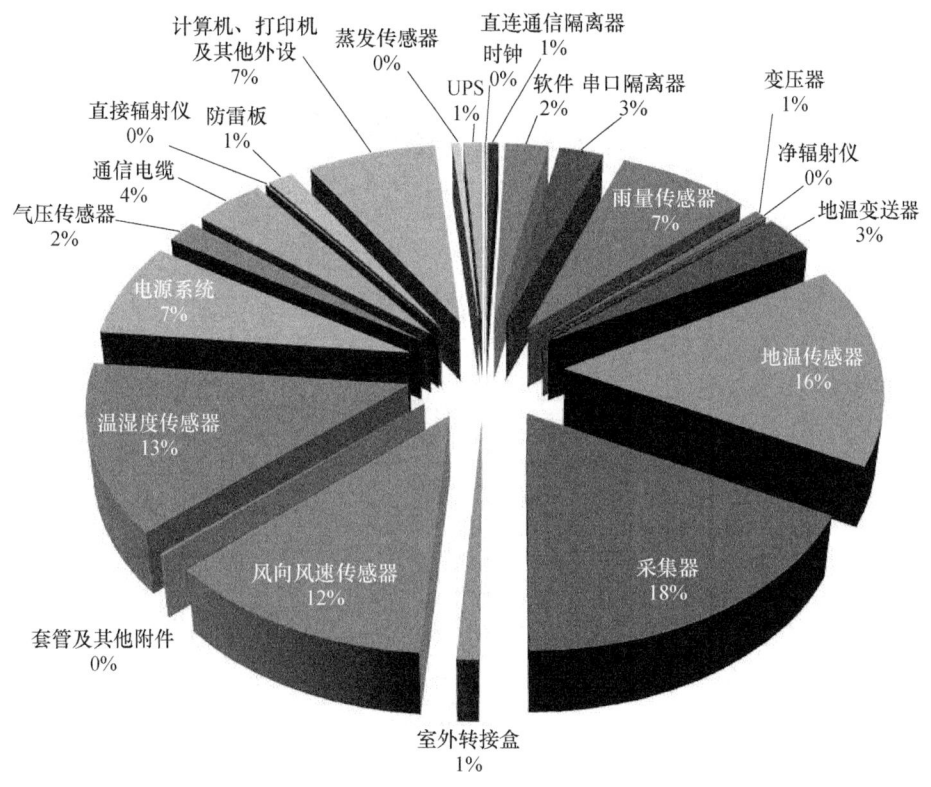

图5 2007—2008年国家级自动气象站故障部位统计

引起自动气象站故障的原因是多方面的,且不同故障部位的原因也各异[6-8]。通过对收集到的自动气象站故障资料进行统计分析,结果如图6所示。可见,自然损坏是引起自动气象站故障的最主要原因,所占比例超过50%;其次是雷击(占20%);维护不当(包括进水、进沙土引起的堵塞和接触不良等)也占自动气象站故障比例的10%;计量检定不合格或超检、电磁干扰、动物损坏、病毒、通信中断等各种原因所占比例较低,皆低于5%。

由以上分析可知,自动气象站故障原因主要分为自然损坏、外界因子和人为因素三方面,详见表1。通过将自动气象气象站的故障原因进行归类,对维修保障活动有指导意义,并能提示维护人员针对性地采取相应防范措施来避免自动气象站同样的故障情况再次发生,有利于提高自动气象站的保障水平。

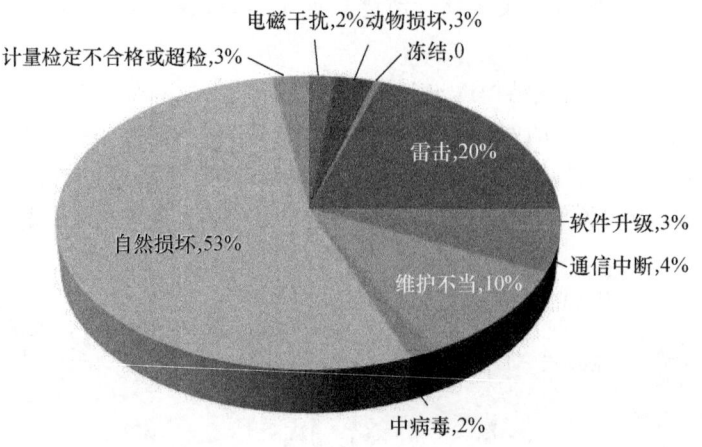

图 6 2007—2008 年国家级自动气象站故障原因统计

表 1 国家级自动气象站故障原因分类表

| 原因分类 | 说明 |
| --- | --- |
| 自然损坏 | 腐蚀、磨损、老化、虚焊、脱焊、断裂 |
| 外界因子 | 雷击 |
| | 电磁干扰(如强雷暴或其他干扰源) |
| | 冻结(如风杯被冻住) |
| | 动物损坏(如被鼠咬断、结蜘蛛网) |
| | 通信中断(如通信电缆断、市电压不稳定、停电) |
| | 污染(如辐射传感器探头被污染) |
| 人为因素 | 计量检定不合格或超检(示值漂移) |
| | 维护不当或欠维护(如进水、进沙土、堵塞、接触不良、没有接地、螺丝接线松动、安装不当) |
| | 软件升级或中病毒(电脑死机) |

## 4. 结论与讨论

(1)2007—2008 年我国自动气象站的平均故障维修时间约为 1.65 h,平均故障持续时间约为 8.65 h,可见我国自动气象站具有较高的故障维修技术和效率,引起故障持续时间较长的主要原因是等待备件和技术人员需要一定时间,建议加强省级和台站级的技术保障力量以及完善自动气象站备件的科学储备模式;外部设备的故障持续时间相对其他部件较长,这是因为外部设备的维修主体(社会技术力量)对故障的响应速度比气象保障部门相对要慢;ZQZ-CⅡ型自动气象站平均故障持续时间相对最短,DYYZ-Ⅱ型自动气象站平均故障持续时间相对最长,这与各型号自动气象站的地理分布特点相关;基准站、基本站、一般站的平均故障维修时间均少于 3 h。通过对自动气象站的故障维修数据进行统计分析,可以为提高我国自动气象站的综合业务保障能力提供一定的依据。

(2)通过分析将自动气象站故障部位主要归为三类,即硬件故障、软件故障以及通信故障;硬件故障又可分为采集器故障、传感器故障以及外部设备故障;软件故障主要包括采集软件故障和业务软件故障;通信故障主要包括无线信号和有线传输故障。自动气象站故障原因主要包括自然损坏(如腐蚀、磨损、老化、脱焊、断裂等)、外界因子(雷击、电磁干扰、冻结、动物损坏、通信中断、污染等)、人为因素(计量检定不合格、维护不当、软件升级或中病毒等)三个方面。将自动气象站进行故障分级分类,便于实现统一的故障管理,加快技术人员对故障的界定,能够更方便、更准确地进行自动气象站最小可更换单元乃至整套系统的运行能力评估。

(3)在收集自动气象站故障维修资料的过程中,由于调查时间和调查对象的局限性,自动气象站的故障分类信息还有待丰富和完善;而且,目前自动气象站还缺乏故障诊断和自检系统,无法提供真实准确的运行状态和故障状态信息,从维修人员排查、诊断到定位、维修,给故障持续时间的界定带来一定的时间滞后性,存在一定的人为偏差。因此,自动气象站保障能力评估还有待进一步深入研究和完善。

## 参考文献

[1] Secretariat of WMO. Guide To Meteorological Instruments and Methods of Observation (Sixth Edition)[R]. 1996.
[2] 李雁,梁海河,孟昭林,等. 自动气象站运行效能统计[J]. 应用气象学报,2009,20(4):504-509.
[3] 李雁,裴翀,孟昭林,等. 全国自动站运行能力统计及其影响因素分析[J]. 仪器仪表用户,2010,2(17):4-8.
[4] 吴明江,宋文英,陈勇斌,等. 自动气象站缺测数据分析及处理[J]. 气象科技,2009,37(4):466-468.
[5] 单志伟. 装备综合保障工程[M]. 北京:国防工业出版社,2007:25-60.
[6] 罗淇,朱乐坤,高林,等. 自动气象站气压传感器现场校准方法[J]. 气象科技,2008,36(4):499-501.
[7] 成兆金,徐法彬,马品印,等. 农业气象自动站与人工站观测值对比分析[J]. 气象科技,2008,36(2):249-252.
[8] 敖振浪,吕玉嫦,陈武框,等. 多路风速测量方法[J]. 气象科技,2009,37(1):93-96.

# 新一代天气雷达 2009—2014 年运行状态分析*

徐鸣一[1,2] 李 峰[2] 夏元彩[2] 李 雁[2] 曹婷婷[2] 秦世广[2]

(1. 南京信息工程大学,南京 210044;2. 中国气象局气象探测中心,北京 100081)

**摘 要:** 综合气象观测系统运行监控平台(ASOM)是地面观测设备实时运行状态及探测数据的监控保障系统,本文基于 ASOM 中 2009 年 12 月 1 日—2014 年 11 月 30 日的维护维修数据对新一代天气雷达运行指标进行评估,统计其业务可用性($A_o$)、平均无故障工作时间(MTBF)、平均故障持续时间($T_{fd}$)、故障次数($N_f$)和故障分布情况,2014 年,$A_o$ 和 MTBF 分别提高到 99.06% 和 1465.08 h,$T_{fd}$ 和 $N_f$ 降低至 13.15 h 和 4.68 次。此外,本文对故障案例中的备件更换情况按照雷达分系统和不同型号进行统计分类,便于建立针对性的备件供应管理,以提高新一代天气雷达的维修能力,提升综合观测系统装备供应管理效能。

**关键词:** 新一代天气雷达 运行评估 备件

# 引 言

随着我国气象现代化事业的不断深化改革,为实现综合气象观测系统稳定运行、有力保障,气象探测中心承担了综合气象观测运行监控系统的设计和建设(梁海河 等,2011;裴翀 等,2011)。于 2010 年建设完成的"综合气象观测系统运行监控平台"(ASOM),是气象观测装备保障业务的重要组成部分,目前已经或正在实现对新一代天气雷达(注:本文中所提及的新一代天气雷达特指正式投入业务运行的雷达)、探空系统、国家级和区域级自动气象站、测风塔、雷电、GNSS/MET、风廓线雷达、土壤水分观测设备、大气成分观测等 10 类观测系统的运行状态监控、数据质量监控、站网信息管理、维护维修信息管理以及业务运行评估,并向各级业务管理部门提供远程技术支持、信息服务等(李峰 等,2014),其在全国范围内的业务推广应用,也促进了国家级、省级、地市级和台站级四级运行监控业务体系的建设和发展。

中国气象局早在 1996 年便组织开展新一代天气雷达(以下简称雷达)的建设总体规划、设计和布局,截至 2014 年底共有 171 部雷达正式投入业务运行,已经初步形成覆盖全国、设计科学、布局合理、运行稳定的新一代天气雷达观测网(柴秀梅 等,2011),并广泛应用于台风监测(白玉洁 等,2012)、组网拼图的定量降水估测(勾亚彬 等,2014)、雷暴与强对流临近天气预报(俞小鼎 等,2012)等气象防灾减灾服务中。目前全国范围内正式业务运行的新一代天气雷达分属不同厂家,型号和技术特点各不相同,有必要运用统一的评估指标对其运行情况进行分析(裴翀 等,2011)。本文基于 ASOM 中 2009 年 12 月 1 日—2014 年 11 月 30 日的维护维修数据(邵楠 等,2012)对正式业务运行的新一代天气雷达运行指标进行评估,统计其业务可用性($A_o$)、平均无故障工作时间(MTBF)、平均故障持续时间($T_{fd}$)、故障次数($N_f$)和故障分布情况,

---

\* 本文发表在《气象》,2017,43(3):365-372.

并对故障案例中的备件更换情况按照雷达分系统和不同型号进行统计分类,便于建立针对性的备件供应管理,以提高新一代天气雷达的维修能力,提升综合观测系统装备供应管理效能。

## 1. 天气雷达运行能力评估指标

ASOM 的运行能力评估指标体系是在装备技术保障工程理论的基础上制定的,分别为可靠性、维修性、保障性、业务性和经济性五大类别,同时考虑新一代天气雷达的业务运行规定和数据传输特点,设计了如表 1 所列的指标(孟昭林,等,2011)。

表 1　ASOM 运行能力评估指标

| 定义 | 指标 | 含义 |
| --- | --- | --- |
| 业务可用性($A_o$) | $A_o = \dfrac{T_{on} + T_{pm} + T_s}{T_t} \times 100\%$ | 指在选取的评估时段内,雷达无故障工作时间与规定工作时间的百分比,是衡量天气雷达运行能力的综合指标。 |
| 平均无故障工作时间(MTBF) | $MTBF = \dfrac{\sum_{n=1}^{N_f} T_{on} n}{N_f + 1}$ | 指在选取的评估时段内,相邻两次故障之间的平均工作时间,单位为 h,是衡量天气雷达可靠性的综合指标。 |
| 平均故障持续时间($T_{fd}$) | $T_{fd} = \dfrac{\sum_{n=1}^{N_f} [T_{cm}(n) + T_{ld}(n) + T_{ad}(n)]}{N_f}$ | 指在选取的评估时段内,从故障发生到修复所用的平均时间,是衡量天气雷达维修能力的综合指标。 |

注:$T_t$ 为规定的工作时间;$T_{on}$ 为表示系统正常和报警两种状态下的时间总和;$T_{pm}$ 为表示维护的总时间(周维护、月维护、年维护、大修、巡检等);$T_s$ 为系统正常,观测时段内的特殊情况停机时间;$T_{on}(n)$ 为第 $n$ 次故障和第 $n+1$ 次故障之间的工作时间;$N_f$ 为故障次数;$T_{cm}(n)$ 为第 $n$ 次故障的故障维修时间;$T_{ld}(n)$ 为第 $n$ 次故障台站维修缺乏备件,等备件时间;$T_{ad}(n)$ 为第 $n$ 次故障由于管理原因延误的时间。

## 2. 天气雷达运行能力结果分析

2010—2014 年全国正式业务运行的新一代天气雷达型号及数量分布如表 2 所示,通过 ASOM 中 2009 年 12 月 1 日—2014 年 11 月 30 日的维护维修数据对新一代天气雷达运行指标进行逐年评估,统计其业务可用性($A_o$)、平均无故障工作时间(MTBF)、平均故障持续时间($T_{fd}$)、故障次数($N_f$)和故障分布情况。

表 2　2010—2014 年全国业务运行新一代天气雷达型号及数量分布

| 厂家 | 型号 | 2010 年<br>(130 部) | 2011 年<br>(137 部) | 2012 年<br>(143 部) | 2013 年<br>(159 部) | 2014 年<br>(171 部) |
| --- | --- | --- | --- | --- | --- | --- |
| 北京敏视达雷达有限公司 | SA | 42 | 45 | 49 | 56 | 60 |
| | SB | 16 | 17 | 19 | 20 | 20 |
| | CB | 12 | 12 | 12 | 12 | 13 |
| 安徽四创电子股份有限公司 | CC | 28 | 29 | 29 | 34 | 37 |
| 成都锦江电子系统工程有限公司 | SC | 12 | 12 | 12 | 14 | 15 |
| | CD | 20 | 22 | 22 | 23 | 26 |

## 2.1 逐年评估结果及分析

图 1~4 为 2010—2014 年全国新一代天气雷达业务可用性($A_o$)、平均无故障工作时间(MTBF)、平均故障持续时间($T_{fd}$)、故障次数($N_f$)年度对比结果。

2010—2014 年的全国新一代天气雷达的平均业务可用性为 98.39%,并呈现逐年递增趋势,2014 年为 99.06%,较 2010 年提高了为 1.63%,说明我国新一代天气雷达总体运行效能维持在较高水平。

2010—2014 年的全国新一代天气雷达的平均无故障工作时间为 1465.08 h,从年度对比来看,新一代天气雷达平均无故障工作时间略有波动,总体呈现递增趋势,2010 年平均无故障工作时间为 1332.28 h,至 2014 年,该指标达到 1768.79 h,雷达运行可靠性得到大幅提升。

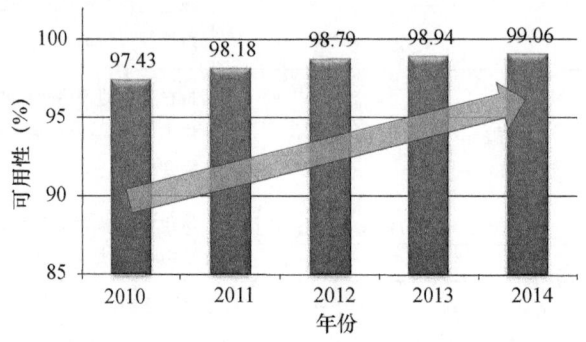

图 1  2010—2014 年全国天气雷达业务可用性年度对比

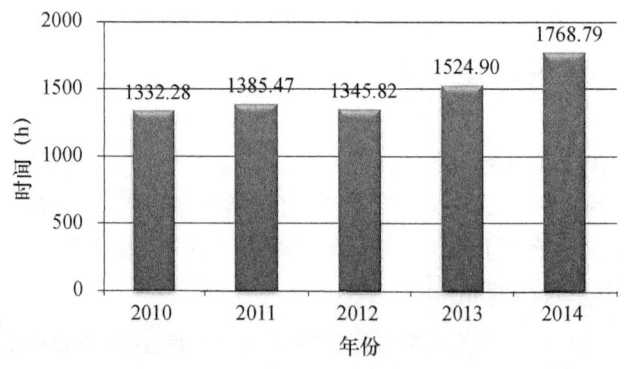

图 2  2010—2014 年全国天气雷达平均无故障工作时间年度对比

2010—2014 年的全国新一代天气雷达的平均故障持续时间为 13.15 h,平均故障次数为 4.68 次,平均故障持续时间和平均故障次数年度对比结果略有波动,总体呈现递减趋势,平均故障持续时间从 2010 年的 22.40 h 缩短至 2013 年的 8.09 h,2014 年略有延长为 10.32 h,主要原因是万州雷达故障关机 5 次,故障持续时间高达 376 h,恩施雷达故障关机 3 次,故障持续时间为 255.16 h。平均故障次数从 2010 年的 5.28 次下降到 2014 年的 3.36 次,说明我国雷达的维护维修能力逐年增强,雷达的故障持续时间和故障次数大幅降低。

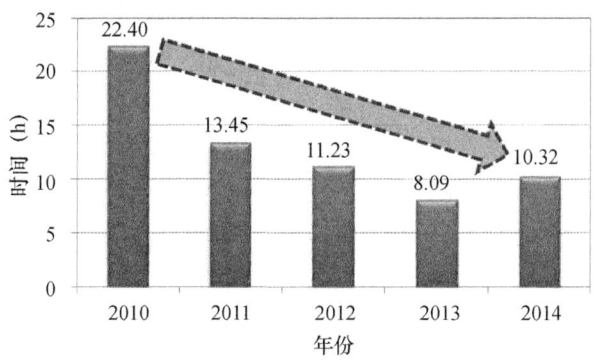

图 3　2010—2014 年全国天气雷达平均故障持续时间年度对比

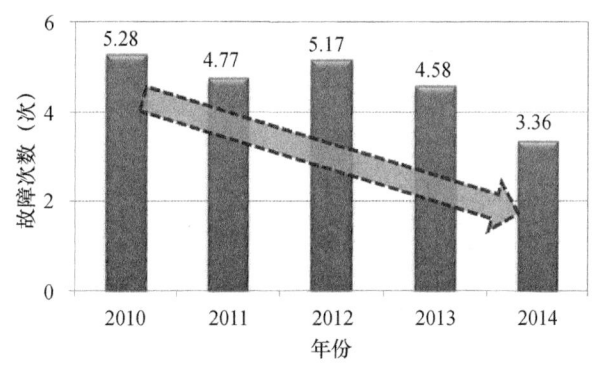

图 4　2010—2014 年全国天气雷达平均故障次数年度对比

## 2.2　分型号评估结果及分析

根据综合气象观测系统运行监控平台 2009 年 12 月—2014 年 11 月的数据分析来看，不同型号全国新一代天气雷达业务可用性（$A_o$）、平均无故障工作时间（MTBF）、平均故障持续时间（$T_{fd}$）、故障次数（$N_f$）略有差别，如图 5～图 8 所示。

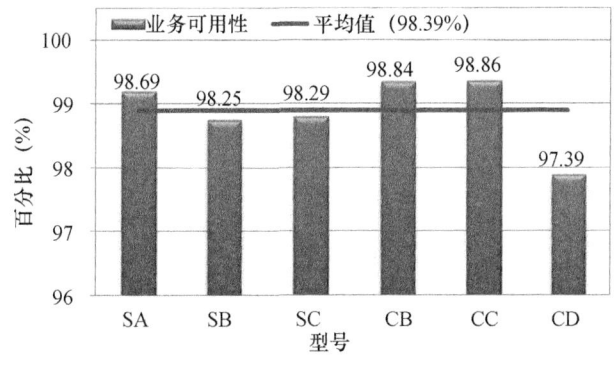

图 5　2010—2014 年全国天气雷达业务可用性不同型号对比

由图 5 可以看出，CC 型号雷达的业务可用性较高为 98.86%，CD 型号雷达的业务可用性相比其他型号偏低为 97.39%。同时 CD 型号的平均无故障工作时间也较低（图 6），为 899.55 h，究其原因,图7和图8中CD型号雷达较长的故障持续时间(14.67 h)和较多的故障次数(5.76次)可以解释这一差异。经过综合分析的结果来看,2009年12月—2014年11月这一时间段内,CB、CC两个型号的雷达运行能力较好。

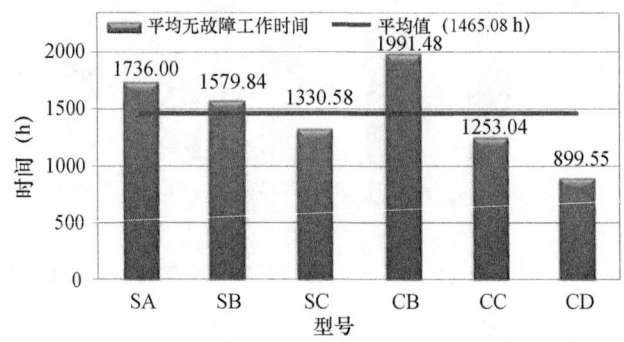

图6  2010—2014年全国天气雷达平均无故障工作时间不同型号对比

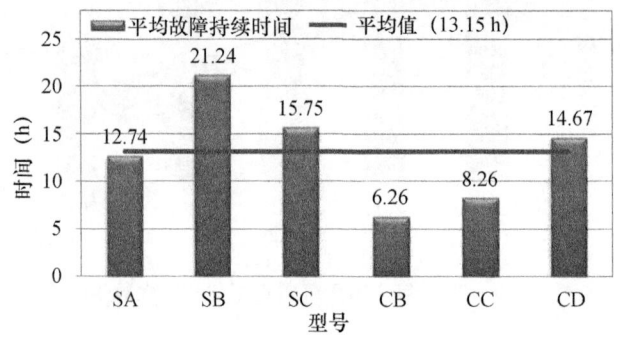

图7  2010—2014年全国天气雷达平均故障持续时间不同型号对比

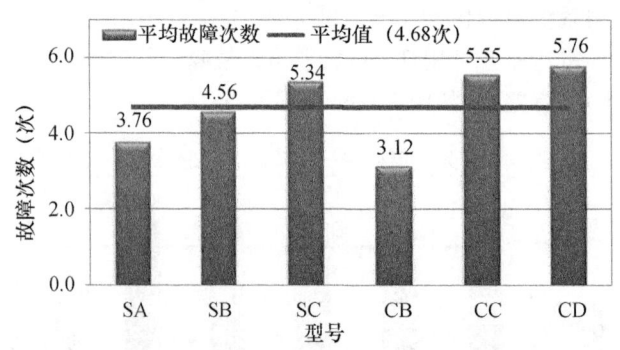

图8  2010—2014年全国天气雷达平均故障次数不同型号对比

## 2.3  各型号雷达故障分布情况

从统计情况来看(图9),发射系统和伺服系统在各型号雷达中故障率较高:SA、SB、SC、CB、CC、CD各型号雷达的发射系统故障率分别为29%、26%、27%、20%、32%、16%,其中CC型号雷达最高而CD型号雷达最低;伺服系统故障率分别为27%、30%、22%、25%、14%、

12%,其中 SB 型号雷达最高而 CD 型号雷达最低。此外,SA 型号雷达的天线馈线系统故障率较高,达 20%。

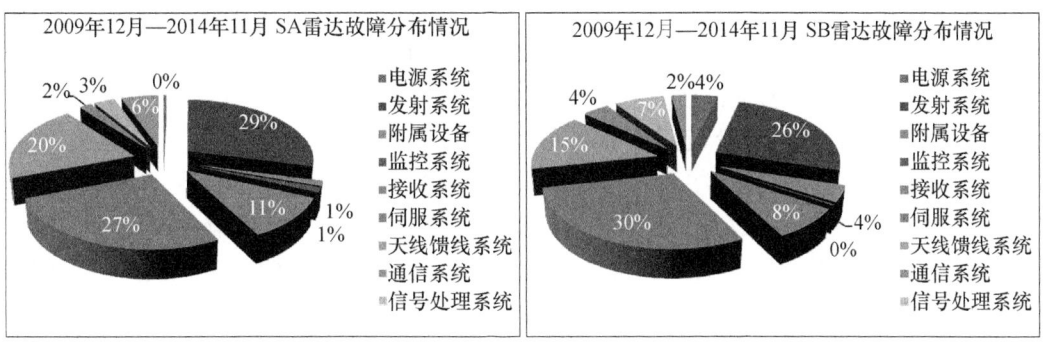

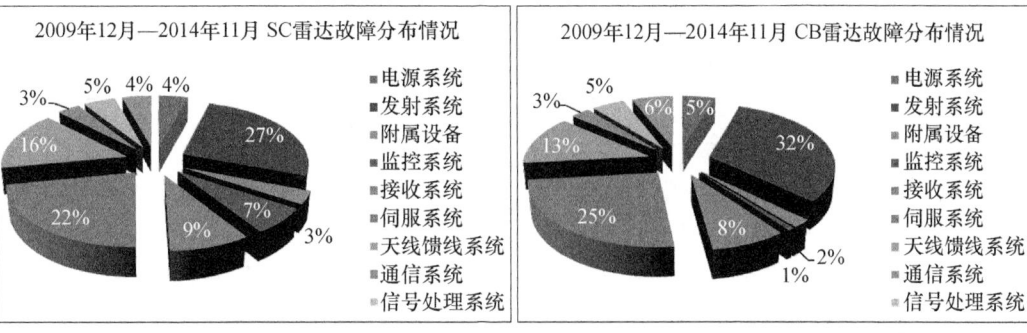

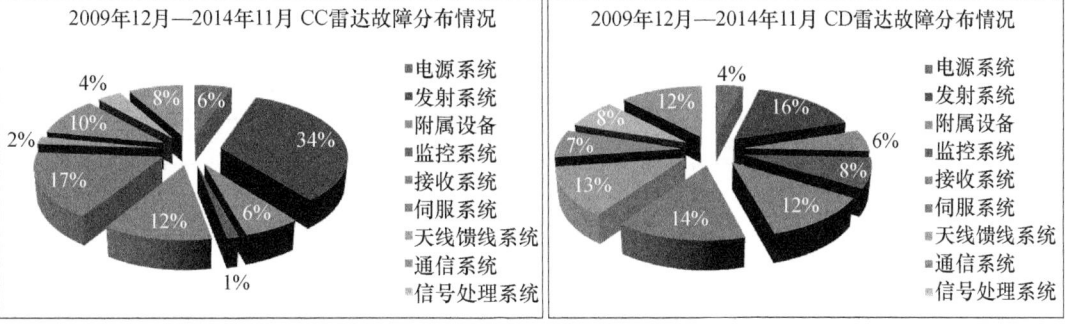

图 9　2009 年 12 月—2014 年 11 月各型号雷达故障分布情况

## 3. 天气雷达备件更换情况统计

雷达硬件故障直接影响气象回波数据的质量,直接影响预报员对天气系统的分析和判断(赵瑞金 等,2015)。选取 ASOM 中 2009 年 12 月 1 日—2014 年 11 月 30 日全国新一代天气雷达在规定业务运行开机时间内发生的 3490 个故障案例,剔除了重复报的故障单、维护或特殊情况停机时而填报的故障单,并对备件归属哪个分系统的错误情况进行了纠正。经过筛选,共得到 2629 个故障案例。对各个故障中备件更换情况按不同分系统进行分类,得到不同型号、不同分系统的备件更换情况统计。

## 3.1 发射系统备件更换统计

发射系统共出现705次故障,占所有故障的26.82%,是出现故障最多的分系统。各型号雷达发射系统更换统计如表3所示,主要常更换的备件有风机、调制器、灯丝电源、开关组件、触发器、可控硅、磁场电源和钛泵电源(柴秀梅 等,2011)等。

风机是发射系统中更换次数最多的备件,主要由于风机是全天候运转,容易发生老化磨损,因而出现风流量报警。IGBT在各型号雷达中更换频率也较高,一直工作于高压过流状态下,发热剧烈,损耗较大,导致击穿损坏。开关组件在SA型号雷达中更换了19次,运行时间过长、发射机过压都有可能导致开关组件出现故障。而可控硅在CC型号雷达中更换了14次,当电压不稳或者出现过压时,可控硅有可能被击穿,这时便需要进行更换。

在日常维护中应注意对易损备件进行参数检查,对性能下降的备件及时更换,以减少雷达发射机的故障次数,提高业务可用性。

表3 各型号雷达发射系统备件更换次数统计

| 发射系统 | SA | SB | SC | CB | CC | CD |
|---|---|---|---|---|---|---|
| 测量接口板 | 3 | 1 | | | 2 | |
| 整流组件 | 2 | 2 | 1 | | 2 | 5 |
| 主控制板组合 | 2 | 1 | 1 | | 1 | 3 |
| 固态放大器 | 6 | 3 | | | 1 | |
| 开关组件 | 19 | 5 | 2 | | | 1 |
| 触发器 | 7 | 2 | 3 | 2 | | 2 |
| 调制器 | 14 | 7 | 5 | | 4 | 3 |
| 人工线 | 8 | 2 | 6 | 1 | 7 | 2 |
| 反峰二极管 | 2 | 3 | 1 | 2 | | 1 |
| 可控硅 | 9 | 2 | | 4 | 14 | 5 |
| 速调管 | 1 | 1 | 3 | 4 | 4 | 3 |
| 风机 | 23 | 5 | 6 | 3 | 14 | 4 |
| 聚焦线圈 | 3 | 1 | | | | |
| 保险丝 | 4 | 6 | 2 | | | 8 |
| 灯丝电源 | 12 | 11 | | 9 | 3 | |
| 磁场电源 | 12 | 6 | 7 | | 6 | |
| IGBT模块 | 4 | 5 | 13 | | 2 | 18 |
| -15 V电源 | 1 | 1 | | 1 | | |
| +5 V电源 | 3 | 1 | | 2 | 1 | |
| 钛泵电源 | 3 | 2 | 1 | 1 | 2 | 9 |
| 继电器 | | 1 | | 2 | 4 | 3 |
| 高压开关 | 8 | 4 | | | | |

## 3.2 接收系统备件更换统计

接收系统故障共 276 次,占所有故障的 10.50%,更换次数统计见表 4。接收系统常见的故障主要表现为产品回波的异常(柴秀梅 等,2011;赵瑞金 等,2013),扫描没有回波时,可能是频率源损坏或者是频综中的滤波器无输出,须检查和测试接收机通道和频综输出信号;回波出现大量噪点时可能是 IQ 相位检波器出现故障;回波为圆饼图时一般是信号处理器故障所致,回波强度偏弱或偏强时,须调整线性通道增益常数和接收机接口板线缆的衰减。

对应上面的故障情况,接收系统在备件更换方面主要是频率源综合器、混频/前置中放、IF 放大/限幅器,根据报警信息和回波情况,通过通道测试法,完成故障的定位并进行备件的更换。

表 4 各型号雷达接收系统备件更换次数统计

| 接收系统 | SA | SB | SC | CB | CC | CD |
|---|---|---|---|---|---|---|
| 频率源综合器 | 14 | 2 | 5 |  | 6 | 7 |
| 锁相环 |  |  |  |  | 2 |  |
| 晶体振荡器 |  |  |  |  | 2 |  |
| 频标综合 |  |  |  |  | 2 |  |
| VCO 变频综合 |  |  |  |  | 4 |  |
| 倍频组件 |  | 4 |  |  |  |  |
| 混频/前置中放 | 6 |  | 2 | 3 |  |  |
| IF 放大/限幅器 | 8 | 6 |  | 3 |  |  |
| IQ 相位检波 |  | 2 |  |  |  |  |
| 场放 |  |  | 2 |  |  | 5 |
| 微波延迟线 | 2 |  |  |  |  |  |
| 4 位二极管开关 | 1 |  |  |  |  |  |
| RF 噪声源 | 2 |  |  |  |  |  |
| 接收机接口板 | 2 | 2 |  |  |  |  |
| 接收机电源 | 2 |  | 1 | 2 | 1 | 2 |

## 3.3 天线馈线系统备件更换统计

天线馈线系统故障共 331 次,占所有故障的 12.59%,更换次数统计见表 5。天线馈线系统中更换频次较高的备件有波导、波导开关、轴角盒、汇流环及碳刷等。汇流环更换最多,涉及各个型号的雷达,其中 SB、CD 型号雷达频次最多。汇流环易受磨损,长时间工作的话,其碳刷也很容易损坏。如果长期工作在冬季温度过低,或者山顶等湿度大的环境下,短暂关机后碳刷极易结雾,会导致误差电压大幅波动,天线转速极慢,造成各类故障,甚至造成高压器件击穿。因而对汇流环要定期地进行维护、清洗,保持良好的工作环境。

表 5　各型号雷达天线馈线系统备件更换次数统计

| 天线馈线系统 | SA | SB | SC | CB | CC | CD |
| --- | --- | --- | --- | --- | --- | --- |
| 波导 | 10 | 1 |  |  |  | 1 |
| 波导开关 | 9 | 5 |  | 1 |  |  |
| 空气干燥机 | 5 | 2 |  |  |  | 1 |
| 轴角盒 | 12 |  |  |  |  |  |
| 轴角编码器 | 4 |  |  |  |  |  |
| 汇流环 | 11 | 25 | 2 | 7 | 8 | 26 |
| 碳刷 |  | 6 | 3 | 3 | 5 | 7 |
| 接收机保护器 | 4 |  |  |  |  |  |
| 接收机保护器驱动模块 | 3 |  |  |  |  | 2 |
| 旋转关节 | 9 |  |  |  |  | 1 |
| FA-32 O 型硅胶密封圈 |  |  | 1 |  |  |  |
| TR 管 |  |  |  | 2 | 3 | 8 |

## 3.4　伺服系统备件更换统计

伺服系统故障共 568 次,占所有故障的 21.61%,仅次于发射系统故障次数。各型号雷达伺服系统备件更换统计如表 6 所示,俯仰电机和方位电机更换频次最高,尤其在 SA 和 CD 型号雷达中,次数分别达到 14、17 次和 34、22 次,这是由于电机设备在连续工作状态下,性能下降,另外长期工作的碳刷上的碳粉积聚,引起短路,很容易烧坏电机(李明元 等,2012)。SA 型号雷达中的方位减速箱更换频次也较高,达到 15 次,主要是漏油造成的故障。对伺服电机和减速箱这两种备件须加强观察和维护,定期进行清洗,在良好的工作环境里工作(蔡勤 等,2011;郑洪 等,2011)。

表 6　各型号雷达伺服系统备件更换次数统计

| 伺服系统 | SA | SB | SC | CB | CC | CD |
| --- | --- | --- | --- | --- | --- | --- |
| 俯仰同步箱 | 1 |  |  |  |  | 1 |
| 轴承 | 2 | 2 | 1 |  | 1 | 3 |
| 天线主轴 |  |  |  |  |  | 2 |
| 齿轮 |  |  |  | 1 |  | 1 |
| 俯仰电机 | 14 | 3 | 8 |  | 6 | 17 |
| 俯仰限位 | 11 |  |  |  |  |  |
| 俯仰减速箱 |  | 1 | 3 |  |  |  |
| 方位同步箱 | 7 | 2 |  | 1 |  |  |
| 方位减速箱 | 15 | 2 |  |  |  |  |
| 方位电机 | 34 | 8 | 17 |  | 5 | 22 |
| 油阀 |  |  | 5 |  |  |  |
| 旋转变压器 | 9 | 1 |  |  | 3 |  |

续表

| 伺服系统 | SA | SB | SC | CB | CC | CD |
|---|---|---|---|---|---|---|
| 数字控制单元 | 9 | 3 |  | 1 |  | 3 |
| PIN控制板 |  |  |  |  | 9 |  |
| 数字板 | 5 |  |  |  |  |  |
| 模拟板 | 6 |  |  |  |  |  |
| 电源模块 | 4 | 1 |  | 2 |  |  |
| 功率放大单元 | 3 |  | 8 |  | 3 | 6 |
| 固态继电器 | 1 |  | 2 |  | 1 | 2 |
| 风扇 | 2 |  |  |  | 4 |  |
| 伺服控制器 |  | 5 | 3 |  | 4 | 3 |
| 伺服电源变压器 | 2 |  | 6 |  | 16 | 9 |
| R/D变换 |  |  |  |  | 10 |  |

## 3.5 信号处理系统备件更换统计

信号处理系统故障共128次，占所有故障的4.87%，更换备件情况如表7所示。SA、SB型号雷达主要更换了硬件信号处理器HSP和可编程信号处理器PSP两种备件，主要故障现象为雷达天线不运转、报警、无法停靠在指定位置、输入/输出状态错、天线座初始化错误等。SC、CD雷达更换的备件主要为数字信号处理RPV8，RVP8在连续运行一段时间后会出现假死或者死机现象，一般重新启动RVP8，故障应该排除，若重启后故障仍然存在，那就需要考虑更换备件。

表7 各型号雷达信号处理系统备件更换次数统计

| 信号处理系统 | SA | SB | SC | CB | CC | CD |
|---|---|---|---|---|---|---|
| 数据格式转换板 | 1 | 1 |  |  |  |  |
| 硬件信号处理器HSP(A) | 5 | 5 |  | 2 |  | 2 |
| 硬件信号处理器HSP(B) | 5 | 4 |  |  |  |  |
| 可编程信号处理器PSP | 4 | 3 |  |  |  |  |
| MDSP板 |  |  |  |  | 4 |  |
| 时序板 |  |  |  |  | 5 |  |
| 数字信号处理RPV8 |  |  | 6 |  |  | 5 |
| RVP7数字中频接收模块(IFD) |  |  | 2 |  |  | 3 |

## 3.6 通信系统备件更换统计

通信系统故障共139次，占所有故障的5.29%，更换次数统计见表8。主要更换的备件为光端机和上光纤线路板，这些备件的故障会导致通信中断，雷达数据无法上传，建议对这些备件增加适当的备份，以提高雷达数据的及时率和到报率。

表 8 各型号雷达通信系统备件更换次数统计

| 通讯系统 | SA | SB | SC | CB | CC | CD |
|---|---|---|---|---|---|---|
| 上光端机 | 8 | | | | 5 | |
| 下光端机 | 3 | | | | | |
| 复分接 | | | | | 5 | |
| 上光纤线路板 | 11 | | | | | |
| 上光端机电源 | 5 | | | | 2 | |

## 3.7 监控系统备件更换统计

监控系统故障共 77 次,占所有故障的 2.93%,各型号雷达备件更换情况如表 9 所示,SA、SB 雷达中更换较多的是 DAU 数字组合,达到 6 次和 8 次,DAU 数字板和模拟板分别也更换较多。CD 雷达中更换较多的是直流监控电源,达到 5 次,另外,CC 雷达中监控主板更换次数较多,达到 8 次,故障主要表现为速度图像和谱宽图像失真、不能控制各分系统,更换监控主板后故障得以排除。

表 9 各型号雷达监控系统备件更换次数统计

| 监控系统 | SA | SB | SC | CB | CC | CD |
|---|---|---|---|---|---|---|
| RDASC 计算机 | 4 | 1 | | 1 | 2 | 3 |
| HSP-PSP 接口转换板 | 1 | 2 | | | | |
| DAU 组合 | 6 | 8 | | 1 | | |
| DAU 数字板 | 5 | 4 | | | | |
| DAU 模拟板 | 6 | 1 | | | | |
| 下光纤线路板 | 5 | | | | | |
| 直流监控电源 | 1 | 4 | 1 | 1 | 1 | 5 |
| 监控主板 | | | | | 8 | |

## 3.8 附属设备、电源系统备件更换统计

附属设备、电源系统故障共 193 次,占所有故障的 7.34%,更换次数统计见表 10。主要更换的备件有空气开关、电源保险、避雷器、电缆、UPS 电池组、发电机等,在雷达定期维护中应对发电机、UPS、电缆等设备进行清理和性能参数检查,杜绝故障隐患。

表 10 各型号雷达附属设备、电源系统备件更换次数统计

| 附属设备、电源系统 | SA | SB | SC | CB | CC | CD |
|---|---|---|---|---|---|---|
| 配电机柜空气开关 | 2 | 2 | | | 1 | 1 |
| 电源保险 | | 1 | | 1 | 2 | 1 |
| 避雷器 | 1 | | | | 1 | |
| 电缆 | 2 | 1 | | | 3 | |
| UPS 电池组 | 2 | 1 | 1 | | 6 | 2 |

续表

| 附属设备、电源系统 | SA | SB | SC | CB | CC | CD |
|---|---|---|---|---|---|---|
| 发电机 |  | 1 |  |  |  | 1 |
| 16 MHz 电缆插头 |  |  | 1 |  | 3 |  |

# 4. 结论与讨论

## 4.1 结论

通过对 ASOM 中 2009—2014 年的维护维修数据对新一代天气雷达运行指标进行评估，并对故障案例中的备件更换情况按照雷达分系统和不同型号进行统计分析，结论如下。

(1) 从逐年综合气象观测运行监控平台评估结果对比来看，2010—2014 年业务可用性($A_o$)、平均无故障工作时间(MTBF)逐年上升，平均故障持续时间($T_{fd}$)、故障次数($N_f$)逐年递减，说明新一代天气雷达运行效能维持在较高水平，雷达运行可靠性逐年提高，我国雷达的维护维修能力在不断加强，保障更加及时有力。

(2) 从各型号天气雷达的综合气象观测运行监控平台评估结果来看，业务可用性最高的是 CC 型雷达，可靠性最好的是 CB 型雷达。经过综合分析的结果来看，2009 年 12 月—2014 年 11 月这一时间段内，CB、CC 两个型号的雷达运行能力较好。

(3) 从故障分布情况和备件更换情况来看，故障主要集中在发射系统和伺服系统，对于长期处于高压过流工作状态下、更换频次较高的风机、调制器、灯丝电源、磁场电源等建议增加各级备件供应。另外，对于电机和汇流环等磨损备件，应进行定期维护、清洗，并保持工作环境良好，进而减少故障发生比率。

## 4.2 存在不足

(1) 由于综合气象观测系统运行监控平台(ASOM) 2009 年完成开发，于 2010 年 11 月正式开展综合气象观测系统运行监控业务，截至 2014 年台站的维护维修信息填报还存在不够规范的现象，鉴于评估的数据主要来自台站填报的维护维修报告，这些数据的准确性会影响评估结果。

(2) 根据我国《新一代天气雷达业务观测规定》，雷达开机观测时段按气候区域特点划分为 3 个不同观测时段，由于各区域规定的观测时段不同，将对雷达运行能力的评估产生一定影响。

**参考文献**

白玉洁,胡东明,程元慧,等.2012.广东天气雷达组网策略及在台风监测中的应用[J].热带气象学报,28(4):603-608.

蔡勤,柴秀梅,周红根,等,2011.CINRAD_SA 雷达闪码故障的诊断分析[J].气象,37(8):1045-1048.

柴秀梅,高玉春,潘新民,等,2011.新一代天气雷达分类维护与分级维修的探讨[J].气象水文海洋仪器,1(1):116-119.

柴秀梅,潘新民,高玉春,等,2011.新一代天气雷达钛泵电源调试和故障定位方法[J].沙漠与绿洲气象,5(2):57-60.

柴秀梅,潘新民,汤志亚,等,2011. 新一代天气雷达回波强度异常分析与处理方法[J]. 气象,37(3):379-384.
勾亚彬,刘黎平,杨杰,等,2014. 基于雷达组网拼图的定量降水估测算法业务应用及效果评估[J]. 气象学报, 74(4):731-748.
李峰,秦世广,周薇,等,2014. 综合气象观测运行监控业务及系统升级设计[J]. 气象科技,42(4):539-544.
李明元,陈明林,左经纯,等,2012. 新一代多普勒天气雷达_CINRAD_CD_方位伺服系统典型故障分析及处理[J]. 气象,38(4):123-128.
梁海河,孟昭林,张春晖,等,2011. 综合气象观测运行监控系统[J]. 气象,37(10):1292-1300.
孟昭林,李雁,陈挺,等,2011. 综合气象观测系统业务运行综合评估技术研究[J]. 气象,37(2):219-225.
裴翀,石城,邵楠,等,2011. 新一代天气雷达运行能力评估研究[J]. 科技通报,1(3):336-341.
裴翀,宋连春,吴可军,等,2011. 我国综合气象观测运行监控系统的设计与实践[J]. 气象,37(2):213-218.
邵楠,裴翀,夏元彩,等,2012. ASOM维护维修信息管理子系统的开发与应用[J]. 山东气象,32(132):51-53.
俞小鼎,周小刚,王秀明,2012. 雷暴与强对流临近天气预报技术进展[J]. 气象学报,70(3):311-337.
赵瑞金,董保华,聂恩旺,等,2013. 根据异常回波特征和报警信息判断雷达故障部位[J]. 气象,39(5):645-652.
赵瑞金,刘黎平,张进,2015. 硬件故障导致雷达回波错误数据质量控制方法[J]. 应用气象学报,26(5):578-589.
郑洪,柴秀梅,余加贵,等,2011. CINRAD_CC雷达伺服系统故障分析与处理方法[J]. 气象与环境科学,34(1):91-95.

# 基于 SRTM 数据的中国新一代天气雷达覆盖和地形遮挡评估*

王曙东[1,2,3] 裴翀[3] 郭志梅[3] 邵楠[3]

(1. 中国科学院大气物理研究所 LASG,北京 100029;2. 中国科学院研究生院,北京 100049;3. 中国气象局气象探测中心,北京 100081)

**摘 要**:地形可对天气雷达的波束造成遮挡,减小覆盖范围,从而限制雷达效能的发挥。研究天气雷达的覆盖范围和地形遮挡,可以评估现有雷达站网布局,为后续雷达的布设和站网布局合理性评估提供参考。本文利用 SRTM 3 弧秒高分辨率地形数据对全国已建成的 158 部新一代天气雷达分别进行了地形遮挡和覆盖能力计算,并提出了三个定量指标:覆盖比、高度面积指数和等效覆盖半径,按照这些指标,对各雷达进行了计算和统计,并分析典型雷达站点的覆盖和遮挡情况。同时综合评估了全国雷达网的覆盖能力,结果表明青藏高原地区和西北地区覆盖较少,东部地区除部分山区雷达遮挡严重,大部分覆盖较好,全国 1、2、3 km 高度的覆盖率分别为 16.9%、38.8%、52.8%,东部地区相应覆盖率达 27.1%、59.8% 和 76.8%。0~3 km 高度范围内,东南到华南沿海地区普遍有 2 个雷达重叠,华东到华北平均有 2~4 个雷达重叠,内蒙古中部和东北地区平均有 1~2 个覆盖重叠。可以认为我国雷达总体布局较好。

**关键词** 新一代天气雷达 SRTM 地形遮挡 覆盖比 高度面积指数 等效覆盖半径

# 引 言

经过十多年的努力,我国已经建成"中国气象灾害预警工程"所规划的第一期共 158 部新一代天气雷达(CINRAD,Chinese Next Generation Radar,后文简称为雷达),形成了相当规模的天气雷达监测网。同时,基于新一代天气雷达的探测原理教学(张培昌 等,2001;俞小鼎 等,2006)、业务应用和科研探索也蓬勃开展,例如:李柏等(2001)通过新一代天气雷达反射率分析了江淮流域梅雨锋暴雨过程的中尺度特征;李柏等(2007)同化雷达风廓线资料改进了 2003 年淮河流域暴雨和风场的模拟;俞小鼎等(2008)利用雷达资料详细分析了安徽北部一次伴随强烈龙卷和暴雨的强降水超级单体风暴;徐亚钦等(2011)利用雷达和自动气象站资料综合分析风暴移动和发展规律,发现地面中尺度辐合线有利于对流单体的新生和发展,同时对主回波未来的走向和形状也有较大影响;在多普勒雷达同化研究方面,盛春岩等(2006)利用 ARPS 模式同化雷达反射率及径向风资料,改进了各层风场和水汽特性的模拟;祝婷等(2008)利用 ARPS 模式同化雷达基数据,改善了短时降水范围、强度和降水中心的预报;兰伟仁等(2010a,2010b)在区分有模式偏差和无模式偏差的情况下,利用模拟多普勒雷达资料进行一系

---

* 本文发表在《气候与环境研究》,2011,16(4):459-468。

列风暴天气尺度的资料同化试验,检验集合卡尔曼滤波在风暴天气尺度资料同化方面的效果,并验证各集合卡尔曼滤波参数对同化效果的影响。在雷达资料联网分析和应用方面,刘黎平等(2004)利用宜昌和荆州雷达资料分析了暴雨回波和风场的中尺度结构及演变过程;许小永等(2006)利用集合卡尔曼滤波同化这批资料,也得到满意结果,但指出雷达资料的缺值降低了同化效果。这些应用和研究均证明了新一代天气雷达在监测、预警灾害性天气方面具有广阔的应用前景,但对雷达覆盖范围和探测能力研究也提出了要求。

由于我国幅员辽阔、地形复杂且起伏较大,因地形对雷达造成遮挡,进而影响雷达探测能力发挥是一个值得长期关注和研究的问题。万玉发等(2000)研究了雷达站址视程的客观分析技术,并开发推广了业务软件,其步骤为:确定雷达站位置(即经度、纬度和海拔高度);人工读取高分辨率地图上四周地形的经度、纬度和海拔高度;辅以经纬仪从不同高度和不同方位测量四周新建高大建筑物相对于雷达站的方位和遮挡仰角,并转换回经纬度和海拔高度;通过余弦定理计算雷达单站的遮蔽角图、系列等射束高度图,进而制作多个雷达站的等射束高度拼图。该方法原理正确、可靠,但实际效果有赖于资料的分辨率和精度,由于条件所限,数据准备工作主要由人工读取地图和实地测量,任务极为繁重,且分辨率和精度也很低。赵瑞金等(2003)在研究石家庄雷达选址时,比较了人工读取方法(仅获取 875 个数据,但花费了 4 人近 1 个月时间)和从地理信息系统(GIS)中获得基础数据的模拟效果,证实后者更加快捷,且效果优于前者。但为了确保该软件的正常运行,他们需要对 GIS 数据进行采样、拼接、过滤、分段等一系列处理,同时也指出,若想全面真实地体现地物遮挡情况,须提高数据分辨率和精度、扩大数据范围、增加方位角采样密度。

精确的雷达位置和准确的地形高度资料是实现雷达地形遮挡和覆盖研究的关键。Kucera 等(2004)分别采用 10 m、30 m 和 100 m 分辨率的数字高程模型(DEM),研究关岛地区的 WSR-88D 雷达(与 CINRAD 属于同一类型)的地形遮挡,发现地形资料分辨率越高,地形遮挡模拟效果越好。到目前为止,尚未见到应用全国范围 3 弧秒(相当于 90 m)高分辨率地形资料进行新一代天气雷达的站网覆盖普查、统计和比较;对于雷达建设前的站址选取标准,或已运行的各雷达的地形遮挡和覆盖范围、探测能力的评测,也未见有定量比较。本文以 3 s 高分辨率地形资料为基础,进行地形遮挡和雷达覆盖计算,并总结出反映单个雷达的地形遮挡、覆盖程度的三个量化指标:覆盖比 $C_r$、高度面积指数 $S_h$ 与等效覆盖半径 $R_h$,以此对全国已建成的 158 部新一代天气雷达进行统计和评价,并对其中典型雷达站进行了详细分析,最后给出全国雷达网覆盖的总体统计结果。希望这些结论对雷达资料应用、站网管理和后续布网建设提供参考。

## 1. 资料和计算策略

雷达站周边若干千米范围的地形对于遮挡计算至关重要。而且,离雷达较远的上百千米或更大范围的地形资料,对评估雷达的探测能力也十分重要。我们采用的地形高度资料是美国 SRTM(Shuttle Radar Topography Mission)3 弧秒数据,简称 SRTM3,这是目前公开发布包含我国范围的完整高分辨率的数字地形数据(陈俊勇,2005),它是以航天飞机为平台对全球进行同轨干涉雷达立体测绘获得,水平分辨率相当于 90 m,标称绝对高程精度 16 m。陈俊勇还对 SRTM3 和全球数字高程模型 30 弧秒(GTOPO30,水平分辨率相当于 900 m)地形数据质量进行了对比、评估，指出 SRTM3 数据是通过机载雷达扫描获得，属于数字地表高程模型（DSM），体现了如树顶、房顶等地表特征，而 GTOPO30 为数字地面高程模型（DTM），因此前者在密集的森林植被区或居民集结区，比后者高度略高；但由于航天飞机机载雷达信号可能受到干扰或发生镜面反射、雷达阴影或回波滞后等情况，导致 SRTM 高程数据在水域、高山和峡谷地区存在有小块的数据空缺点、空白区，约占 0.23%。Reuter 等（2007）研究、评估了 SRTM 个别资料空白区的填充插值方法，基于此，Jarvis 等（2008）整理并提供了更完整的 SRTM 数据，我们采用的正是这一版本资料。由于本文着眼于地形对天气雷达的遮挡，因而包含了植被、树顶和房顶等信息的 SRTM3，与其说是缺点，不如说是优点；另外，由于雷达一般布设在城郊或山顶，即使在水域和起伏很大的高山区和峡谷地区 SRTM3 误差变大，但对本研究并没有太大的影响。

本文和万玉发等（2000）使用相同的原理和公式，雷达以某一仰角向各方位角发射电磁波射线，计算从近到远各抽样点处的海拔高度，与对应点的地形高度进行对比，当发现射线高度低于地形高度时，即认为射线受到地形遮挡，不再向远方延伸。另外，基于完备的高分辨率地形资料，我们更进一步统计了雷达射线的离地高度和水平覆盖范围，并进行后续的深入分析和统计。为了有效地使用 SRTM3 高度资料，我们开发软件进行了针对性处理，因此省去前期复杂的资料读取、转换。但使用高分辨率资料带来的唯一问题是数据量和计算量庞大。以计算全国覆盖范围为例，我们选取了地理范围是 70°E～135°E，10°N～55°N，每 1 度见方包含 1200×1200 个数据，读入数据达 8.4 GB，运算结果也超过 8 GB，因此我们选择在 16 GB 内存的 Linux 并行环境下进行运算。为提高模拟精度，我们也试验和验证不同采样密度的影响，最终确定了与 3 弧秒（即 90 m）分辨率地形资料相称的方位角采样步长为 0.01 s、径向步长 40 m。

## 2. 雷达覆盖和探测能力指标研究

我们首先对 158 部雷达反复确认经纬度和高度资料，然后计算各站在最低三个仰角（0.5°、1.5°、2.4°）下的遮挡和覆盖情况，最后进行全国范围内不同高度覆盖统计。图 1a 显示了深圳雷达的遮挡计算效果，与雷达实际反射率产品（图 1b，2009 年 7 月 4 日 17 时 30 分 UTC）相比非常符合。普查、对比其他更多雷达站的遮挡图，理论计算均能逼真地再现地形对雷达射线各个方向不同程度的遮挡，效果令人满意，如 0.5°仰角下，合肥雷达西南方 7 km 处大蜀山造成的 3.3°遮挡，青岛雷达偏南方 27 km 处灵山岛的 0.4°遮挡。我们认为 SRTM3 地形数据基本上满足本研究需求，可以作为后续工作的基础。

目前我国新一代天气雷达的工作模式是体扫描，即以规定的仰角（0.5°、1.5°、2.4°等）进行 360°方位扫描，其中仰角越小，水平扫描范围越大，因此以较低仰角下的扫描面积来衡量单部雷达的地形遮挡是合理的；在相同仰角下，射线离雷达越远，则离地高度越高，而实际业务中往往关心对流层中下部到行星边界层范围内的天气系统，因此可以选择某一离地高度（如 1 km、3 km）来衡量单部雷达和整个雷达网的覆盖和探测能力。利用全国范围的 SRTM3 高分辨率地形资料，对雷达进行上述定量评价成为可能。

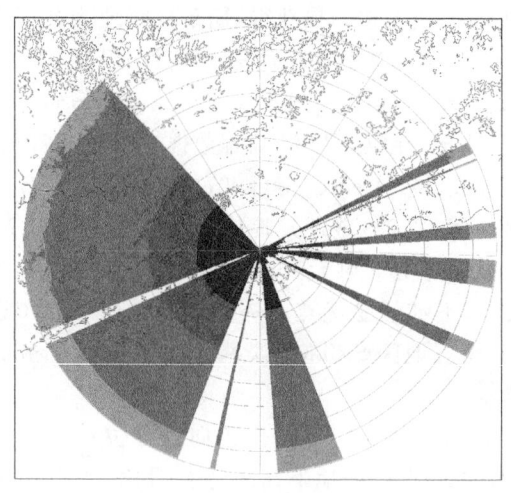 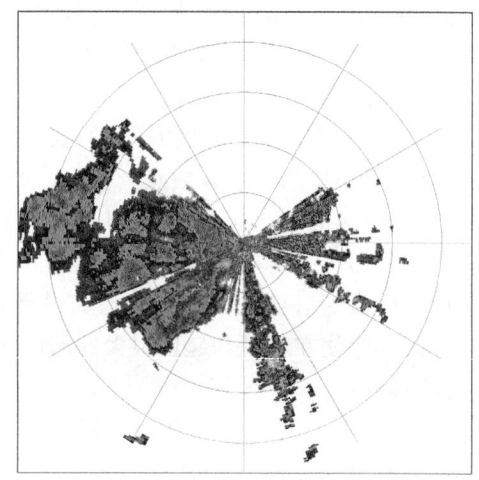

图 1 深圳雷达 0.5°仰角的覆盖和地形遮挡图
(a)利用 SRTM3 地形资料计算；(b)实际回波

## 2.1 覆盖比 $C_r$

根据对雷达不同功能需求，以若干千米的半径 $r$ 为标准(如 75 km，150 km，230 km)，雷达以某一仰角扫描 360°后射线所能覆盖的面积，与无地形遮挡时的完全覆盖面积之比定义为覆盖比($C_r$)，显然 $C_r$ 为无量纲数，$C_r=1.0$ 为完全覆盖，$C_r=0.0$ 为完全遮挡(表 1)。

表 1 全国 158 部新一代天气雷达覆盖比 $C_{75}$ 统计

| 覆盖比 | $0.0 \leqslant C_{75} < 0.1$ | $0.1 \leqslant C_{75} < 0.4$ | $0.4 \leqslant C_{75} < 0.8$ | $0.8 \leqslant C_{75} < 1$ | $C_{75} = 1.0$ |
|---|---|---|---|---|---|
| 评价 | 极差 | 差 | 中等 | 良 | 完全覆盖 |
| 0.5°仰角下雷达个数(百分比) | 10 (6.3%) | 18 (11.4%) | 46 (29.1%) | 38 (24.9%) | 46 (29.1%) |
| 1.5°仰角下雷达个数(百分比) | 3 (1.9%) | 2 (1.3%) | 24 (15.2%) | 43 (27.2%) | 86 (54.4%) |
| 2.4°仰角下雷达个数(百分比) | 2 (1.3%) | 1 (0.6%) | 8 (5.1%) | 34 (21.5%) | 113 (71.5%) |

以扫描半径 $r=75$ km 为例，0.5°仰角的完全覆盖面积($\pi r^2$)约为 1.767 万 km²($10^4$ km²)。见表 1，我国目前正式投入业务运行和测试运行的 158 部雷达中，完全覆盖的($C_{75}=1.0$)有 46 部，覆盖评价为良($0.8 \leqslant C_{75} < 1$)有 38 部，覆盖程度为中等($0.4 \leqslant C_{75} < 0.8$)有 18 部，覆盖评价为差($0.1 \leqslant C_{75} < 0.4$)有 18 部(详细数据略)。随着仰角的抬高，地形遮挡逐渐减少，覆盖面积加大，覆盖比增大，仰角为 2.4°时完全覆盖的达 113 部，覆盖极差的雷达仅有 2 部，是位于青藏高原的林芝和拉萨。取更大扫描半径计算，如 150 km 或 230 km，$C_r$ 在数值上略有细微差别，但是各站的覆盖比排名基本上没有太大的变化。以宜昌雷达为例，图 2a 为周围地形对雷达形成的最大地形高度角(即各个方向的不同距离地形相对雷达的高度角的最大值)，可见雷达的东方视野开阔，方位角在 60°～157.6°和 158.6°～162.5°处最大地形高度角小于 0.5°，因此以 0.5°仰角进行 360°扫描，共有 101.5°即 28.2% 的比例是无遮挡的，模拟结果和实际回波见图 2b 和 2c，两者在整体和细节上都非常吻合，而计算的 $C_{230}$ 为 0.287，可理解为 360°视野范围中的 28.7%可用，两个数值非常接近，$C_{230}$ 稍大一点是由于它把雷达四周尚未遮挡的几千米范围内的扫描面积也统计在内；当以 1.5°仰角扫描时模拟结果和实际回波见图 2d，e，东半部

除了东北方向(34.7°～39.5°)有一小范围遮挡外,总体视野开阔,而西半部仍有间断性遮挡,$C_{230}$为 0.669,即大约 66.9% 视野范围可用;当仰角抬高到 2.4°时,已超过各方向最大地形高度角(2.03°),因此没有任何遮挡(图略),$C_{230}$为 1.0,即全部视野范围可用。

覆盖比 $C_r$ 直观地反映近距离(几十千米内)高大地形的遮挡程度,作为衡量地形对雷达的遮挡定量指标,已为广东连州雷达选址提供了参考。

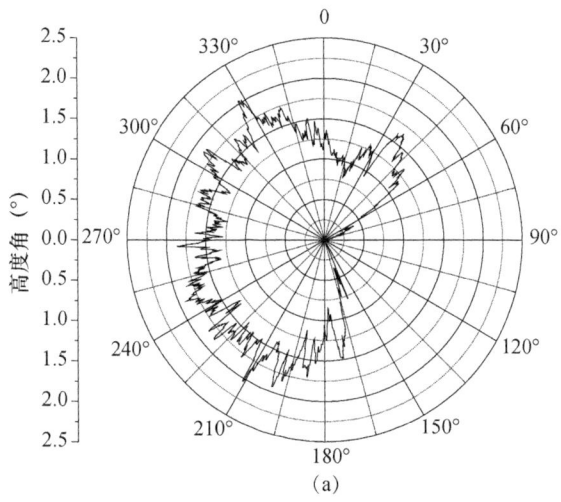

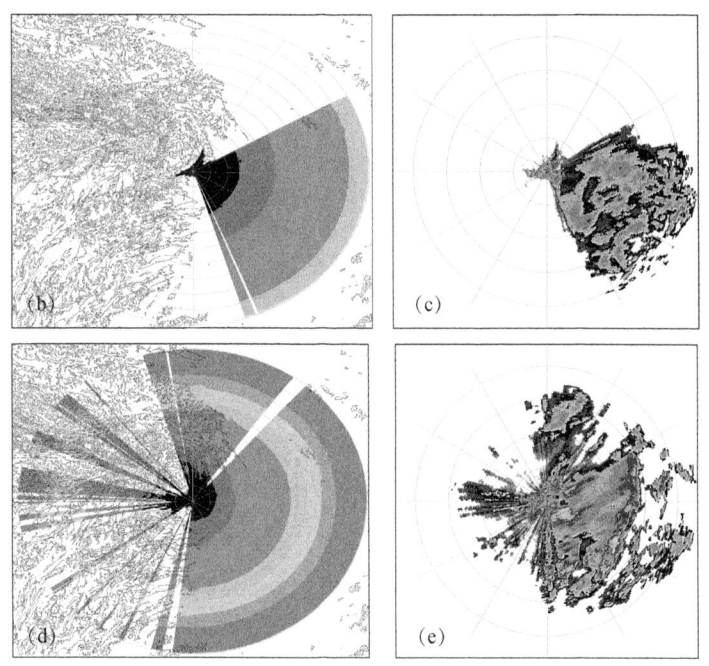

图 2 宜昌雷达站周围最大地形高度角(a,纵坐标单位:度);
0.5°角仰角遮挡模拟(b)和实际扫描效果(c);
1.5°角仰角遮挡模拟(d)和实际扫描效果(e)

## 2.2 高度面积指数 $S_h$ 和等效覆盖半径 $R_h$

覆盖比 $C_r$ 为雷达射线的实际覆盖面积与无地形影响时覆盖的面积之比,体现了近距离高大地形对雷达射线的遮挡程度,而对于雷达实际探测能力的全面评价,则须进一步具体考察该雷达周围方圆数百千米的地形与雷达射线之间的空间高度和覆盖面积,基于这个思路,我们定义了高度面积指数 $S_h$:雷达以某一扫描半径(如 230 km)、某一仰角扫描一周后,按照射线离地表高度(Above Ground Level,AGL,即射线的海拔高度减去地表海拔高度)范围,如 0~1 km,0~2 km,0~3 km 等,分别统计覆盖面积,即为相应高度的面积指数,如 $S_{0\sim1\,km}$、$S_{0\sim2\,km}$、$S_{0\sim3\,km}$,单位为 $10^4$ km$^2$。这里强调的是地表高度,即扣除了地形高度,为天气系统发生、发展的真实空间,是雷达探测的主要目标区域。为了对覆盖面积有更直观的印象,我们将其转化为等效覆盖半径 $R_h=(S_h/\pi)^{0.5}$,单位:km。即不考虑具体遮挡方位和覆盖区域的形状,直接以相同面积的圆形半径来衡量,可见 $R_h$ 越大,表明雷达的探测范围越大,效益发挥越好。

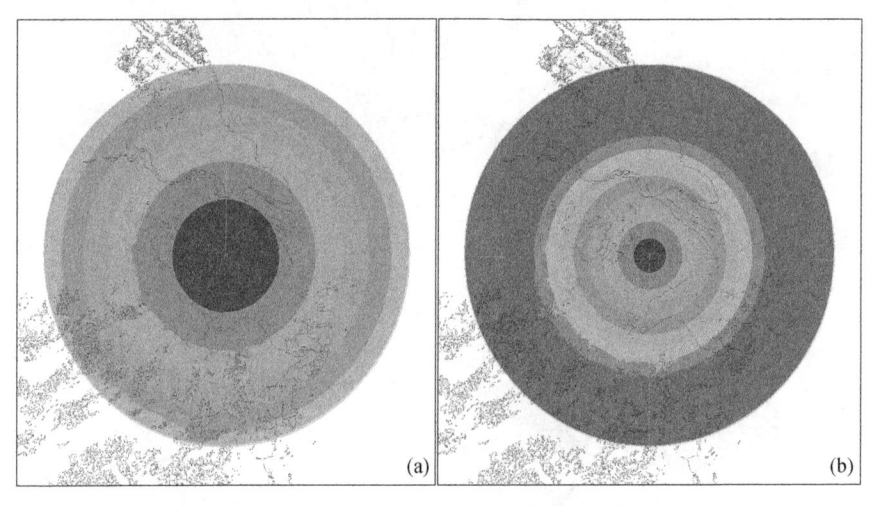

图 3 青浦雷达不同仰角射线离地高度和分布模拟
(a)0.5°;(b)2.4°

以地形影响很小、覆盖效果接近理想状态的上海青浦雷达为例(图 3),以雷达为圆心,射线的不同离地高度形成一组同心圆环,从里到外分别为 0~1 km(深蓝色)、1~2 km(蓝色)、2~3 km(浅蓝色)……,分别统计离地高度为 0~1 km、0~2 km 和 0~3 km 范围的覆盖面积,并转化为等效覆盖半径,结果见表 2。

表 2 青浦雷达覆盖面积 $S_h$($10^4$ km$^2$)及其等效覆盖半径 $R_h$(km)

| 指标 | 覆盖面积 $S_{0\sim1km}$ | 等效半径 $R_{0\sim1km}$ | 覆盖面积 $S_{0\sim2km}$ | 等效半径 $R_{0\sim2km}$ | 覆盖面积 $S_{0\sim3km}$ | 等效半径 $R_{0\sim3km}$ |
|---|---|---|---|---|---|---|
| 0.5°仰角 | 1.7573 | 74.79 | 5.0465 | 126.74 | 8.7846 | 167.22 |
| 1.5°仰角 | 0.3781 | 34.69 | 1.3826 | 66.34 | 2.8299 | 94.91 |
| 2.4°仰角 | 0.1608 | 22.62 | 0.6298 | 44.77 | 1.3581 | 65.75 |

在地形影响很小的情况下,以 0.5°仰角扫描,雷达射线离地高度 0～1 km 以下的覆盖面积 $S_{0～1km}$ 约为 1.76 万 km², 等效半径 $R_{0～1\,km}$ 为 74.8 km;离地高度 0～2 km 的覆盖面积达 5 万 km², 等效半径 $R_{0～2\,km}$ 达 126.7 km;而当抬高仰角到 2.4°后,等效半径 $R_{0～2\,km}$ 缩减至 44.8 km, 覆盖面积 $S_{0～2\,km}$ 缩小到 0.63 万 km², 仅为 0.5°仰角时的 12.5%,因此,在无地形遮挡和铺垫情况下,应尽可能选择低仰角扫描,以获得最大监测范围。

对于处在实际地形中的全国 158 部天气雷达,我们对 0.5°仰角的射线离地高度分别以 0～2 km、0～3 km 进行统计,见表3,可见 0～3 km 覆盖范围或等效覆盖半径达到"优"的站数超总数的 2/3,因此,我国新一代天气雷达总体探测能力令人满意。

表3 全国新一代天气雷达 0.5°仰角的覆盖面积 $S_h$ ($10^4$ km²) 和等效覆盖半径 $R_h$ (km) 统计

| 指标和评价 | $0 \leqslant S_h < 0.12$<br>$0 \leqslant R_h < 20$<br>极差 | $0.12 \leqslant S_h < 0.64$<br>$20 \leqslant R_h < 45$<br>差 | $0.64 \leqslant S_h < 3.14$<br>$45 \leqslant R_h < 100$<br>中等 | $3.14 \leqslant S_h < 4.5$<br>$100 \leqslant R_h < 120$<br>良 | $S_h \geqslant 4.5$<br>$R_h \geqslant 120$<br>优 |
|---|---|---|---|---|---|
| 雷达个数(百分比)<br>($h=0～2$ km) | 5 (3.2%) | 8 (5.1%) | 53 (33.5%) | 49 (31.0%) | 43 (27.2%) |
| 雷达个数(百分比)<br>($h=0～3$ km) | 4 (2.5%) | 5 (3.2%) | 23 (14.6%) | 17 (10.8%) | 107 (67.7%) |

注意到一个有趣的现象:在 0.5°仰角下,几乎无地形影响的青浦雷达 $R_{0～2km}$ 为 126.74 km,排序中并不是最大值(详细数据略),另外,还有 13 个雷达站超过青浦,最大者为荆州,等效半径达 140.17 km,其原因是这些雷达站位于在相对较低地势里,周围有稍高地形抬高了下垫面,这样因地形的铺垫作用,使得射线离地高度在 0～2 km 的范围得到扩大,而这片区域正是天气现象发生、发展的实际空间,从这个指标来看,有效探测范围内的地形并非全是不利因素:远距离处适当的地形抬升有利于抵消地球曲率的影响,扩大了雷达的有效监测范围。

## 2.3 全国雷达覆盖状况

综合统计 158 部雷达覆盖数据,我们得到全国范围 1、2、3 km 高度的雷达覆盖面积(其中包含了边境地区和沿海海区面积)分别为 162.6 万、372.2 万、507.2 万 km², 为国土面积(960 万 km²)的 16.9%、38.8%、52.8%。图4为各雷达在 0.5°仰角下离地 3 km 覆盖范围和叠加个数,整体说来,100°E 以东地区除了云贵高原到湘西,南岭山脉到武夷山以外,覆盖很好。以 102°～120°E 和 22°～42°N 范围为例,总面积为 375.5 万 km², 雷达射线离地 1、2、3 km 高时覆盖率分别是 27.1%、59.8%、76.8%。我国西部地区雷达覆盖较少,只有天山南侧和北疆有所覆盖,青藏高原几乎没有明显覆盖。从叠加个数看,东南到华南沿海地区普遍有 2 个雷达重叠(绿色区域),华东到华北均有 2～4 个雷达重叠(绿色、浅绿和黄色),特别是长江三角洲一带已出现 5～6 部雷达重叠(暗红和红色)。内蒙古中部和东北地区平均有 1～2 个覆盖重叠,且分布均匀,总体较好。

另外,我国港澳台地区气象部门共有 7 部同类型雷达,其中台湾省有 4 部(花莲、垦丁、七股、五分山),分别位于台湾岛的东、南、西、北端,由于中央山脉的遮挡,它们的 0.5°仰角覆盖比 $C_{230}$ 分别为 0.48、0.77、0.75、0.85,对岛内覆盖并不全面,但对周围海区覆盖很好。香港 2 部雷达分别位于大帽山、大老山的山顶，$C_{230}$分别为1.0和0.95，澳门大泽山上雷达$C_{230}$为0.896，三者对南海北部形成很好的覆盖。

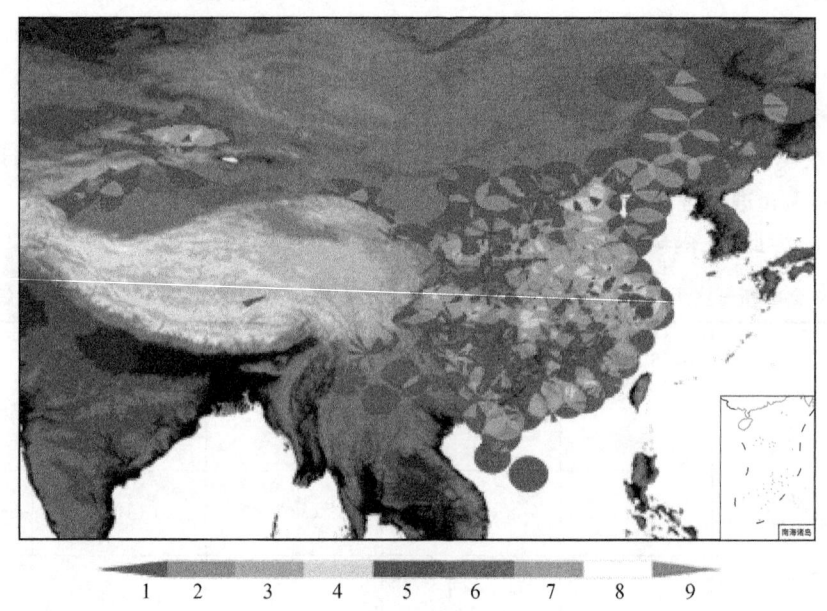

图4　全国158部雷达覆盖范围和叠加个数（0.5°仰角，离地高度3 km）

## 3. 结论与讨论

　　本文以SRTM3高分辨率地形资料为基础，对雷达进行地形遮挡和覆盖能力研究，提出定量评价雷达探测能力的指标：覆盖比、高度面积指数及等效覆盖半径。前者为实际覆盖面积与无地形遮挡时覆盖面积之比，反映了高大地形的遮挡程度，后者为雷达探测指定高度范围的覆盖面积，以及与该面积等效的圆形区域的半径，反映了雷达的实际探测能力。应用这些指标，分析了典型遮挡个例，并对我国已建成的158部新一代天气雷达进行综合评估，结果表明青藏高原和西北地区覆盖较少，东部地区除部分山区雷达遮挡严重外，大部分覆盖较好。全国范围1、2、3 km高度的雷达覆盖面积为国土面积的16.9%、38.8%、52.8%，东部地区相应的覆盖率为27.1%、59.8%、76.8%。另外0～3 km高度范围内，东南到华南沿海地区普遍有2个雷达重叠，华东到华北平均有2～4个雷达重叠，内蒙古中部和东北地区平均有1～2个覆盖重叠。可以认为我国雷达总体布局较好。

　　在本文中，还有以下几点须指出。

　　(1)准确的数据是计算地形遮挡的基础。首先是雷达站的位置须达到秒级或10 m级精度，特别是当附近有较大地形影响时，位置的误差很可能造成遮挡方位的较大偏差。以南宁雷达为例，当雷达位置不够精准时，计算出近处地形造成的遮挡位于正南方，而实际回波的遮挡方位是西南方(图略)，方位偏差达40°。另外，从模拟效果和实际回波对比，可以认为SRTM3地形数据基本上满足了大部分雷达的地形遮挡模拟，但该资料采集于2000年，自此以后十多年来的地形改变，主要是城市高大建筑物的出现，使得理论计算无法再现一些位于城区的雷达

（如北京市气象局位于海淀区的雷达）的最新遮挡状况，因此，据此计算的覆盖和遮挡是乐观的估计，实际遮挡情况可能要严重一些。

（2）本文中，我们把雷达波束理想化为射线，并没有考虑它的波瓣宽度的影响。另外，大气的物理性质在时间和空间上都存在明显变化和差异，因此，实际雷达波束的传播路径非常复杂，本文根据射线与地形高度计算的覆盖和遮挡只是理论数据，或者说是一种平均状况，但据此从宏观、总体角度来评估雷达的覆盖和遮挡，仍然具有指导意义和参考价值。

（3）覆盖比侧重于考察地形的遮挡程度，特别是雷达近处高大地形的影响，可以直观地理解为某一仰角下的360°视野可用程度，体现了线性关系，但没有考虑雷达探测的空间范围，而高度面积指数则侧重考察具体地形分布下的雷达探测能力，统计指定高度下的雷达射线的覆盖面积，比前者更加全面，将面积转换为等效覆盖半径后，增加了直观感觉，因此在实际应用中，根据需要选择合适的指标进行评估。

**致谢：**

感谢USGS、CIAT提供SRTM高分辨率地形资料。本文得到了高玉春、孟昭林、杨洪平高级工程师的指导，气象探测中心运行监控保障室同仁们协助进行计算效果图与雷达实际回波对比工作，在此一并感谢。

## 参考文献

陈俊勇，2005. 对SRTM3和GTOPO30地形数据质量的评估[J]. 武汉大学学报(信息科学版)，30(11):941-944.

Jarvis A，Reuter H I，Nelson A，et al. 2008. Hole-filled seamless SRTM data V4，International Centre for Tropical Agriculture (CIAT)[EB/OL]available from http://srtm.csi.cgiar.org.

Kucera P A，Krajewski W F，Young C B，2004. Radar Beam Occultation Studies Using GIS and DEM Technology: An Example Study of Guam[J]. J Atmos Oceanic Technol，21(7):995-1006.

兰伟仁，朱江，XUE Ming，等，2010. 风暴尺度天气下利用集合卡尔曼滤波模拟多普勒雷达资料同化试验 I. 不考虑模式误差的情形[J]. 大气科学，34(3):640-652.

兰伟仁，朱江，XUE Ming，等，2010. 风暴尺度天气下利用集合卡尔曼滤波模拟多普勒雷达资料同化试验 II. 考虑模式误差的情形[J]. 大气科学，34(4):737-753.

刘黎平，邵爱梅，葛润生，等，2004. 一次混合云暴雨过程风场中尺度结构的双多普勒雷达观测研究[J]. 大气科学，28(2):278-284.

李柏，曹性善，周昆，等，2001. 江淮梅雨锋暴雨过程中尺度系统的演变及结构特征分析与研究[J]. 气候与环境研究，6(2):168-172.

李柏，周玉淑，张沛源，2007. 新一代天气雷达资料在2003年江淮流域暴雨模拟中的初步应用：模拟降水和风场的对比[J]. 大气科学，31(5):826-838.

Reuter H I，Nelson A，Jarvis A，2007. An evaluation of void filling interpolation methods for SRTM data[J]. International Journal of Geographic Information Science，21(9):983-1008.

盛春岩，浦一芬，高守亭. 2006. 多普勒天气雷达资料对中尺度模式短时预报的影响[J]. 大气科学，30(1):93-107.

万玉发，杨洪平，肖艳姣，等. 2000. 多普勒天气雷达站址视程的客观分析技术[J]. 应用气象学报，11(4):440-447.

徐亚钦，翟国庆，黄旋旋，等. 2011. 利用雷达和自动站资料综合分析风暴移动和发展规律[J]. 大气科学，35(1):134-146.

许小永，刘黎平，郑国光. 2006. 集合卡尔曼滤波同化多普勒雷达资料的数值试验[J]. 大气科学，30(4):712-728.

俞小鼎，姚秀萍，熊廷南，等. 2006. 多普勒天气雷达原理与业务应用[M]. 北京：气象出版社．

俞小鼎,郑媛媛,廖玉芳,等.2008.一次伴随强烈龙卷的强降水超级单体风暴研究[J].大气科学,32(3):
　　508-522.
张培昌,杜秉玉,戴铁丕.2001.雷达气象学[M].北京:气象出版社.
赵瑞金,杨彬云.2003.地理信息系统(GIS)在新一代天气雷达选址中的应用[J].气象,29(6):30-32.
祝婷,钟青.2008.多普勒雷达基数据在短时对流天气数值预报中的应用[J].气候与环境研究,13(3):281-290.

# 第四篇

## 观测数据质量控制技术

第四章

消费者需求分析

# 全国不同气候区高低温及强降水阈值*

李 雁[1,2,3] 周 青[2] 周 薇[2] 梁海河[2] 郭雪星[4]

(1. 中国科学院地理科学与资源研究所,北京 100101;2. 中国气象局气象探测中心,北京 100081;3. 中国科学院研究生院,北京 100049;4. 北京华云星地通科技有限公司,北京 100081)

**摘 要**:本文以 2426 套逐日温度和降水气象站观测资料为基础,以郑景云等研究结果为气候区划方案,采用分组法和排序法、插值法、正态变换法、平方根变换法与立方根变换法,分不同气候区分别计算了高低温和强降水逐月阈值,经对比验证,研究结果具有一定的气候代表性和可信性。本研究结果可以为极端高低温和极端暴雨气候事件的实时监测预警服务提供参考依据,同时可以为实时探测数据质量控制工作提供基本参数。

**关键词**:温度带 干湿区 高低温 强降水 阈值

# 引 言

极端高低温及异常强降水一直是气候变化研究的重要内容。伴随与之俱来的灾害性天气气候事件的频发,国内外对其的研究也从未间断,并且越来越受重视[1-12];研究基本围绕对其表征值的确定、发生、时空分布、演变趋势以及可能影响因子分析等进行[5,6,13-24]。阈值的确定是界定相应灾害性事件的根本依据。为了不同地区的可比较性,极端高低温和异常强降水阈值计算采用最多的是以某个百分位值来确定[5],但具体划分标准不一,极端降水事件阈值计算时有取 99 百分位的[4,13,26,27],有取 95 百分位的[26,27],也有取 97.5 百分位的[28],温度计算时取 90 百分位的居多[26,27,29];阈值的计算方法针对不同的要素也不尽相同,有采用排序法的[26]、插值法的[4,13]、分组法的[5]、正态变换法的[14]、平方根变换法的和立方根变换法等方法进行的研究[29];计算的地域范围也多种多样,有针对某一特定区域的[7,16,19,24,29,31],也有全国范围的[3-5,9,13,17,32]。气象要素阈值的确定一般应满足如下要求:计算简单性,不同地区、不同季节的可比较性,不同气候阶段的稳定性[19]。我国气候复杂多样,既有多种多样的温度带,又有多种多样的干湿地区,不同温度带和干湿区的气候特征决定了不同要素阈值的差异性,而以往鲜有从该角度进行的针对高低温和强降水阈值的研究报道。

本文采用前人计算温度和降水阈值的成熟算法,基于现有气候区划方案,分不同温度带和干湿区分别确定了高低温及强降水逐月阈值。

---

\* 本文发表在《高原气象》,2013,32(5):1382-1388.

## 1. 全国气候区划概述

气候区划是指按气候特征相似和差异程度,以一定指标,对一定地区进行的气候区域划分。气候区划的目的是从系统的角度深入了解气候状况的区域分异规律和各地的气候特征[33]。我国的气候学家自20世纪30年代起就已开始了比较系统的气候区划工作[34],到目前为止已经开展了80余年的研究工作,积累了大量的科研成果,形成了不同版本的气候区划方案[35-50]。最近中国科学院地理科学与资源研究所郑景云等利用1971—2000年全国609套气象站日观测数据对我国气候进行了比较系统的重新区划[33]。其基于地带性和非地带性相结合、发生同一性与区域气候特征相对一致性相结合、综合性和主导因素相结合、自下而上和自上而下相结合的原则以及空间分布连续性与取大去小的原则,按温度带、干湿区和气候区三级体系,将我国划分为12个温度带、24个干湿区和56个气候区。

本文中气候区划结果即采用上述区划方案。

## 2. 资料及处理

本文所用最高气温、最低气温及降水量资料来自国家气象信息中心提供的逐日气象站观测数据。资料经过时空一致性、气候极值和逻辑检查等数据质量控制工作。初始分析站点总数为2522套,包含自动观测站和人工观测站两部分;站点类型含国家级台站基准气候站、基本气象站、一般气象站和区域级台站以及新疆和黑龙江农垦及兵团自建观测站。最长资料序列为1951—2010年,达59年,96套观测站资料序列不足30年,不纳入分析。因此,本文最终分析站点总数为2426套,各序列长度站点数量分布情况如表1所示。可以发现,接近80%的站点序列长度超过50年。

表1 不同序列长度分析站点数量

| 资料长度(年) | [30,35) | [35,40) | [40,45) | [45,50) | [50,55) | ≥55 |
|---|---|---|---|---|---|---|
| 站点数量(套) | 47 | 120 | 76 | 252 | 1420 | 511 |
| 比例 | 1.9% | 4.9% | 3.1% | 10.4% | 58.5% | 21.1% |

郑景云等[33]的气候区划新方案将我国分为寒温带、中温带、暖温带、北亚热带、中亚热带、南亚热带、边缘热带、中热带、赤道热带、高原亚寒带、高原温带和高原亚热带12个温度带与湿润、半湿润、半干旱和干旱4个大干湿区,基于该方案,利用ArcGIS软件,将分析站点定位到各温度带和干湿区,建立气候区域与分析站点的一一对应关系。

表2和表3是不同温度带和干湿区分析站点数量。

表2 不同温度带分析站点数量

| 寒温带 | 中温带 | 暖温带 | 北亚热带 | 中亚热带 | 南亚热带 | 中热带 | 边缘热带 | 高原亚寒带 | 高原温带 | 高原亚热带 |
|---|---|---|---|---|---|---|---|---|---|---|
| 7 | 461 | 654 | 322 | 590 | 208 | 5 | 39 | 34 | 104 | 2 |

表 3　不同干湿区分析站点数量

| 半干旱区 | 半湿润区 | 干旱区 | 湿润区 |
| --- | --- | --- | --- |
| 297 | 692 | 164 | 1273 |

结果显示,我国大部分地域隶属温带、亚热带和湿润、半湿润气候区;赤道热带中无可分析站点分布。

## 3. 研究方法

气象要素阈值划分标准和计算方法多种多样,而且针对不同的观测要素计算方法也不尽相同。本文在前人研究的基础上,针对温度和降水分别采用分组法及排序法、插值法、正态变换法、平方根变换法和立方根变换法分别对应不同温度带和干湿带计算两类要素逐月阈值[4,5,14,15,18,19,26,30,52]。

### 3.1　温度阈值计算

传统温度阈值计算的前提是样本序列的概率分布遵从均匀分布,但根据李庆祥等的研究结果发现[5],我国大部分台站的概率分布既不遵从均匀分布,也不遵从正态分布,常规方法不能反映气温阈值实际情况。因此,本文温度阈值基于李庆祥研究结果中的方法[5],采用应用经济统计学中样本频率分组的方法,基于样本序列实际概率分布来确定百分位阈值[51]。研究中高温阈值取95%位值,低温阈值取5%位值。

### 3.2　降水阈值计算

在前人研究结果的基础上,本文中采用的降水阈值计算方法主要包含常规的排序法和插值法以及正态变换法、平方根变换法和立方根变换法[4,13-15,19]。

排序法和插值法为常规计算方法,即将统计时段内所有的降水序列按大小升序排列,得到 $X_1, X_2, \cdots, X_n$,通过确定相应百分位数来确定阈值。此两种方法假定降水序列遵从均匀分布,但实际中因降水的时空不连续特性,决定了其并不遵从均匀分布[19]。正态变换法、平方根变换法和立方根变换法通过数学方法,将不连续、不均匀分布的降水序列转化为标准正态分布,以此确定降水百分位阈值,是计算离散型降水阈值的有效方法。

## 4. 不同气候区高低温及强降水阈值

### 4.1　最优结果确定方案

目前普遍采用30年滑动气候阶段样本计算不同要素阈值[5,30]。例如,某站统计起始时间为1954年,结束时间为2010年,以30年为一个气候阶段,则1954—1983年为第1气候阶段,1955—1984年为第2气候阶段,直到1981—2010年为第28气候阶段。

针对温度和降水分别采用分组法与排序法、插值法、正态变化法、平方根变化法和立方根变换法来计算不同气候区、不同月份第 $i$ 气候阶段($i=1,\cdots,N$,$N$ 为气候阶段)的不同百分位阈值 $X_i$,然后计算 $N$ 个气候阶段要素阈值的平均值、标准差和离散度 $C_v$。此处气候阶段的阈值代表性用离散度来度量[19]，即：

$$CV_x = s_x / \overline{x}$$

一般情况下 $CV_x<1$。若 $CV_x>1$，表示阈值估计值变化平均幅度大于平均值，即阈值代表性差。

比较几种方法的离散度，离散度最小的即为最优方法，相应的阈值计算结果即为该要素该区域该统计时段的阈值。

计算气候阶段时序列百分位阈值时，不同要素采用的值也不尽相同[52]。本研究中高温取99.90百分位值，低温取0.1百分位值，降水取99.90百分位值。

## 4.2 温度阈值

利用分组法最终确定的不同温度带高低温逐月阈值结果如图1所示。

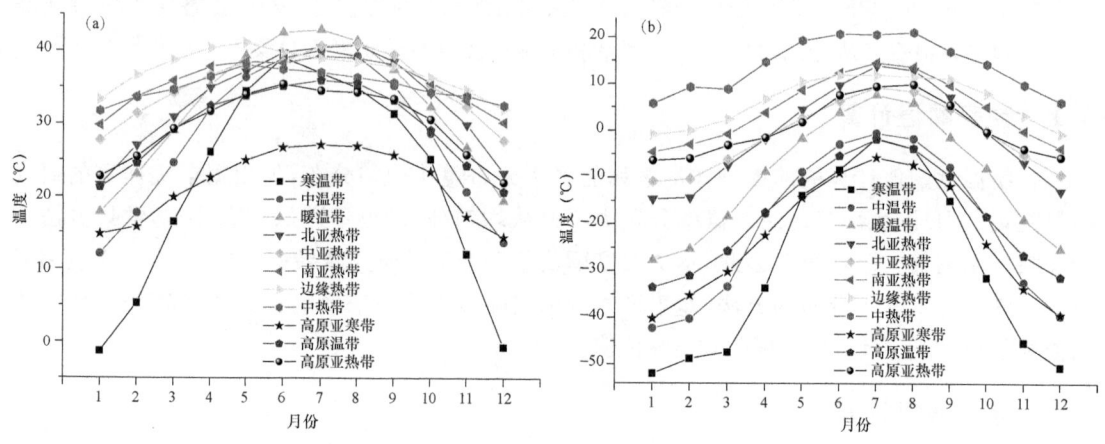

图1 不同温度带高(a)、低(b)温逐月阈值
（温度带中不包含赤道热带，因该温度带无相应分析观测站分布）

表4和表5给出了我国所有主要温度带夏季最高温和冬季最低温阈值结果。

表4 我国夏季最高温阈值　　　　　　　　　　　　　　　　　　　　　　　单位：℃

| 月份 | 中温带 | 暖温带 | 北亚热带 | 中亚热带 | 南亚热带 | 高原温带 | 平均值 |
|---|---|---|---|---|---|---|---|
| 6月 | 39.0 | 42.5 | 39.8 | 38.5 | 38.3 | 35.1 | 38.9 |
| 7月 | 40.1 | 42.9 | 40.5 | 40.7 | 39.3 | 35.9 | 39.9 |
| 8月 | 39.3 | 41.4 | 40.8 | 41.0 | 39.0 | 35.5 | 39.5 |

注：高原亚热带分析站点稀少，代表性较差，不纳入统计。

可以看出，我国夏季最高温阈值明显高于气象部门常用的高温灾害预警值35℃的标准，体现了本研究极端高温的特点，也同时说明了本高温阈值的合理性。

表5 我国冬季最低温阈值　　　　　　　　　　　　　　　　　　　　　　　单位：℃

| 月份 | 中温带 | 暖温带 | 北亚热带 | 中亚热带 | 南亚热带 | 高原温带 | 平均值 |
|---|---|---|---|---|---|---|---|
| 1 | -42.3 | -27.8 | -14.6 | -10.9 | -4.6 | -33.6 | -22.3 |
| 2 | -40.3 | -25.4 | -14.3 | -10.3 | -3.0 | -31.1 | -20.7 |
| 12 | -39.6 | -25.3 | -12.8 | -9.3 | -3.7 | -31.3 | -20.3 |

## 4.3 强降水

气象业务中需要的降水阈值确定应该有如下要求:计算简单性,不同地区、不同季节的可比较性,不同气候阶段的稳定性[19]。本文分别采用排序法、插值法、正态变换法、平方根变换法和立方根变换法共五种方法计算了强降水要素30年阶段气候序列的离散系数。计算得知正态变换法计算离散系数相对最小,而且在不同干湿区具有普适性。因此,本文以正态变换法计算结果作为我国不同月份降水阈值(图2)。

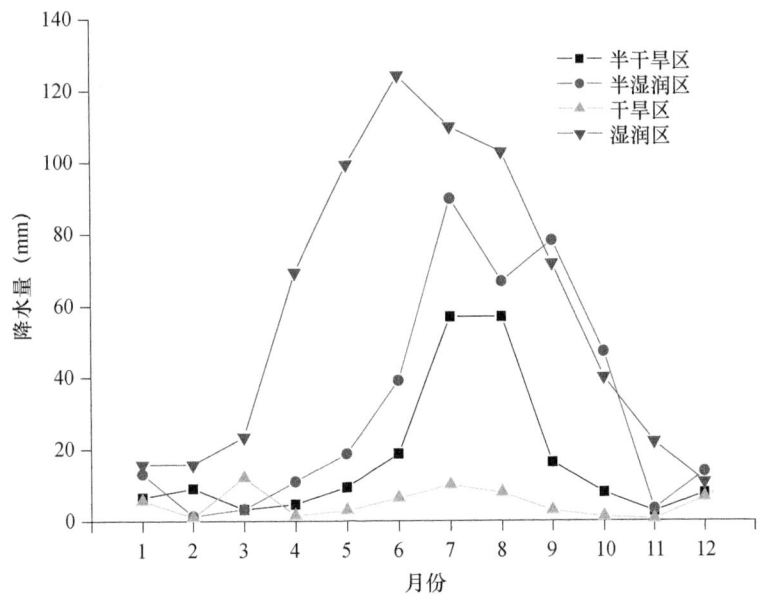

图2 不同干湿区强降水逐月阈值

表6给出了我国不同干湿区夏季逐日强降水阈值结果。

表6 我国夏季主要干湿区强降水阈值　　　　　　　　　　　　　　　　　　　单位:mm

| 月份 | 半干旱区 | 半湿润区 | 干旱区 | 湿润区 | 平均 |
| --- | --- | --- | --- | --- | --- |
| 6 | 18.8 | 39.1 | 6.3 | 124.1 | 47.1 |
| 7 | 56.9 | 89.7 | 9.9 | 109.8 | 66.6 |
| 8 | 56.9 | 66.7 | 7.7 | 102.7 | 58.5 |

从表中可以看出,除6月份外,夏季日降水阈值均超过我国气象部门定义的暴雨标准(日降水量为50~100 mm);而且在不同气候区存在较大的差异,湿润区阈值均超过大暴雨的标准(日降水量为100~200 mm),干旱区为小雨标准(日降水量 < 10 mm)。这与我国的实际降水情况基本吻合,进一步说明了本降水阈值的合理性。

# 5. 应用前景

本研究结果可以为我国极端高低温及暴雨天气气候灾害事件的实时监测与预测预警服务

提供支撑,同时可以为温度与降水观测数据实时质量控制提供基础参数。

近年来极端天气气候事件频发,例如,继1998年长江流域特大洪水灾害之后,我国经历了2008年南方罕见雨雪冰冻灾害、2010年舟曲特大滑坡泥石流地质灾害和西南地区持续干旱以及2012年的北京"7·21"事件和多次双台风对我国近海的影响等,灾害性天气气候事件影响的强度也逐渐增强,针对各类灾害事件,中国气象局也制定了14类主要气象灾害事件不同级别预警信号,但全国范围选择同一标准,尤其针对高低温及强降水事件。本研究结果从不同气候区制定了高低温及强降水阈值,基于该阈值制定不同气候区不同级别预警信号发布标准更符合实际情况。

此外,地面观测数据实时质量控制中极值检查是时空一致性、逻辑判断、时变检查和格式检查之外的重要方法,目前常用的极值参数大多通过对单站或一定地理区域一定数量地面观测站历史观测数据统计得来,很少从气候学角度按照气候区域或气候带进行统计。本研究结果为区域气候极值检查提供背景参数,同时为从气候区域角度进行气候极值检查,较按照地理区域进行气温和降水要素实时质量控制更科学。

## 6. 结论和讨论

本文以2426套逐日温度和降水气象站观测资料为基础,以郑景云等研究结果为气候区划方案,采用分组法和排序法、插值法、正态变换法、平方根变换法与立方根变换法,分不同气候区分别计算了我国主要温度带和干湿区高低温和强降水逐月阈值,经对比验证,研究结果具有一定的气候代表性和可信性。可以为极端高低温和极端暴雨气候事件的实时预警提供参考依据;同时,可以为实时探测数据质量控制工作提供基本参数。然而,我国地域广阔,下垫面多样化,导致各地存在局地小气候,而本文未充分考虑下垫面状况;同时,未考虑人类活动对ží天气阈值结果的可能影响;文中未对郑景云等研究结果中24个干湿带逐带分析,而仅分析了4个干湿区;最后,本文中强降水阈值结果没有和天气过程相结合。因此,为实现对多种天气气候事件预报服务及数据质量控制算法的改进,未来研究工作可考虑不同下垫面的状况、分不同细的温度带和干湿带,并且结合多种天气气候事件和过程,进行阈值信息的提取。

## 参考文献

[1] Yamamoto R, Sakurai Y. Long-term intensification of extremely heavy rainfall intensity in recent 100 years [J]. World Resource Rev, 1999:271-281.

[2] Stone D A, Weaver A J, Zwiers F W. Trends in Canadian precipitation intensity[J]. Atmos Ocean, 1999, 2: 321-347.

[3] Karl T R, Knight R W. Secular trends of precipitation amount, frequency, and intensity in the USA[J]. Bull Amer Meteorol Soc, 1998. 79:231-241.

[4] 翟盘茂,潘晓华. 中国北方近50年温度和降水极端事件变化[J]. 地理学报,2003,58(增刊1):1-10.

[5] 李庆祥,黄嘉佑. 对我国极端高温阈值事件的探讨[J]. 应用气象学报,2011,22(2):138-144.

[6] 龚道溢,韩晖. 华北农牧交错带夏季极端气候的趋势分析[J]. 地理学报,2004,59(2):230-238.

[7] Yu Lanln, Xia Ziqiang, Cai Tao, et al. Variations of temperature, precipitation, and extreme events in Heilongjiang River[J]. Procedia Engineering, 2012, 28:326-330.

[8] Li Zhi, Zheng Fenli, Liu Wenzhao, et al. Spatially downscaling GCMs outputs to project changes in extreme

precipitation and temperature events on the Loess Plateau of China during the 21st Century[J]. Global and Planetary Change,2012,82-83:65-73.

[9] Yves Tramblay, Wafae Badi, Fatima Driouech, et al. Climate change impacts on extreme precipitation in Morocco[J]. Global and Planetary Change,2012,82-83:104-114.

[10] Tiziano Colombo, Vinicio Pelino, Stefania Vergari, et al. Study of temperature and precipitation variations in Italy based on surface instrumental observations[J]. Global and Planetary Change,2007,57:308-318.

[11] Déqué Michel. Frequency of precipitation and temperature extremes over France in an anthropogenic scenario:Model results and statistical correction according to observed values[J]. Global and Planetary Change,2007,57:16-26.

[12] Sura Philip. A general perspective of extreme events in weather and climate[J]. Atmospheric Research,2011, 101:1-21.

[13] 翟盘茂,任福民,张强. 中国降水极值变化趋势检测[J]. 气象学报,1999,57(2):208-216.

[14] 鞠笑生,杨贤为,李丽娟,等. 我国单站旱涝指标确定和区域旱涝级别划分的研究[J]. 应用气象学报, 1997,8(1):26-32.

[15] 刘小宁. 我国暴雨极端事件的气候变化特征[J]. 灾害学,1999,14(1):54-59.

[16] 孙凤华,吴志坚,杨素英. 东北地区近50年来极端降水和干燥事件时空演变特征[J]. 生态学杂志, 2006,25(7):779-784.

[17] 闵屾,钱永甫. 中国极端降水事件的区域性和持续性研究[J]. 水科学进展,2008,19(6):763-761.

[18] 杨金虎,江志红,王鹏祥,等. 西北地区东部夏季极端降水量非均匀性特征[J]. 应用气象学报,2008,19 (1):111-115.

[19] 李庆祥,黄嘉佑. 北京地区强降水极端气候事件阈值[J]. 水科学进展,2010,21(5):660-665.

[20] Hidalgo-Muñoz J M, Argüeso D, Gámiz-Fortis S R, et al. Trends of extreme precipitation and associated synoptic patterns over the southern Iberian Peninsula[J]. Journal of Hydrology,2011,409:497-511.

[21] Jan Kyselý, Jan Picek, Romana Beranová. Estimating extremes in climate change simulations using the peaks-over-threshold method with a non-stationary threshold[J]. Global and Planetary Change,2010,72: 55-68.

[22] Li Zhi, Zheng Fenli, Liu Wenzhao. Spatial distribution and temporal trends of extreme temperature and precipitation events on the Loess Plateau of China during 1961—2007[J]. Quaternary International,2010, 226:92-100.

[23] Rusticucci Matilde. Observed and simulated variability of extreme temperature events over South America [J]. Atmospheric Research,2012,106:1-17.

[24] Nie Chengjing, Li Hairong, Yang Linsheng, et al. Spatial and temporal changes in extreme temperature and extreme precipitation in Guangxi[J]. Quaternary International,2012,263:162-171.

[25] 李庆祥,黄嘉佑. 北京极端低温事件的长期变化特征[J]. 高原气象,2012,31:1145-1150.

[26] Zhang Xuebin, Gabriele H, France Iswz, et al. Avoiding inhomogeneity in percentile:Based indices of temperature extremes [J]. Journal of Climate,2005,18:1641-1651.

[27] Alexander L V, Zhang X B, Peterson T C, et al. Global observed changes in daily climate extremes of temperature and precipitation[J]. Journal of Geophysical Research. 2006. 111,D05109,doi:10.1029/2005JD006290.

[28] 王鹏祥,杨金虎. 中国西北近45年来极端高温事件及其对区域性增暖的响应[J]. 中国沙漠,2007,27 (7):649-655.

[29] 张天宇,程炳岩,刘晓冉,等. 重庆极端高温的变化特征及其对区域性增暖的响应[J]. 气象学报,2008, 34(2):69-76.

[30] 黄嘉佑. 气象统计分析与预报方法[M]. 北京:气象出版社,2007.

［31］李庆祥,江志红,黄群,等.长三角地区降水序列的均一性检验与订正试验[J].应用气象学报,2008,19(2):219-226.
［32］Michele Brunetti,Letizia Buffoni,Franca Mangianti,et al. Temperature,precipitation and extreme events during the last century in Italy[J]. Global and Planetary Change,2004,40:141-149.
［33］郑景云,尹云鹤,李炳元.中国气候区划新方案[J].地理学报,2010,65(1):3-12.
［34］涂长望.Koeppen范式的中国气候区域[J].气象学报,1938,14(2):51-67.
［35］中国气象局.中华人民共和国气候图集[M].北京:气象出版社,2002.
［36］中央气象局.中国气候资源地图集[M].北京:中国地图出版社,1994.
［37］中央气象局.中华人民共和国气候图集[M].北京:地图出版社,1979.
［38］中国科学院《中国自然地理》编辑委员会.中国自然地理:气候[M].北京:科学出版社,1985.
［39］赵松乔.中国综合自然地理区划的一个新方案[J].地理学报,1983,38(1):1-10.
［40］张宝堃,朱岗昆.中国气候区划(初稿)[M].北京:科学出版社,1959.
［41］陶诗言.中国各地水分需要量之分析与中国气候区域之新分类[J].气象学报,1949,20(4):43-50.
［42］丘宝剑,卢其尧.中国农业气候区划试论[J].地理学报,1980,35(2):116-125.
［43］钱纪良,林之光.关于中国干湿气候区划的初步研究[J].地理学报,1965,31(1):12-14.
［44］毛飞,孙涵,杨红龙.干湿气候区划研究进展[J].地球科学进展,2011,30(1):17-26.
［45］卢鋆.中国气候区域新论[J].地理学报,1946:1-10.
［46］卢其尧,卫林,杜钟朴,等.中国干湿期与干湿区划的研究[J].地理学报,1965,31(1):15-24.
［47］李世奎.中国农业气候区划[J].自然资源学报,1987,2(1):71-83.
［48］黄秉维.中国综合自然区划草案[J].科学通报,1959,10(18):594-602.
［49］陈咸吉.中国气候区划新探[J].气象学报,1982,40(1):35-48.
［50］《中华人民共和国气候图集》编委会.中华人民共和国气候图集[M].北京:气象出版社,2002.
［51］李新愉.应用经济统计学[J].北京:北京大学出版社,1999.
［52］李红梅,周天军,宇如聪.近四十年我国东部盛夏日降水特性变化分析[J].大气科学,2008,32(2):359-370.

# 天气雷达与地面自动气象站降水观测一致性校验分析*

李 雁 张乐坚 梁海河 李 峰 周 薇
夏元彩 周 青 曹婷婷 郭海平

(中国气象局气象探测中心,北京 100081)

**摘 要**:将地面观测的降水划分为 10~25mm/h、25~50mm/h 和 50~100mm/h 三个量级区间,利用 2010 年 5—10 月天气雷达组网小时降水量产品和 ASOM 中国家级台站自动气象站小时降水量资料,采用 3 倍标准差法,按上述 3 个等级逐月分别确立了两类设备降水观测差值的阈值参数,进而建立了天气雷达与地面自动气象站降水观测结果的一致性实时校验技术。采用该技术进一步对 2011 年 5—10 月国家级台站自动气象站观测的降水结果进行了检验,结果表明:通过本方法检验的自动气象站降水数据正确率可达 85% 以上,可以有效进行自动气象站观测降水实时检验。

**关键词**:天气雷达 自动站 降水 一致性 校验

# 引 言

观测是气象气候预报预测的前提,准确可靠的探测数据是做好预报服务的基础。

气象资料的质量控制工作一直是气象领域的一大难题,尽管理论方法已比较成熟[1-6],但其实际应用往往达不到预期效果。降水因其发生时自身体现出来的局地性和不连续性等特点,成为气象资料质量控制工作中的难题。国内外气象领域针对降水资料的质量控制也已开展了大量的研究和业务应用工作,但质量控制方法大多还是采用单设备本身常规的界限值检查、时间一致性检查、空间一致性检查、要素之间的内部一致性检查等方法[7-11],检查效果不是很明显,依然存在大量的漏检、误判情况。

新一代天气雷达观测具有时间分辨率高、覆盖范围广、能进行空间立体观测等特点[12,13],是强对流天气监测最有效的工具[14]。国内外很早就开展了天气雷达定量估测降水方面的研究,如 Mashall 等根据雨滴谱的统计资料,最早提出了基于 Z-I 关系使用雷达资料测量降水量的方法[15,16]。在随后的几十年中,不同学者陆续提出了天气雷达的各种定量降水估测方法,如统计 Z-I 关系法、最优 Z-I 关系法、概率配对法、雨量计校准法、反射率因子垂直廓线法以及人工神经网络等方法[17-22]。数据质量控制是雷达降水估测准确性的基础,如地物杂波、超折射回波、海浪回波和生物回波的干扰会严重影响测量降水的准确性,很多学者提出了自己的方法来提高雷达资料的质量,目前这些方法大部分已应用于业务中,并起到了积极的作用[23-26]。目

---

* 本文发表在《气象科技》,2013,41(3):436-442。

前,我国在全国范围内已经布设了158部新一代天气雷达、3万多套地面自动气象站,基本每一部天气雷达覆盖范围内均有一定数量的自动气象站分布,且每个自动气象站点均有最低整点频次的降水观测,这为两类设备降水资料的一致性校验提供了便利条件。

本文在地面自动气象站针对降水观测结果采用的时间一致性、空间一致性、界限值检查等常规质量控制方法的基础上,结合高时空分辨率的天气雷达反演降水观测结果,建立两者之间一致性校验技术,进行降水观测结果的实时检验。期望通过本研究的开展能提高降水观测数据的可用性,并且为其他数据质量控制工作的开展提供参考。

## 1. 资料来源和处理

### 1.1 资料来源

研究所用的天气雷达资料为中国大陆区域空间分辨率为 0.01°×0.01°的 137 部组网雷达小时面降水量产品,该产品已经过地物回波、电磁干扰以及速度退模糊处理,基本能反映大气中真实的降水。地面自动气象站小时降水资料来自中国气象局气象探测中心开发的综合气象观测系统运行监控平台(Atmosphere Observing System Operations and Monitoring, ASOM)。ASOM 是气象探测技术装备监控与保障的业务应用系统[27,28]。系统采用"一级部署、三级应用"的策略,为台站级、省级和国家级三级业务及管理人员提供统一的工作平台,它可以实现气象探测设备运行状态监控、探测数据质量监控、维护维修状态监控、装备供应保障信息管理、站网信息管理及综合分析评估等功能。本研究所用国家级台站自动气象站小时降水资料是 ASOM 实时监控的众多资料中的一部分,该资料已在系统中基于自动气象站单设备经时间一致性、空间一致性、气候极值及要素内部一致性等质量控制方法进行了初步的检查。

我国主要降水时段集中在 5—10 月,因此,本文所用资料选取时段为 2010 年与 2011 年 5—10 月。

### 1.2 资料处理

将利用天气雷达和地面自动气象站两者进行位置信息配准,并且以配准后自动站上空 3×3 格点天气雷达组网降水观测的平均值代表天气雷达观测结果,与自动气象站观测结果构成雷达自动气象站观测值对,最后形成匹配的数据对序列。

## 2. 一致性校验技术

首先,根据天气雷达观测降水的特点及研究的需要,将降水划分为不同等级;其次,利用数学统计方法对 2010 年 5—10 月两类设备的降水观测数据进行统计分析,建立两者之间不同月份差值阈值数据库;最后,利用该阈值数据采用 3 倍标准差法进行降水观测结果的实时校验。

### 2.1 降水等级划分与分析时段确定

考虑到我国大部分地区小时降水量超过 100 mm 的情况非常少,而且多普勒天气雷达小时降水量观测上限值一般约为 100 mm,也即对应天气雷达基本反射率回波强度约为

53 dBZ[22];此外,本方法主要针对较强降水过程进行检验分析,而我国不同地区小时雨量值差异很大,气象部门常用的中雨、大雨和暴雨等级标准分别为:24 h 累计雨量达到 10～25 mm、25～50 mm 和 50～100 mm,为了考虑雨量的极端情况,本文中将自动气象站强降雨分为三级,依次为 10～25 mm/h、25～50 mm/h 和 50～100 mm/h;此外,我国普遍的强降水基本发生在 5—10 月。因此,将本文中降水划分为 10～25 mm/h、25～50 mm/h 和 50～100 mm/h 三个等级,统计时段定为 5—10 月,两类设备差值阈值参数库分别按照这三个等级、从 5—10 月逐月进行统计分析确定。

## 2.2 阈值参数库建立

利用 2010 年 5—10 月经过质量控制、并且已进行位置配准的天气雷达和地面自动站降水观测数据,计算两者之间差值的绝对值,形成雷达-雨量计差值序列,逐月计算差值序列的平均值和标准差(图 1),利用 3 倍标准差法建立每一降水等级 5—10 月逐月阈值参数(表 1)。

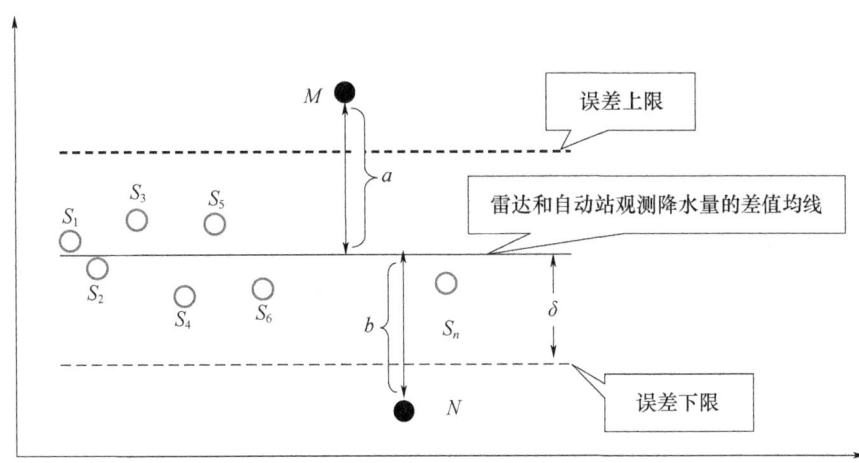

图 1 雷达和自动站降水观测差值序列值域分布图

($a$ 和 $b$ 为当前值,$\delta$ 为建立的阈值参数,$S_1-S_n$ 为差值序列,$M$ 和 $N$ 为地面自动站观测降水量值,┄┄┄为实际天气雷达和自动站降水观测结果误差值上下限)

差值序列平均值和标准差计算方法如下:

$$\overline{d} = \frac{\sum_{k=1}^{n} |(r_k - g_k)|}{n} \quad (1)$$

$$s = \sqrt{\frac{1}{n-1} \sum_{k=1}^{n} [|(r_k - g_k)| - \overline{d}]^2} \quad (2)$$

式中:$r$ 和 $g$ 分别表示雷达和自动气象站观测的降水量,$n$ 表示样本总数,$k$ 表示编号,$\overline{d}$ 表示平均绝对差值,$s$ 表示标准差。

图 2 为 2010 年 5—10 月三类降水等级的两类资料全国逐月平均绝对差值分布图。从图中可以看出,两者差值大小随降水等级的增大而提高。

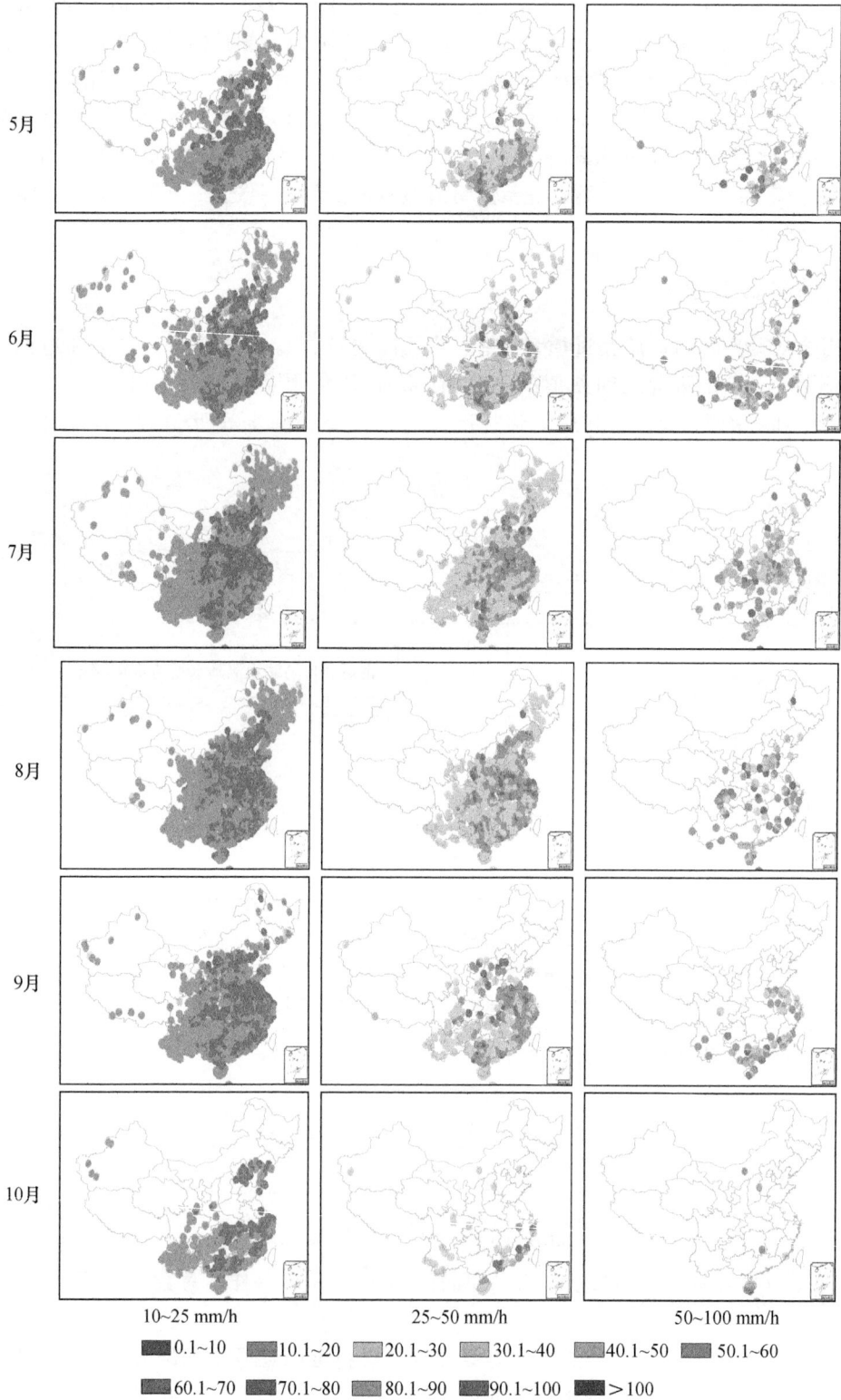

图 2　2010 年 5—10 月不同等级雷达和自动气象站观测两设备平均绝对误差全国分布图

表 1  使用 2010 年 5—10 月雷达和自动气象站观测的降水量确定的参数(mm/h)

| 月份 | 10~25 | | | 25~50 | | | 50~100 | | |
|---|---|---|---|---|---|---|---|---|---|
| | 均值 | 标准差 | 阈值 | 均值 | 标准差 | 阈值 | 均值 | 标准差 | 阈值 |
| 5 | 10.2(865) | 4.2(865) | 12.6 | 21.2(277) | 9.0(277) | 27 | 42.2(37) | 21.1(37) | 63.3 |
| 6 | 11.0(1204) | 5.4(1204) | 16.2 | 23.0(430) | 10.4(430) | 31.2 | 44.1(73) | 19.2(73) | 57.6 |
| 7 | 10.8(1818) | 4.7(1818) | 14.1 | 21.7(832) | 10.0(832) | 30 | 39.1(130) | 17.5(130) | 52.5 |
| 8 | 10.8(1788) | 4.7(1788) | 14.1 | 21.5(744) | 10.3(744) | 30.4 | 40.6(95) | 21.0(95) | 63 |
| 9 | 10.1(1296) | 4.7(1296) | 14.1 | 20.6(397) | 10.3(397) | 30.9 | 38.4(63) | 19.3(63) | 57.9 |
| 10 | 10.7(375) | 4.8(375) | 14.4 | 25.0(51) | 10.4(51) | 31.2 | 52.3(12) | 16.8(12) | 50.4 |
| 平均值 | 10.6 | 4.8 | 14.4 | 22.2 | 10.1 | 30.3 | 42.8 | 19.2 | 57.6 |

注:括号中为样本个数。

## 3. 结果验证

### 3.1 统计分析

利用 2011 年 5—10 月两类设备降水观测资料对建立的阈值参数进行了验证,结果如表 2 所示。

表 2  检测结果

| 月份 | 差值小于检验阈值(时次) | 差值大于检验阈值(时次) |
|---|---|---|
| 5 | 1235 | 200 |
| 6 | 3204 | 419 |
| 7 | 3973 | 760 |
| 8 | 3392 | 557 |
| 9 | 1121 | 165 |
| 10 | 418 | 42 |
| 合计 | 13343 | 2143 |

注:差值表示雷达和自动站观测的降水量的差值。

可以看出,5—10 月通过检测的时次分别为 1235、3204、3973、3392、1121 次和 418 次,共计 13343 次,其百分比分别为 86.1%、88.4%、83.9%、85.9%、87.2%、90.9% 与 86.2%;没有通过检验的时次分别为 200、419、760、557、165 次和 42 次,共计 2143 次,其百分比分别为 13.9%、11.6%、16.1%、14.1%、12.8%、9.1% 和 13.8%。即:自动气象站降水量通过检验的比率最低超过 83.9%,平均为 86.2%;没有通过检验的比率最高为 16.1%,平均为 13.8%。说明大部分自动气象站观测结果具有较高的可信度。

### 3.2 个例分析

(1)2011 年 5 月 13 日 01 时,河南省宁陵国家级自动气象站(站号:58008),对应的天气雷达为商丘(站号:Z9370)

自动气象站记录的小时降水量为100 mm,天气雷达观测的降水量为0.1 mm,根据本检验技术,在此降水范围内两类设备一致性检验的阈值参数为57.6 mm,而实际两者差值达到99.9 mm,该观测值经算法判定为异常值。天气过程的发生往往在时间或空间上存在协同性,为核实该观测值的真实性,进一步核实了相邻站点降水的发生情况和该站同时次其他观测要素的变化情况。查询宁陵周围自动气象站和商丘天气雷达均未发现明显的降水过程,并且该站点同时次前后均无降水量记录;该站从00时至01时风速变化较小,温度露点差超过3℃,相对湿度为80%,未达到100%,水汽压小于12 hPa(图3)。经过综合客观分析,该站不具备产生降水的条件,后致电宁陵自动气象站观测人员,得知当时该站数据采集器出现故障,上传数据为错误数据。

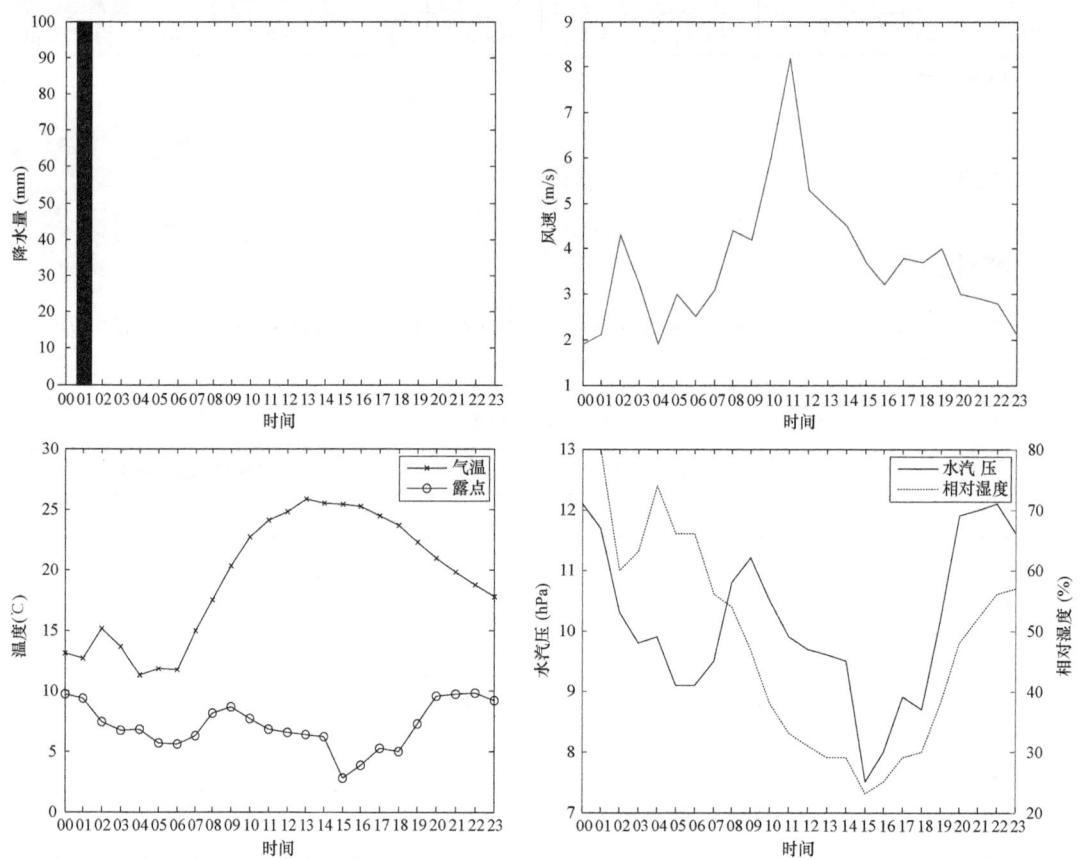

图3 河南宁陵自动气象站2011年5月13日24 h降水量、风速、气温、露点、水汽压以及相对湿度时间序列图

(2)2011年5月27日07时,内蒙古自治区土右旗国家级自动气象站(站号:53455),对应的天气雷达为呼和浩特(站号:Z9741)

自动气象站记录的小时降水量为68.5 mm,天气雷达无降水记录,根据本检验技术,在此降水范围内两类设备一致性检验的阈值参数为57.6 mm,两者差值达到68.5 mm,该观测值经算法同样被判定为异常值。查询附近天气雷达和周围自动站均未发现明显的降水;土右旗自动气象站其他相关气象要素变化趋势情况为:风速变化不大,温度露点差达到10℃以上,相对湿度不足40%,水汽压不足7 hPa(图4)。后致电该站气象观测人员,反映当时雨量传感器在维修,未及时处理,导致错误数据上传。

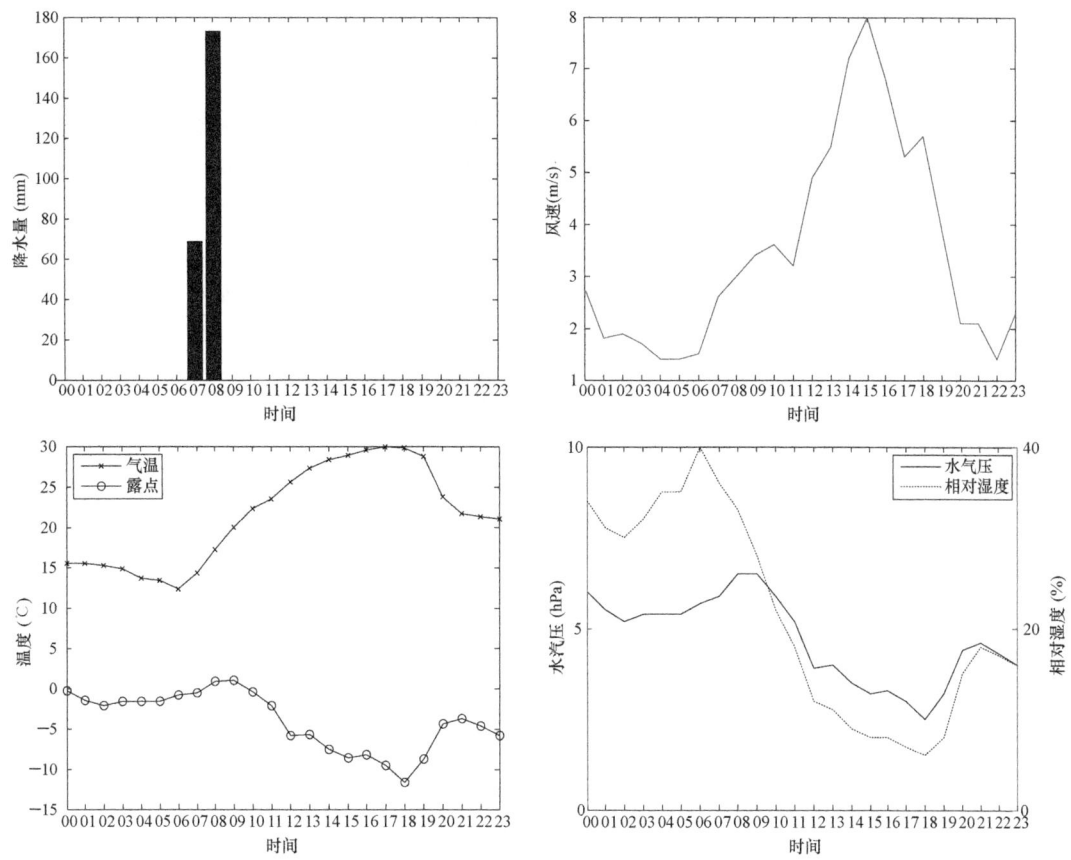

图 4　内蒙古土右旗自动站 2011 年 5 月 27 日 24 h 降水量、风速、气温、露点、
水汽压以及相对湿度时间序列图

## 4. 结论与讨论

将地面自动气象站降水划分为 10～25 mm/h、25～50 mm/h 和 50～100 mm/h 三个等级，利用 2010 年 5—10 月 ROSE 组网小时降水量产品和 ASOM 中国家级台站自动气象站小时降水量资料，采用 3 倍标准差法从 5—10 月逐月分别建立了阈值参数，建立了天气雷达和地面自动气象站降水观测一致性校验技术。三个区间内雷达和自动站观测的平均绝对差值分别为 10.6、22.2 和 42.8 mm，标准差分别为 4.8、10.1 和 19.2 mm；三个降水等级阈值平均值分别为 14.4、30.3 和 57.6。利用 2011 年两类设备观测数据对建立的参数进行了验证，表明利用 3 倍标准差法基本可行，能在一定程度上实时检测地面自动气象站强降水观测结果的准确性和可靠性，为设备运行保障、强降水的预报分析提供一定的技术支撑。

然而，因本文中所用资料序列长度较短、研究中建立的技术方法对两类设备降水观测质量控制方法的依赖性较强、雷达用来观测降水自身的局限性、我国天气雷达业务运行的自身特点等，本研究还需要通过大量的、长序列的降水实例数据对本方法的地域适宜性、科学性进行进一步研究验证；另外，本方法是针对强降水情况的实时校验，对微量降水情况的实时校验还需要进一步研究，确定相应的方法。

**致谢：**

感谢中国气象局气象探测中心气象雷达室提供的天气雷达组网小时面降水量产品数据。同时本文得到了孟昭林研究员的指导以及气象探测中心运行监控室各位同仁在工作上的支持，在此一并表示感谢！

## 参考文献

[1] Eischeid J K, Baker C B, Karl T R. The quality control of long-term climatological data using objective data analysis[J]. J Appl Meteor,1995,34:2787-2795

[2] 翟盘茂. 中国历史探空资料中的一些过失误差与偏差问题[J]. 气象学报,1997,55(5):563-572.

[3] 熊安元. 北欧气象观测资料的质量控制[J]. 气象科技,2003,31(5):315-320.

[3] 刘小宁,任芝花. 地面气象资料质量控制方法研究概述[J]. 气象科技,2005,33(3):199-203.

[3] 陶士伟,张跃堂,陈卫红,等. 全球观测资料质量监视评估[J]. 气象,2006,32(6):532-58.

[4] 刘黎平,张沛源,梁海河,等. 双多普勒雷达风场反演误差和资料的质量控制[J]. 应用气象学报,2003,14(1):17-29.

[5] 孟昭林,王红艳. 提高新一代多普勒天气雷达产品数据质量的途径与方法[J]. 气象科技,2006,34(sup.):85-89.

[6] 周尚河. 全国高空资料质量控制和建库方法的研究[J]. 应用气象学报,2000,11(3):364-370.

[7] 王伯民. 基本气象资料质量控制综合判别法的研究[J]. 应用气象学报,2004,15(增刊):50-59.

[8] 王新华,罗四维,刘小宁,等. 国家级地面自动站A文件质量控制方法及软件开发[J]. 气象,2006,32(3):107-112.

[9] 王海军,杨志彪,杨代才,等. 自动气象站实时资料自动质量控制方法及其应用[J]. 气象,2007,10(33):102-109.

[10] 任芝花,赵平,张强,等. 适用于全国自动站小时降水资料的质量控制方法[J]. 2010,36(7):123-132.

[11] 冯秀燕,何志军,王荷平,等. 自动气象站实时资料质量控制开放式平台设计[J]. 2010,21(4):506-512.

[12] 俞小鼎. 新一代天气雷达业务应用论文集[M]. 北京:气象出版社,2008.

[13] 肖娇艳,刘黎平. 新一代天气雷达网资料三维格点化及拼图方法研究[J]. 气象学报,2006,64(5):647-657.

[14] 李柏. 天气雷达及其应用[M]. 北京:气象出版社,2011.

[15] Mashall J S, Palmer W M. The distribution of raindrops with size[J]. J Meteor,1948,5:165-166.

[16] Mashall J S. Power-law relations in radar meteorology[J]. J Appl Meteor,1969,8:171-172.

[17] Kitchen M. Towards improved radar estimates of surface precipitation rate at long range[J]. Q J R Meteorol Soc,1997,123:145-163.

[18] Vignal B, Herve A. Identification of vertical profiles of reflectivity from volume scan radar data[J]. 1999,8:1214-1228.

[19] 史锐,程明虎,崔哲虎,等. 用反射率因子垂直廓线联合雨量计校准估测夏季区域强降水[J]. 应用气象学报,2005,6(6):737-745.

[20] Xiao R, Chandrasekar V. Multiparameter radar rainfall estimation using neural network techniques[C]. Preprints,27th Conf. on Radar Meteorology,Amer Meteor Soc,1995:199-204.

[21] 张培昌,杜秉玉,戴铁丕. 雷达气象学[M]. 北京:气象出版社,2001.

[22] 愈小鼎,姚秀萍,熊廷南,等. 多普勒天气雷达原理与业务应用[M]. 北京:气象出版社,2006:217-231.

[23] 刘黎平,吴林林,杨引明. 基于模糊逻辑的分步式超折射地物回波识别方法的建立和效果分析[J]. 气象学报,2007,65(2):252-260.

[24] Kessinger C, Ellis S, Vanandel J, et al. The AP clutter mitigation scheme for the WSR-88D[C]. Preprints

of 31st Conference on Radar Meteorology,Seattle Washington. Amer Meteor Soc,2000:526-529.

[25] Steiner M,Smith J A. Use of three dimensional reflectivity structure for automated detection and removal of nonprecipitating echoes in radar data[J]. J Atmos Oceanic Tech,2002,19:673-686.

[26] Lakshmanan V,Fritz A,Smith T,et al. An automated technique to quality control radar reflectivity data [J]. J Appl Meteor Climatol,2007,46:288-305.

[27] 梁海河,孟昭林,张春晖,等. 综合气象观测运行监控系统[J]. 气象,2011,37(10):1292-1300.

[28] 裴翀,宋连春,吴可军,等. 我国综合气象观测运行监控系统的设计与实践[J]. 气象,2011,37(2):213-218.

# 自动气象站实时数据质量分析及质控算法改进*

周 青[1,2] 张乐坚[2] 李 峰[2] 秦世广[2] 李 雁[2] 周 薇[2] 刘银锋[2]

(1. 南京信息工程大学,南京 210044;2. 中国气象局气象探测中心,北京 100081)

**摘 要**:自动气象站实时资料对于气象预警、决策服务、预报验证等方面具有重要意义,为确保自动气象站实时资料的科学性和准确性,开展实时资料质量控制工作十分必要。本文对综合气象观测系统运行监控平台中国家级自动气象站 2013 年的数据质量情况进行了统计和分析,并基于自动气象站历史数据研究了特殊天气事件发生时气象要素的变化规律以及要素之间的内部一致性,提出了高湿事件和单站天气突变事件的判断条件以改进自动气象站质量控制算法,最后给出了新算法的应用情况,结果表明改进后的质控算法有效地降低了数据误判率,取得了较好的控制效果。

**关键词**:自动气象站 实时资料 质量控制 特殊天气事件

## 引 言

自动气象站作为地面气象观测网中站网密度最大的全天时观测设备,其观测资料已广泛应用于预报验证、灾害预警、决策服务等领域,因此对自动气象站实时数据进行有效的质量控制不仅是发挥气象资料高效益、提供科学准确的服务产品的前提,更是及时发现设备故障、保证综合气象观测系统正常运行的手段。针对不同的气象要素,国内外研制了相应的数据质量控制系统[1-4],北欧对自动气象站数据进行了台站级、入库前实时、入库后非实时以及人工质量控制[5];中国业务系统为台站级、省级和国家级的三级质量控制[6-11];目前国内外针对自动气象站实时观测资料的质量控制方法主要有:界限值检查、台站或区域气候极值检查、内部一致性检查、时间一致性检查、空间一致性检查、均一性检查、统计学检查、利用神经网络等人工智能技术的检查以及利用气候资料质量控制的空间概率方法等[7-23]。

我国综合气象观测系统运行监控平台(简称 ASOM)[24]作为气象探测技术装备监控与保障的业务应用系统,自 2010 年投入全国业务运行以来,显著提升了综合气象观测网探测设备的运行能力以及气象灾害的预警与监测水平。平台中运行的 2000 多套国家级台站的自动气象站为强降水、大风、高温、低温等各类气象灾害预警提供了实时监测数据[25,26],且该数据也可作为间接判断设备运行状态的辅助手段,因此自动气象站的数据质量显得至关重要。目前自动站质量控制程序在 ASOM 中运行稳定、准确率较高,为及时有效地发现设备故障提供了可靠依据。然而算法运行中仍存在一些问题,如单站发生高湿事件时,使得相对湿度连续 12 个时次甚至 24 个时次以上不变或变化极小,导致无法通过持续性检查;当单站发生局地性小尺度天气事件时,地温等相关要素在时间上与前后时次相比呈现突变性,空间上与邻近站点相

---

\* 本文发表在《气象科技》,2015,43(05):44-52.

比呈现差异性,从而导致传统的质量控制方法发生误检。因此,为了提高质量控制方法的检测性能,需要针对这些特殊天气事件来改进数据质量控制算法。王海军等[27]针对由小尺度天气系统扰动引起的微气象误差研制了单站大幅降温事件检查方法,是通过比较所有地温、气温要素项的时间一致性质控码之和来实现的,算法应用于湖北全省自动气象站数据得到了较好的控制效果;赵煜飞等[28]考虑了连续多个时次相对湿度数据无变化检查,以95%为临界点分别设置高湿和低湿的持续性检查时间阈值;张志富等[29]利用5年的自动气象站历史气温数据统计出了我国各区域气温连续无变化的时间阈值。因此可考虑通过统计历史数据分析各个气象要素的时空变化特性以及要素间的内在一致性关系,从而研究特殊天气事件的发生条件。

本文首先基于ASOM自动气象站数据质量控制方法,统计了2013年的国家级台站自动气象站的数据质量情况并对结果进行了具体分析;然后通过统计2400多个国家级台站自动气象站2011年一整年的逐小时观测数据,分析了相对湿度持续不变特性以及与降水、露点温度差的关系,地温跳变数值分布以及与气温等要素的关系,相对湿度跳变数值分布以及与水汽压等要素的关系,从而研究高湿事件、单站天气突变事件的发生规律以及判断依据,以改进自动气象站质量控制算法;最后给出了利用改进后的算法对2014年6—8月自动气象站逐小时资料的质量评估结果。

## 1. 数据质量控制方法简介

ASOM中自动气象站数据质量控制方法主要有:气候极值范围检查、时间一致性检查、空间一致性检查、内部一致性检查、持续性检查和综合控制检查。考虑到实时资料的特点,对质控结果只设置4种质量控制码(0~3),0表示正确,1表示可疑,2表示异常,3表示数据错误。按照流程,每日每小时读取各台站当前小时及其前6个小时质量控制后的自动气象站资料,依次进行气候极值范围、时间一致性等各项检查,对同一要素数据,每种质控方法均生成相应的控制码,最后利用综合检查,确定每个数据最终的质量控制码。

### 1.1 气候极值范围检查

对气象资料进行气候极值检查前一般要经过界限值和要素允许值范围检查,考虑到实时资料时效性,将气候极值检查和界限值结合在一起进行,即气候极值范围检查。该方法设计时取要素设计值的置信区间上(下)限为气候极值的上(下)界值,每种要素各月极值乘以一个放大系数后,再加上(减去)2倍的标准差,便得到各要素各月的气候极值上(下)界值。通过此种方式可计算全国范围内所有站点各要素各月的上(下)界值,对于超过置信区间上(下)限的数据,认为其错误。

### 1.2 内部一致性检查

有些气象观测要素相互之间关系密切,其变化规律具有一致性。根据该特性,就可对相关数据是否保持这种内部关系来检查其是否发生异常,以确保数据质量,即为内部一致性检查。如可通过露点温度与水汽压的函数关系,即马格努斯公式计算露点温度,若计算值与实测值相差较大(绝对值大于1.0℃),则露点温度与水汽压至少有1个要素有疑误。

## 1.3 时间一致性检查

(1)时变检查

大气中的有些观测数据与时间显著相关,具有良好的时间一致性,将此类数据与其时间上前、后的测值相比较,来判断其数据是否发生异常。考虑到实时资料时效性,ASOM 通过比较被检时次的要素值与前一时次、前 2 个时次要素值的差异来判断该要素值的质量。例如,当 $|T_0-T_1|>8℃$ 且 $|T_0-T_2|>12℃$ 且 $(T_0-T_1)(T_0-T_2)>0$ 时($T_0$、$T_1$、$T_2$ 分别为当前时次、前一时次、前 2 个时次的气温值),则认为当前时次气温值异常。

(2)持续性检查

在一段时间内(如一天),许多气象要素值会随着时间、地域的变化出现一定范围内的波动,如果某要素值持续没有发生变化或变化幅度过大都有可能是观测仪器或传输设备出现故障。检验气象要素随时间的变化区间、幅度是否在合理范围内称之持续性检查。这里用标准差来衡量某要素值可能的变化或波动程度。ASOM 系统中是通过计算被检时次与前 6 个时次要素值的标准差来实现持续性检查的。

## 1.4 空间一致性检查

气象要素分布的地理空间具有相关性,空间距离较近的气象站点的特征值比距离较远的站点具有更大的相似性。空间一致性检查即是根据上述特点进行的,其有效性取决于观测站网的密度和被检参数与空间的相关程度。ASOM 根据插值原理,对于被检站被检时次的某个要素,使用邻近参考站的数据来估计被检站数据(考虑要素随海拔高度的垂直变化、气象要素距离相关性的衰减系数等因素),再根据实测值与估计值差值大小,确定数据质量控制码。

## 1.5 综合检查

综合检查是利用上述检查结果,确定每个数据最终的数据质量状况。如果气候极值检查或持续性检查结果为数据错误,则综合检查结果为错误;如果某要素时变检查和空间一致性检查结果均显示数据异常,则综合检查认为该数据错误。

## 2. 数据质量统计及分析

基于上述数据质量控制方法,利用 ASOM 统计了 2013 年 1 月 1 日至 12 月 31 日国家级台站自动气象站的数据质量情况,结果如图 1 所示。可见自动气象站数据错误的主要要素是地温,统计时段内共发生 6084 次错误,占总比率的 78%;其次为湿度和气温,所占比率分别为 11% 和 9%。从各要素错误量的逐月变化(图 2)来看,自动气象站数据要素错误(尤其是地温要素)时间主要集中发生在 5—9 月,其中地温、湿度和气温三要素错误量均在 8 月达到峰值;3、4 月以及 10、11 月各要素错误量均为 0,数据质量相对较好。

通过具体分析地温要素错误原因可知,气候极值检查方法得到错误量为 4010 时次,所占比率约为 66%,其余 34% 的地温错误是由于时变检查和空间一致性检查均为异常(这里简称为时空异常)导致的结果。

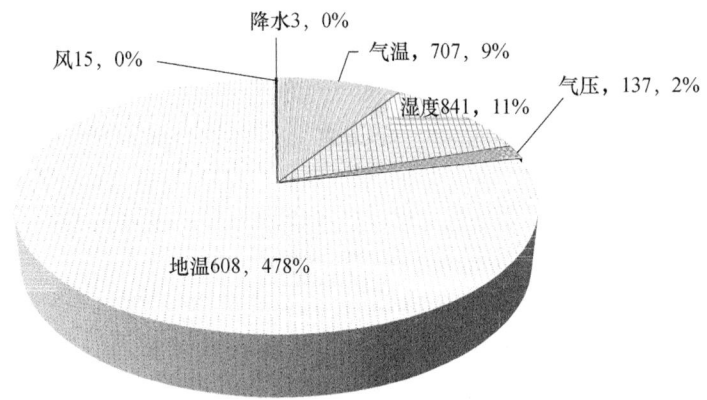

图 1　国家级自动气象站各要素错误比率

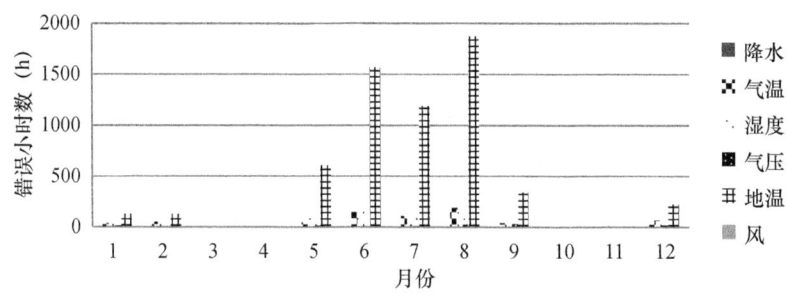

图 2　国家级自动气象站各要素错误逐月统计

从各个不同地温要素来看，浅层地温(5～20 cm 地温)和深层地温(40～320 cm 地温)的错误量共计 2662 时次，均为气候极值检查方法错误，数据显示出间歇性跳变(如由 20℃突然跳变至-67.8℃等)或连续性异常(如连续 6 h 维持-24.6℃等)，经核实是由于外来干扰信号的影响导致数据间歇性跳变，地温传感器故障或通信线缆损坏导致数据异常。地表温度(包括小时地面温度、最高地面温度和最低地面温度)的错误量共计 3422 时次，其中约 65％是由于设备故障引起的数据错误，约 22％为超过历史气候极值引起的误判，15％为单站天气突变(大幅升温或降温等)引起的时空异常误判，例如，贵州惠水 6 月 22 日 12:00 地面最高温度达 67.8℃，超历史气候极值导致数据误判；贵州黄平 5 月 14 日 15:00 由于降雨导致地表温度相比前一时次骤降了 23.2℃，云南保山 6 月 27 日 13:00 由于晴空太阳辐射导致地表温度相比前一时次骤升 20.5℃，致使时变检查和空间一致性检查均未通过而误判。因此，改进地温质控方法需要从极值检查和单站天气突变事件这两个方面进行。

通过具体分析湿度要素错误原因可知，气候极值检查方法得到错误量为 357 时次，所占比率约为 43％，持续性检查方法得到错误量为 62 时次，所占比率约为 7％，其余 50％的错误是由于时空异常导致的结果。

从各个不同湿度要素来看，露点温度的错误量共计 512 时次，其中约 70％为气候极值检查方法错误，数据显示出连续性异常(如连续数个小时维持-80℃等)，经分析是由于自动气象站采集器故障导致温、压、湿、风等要素缺测以及露点温度出现异常值，其余 30％是由于时空异常导致的误判，例如，陕西合阳站 5 月 19 日 23:00 露点温度为-6.1℃，相比前一时次降低了14℃,相对湿度也由36%降至13%,系统利用时变检查和空间一致性检查判为数据错误,而数据变化实属正常;水汽压的错误量共计164时次,均为单站天气突变(大幅升温或降温等)引起的时空异常误判,例如,陕西大荔6月1日19:00水汽压为27.5 hPa,相比前一时次上升了11.6 hPa,相对湿度也由33%升至64%,系统将此正常数据误判为错误;相对湿度(包括小时相对湿度和小时最小相对湿度)的错误量共计164时次,其中约62%是由于时空异常导致的误判,其余38%是由于高湿环境下相对湿度值持续不变导致未通过持续性检查而误判。因此改进湿度质控方法需要从单站天气突变事件和高湿事件这两个方面进行。

通过具体分析气温要素错误原因可知,小时气温、小时最低气温、小时最高气温的错误量共计707时次,其中97%为设备故障引起的数据错误,3%为单站天气突变(大幅升温或降温等)引起的时空异常误判,例如,湖南桑植7月19日18:00由于降雨(24.8 mm)导致气温相比前一时次骤降了11.1℃,致使时变检查和空间一致性检查均未通过而误判。因此改进气温质控方法主要从单站天气突变事件这个方面进行。

综上所述,我国自动气象站数据错误的主要要素为地温、气温和湿度,且要素错误时间主要集中发生在5—9月(我国雨季),这是由于在副热带高压和东亚季风的环流形势下,雷暴、飑线等局地性强对流天气频发,导致相关气象要素发生"异常",无法通过传统的质量控制检查;通过对各要素错误原因分析得知,目前的质控方法准确率较高,且检测出的错误数据基本能反映出自动气象站运行状态,由设备故障导致地温、湿度、气温要素错误的比例分别为80%、43%和97%;然而系统中仍有算法误判现象,通过分析得知改进自动气象站质量控制算法需要从以下3个方面进行。

(1)由于气候极值检查方法中所用极值库是由我国地面观测站1960—1990年的30年历史观测数据组成的,而21世纪以来全球气候变化引起的极端天气(暴雨、高温、大风)频发导致历史气候极值不断被突破,致使数据无法通过气候极值检查而造成误检,因此历史极值库需要不断更新才能满足数据质量控制的需求。另外,由于气候极值的置信区间设置也存在不合理性,将超过极值2倍标准差的数据标注为疑误数据的做法缺乏科学依据,并且超极值的数据不一定为疑误,但超过界限值的数据就一定为错误数据,因此应该将气候学界限值检查与气候极值检查分开进行应该更合理。

(2)当湿敏电容长期处于高温高湿环境条件下,就会出现当环境湿度下降后,传感器测量值很长时间降不下来,数据上表现为相对湿度连续12个时次甚至24个时次以上不变或变化极小,导致无法通过持续性检查而误判,这是传感器的固有缺陷而不是设备故障,因此有必要针对高湿事件来改进自动站持续性检查方法。

(3)当单站发生局地性小尺度天气(雷暴、阵雨、大风等)过程时,气温、地温、露点温度、水汽压等要素在时间上与前后时次相比呈现突变性,空间上与邻近站点相比呈现差异性,传统的质量控制方法会将这些要素误判为错误,因此亟须研究这些特殊天气事件发生时的气象要素变化规律,以减少自动站质控算法的误判比率。

## 3. 算法改进研究

为了提高质量控制方法检测性能、较少误判率,将考虑从高湿事件和单站天气突变事件来改进自动气象站数据质量控制算法。因此,在ASOM上选取了全部国家级台站自动气象站

2011年1月1日至12月31日一整年的整点观测数据来进行分析,为了统计的科学性和准确性,先选取质控码为0~1,即算法判断为正确和可疑的数据,然后进行人工判断,最后筛选出经过核实确认为正确的数据。通过数据统计研究这些特殊天气事件的规律,并归纳出发生特殊天气事件的判断依据,以改进自动站质量控制算法。

## 3.1 高湿事件

在实际观测中,我国南方高山地区会遇到持续出现雾或毛毛雨等天气现象,这种高湿环境容易导致出现连续长时间的正点相对湿度饱和或维持高值的状况,这符合当地的天气实况,而当环境湿度下降后,传感器测量的相对湿度很长时间降不下来而使测量失效,往往要经很长时间传感器才能恢复正常测量,这是由于传感器的固有缺陷导致的测量滞后,要与传感器故障区分开来。因此针对这种情况应考虑根据不同的测量值来设定相应的持续性检查时间阈值,并结合其他气象要素条件,如降水量以及温度露点差来综合判断是否发生高湿事件。

### 3.1.1 持续性检查时间阈值统计

为分析连续长时间相对湿度无变化的可靠性,基于2011年自动气象站正点数据统计了0%~100%各相对湿度(用$U$表示)值持续不变(即一段时间内标准差为0)发生的平均时长以及最大时长,结果如图3所示。当$U>95\%$时,湿度值持续不变时间最长均达72 h,持续不变平均时长为11.38 h;当$90\%<U\leqslant95\%$时,持续不变时间最长达52 h,平均持续时间为9.09 h;当$U\leqslant90\%$时,持续不变时间最长达22 h,平均持续时间为6.37 h。可知高湿环境下相对湿度无变化的持续时间较长,而非高湿环境下的相对湿度持续不变时间较短。

因此,可考虑将90%作为高湿事件发生的临界条件,在$U>90\%$的高湿环境下,相对湿度持续性检查时间阈值设置为$N1$,而在$U\leqslant90\%$的非高湿环境下,阈值设置为$N2$。$N1$和$N2$为可调质控参数,根据图3统计结果可考虑设$N1=12$ h,$N2=7$ h。

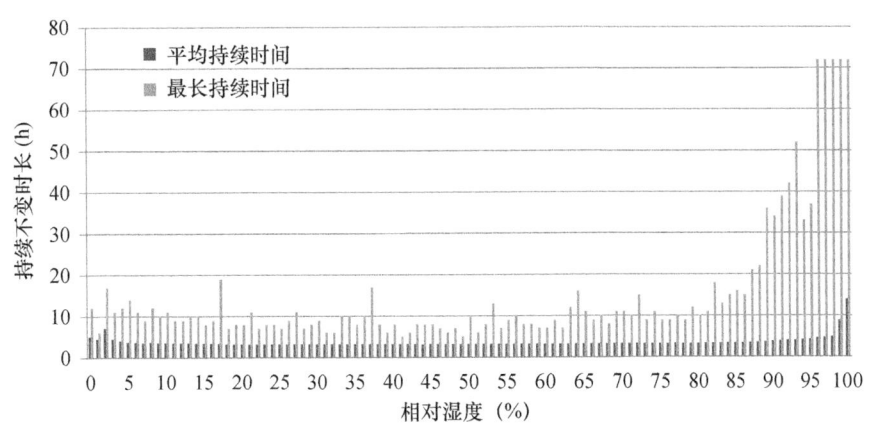

图 3 各相对湿度值持续不变时间统计

### 3.1.2 相对湿度与其他要素关系

为了研究高湿事件发生时的其他气象要素特征,分别统计了当相对湿度连续不变化情况发生时,相对湿度值与持续不变时段的累计降雨量以及初始时刻的温度露点差值的关系。图

4 展示了相对湿度持续不变时段的累计降雨量($R>0$ mm)与相对湿度值的对应关系,可知降雨主要集中发生在相对湿度>90%时的情况,即相对湿度持续不变的高湿环境中一般都产生降雨。

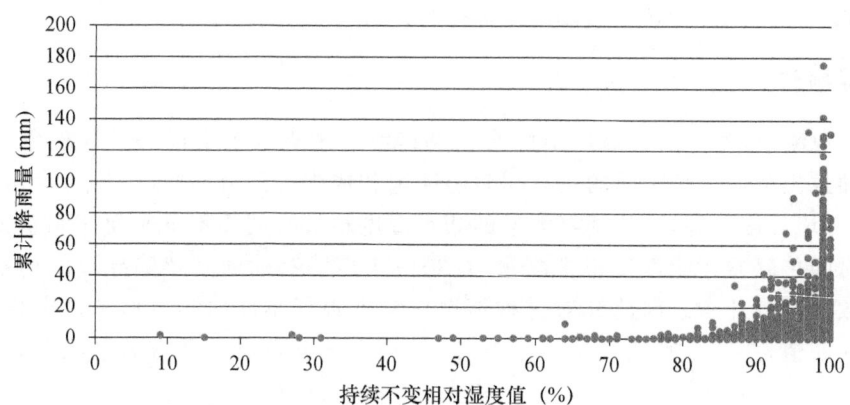

图 4　累计降雨量($R>0$ mm)与持续不变相对湿度值的对应关系

图 5 展示了相对湿度持续不变且累计降雨量>0 的时段内,相对湿度值与初始时刻温度露点差的对应关系,可见二者呈现非常好的对数关系:$y=-14.79\ln(x)+68.158$,其中 $x$ 为相对湿度值,$y$ 为温度露点差,相关系数为 0.9928,由公式可计算当 $x>90\%$ 时(即高湿环境下),$0℃\leqslant y\leqslant 1.6℃$。因此,可考虑将温度露点差的取值范围作为高湿事件的辅助判断条件。

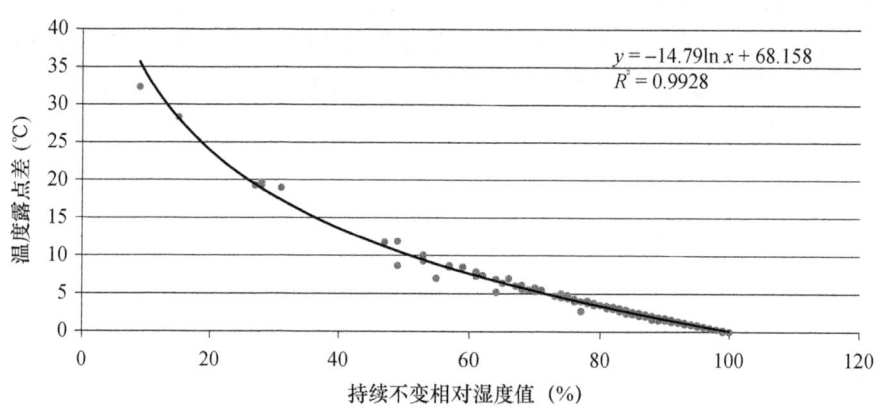

图 5　温度露点差与持续不变相对湿度值的对应关系

综上所述,相对湿度的高湿事件持续性检查算法可以设置为:

(1)若 $U\in[90\%,100\%]$ 时,连续 N1 个及以上正点相对湿度相等,且该时段内累计降雨量≠0 或者温度露点差∈$[0℃,1.6℃]$,则相对湿度值判为可疑,即 $QC=1$。

(2)若 $U\in[90\%,100\%]$ 时,连续 N1 个及以上正点相对湿度相等,且该时段内累计降雨量=0 或者温度露点差>1.6℃,则相对湿度值判为异常,即 $QC=2$。

(3)若 $U\in(0\%,90\%)$ 时,连续 N2 个及以上正点相对湿度相等,且温度露点差>1.6℃,则相对湿度值判为错误,即 $QC=3$。

## 3.2 单站天气突变事件

在副热带高压和东亚季风的环流形势下,雷暴、大风、阵雨等局地性强对流天气在我国雨季(尤其是午后)频发,使得单站发生大幅升(降)温、短时降水等天气突变事件,从而导致相关气象要素发生"异常",如某测站由于天气突然变化(如由晴转雨或者由阴转晴时),使气温和地面温度等要素无法通过时变检查和空间一致性检查,从而引起误判。

通过实际观测发现以下几种单站天气突变事件。

(1)由降雨、雷暴引起的小时地表温度、气温骤降。例如,贵州安顺2012年4月12日16:00由于9.4 mm的降水导致地表温度从15:00的50.7℃降到8.1℃,气温从15:00的25.6℃降到15.5℃。

(2)干冷空气侵入导致相对湿度、水汽压以及露点温度骤降。例如,陕西子洲2012年4月19日10:00由于刮西北风(2 min平均风速由0 m/s增至3.4 m/s,2 min平均风向变为329°)导致相对湿度从58%降到14%,水汽压从8.4 hPa降到2.8 hPa,露点温度从4.5℃降到−10.3℃。

(3)天空云量增大且无降水导致的地表温度骤降。例如,陕西凤翔2012年4月20日14:00地面温度从45.2℃降到28.7℃,原因是13:00有浓密云层遮住太阳。

(4)午后太阳辐射增强且云量减少导致的地表温度骤升。例如,黑龙江绥棱2012年7月8日12:00由于晴空无云太阳辐射增强导致地表温度由11:00的42.7℃升至59℃。

针对以上情况考虑统计地表温度、相对湿度等要素在单站天气突变事件中产生小时变温的幅度,并结合气温、露点温度、水汽压等其他相关要素前后时次变化的一致性(均升高或均降低),从而完成单站天气突变事件检查。

### 3.2.1 地表温度时变检查算法改进

首先基于2011年自动气象站正点数据对地表温度小时变温(10℃以上)的分布频率情况做了统计,考虑实时数据的特点,计算了D0-D1数值分别处于(10℃,20℃]、(20℃,30℃]、(30℃,40℃]、(40℃,∞)、[−20℃,−10℃)、[−30℃,−20℃)、[−40℃,−30℃)、(−∞,−40℃)这8个区间的分布频率,其中D0为当前时次地表温度,D1为前一时次地表温度,结果如图6所示,可见小时变温处于(10℃,20℃]和[−20℃,−10℃)这两个区间的频率最高,且地温骤升的发生频率(59.05%)比骤降的发生频率(38.2%)要高,因此,可考虑参考这2个区间来设置单站地表温度时变检查跳变阈值。

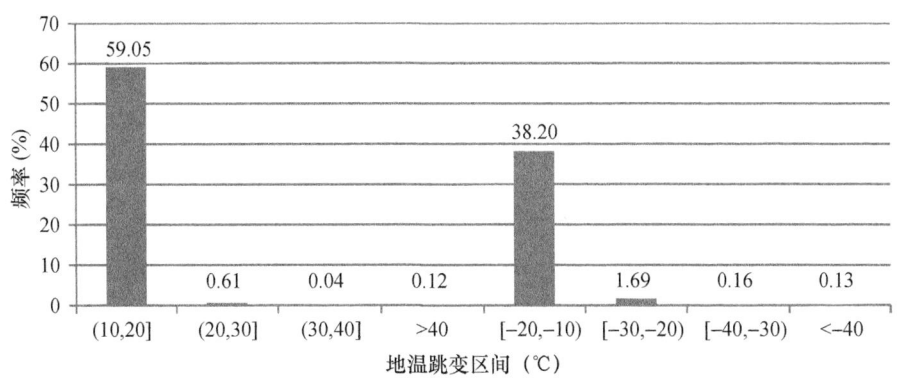

图6 地表温度小时变温的分布频率

为研究地表温度、气温、相对湿度在单站大幅降温/升温事件中的内部一致性关系,统计了单站地表温度在上述跳变区间内的同时次气温、相对湿度的小时跳变数值,并分别将小时地温变温与小时气温变温、小时相对湿度变湿的对应关系以散点图的形式进行展示,如图7、图8所示。可见当单站大幅升温/降温事件发生时,地温时变与气温时变基本存在正相关关系(相关系数为0.6887),即地温大幅升高(降低)时气温也相应升高(降低);而地温时变与相对湿度时变基本存在负相关关系(相关系数为0.525),即地温大幅升高(降低)时相对湿度则降低(升高),呈反方向变化。

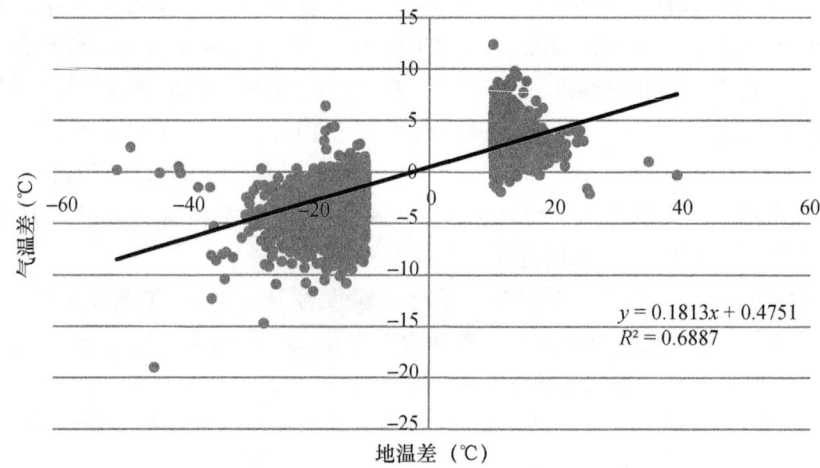

图7　小时地表温度变温与小时气温变温的散点图

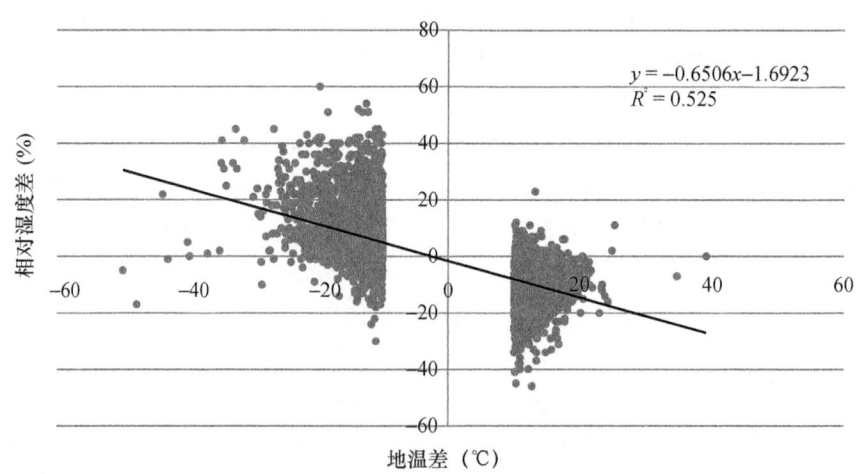

图8　小时地表温度变温与小时相对湿度变湿的散点图

因此,地表温度发生单站天气突变事件的判断条件可以设置为:$|D0-D1|>10℃$,且$(T0-T1)×(D0-D1)>0$,或者$(U0-U1)×(D0-D1)<0$($T0$、$T1$分别为当前时次和前一时次的气温值,$U0$、$U1$分别为当前时次和前一时次的相对湿度值,$D0$、$D1$分别为当前时次和前一时次的地表温度值)。利用单站天气突变事件来弥补时变检查算法的不足,从而优化自动站数据质量控制算法。

### 3.2.2 相对湿度跳变检查算法改进

同理,对相对湿度小时变化(15%以上)的分布频率情况做了统计,即计算了 $U0-U1$ 数值分别处于(15℃,25℃]、(25℃,35℃]、(35℃,∞)、(-25℃,-15℃]、(-35℃,-25℃]、(-∞,-35℃]这6个区间的分布频率,其中 $U0$ 为当前时次相对湿度,$U1$ 为前一时次相对湿度,结果如图9所示,可见小时变湿处于(-25℃,-15℃]区间的频率最高(48.85%),其次为(15℃,25℃)区间,且由图9可见相对湿度骤降的发生频率比骤升的发生频率要高,因此可考虑参考这些区间来设置单站相对湿度时变检查跳变阈值。

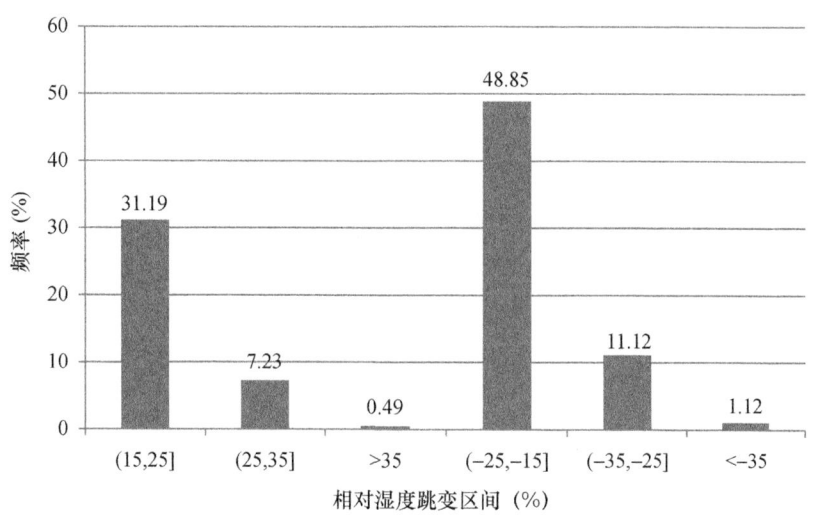

图9 相对湿度小时变化的分布频率

为研究相对湿度、露点温度、水汽压在单站大幅降温/升温事件中的内部一致性关系,统计了单站相对湿度在上述跳变区间内的同时次露点温度、水汽压的小时跳变数值,并分别将小时相对湿度变湿与小时水汽压变压、小时露点温度变温的对应关系以散点图的形式进行展示,如图10、图11所示。可见当单站大幅升温/降温事件发生时,相对湿度时变与水汽压时变、露点温度时变均基本存在正相关关系(相关系数分别为0.7125和0.8844),即相对湿度大幅升高(降低)时水汽压和露点温度也相应升高(降低)。

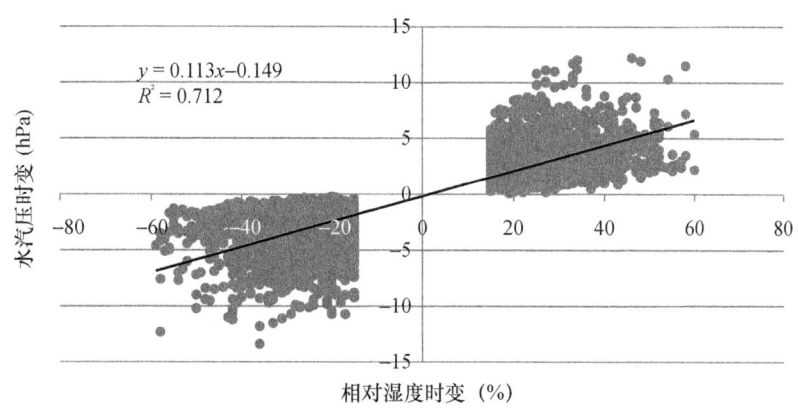

图10 小时相对湿度变湿与小时水汽压变压的散点图

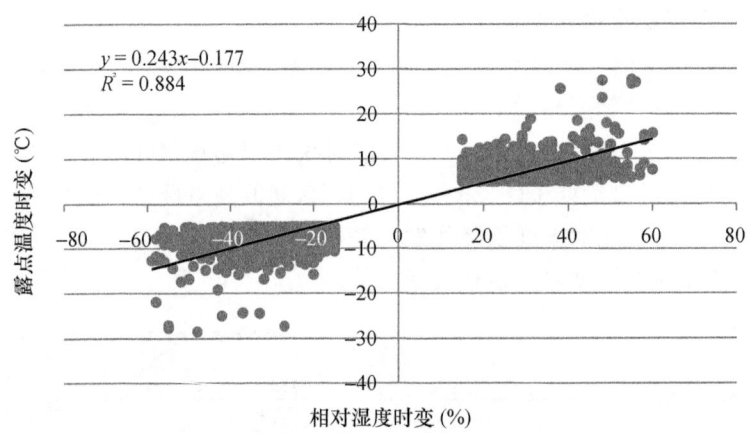

图 11　小时相对湿度变湿与小时露点温度变温的散点图

因此,相对湿度发生单站天气突变事件的判断条件可以设置为:$|U0-U1|>15\%$ $|Td0-Td1|>5℃$,且 $(U0-U1)×(Td0-Td1)>0$ $(Td0-Td1)×(U0-U1)>0$,或者 $(U0-U1)×(E0-E1)>0$ $(Td0-Td1)×(E0-E1)>0$($Td0$、$Td1$ 分别为当前时次和前一时次的露点温度值,$U0$、$U1$ 分别为当前时次和前一时次的相对湿度值,$E0$、$E1$ 分别为当前时次和前一时次的水汽压值)。

## 4. 算法应用

基于上述特殊天气事件判断依据的讨论,对自动气象站实时数据质量控制算法进行了改进,并应用于 ASOM 中国家级台站自动气象站 2014 年 6 月 1 日至 8 月 31 日实时上传的小时数据,同时对质控算法改进前后得到的结果进行了比对,如图 12 所示,可见旧算法发生的数据错误总量为 2283 次,而新算法则共发生 1571 次的错误,相比旧算法检测出的数据错误量减少了约 31%,说明新算法提高了质控检查的正确率。新算法检测出的各要素数据错误比率如图 13 所示,其中地温、气温、湿度依旧为引起自动站数据错误的主要要素,分别占比率的 77%、14%、9%。

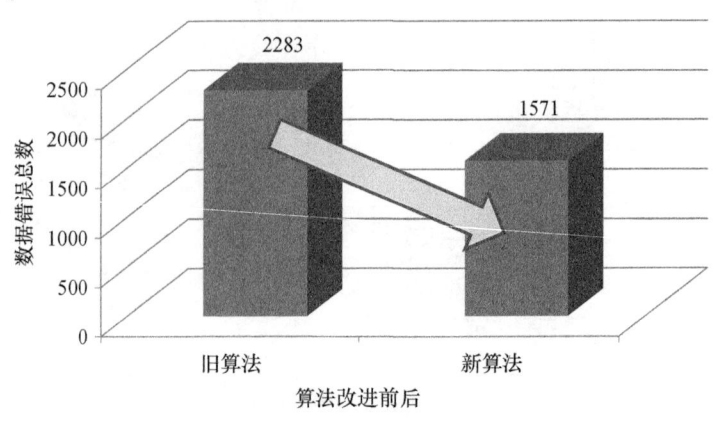

图 12　2014 年 6—8 月国家级自动气象站运用新旧质控算法所得数据错误总量对比

通过新算法检测出的单站天气突变事件共计 504 例,其中地温要素 307 例、气温要素 15 例、湿度要素 182 例,经与台站确认核实,检测出的单站天气突变事件均符合实际情况,即均是由于太阳辐射增强导致地温、气温要素骤升或者降雨引起的相应要素骤降;新算法检测出的高湿事件共计 34 例,经核实发生高湿事件的台站相对湿度值均高于 90%,持续不变时长高达 12 小时以上,且期间均有降雨产生,符合台站天气实况。因此,通过单站天气突变事件和高湿事件的检测,减少了传统质量控制算法造成的误判率,提高了质控结果的可信度。

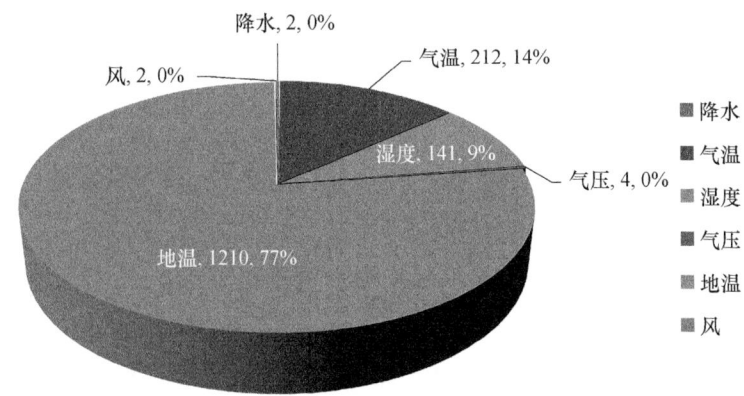

图 13　运用新算法得到的 2014 年 6—8 月国家级自动气象站各要素错误比率

## 5. 结论

(1)对 ASOM 中国家级台站自动气象站 2013 年 1 月 1 日至 12 月 31 日的数据质量情况进行了统计,通过分析得知该质量控制算法准确率较高,基本能检测出由设备运行问题导致的数据错误,其中由设备故障导致地温、湿度、气温要素错误的比例分别为 80%、43%、97%;针对系统中的算法误判现象,从更新历史极值库、增加特殊天气事件判断(包含高湿事件和单站天气突变事件)2 个方面来改进自动气象站质量控制算法。

(2)通过统计分析 ASOM 国家级台站自动气象站的历史数据,研究特殊天气事件发生时气象要素的变化规律以及要素之间的内部一致性,提出相对湿度的高湿事件持续性检查算法以及地温、相对湿度的单站天气突变事件的判断条件,据此改进自动站质量控制算法。新算法通过实际检验减少了误判率,取得了较好的应用效果。

(3)本文特殊天气事件检查是通过自动气象站观测要素本身以及不同要素间的变化规律来实现的,然而当自动气象站发生故障,如遭雷击、受电磁干扰等,相关观测要素也会显现出一致的变化特性,从而引起误判,这时可考虑利用其他设备的同种观测要素值来做辅助判断,如利用天气雷达估计降水、卫星红外云图等方式来做降水的质量控制,这将是下一步要做的工作;另外,由于自动气象站质量控制算法是统一在国家级平台运行,仅凭台站的观测数据对于当地的局地天气过程判断可能不确切,当出现误判时需要台站进行人工核实确认,因此,未来将考虑将该算法部署在台站以提高运行效率和准确性。

## 参考文献

[1] Eischeid K J, Baker C B, Karl R T, et al. The quality control of long-term climatological data using objective data analysis[J]. JOURNAL OF APPLIED METEOROLOGY, 1995, 34: 2787-2795.

[2] Peterson T C, Vose R, Schmoyer R, et al. Global historical climatology network quality control of monthly temperature data[J]. International Journal of Climatology. 1998, 18: 1169-1179.

[3] Feng S, Hu Q, Qian W. Quality control of daily meteorological data in China, 1951-2000: A new dataset[J]. International Journal of Climatology, 2004, 24(7): 853-870.

[4] Sciuto G, Bonaccorso B, Cancelliere A, et al. Quality control of daily rainfall data with neural networks[J]. Journal of Hydrology, 2009, 364(1-2): 13-22.

[5] 熊安元. 北欧气象观测资料的质量控制[J]. 气象科技, 2003, 31(5): 314-320.

[6] 任芝花, 熊安元. 地面自动站观测资料三级质量控制业务系统的研制[J]. 气象, 2007, 33(1): 19-24.

[7] 陶士伟, 仲跻芹, 徐枝芳, 等. 地面自动站资料质量控制方案及应用[J]. 高原气象, 2009, 28(5): 1202-1209.

[8] 任芝花, 熊安元, 邹凤玲. 中国地面月气候资料质量控制方法的研究[J]. 应用气象学报, 2007, 18(4): 516-523.

[9] 任芝花, 许松, 孙化南, 等. 全球地面天气报历史资料质量检查与分析[J]. 应用气象学报, 2006, 17(4): 412-420.

[10] 刘小宁, 任芝花. 地面气象资料质量控制方法研究概述[J]. 气象科技, 2005, 33(3): 199-203.

[11] 封秀燕, 何志军, 王荷平, 等. 自动气象站实时资料质量控制开放式平台设计[J]. 应用气象学报, 2010, 21(4): 506-512.

[12] 方炳兴. 常规气象资料质量的综合控制[J]. 气象, 1994, 20(2): 33-36.

[13] 李铁, 邹立尧, 国世友. 东北地区低温气象资料数据集及其质量控制[J]. 应用气象学报, 2004, 15: 164-167.

[14] 王伯民. 基本气象资料质量控制综合判别法的研究[J]. 应用气象学报, 2004, 15: 50-58.

[15] 任芝花, 刘小宁. 极端异常气象资料的综合性质量控制与分析[J]. 气象学报, 2005, 63(4): 526-533.

[16] 李良富, 王汉杰, 刘金玉, 等. 基于黑板模型的地面气象数据质量控制[J]. 气象科技, 2006, 34(2): 199-204.

[17] 刘小宁, 鞠晓慧, 范邵华. 空间回归检验方法在气象资料质量检验中的应用[J]. 应用气象学报, 2006, 17(1): 37-43.

[18] 岳艳霞, 陈静, 郭志斌. 区域自动站雨量资料质量控制方法及应用[J]. 气象科技, 2009, 37(4): 452-456.

[19] 何志军, 封秀燕, 何利德, 等. 气象观测资料的四方位空间一致性检[J]. 气象, 2010, 36(5): 118-122.

[20] 任芝花, 赵平, 张强, 等. 适用于全国自动站小时降水资料的质量控制方法[J]. 气象, 2010, 36(7): 123-132.

[21] 王海军, 刘莹. 综合一致性质量控制方法及其在气温中的应用[J]. 应用气象学报, 2012, 23(1): 69-76.

[22] 徐枝芳, 陈小菊, 王轶. 新建地面气象自动站资料质量控制方法设计[J]. 气象科学, 2013, 33(1): 26-36.

[23] 蒙炤臻, 林奕桐, 李仕强, 等. 自动站温度_雨量数据的质量控制方法和应用研究[J]. 气象研究与应用, 2014, 35(1): 99-103.

[24] 裴翀, 宋连春, 吴可军, 等. 我国综合气象观测运行监控系统的设计与实践[J]. 气象, 2011, 37(2): 213-218.

[25] 李雁, 梁海河, 孟昭林, 等. 自动气象站运行效能统计[J]. 应用气象学报, 2009, 20(4): 504-509.

[26] 李雁, 裴翀, 孟昭林, 等. 全国自动站运行能力统计及其影响因素分析[J]. 仪器仪表用户, 2010, 17(2): 4-8.

[27] 王海军, 杨志彪, 杨代才, 等. 自动气象站实时资料自动质量控制方法及其应用[J]. 气象, 2007, 33(10):

102-109.

[28] 赵煜飞,任芝花,张强. 适用于全国气象自动站正点相对湿度资料的质量控制方法[J]. 气象科学,2011,31(6):687-693.

[29] 张志富,任芝花,张强,等. 自动站小时气温数据质量控制系统研究[J]. 气象与环境学报,2013,29(4):64-70.

# 基于新型自动气象站运行状态的数据质量判识*

周青[1,2] 贾树泽[3] 张乐坚[2] 刘银锋[4] 李雁[2] 李峰[2] 秦世广[2]

(1. 南京信息工程大学,南京 210044;2. 中国气象局气象探测中心,
北京 100081;3. 国家卫星气象中心,北京 100081;4. 北京华云东方
探测技术有限公司,北京 100081)

**摘 要**:本文通过分别统计新型自动气象站相关设备监测点运行状态信息及同时段地温、气压、气温、湿度、风、降水6要素数据质量的正常或异常频率,对观测要素数据与设备状态信息做了相关性分析,并针对各要素统计了相关状态监测点的命中率、误警率等指标,结果表明,通信状态、设备自检状态及传感器这三个监测点运行正常时与观测数据间的一致性较好,正常命中率高于96%,而采集器、通信接口、计数器、AD、主板温度等部件状态异常时与观测数据间一致性较差,异常命中率低于3%。本文首次提出利用国内新型自动气象站运行状态文件来辅助判断相关观测要素质量,虽然在应用中还存在一定问题和改进方向,但对于改进数据质量控制方法、提高数据的真实性和可用性有着重要意义。

**关键词**:自动站 运行状态 质量判断 相关性分析

## 引 言

自动气象站作为地面气象观测的重要组成部分,其观测资料在气象预警、决策服务、预报验证等方面都逐渐发挥更加重要的作用,因此,根据自动气象站观测和传输特性研制一套有效的数据质量控制方法是重要而迫切的任务。随着气候研究的深入,国内外针对不同要素开展了相应的数据质量控制(Quality Control,QC)研究,北欧对自动站数据进行了台站级、入库前实时、入库后非实时以及人工质量控制[1];美国NCDC(国家气候资料中心)制作的全球地面小时数据集ISH中共使用了54种QC方法,包括变量检查、极值检查、内部一致性检查等[2];美国地面自动观测系统(简称ASOS)对资料质量进行了台站级、州级、国家级三级质量控制[3];我国针对台站月数据和逐小时数据分别开发了非实时和实时资料质量控制业务系统,采用了台站级、省级和国家级三级质量控制[4-7]。目前质量控制方法主要根据气象学、天气学、气候学原理,以气象要素的时间、空间变化规律和各要素间相互联系的规律为线索,分析气象资料是否合理,主要包括界限值检查、极值检查、内部一致性检查、空间一致性检查、时间一致性检查、均一性检查、气候统计检验、气象学公式检查、利用神经网络等人工智能技术的检查、自动控制和人机交互等[2,8-20]。因此,传统的质量控制方法是基于资料所反映的大气变量的物理气候特征,而没有考虑产生观测数据的自动气象站设备运行状况,由于设备运行的稳定性对观测数据质量

---

\* 本文发表在《气象科技》,2017,45(6):980-987。

产生直接影响,因此结合自动气象站设备的运行状态信息进行观测数据质量控制有着重要意义。

2011年至今,在山洪地质灾害防治气象保障工程带动下,完成了大气监测项目期间建立的常规国家级地面自动气象观测站向新型自动气象(气候)站的升级(目前该项工作还在开展)[21]。新型自动气象(气候)站基于CAN(Controller Area Network,控制器区域网)嵌入式系统技术和外部现场总线技术设计,采用了新一代主处理器,内嵌Linux操作系统,建立了完备的算法和质量控制体系,并基于设备内部自动检测技术设计了设备关键检测点(如采集器电源电压、频率、电流等)及相应状态值信息,实现了自动气象站运行状态和故障自动检测功能,可以解决由于缺乏状态信息而引起设备故障修复时间长、系统可用性低等问题,从而提高数据的真实性和可用性,有利于综合气象观测设备保障工作的开展。因此,可考虑利用新型自动气象站的状态文件信息,研制状态信息和观测数据两者相结合的质量控制方法。国内在利用观测数据判定设备运行状况方面做了相关工作,如基于风向传感器的格雷码盘的编码原理,通过统计风向观测数据来检测风向传感器故障[22],然而通过设备运行状态判定观测数据质量的工作目前未见报道。

本文提取了新型自动气象站的运行状态信息,通过统计地温、气压、气温、湿度、风、降水6要素数据质量及其相关设备监测点状态信息的正常或异常频率,对观测要素数据与设备状态信息做了相关性分析,从而初步提出基于设备状态来辅助判断探测数据质量的方法,且通过对观测数据质量的分析间接反映自动站设备的工作状况。

## 1. 新型自动气象站状态文件介绍

根据《国内地面自动站运行状态和设备信息XML编码格式》,新型自动站运行状态和设备信息主要包括13部分内容:基本信息、状态值、设备自检状态、传感器工作状态、电源类状态、工作温度类状态、加热部件工作状态、通风部件工作状态、通信类工作状态、窗口污染类工作状态、设备工作状况状态、设备状态信息和设备维护信息,每一部分又包含若干具体的要素状态信息,一个完整的状态文件由共计242条要素信息组成。其中,基本信息部分包括台站区站号、经纬度、观测时间;状态值部分包括温、压、湿、风、降水、地温、蒸发、日照、能见度、辐射等传感器的开通信息以及采集器电压、温度等数值;设备自检状态部分包括气候分采、地温分采、温湿分采、辐射分采等自检状态;传感器工作状态部分包括以上各观测要素传感器的工作状态;电源类状态部分包括主采、各个分采集器外接电源状态、主板电压状态、工作电流状态等;工作温度类状态部分包括主采、各个分采集器的主板温度及各辐射表的腔体温度状态等;加热部件工作状态表示能见度仪的发射器、接收器等加热状态;通风部件工作状态表示能见度仪的发射器、接收器以及各辐射表的通风状态;通信类工作状态表示总线、设备RS232和各分采RS232、卫星通信等状态;窗口污染类工作状态包括能见度仪的窗口污染情况以及相机、摄像机镜头污染情况;设备工作状态包括能见度仪接收器、发射器、遮阳板、相机、摄像机、跟踪器等状态,采集器、各分采集器的AD、计数器门状态,以及称重传感器和蒸发皿水位状态;设备状态信息主要是人工录入的文本类信息,包括设备状态、名称、路径、观测员、操作内容等;设备维护信息也主要为文本类信息,包括台站名称、设备名称、故障时间、故障现象、故障类型、故障原因、维修相关信息等。

由上可知,新型自动气象站状态文件提供了采集器、传感器等部件的工作状态信息,这些状态信息直接或间接影响着要素观测质量,例如,当计算机与子站的通信状态或者采集器通信状态异常时,可能导致温、压、湿、风等要素数据缺测,当采集器或传感器故障时会导致相应观测要素出现异常值或缺测,由于通信线缆断裂或传感器故障引起的设备工作电流偏低或偏高则可能导致相应观测要素数据失真。由此可见,设备的运行状态直接影响到观测数据的准确度,而观测数据质量又间接反映了自动气象站设备的工作状况,因此可通过将相关状态信息与同时段的观测要素数据进行一致性比对,从而为判断观测要素质量提供一定依据。

自2015年10月底起,全国共计10个国家级自动气象站开始试点上传状态文件,上传频次1~2 min/个,这里选取这10个站约2个多月(2015年10月26日至12月29日)的状态文件进行分析,并与同时段国家气象信息中心经过质量控制后进行业务发布的观测数据(均取自国家气象业务内网)进行对比。由于状态文件是1~2 min/个,而平台中观测数据文件则是1 h一个,因此这里是用信息中心发布的整点观测数据及质控结果与对应整点的状态文件进行比对。

## 2. 自动站状态异常信息统计

通过统计,新型自动站运行状态文件中各设备监测点状态异常频率情况如表1所示。

表1 新型自动站各监测点状态异常频率统计

| 监测点 | 状态异常频率 |
| --- | --- |
| 计算机与子站的通信状态 | 0.01% |
| 设备自检状态 | 0.01% |
| 地温、气压、风速、风向、气温、湿度传感器状态 | 0% |
| 雨量传感器状态 | 43.02% |
| 通信接口RS232/485/422状态 | 100% |
| 主采集器运行状态 | 100% |
| 各分采集器运行状态 | 100% |
| 主采、各分采计数器状态 | 100% |
| 主采、各分采AD状态 | 100% |
| 主采、各分采门状态 | 100% |
| 主采、各分采的主板温度状态 | 100% |
| 主采、各分采的主板电压状态 | 缺测 |
| 主采、各分采的工作电流状态 | 缺测 |

由上表可见,统计时段内常规观测要素风、温、压、湿、地温传感器运行状态均正常,异常频率均为0%,而雨量传感器异常频率为43.02%;计算机与子站的通信状态、设备自检状态异常频率均为0.01%;通信接口状态、主采集器、分采集器运行状态及计数器、AD、门、主板温度运行状态均异常,异常频率均为100%,而主板电压、工作电流状态由于在统计时段全部缺测暂不纳入统计。

## 3. 观测要素与状态信息相关性分析

### 3.1 地温要素质量与状态信息相关性分析

当某一层地温要素出现异常时,通常有以下几类原因[23]:①地温变送器受到外来强干扰信号导致地温数据间歇性异常、跳变;②地温传感器探头老化或损坏导致地温数据显示缺测或异常值;③通信传输线缆损坏或接触不良导致地温数据显示缺测或恒低于-40℃;④主采集器或地温分采故障导致地温数据缺测。若所有层地温要素均异常或缺测,则由以下原因引起:①地温分采到主采集器的通信异常或主采集器到业务终端的通信异常;②地温分采或主采集器主板故障;③供电系统故障或通信模块故障。因此,可通过对地温传感器、主采集器、地温分采、通信线缆等运行状态的检测从而间接判断地温要素的质量。状态文件中各监测点的状态值是自动站厂家根据一定的算法对监测节点的电流、电压、温度等信号值进行综合判断而得到的,状态值取"0"表示正常,取"1"表示异常,通过对状态文件进行解析来统计各监测点状态值为"异常"的次数与总次数的比率,即状态异常频率。据统计,影响地温质量的状态监测点出现"状态异常"的频率如表2所示,同时段地温要素出现"数据异常"(包括数据错误和数据缺测)的频率如表3所示。

表2 影响地温质量的监测点状态异常频率统计

| 监测点 | 状态异常频率 |
| --- | --- |
| 计算机与子站的通信状态 | 0.01% |
| 地温传感器状态* | 0% |
| 主采集器运行状态 | 100% |
| 地温分采运行状态 | 100% |
| 地温分采的计数器状态 | 100% |
| 地温分采的AD状态 | 100% |
| 地温分采的主板温度状态 | 100% |

注:*指包括地表温度、浅层地温(5 cm、10 cm、15 cm、20 cm地温)、深层地温(40 cm、80 cm、160 cm、320 cm地温)传感器等状态。

表3 新型自动站各地温要素数据异常频率统计

| | 地表温度 | 5 cm 地温 | 10 cm 地温 | 15 cm 地温 | 20 cm 地温 | 40 cm 地温 | 80 cm 地温 | 160 cm 地温 | 320 cm 地温 |
| --- | --- | --- | --- | --- | --- | --- | --- | --- | --- |
| 数据"错误"频率 | 0.075% | 0.075% | 0.047% | 0.047% | 0.047% | 0.056% | 0.047% | 0.047% | 0.038% |
| 数据"缺测"频率 | 0.263% | 0.301% | 0.272% | 0.272% | 0.272% | 0.263% | 0.272% | 0.272% | 0.272% |
| 数据"异常"频率 | 0.338% | 0.376% | 0.319% | 0.319% | 0.319% | 0.319% | 0.319% | 0.319% | 0.310% |

由上表可见,选取时段内主采集器运行状态、地温分采运行状态、地温分采计数器状态、地温分采的AD状态、地温分采的主板温度状态均显示异常,而对应时段只有约0.3%的地温要素显示异常;选取时段内地温传感器状态均显示正常,而有约99.7%的地温要素显示正常。此外,通过统计发现,当地温要素正常时,计算机与子站的通信状态、地温传感器状态这2个监测点状态均显示正常,而主采集器、地温分采等5个监测点状态均显示异常;当地温要素异常时,只有主采集器、地温分采等5个监测点状态也均为异常。说明当地温要素正常时,我们有

100%的概率判断计算机与子站的通信状态、地温传感器状态为正常,而导致地温要素异常的原因主要是主采集器、地温分采的状态异常。

## 3.2 气压要素质量与状态信息相关性分析

当气压要素出现异常时,通常有以下几类原因:①气压传感器故障导致气压数据显示缺测或失真;②主采集器主板中气压信号电路故障导致气压数据显示缺测;③通信传输线缆损坏或接触不良导致气压数据跳变;④供电系统故障或通信模块故障导致气压数据显示缺测。因此,可通过对气压传感器、主采集器、通信线缆等运行状态的检测从而判断气压要素的质量,统计时段内影响气压质量的状态监测点出现"状态异常"的频率以及同时段气压要素出现"数据异常"(包括数据错误和数据缺测)的频率如表4所示。

表4 影响气压质量的监测点状态异常频率及气压数据异常频率统计

| 监测点 | 状态异常频率 | 本站气压"错误"频率 | 本站气压"缺测"频率 | 本站气压"异常"频率 |
|---|---|---|---|---|
| 计算机与子站的通信状态 | 0.01% | | | |
| 设备自检状态 | 0.01% | | | |
| 气压传感器状态 | 0% | | | |
| 通信接口 RS232/485/422 状态 | 100% | 0.066% | 0.263% | 0.329% |
| 主采集器运行状态 | 100% | | | |
| 计数器状态 | 100% | | | |
| AD 状态 | 100% | | | |
| 门状态 | 100% | | | |
| 设备/主采的主板温度状态 | 100% | | | |

由上表可见,选取时段内主采集器运行状态、通信接口 RS232/485/422 运行状态、计数器状态、AD状态、门状态、主采的主板温度状态均显示异常,而对应时段只有约0.329%的气压要素显示异常;选取时段内气压传感器状态均显示正常,而有约99.671%的气压要素显示正常。此外,通过统计发现,当气压要素正常时,气压传感器状态均显示正常,计算机与子站的通信状态、设备自检状态99.99%为正常,而主采集器、计数器等6个监测点状态均显示异常;当气压要素异常时,只有主采集器、计数器等6个监测点状态也均为异常。说明当气压要素正常时,我们有100%的概率判断气压传感器状态为正常,有99.99%的概率判断计算机与子站的通信状态、设备自检状态为正常,而导致气压要素异常的原因主要是主采集器、通信接口的状态异常。

## 3.3 风要素质量与状态信息相关性分析

当风要素出现异常时,通常有以下几类原因[23]:①风速传感器轴承磨损、受到污染导致风速值偏小或风速值总为0;②传感器遭雷击而损坏导致风速风向数据异常;③主采集器主板上风速信号电路损坏导致风速数据显示缺测或异常;④通信传输线缆损坏或接触不良导致风速风向数据缺测或异常;⑤冬季传感器被雨淞、雾淞冻住而导致风数据持续不变化;⑥螺丝松动导致风标转动而风向值不发生变化;⑦供电系统故障或通信模块故障导致风速风向数据显示缺测。因此,可通过对风传感器、主采集器、通信线缆等运行状态的检测从而判断风要素的质量,统计时段内影响风质量的状态监测点出现"状态异常"的频率以及同时段风要素出现"数据异常"(包括数据错误和数据缺测)的频率如表 5 所示。

表 5  影响风质量的监测点状态异常频率及风数据异常频率统计

| 监测点 | 状态异常频率 | 风要素"错误"频率 | | 风要素"缺测"频率 | | 风要素"异常"频率 | |
|---|---|---|---|---|---|---|---|
| | | 风速 | 风向 | 风速 | 风向 | 风速 | 风向 |
| 计算机与子站的通信状态 | 0.01% | | | | | | |
| 设备自检状态 | 0.01% | | | | | | |
| 风速传感器状态 | 0% | | | | | | |
| 风向传感器状态 | 0% | | | | | | |
| 通信接口 RS232/485/422 状态 | 100% | 0.047% | 0.234% | 0.272% | 0.131% | 0.319% | 0.366% |
| 主采集器运行状态 | 100% | | | | | | |
| 计数器状态 | 100% | | | | | | |
| AD 状态 | 100% | | | | | | |
| 门状态 | 100% | | | | | | |
| 设备/主采的主板温度状态 | 100% | | | | | | |

由上表可见,选取时段内主采集器运行状态、通信接口 RS232/485/422 运行状态、计数器状态、AD 状态、门状态、主采的主板温度状态均显示异常,而对应时段只有约 0.319% 的风速、0.366% 的风向要素显示异常;选取时段内风速、风向传感器状态均显示正常,而有约 99.681% 的风速、99.634% 的风向要素显示正常。此外,通过统计发现,当风要素正常时,传感器状态均显示正常,计算机与子站的通信状态、设备自检状态 99.99% 为正常,而主采集器、计数器等 6 个监测点状态均显示异常;当风要素异常时,只有主采集器、计数器等 6 个监测点状态也均为异常。说明当风要素正常时,我们有 100% 的概率判断风传感器状态为正常,有 99.99% 的概率判断计算机与子站的通信状态、设备自检状态为正常,而导致风要素异常的原因主要是主采集器、通信接口的状态异常。

## 3.4 温湿要素质量与状态信息相关性分析

当温湿度要素出现异常时,通常有以下几类原因[23]:①气温传感器性能下降或损坏导致气温数据显示缺测或异常值;②湿度传感器故障导致相对湿度数据显示缺测或异常值;③通信传输线缆损坏或接触不良导致温湿度数据显示缺测;④湿度传感器处于连续高湿状态下引起失效导致湿度值长时间显示 90% 以上或 100%;⑤主采集器或温湿分采故障导致温湿度数据缺测;⑥温湿分采到主采集器的通信异常或主采集器到业务终端的通信异常导致温湿度数据异常或缺测。综上所述,可通过对温湿传感器、主采集器、温湿分采、通信线缆等运行状态的检测从而判断温湿要素的质量,统计时段内影响温湿质量的状态监测点出现"状态异常"的频率以及同时段温湿要素出现"数据异常"(包括数据错误和数据缺测)的频率如表 6 所示。

表6 影响温湿质量的监测点状态异常频率及温湿数据异常频率统计

| 监测点 | 状态异常频率 | 要素"错误"频率 | | 要素"缺测"频率 | | 要素"异常"频率 | |
|---|---|---|---|---|---|---|---|
| | | 气温 | 湿度 | 气温 | 湿度 | 气温 | 湿度 |
| 计算机与子站的通信状态 | 0.01% | 0.066% | 0.084% | 0.272% | 0.263% | 0.338% | 0.347% |
| 温湿分采自检状态 | 0.01% | | | | | | |
| 1.5米气温传感器状态 | 0% | | | | | | |
| 1.5米相对湿度传感器状态 | 0% | | | | | | |
| 主采集器运行状态 | 100% | | | | | | |
| 温湿分采运行状态 | 100% | | | | | | |
| 温湿分采的计数器状态 | 100% | | | | | | |
| 温湿分采的AD状态 | 100% | | | | | | |
| 温湿主采的主板温度状态 | 100% | | | | | | |

由上表可见,选取时段内主采集器运行状态、温湿分采运行状态、温湿分采计数器状态、温湿分采AD状态、温湿分采的主板温度状态均显示异常,而对应时段只有约0.338%的气温、0.347%的湿度要素显示异常;选取时段内温湿传感器状态均显示正常,而有约99.662%的气温、99.653%的湿度要素显示正常。此外,通过统计发现,当温湿要素正常时,传感器状态均显示正常,计算机与子站的通信状态、温湿分采自检状态99.99%为正常,而主采集器、温湿分采等5个监测点状态均显示异常;当温湿要素异常时,只有主采集器、温湿分采等5个监测点状态也均为异常。说明当温湿要素正常时,我们有100%的概率判断温湿传感器状态为正常,有99.99%的概率判断计算机与子站的通信状态、温湿分采自检状态为正常,而导致温湿要素异常的原因主要是主采集器、温湿分采的状态异常。

## 3.5 降水要素质量与状态信息相关性分析

当降水要素出现异常时,通常有以下几类原因[23]:①雨量传感器漏斗、翻斗或滤网堵塞导致雨量值偏小;②雨量传感器干簧管或磁钢损坏导致雨量值失真;③称重式雨量传感器挡风圈有积雪导致雨量值失真;④称重式雨量传感器盛水桶水位已满导致雨量值总为0;⑤称重式雨量传感器敏感元件或载荷元件损坏导致雨量值偏小;⑥称重式雨量传感器称重单元漂移导致雨量值有偏差;⑦通信传输线缆损坏或接触不良导致雨量数据失真;⑧主采集器主板雨量信号电路损坏导致雨量数据异常或缺测;⑨供电系统故障或通信模块故障导致雨量数据显示缺测。因此,可通过对雨量传感器、主采集器、通信线缆等运行状态的检测从而判断降水要素的质量,统计时段内影响降水质量的状态监测点出现"状态异常"的频率以及同时段降水要素出现"数据异常"(包括数据错误和数据缺测)的频率如表7所示。

表7 影响降水质量的监测点状态异常频率及降水数据异常频率统计

| 监测点 | 状态异常频率 | 降水"错误"频率 | 降水"缺测"频率 | 降水"异常"频率 |
|---|---|---|---|---|
| 计算机与子站的通信状态 | 0.01% | 0.516% | 2.616% | 3.132% |
| 设备自检状态 | 0.01% | | | |

续表

| 监测点 | 状态异常频率 | 降水"错误"频率 | 降水"缺测"频率 | 降水"异常"频率 |
| --- | --- | --- | --- | --- |
| 雨量传感器状态 | 43.02% | | | |
| 通信接口 RS232/485/422 状态 | 100% | | | |
| 主采集器运行状态 | 100% | | | |
| 计数器状态 | 100% | 0.516% | 2.616% | 3.132% |
| AD 状态 | 100% | | | |
| 门状态 | 100% | | | |
| 设备/主采的主板温度状态 | 100% | | | |

由上表可见,选取时段内主采集器运行状态、通信接口 RS232/485/422 运行状态、计数器状态、AD 状态、门状态、主采的主板温度状态均显示异常,而对应时段只有约 3.132% 的降水要素显示异常。此外,通过统计发现,当降水要素正常时,雨量传感器 38.575% 为状态正常,计算机与子站的通信状态、设备自检状态 99.99% 为正常,而主采集器、通信接口等 6 个监测点状态均显示异常;当降水要素异常时,主采集器、通信接口等 6 个监测点状态 100% 为异常,而雨量传感器 19.162% 的概率为异常。说明当降水要素正常时,我们有 38.575% 的概率判断雨量传感器状态为正常,有 99.99% 的概率判断计算机与子站的通信状态、设备自检状态为正常,而导致降水要素异常的原因主要是主采集器、通信接口的状态异常,其次为雨量传感器状态异常。

## 4. 基于状态信息的观测要素质量检查

为更清晰明确地反映基于状态信息的观测要素质量检查方法的可行性和效果,设计了异常命中率、正常命中率、异常误警率、正常误警率这几个指标。

异常(正常)命中率指某时某地与某观测要素相关的设备状态与该要素均为"异常(正常)"的次数占本次统计过程数据总数的百分比,计算公式如下:

$$P_{odw} = \frac{N_W}{N_A} \times 100\%$$

$$P_{odc} = \frac{N_C}{N_A} \times 100\%$$

式中:$P_{odw}$、$P_{odc}$ 分别为某地某时某要素的异常命中率、正常命中率;$N_A$ 为某地某时参与统计的总次数;$N_W$、$N_C$ 分别为某地某时与某要素相关的设备状态与该要素均为异常、正常的次数。

异常(正常)误警率指某时某地与某观测要素相关的设备状态为"异常(正常)",而该要素却为"正常(异常)"的次数占本次统计过程数据总数的百分比,计算公式如下:

$$F_{arw} = \frac{N_{WC}}{N_A} \times 100\%$$

$$F_{arc} = \frac{N_{CW}}{N_A} \times 100\%$$

式中:$F_{arw}$、$F_{arc}$ 分别为某地某时某要素的异常误警率、正常误警率;$N_{WC}$ 为某地某时与某要素相关的设备状态为异常、该要素为正常的次数;$N_{CW}$ 为某地某时与某要素相关的设备状态为正常、该要素为异常的次数。

综上所述,统计了自动站各状态监测点针对地温、气压、风、气温、湿度、降水要素的各项指标,如图1~图4所示。

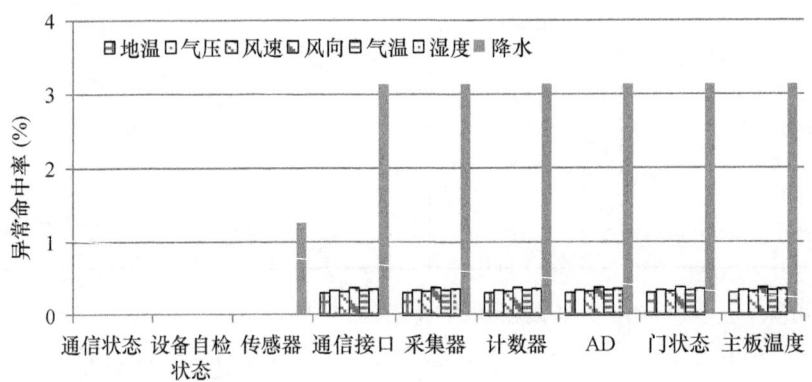

图1 自动站各监测点异常命中率统计

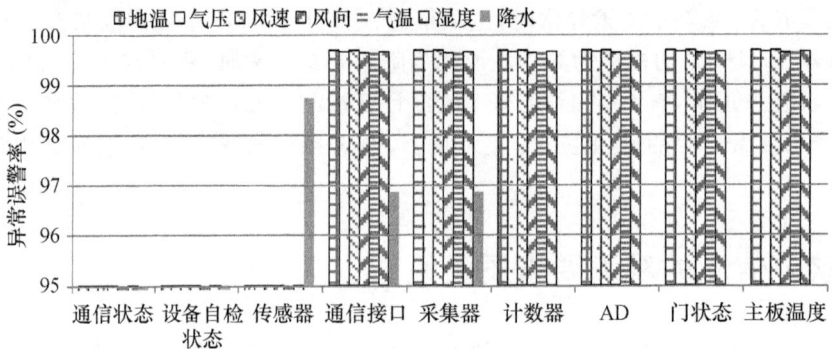

图2 自动站各监测点异常误警率统计

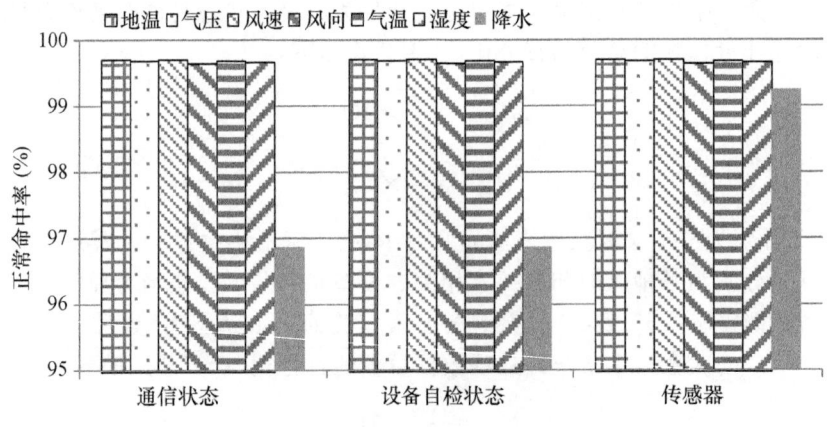

图3 自动站各监测点正常命中率统计

由图1可见,选取时段内自动站各状态监测点的异常命中率均较低(<4%),其中通信状态、设备自检状态异常命中率均为0%,通信接口、采集器、计数器、AD、门状态、主板温度对于各观测要素的异常命中率在0.3%~3%,其中降水要素相对较高(3.132%)。各状态监测点

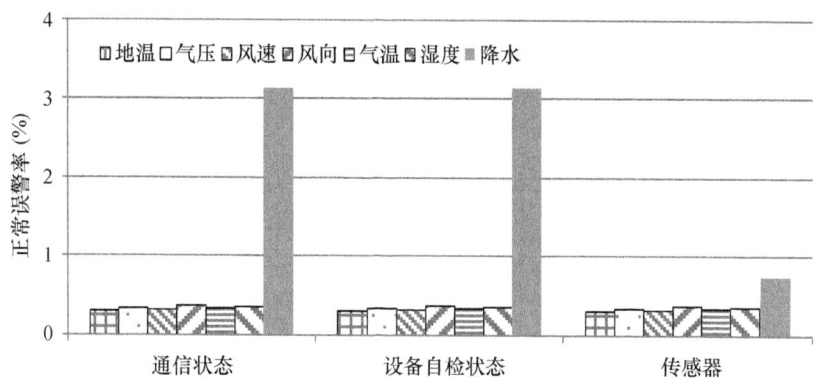

图 4　自动站各监测点正常误警率统计

的异常误警率如图 2 所示,通信状态、设备自检状态异常误警率均为 0.01%,而通信接口、采集器、计数器、AD、门状态、主板温度对于各观测要素的异常误警率均较高(>96%),对于传感器而言,雨量传感器的异常命中率为 1.264%,异常误警率为 98.736%,其他要素传感器由于统计时段内未发生异常故暂无数值。

由图 3 和图 4 可见,选取时段内自动站通信状态、设备自检状态及传感器的正常命中率均较高(>96%),而正常误警率均较低(<4%),其中对于地温、气压、风、气温、湿度要素而言,各监测点的正常命中率均>99.5%,正常误警率均≤0.3%,对于降水要素而言,各监测点的正常命中率相对其他要素偏低(约 96%),而正常误警率则相对偏高(约 3%)。通信接口、采集器、计数器、AD、门状态、主板温度这几个状态监测点由于统计时段内全部状态异常故暂无正常命中率和正常误警率这两项指标数值。

综上所述,通信状态、设备自检状态及传感器这三个监测点运行正常时与各要素均有着较好的一致性,即当其状态正常时,我们有 96% 以上的概率判断相应观测要素也为正常;而此三个监测点状态异常时与各要素的相关性均较差,其中当雨量传感器运行异常时,仅有 1.264% 的概率判断降水要素也为异常。选取时段内通信接口、采集器、计数器、AD、门状态、主板温度运行状态异常时与各要素的相关性均较差,即当其运行异常时,仅有低于 3% 的概率判断观测要素也为异常。因此,通过对新型站状态文件的分析可以为辅助判断观测要素数据质量提供一定依据。

## 5. 结论与讨论

本文通过提取 10 个新型自动气象站 2 个多月的运行状态信息,对地温、气压、气温、湿度、风、降水 6 要素数据质量与各监测点状态信息做了相关性分析,并通过统计异常(正常)命中率、异常(正常)误警率 4 个指标来为基于状态信息进行观测要素质量检查提供一定依据,结论如下。

(1)通信状态、设备自检状态及传感器这三个监测点运行正常时与各要素均有着较好的一致性,正常命中率高于 96%,即当其运行状态正常时,我们有 96% 以上的概率判断相应观测要素也为正常;而采集器、通信接口、计数器、AD、主板温度等部件状态异常时与观测要素间一致性均较差,异常命中率低于 3%,即当其运行状态异常时,仅有低于 3% 的概率判断观测要素也为异常。

(2)地温、气压、气温、湿度、风5要素数据正常时，相应传感器状态均为正常，说明当这5要素数据正常时，我们有100%的概率判断相应传感器状态为正常；当5要素数据异常时，相应传感器均为正常，而主采集器、分采集器等监测点状态均为异常，说明统计时段内导致5要素数据异常的原因是主采集器、分采集器等监测点状态异常。

(3)对于降水要素而言，当降水要素正常时，我们有38.8%的概率判断雨量传感器状态为正常，有99.99%的概率判断计算机与子站的通信状态、设备自检状态为正常；当降水要素异常时，主采集器、通信接口等6个监测点状态100%为异常，而雨量传感器19.16%的概率为异常，说明导致降水要素异常的原因主要是主采集器、通信接口的状态异常，其次为雨量传感器状态异常。

本文首次对国内新型自动站运行状态文件进行了分析和利用，提出将设备状态和探测数据相结合，从而为辅助判断观测要素质量提供一定依据，且通过对观测数据质量的分析间接反映自动站设备的工作状况。尽管如此，研究结果自身及应用仍存在以下问题及改进方向。

(1)本文仅利用10个试点站2个多月的状态信息进行分析，时间序列较短，空间范围较小，因此有待自动气象站状态文件业务性上传以后进行更全面、更系统的统计分析，从而对状态与数据的相关性分析结果进行补充和完善。

(2)本文通过提取状态信息来辅助判断观测要素质量，与基于数据本身的质量控制方法形成互补，从而共同判断观测要素质量。然而影响要素质量的因素是多方面的，除了设备运行状态，包括探测环境是否完好、基础保障设施是否齐全、设备计量检定是否达标、业务人员操作是否规范等在内的基础业务质量水平也对观测要素质量起到不同程度的影响，因此，未来还将对这些要素进行综合考虑。

(3)文中主要针对气温、气压、湿度、风、降水、地温6大常规要素进行了基于状态信息的要素质量判断初步研究，而未涉及自动气象站其他观测要素，如能见度、各类辐射、蒸发、天气现象、云高等，这主要是由于新型自动气象站除了能见度和称重降水外，其余传感器模块有些还未定型，有些尚处于研制阶段，有些虽已定型，但不属于现有业务运行的设备，因此，自动气象站状态文件中缺乏这些非常规要素的状态信息。未来当这些非常规要素观测设备进入业务化运行时再进行深入研究。

## 参考文献

[1] 熊安元. 北欧气象观测资料的质量控制[J]. 气象科技,2003,31(5):314-320.

[2] 刘小宁,任芝花. 地面气象资料质量控制方法研究概述[J]. 气象科技,2005,33(3):199-203.

[3] 陈奕隆. 美国自动地面观测系统[J]. 气象科技,1994(3):48-53.

[4] 任芝花,熊安元. 地面自动站观测资料三级质量控制业务系统的研制[J]. 气象,2007,33(1):19-24.

[5] 任芝花,熊安元,邹凤玲. 中国地面月气候资料质量控制方法的研究[J]. 应用气象学报,2007,18(4):516-523.

[6] 任芝花,张志富,孙超,等. 全国自动气象站实时观测资料三级质量控制系统研制[J]. 气象,2015,41(10):1268-1277.

[7] 封秀燕,何志军,王荷平,等. 自动气象站实时资料质量控制开放式平台设计[J]. 应用气象学报,2010,21(4):506-512.

[8] Eischeid K J,Baker C B,Karl T R,et al. The quality control of long-term climatological data using objective data analysis[J]. JOURNAL OF APPLIED METEOROLOGY,1995,34:2787-2795.

[9] Peterson T C, Vose R, Schmoyer R, et al. Global historical climatology network quality control of monthly temperature data[J]. International Journal of Climatology,1998,18:1169-1179.

[10] Feng S,Hu Q,Qian W. Quality control of daily meteorological data in China,1951-2000:a new dataset [J]. International Journal of Climatology,2004,24(7):853-870.

[11] Sciuto G,Bonaccorso B,Cancelliere A,et al. Quality control of daily rainfall data with neural networks [J]. Journal of Hydrology,2009,364(1-2):13-22.

[12] 王伯民. 基本气象资料质量控制综合判别法的研究[J]. 应用气象学报,2004,15:50-58.

[13] 任芝花,刘小宁. 极端异常气象资料的综合性质量控制与分析[J]. 气象学报,2005,63(4):526-533.

[14] 刘小宁,鞠晓慧,范邵华. 空间回归检验方法在气象资料质量检验中的应用[J]. 应用气象学报,2006,17(1):37-43.

[15] 王海军,杨志彪,杨代才,等. 自动气象站实时资料自动质量控制方法及其应用[J]. 气象,2007,33(10):102-109.

[16] 陶士伟,仲跻芹,徐枝芳,等. 地面自动站资料质量控制方案及应用[J]. 高原气象,2009,28(5):1202-1209.

[17] 何志军,封秀燕,何利德,等. 气象观测资料的四方位空间一致性检[J]. 气象,2010,36(5):118-122.

[18] 任芝花,赵平,张强,等. 适用于全国自动站小时降水资料的质量控制方法[J]. 气象,2010,36(7):123-132.

[19] 王海军,刘莹. 综合一致性质量控制方法及其在气温中的应用[J]. 应用气象学报,2012,23(1):69-76.

[20] 周青,张乐坚,李峰,等. 自动站实时数据质量分析及质控算法改进[J]. 气象科技,2015,43(5):814-822.

[21] 中国气象局. 山洪地质灾害防治气象保障工程建设指导方案[R]. 2012:1-344.

[22] 刘莹,王海军,李中华. 基于观测数据的风向传感器故障检测方法设计与应用[J]. 气象,2015,41(11):1408-1416.

[23] 周青,梁海河,李雁,等. 自动气象站故障分析排除方法[J]. 气象科技,2012,40(4):567-570.

# 新一代天气雷达故障处理和故障标准化平台的研发与应用*

石 城　梁海河　孟昭林　夏元彩　李 雁

(中国气象局气象探测中心，北京 100081)

**摘　要**：新一代天气雷达是一个组成结构复杂的探测平台，各个组合之间比较分散。由于机械运转的持续性，且对运行环境要求严格，所以雷达系统易发故障。文章对不同类型的雷达故障进行归纳和简析，并进行归类，按照雷达故障产生的原因分类为：雷达部件故障、软件故障、灾害引起的雷达故障、虚假报警、雷达产品图像错误。天气雷达故障处理和故障标准化平台的开发将相应的成果应用于日常的气象探测设备的监控业务中，并集成到综合气象观测系统运行监控平台，以实现天气雷达故障的快速响应和维修。本文对 2007 年 6 月至 2010 年 5 月共 3 年的新一代天气雷达的运行能力进行了计算，并抽样其中 2 种型号的天气雷达，对故障案例进行分析研究，给出了故障的分系统分布情况。

**关键词**：天气雷达　故障标准化　运行监控　系统开发

# 引　言

新一代天气雷达是一个探测、处理、生成并显示雷达天气数据的应用系统。截至 2010 年 7 月，在网进行实时监控运行的新一代天气雷达有 131 部。这 131 部新一代天气雷达由三个厂家进行生产，有 6 种型号(SA,SB,CB,CD,SC,CC)。本文对天气雷达分系统进行划分，对天气雷达故障进行分类。日常的气象探测业务工作资料累计表明，绝大多数不同故障类别、不同分系统的雷达故障有其解决方法。综合气象观测系统运行监控系统中天气雷达故障处理和故障标准化平台的开发基于对雷达故障标准化的需求，搭建了一个有正规故障处理流程和故障知识累积的平台，实现了对新一代天气雷达运行能力的实时评价。

## 1. 天气雷达故障简析

天气雷达是一个硬件系统和控制软件组成的探测平台，结构复杂。雷达系统易发故障，而造成故障的原因多种多样。雷达机械部件长期运转后的老化损坏、超过阈值的电压/电流烧坏部件、环境温度超过部件设计运行温度是雷达故障的主要原因，伺服控制计算机等计算机系统出现问题(病毒、系统崩溃等)、雷达控制软件出现问题、以及自然灾害等，都会影响雷达的运行乃至出现故障，雷达故障的原因可谓多种多样[1-6]。为了解译雷达故障，新一代天气雷达系统设计了机内自检电路(built in test,BITE)，当雷达的运行参数超出阈值或者出现故障，将反馈

---

\* 本文发表在《气象科技》,2012,40(2):160-164。

给 RDASC 程序生成报警信息,同时面板的警报灯亮起,实现将故障报警定位至雷达系统中的可更换单元[7]。报警可以帮助分析故障原因和定位故障部位,但是会遇到出现虚警的情况,同时超出自检电路检查范围的故障也增加了判断故障原因的难度,这时候需要通过雷达手册和人工的经验进行分析和判断。

## 1.1 天气雷达故障的分类

多样的雷达故障成因和故障现象使得天气雷达故障的分类富有意义。天气雷达故障的分类方式多种多样,按照雷达故障的恢复方法可分为:可逆故障、不可逆故障[8]。本文主要参考雷达故障产生的原因和现象,将雷达故障分为:雷达部件故障、软件故障、灾害引起的雷达故障、虚假故障报警、雷达产品图像错误五大类。

(1)雷达部件故障,主要分为两类:硬件故障和硬件失灵。

硬件故障。组成天气雷达的各个系统,包括天线罩、馈源、天线座、发射机、频率综合器、接收机、伺服控制计算机等的硬件,硬件有其损耗的周期、长时间的连续运行可以导致其性能下降和损坏。这种损坏是天气雷达故障的主要原因。新一代天气雷达系统设计了 BITE 自检电路,实现对雷达系统中每一个可更换单元的自动检测,当雷达的运行参数超出阈值或者出现故障,将反馈给 RDASC 程序报警信息,同时面板的警报灯亮起。

硬件失灵。雷达系统失灵无法工作,在事后检测发现并非硬件损坏,通过专业的维护后,雷达即能恢复正常运行。硬件失灵的这种"软故障"是一种最常见的雷达故障,常见的例如某电子器件接触不良或电子开关设置不正确使雷达工作时出现错误信息[9]。还有一些雷达故障是由于人为原因:这种故障一般是由于操作者使用不当造成的。例如不按规定正常开机和关机,不在认真分析的前提下盲目检修,带电插拔板卡、电缆等都可能造成此类故障。

(2)软件故障。软件系统的故障情况复杂,雷达控制程序本身出现的问题通常需要联系厂家调试。计算机系统如果出现问题同样可能造成软件无法工作(病毒、内存泄露、系统崩溃等)。

(3)灾害引起的雷达故障。特定的气象灾害同样有可能引起雷达故障,主要是硬件故障,例如,汶川地震时广元雷达站发射机柜、接收机柜和天线安全开关发生位移造成雷达无法工作,强天气过程特别是雷雨过站时候,雷达通常关机以防止雷击损坏。虽然灾害引起的雷达故障和雷达部件故障同样造成雷达部件损坏,考虑到这两类故障的原因有较大区别,所以单独将灾害引起的雷达故障归为一类。

(4)虚假故障报警。这里的虚假报警故障通常也称为虚警(雷达的虚假报警),一般出现以下情况:点击 RDASC 故障表中显示的故障指示即可消除的,则为虚假故障。这种故障也可称为可逆故障。可逆故障是指偶然因素引发的故障报警,这类故障没有丧失正常功能,也没有器件损坏。一般点击复位按钮即可恢复[8]。虚假故障报警有时候也可以通过重启雷达、重启 RDASC 程序、重启 RDA 计算机实现故障报警的消除。还有一种情况:即雷达在国产化本地化过程中,有一些不必要的报警设置选项和报警检测部件,通常通过拆除、解决故障报警情况。这类故障容易修复,对雷达的正常运行影响较小。

(5)雷达产品图像错误。从雷达基数据经过算法生成的图像产品是雷达系统最直接被利用的产品。有多种原因造成雷达产品图像错误,会给应用人员带来误导:①超折射;②雷达标定错误造成产品图像错误;③雷达部件的性能指数超标或故障造成产品图像错误;④外界微波干扰、远距离干扰:一般在某个方向上存在固定的干扰,单频点,干扰是一条直线,一定带宽的干扰,存在满屏干扰麻点[10]。

## 1.2 天气雷达分系统的划分

在天气雷达故障处理和故障标准化平台中,雷达系统按照功能的不同被划分为雷达分系统,雷达系统中的单个可更换单元部件与雷达分系统之间的实现一一对应。分系统的划分如下:天线馈线系统、伺服系统、发射系统、接收系统、终端系统、信号处理系统、电源系统、通信系统、监控系统、附属设备、软件系统。

## 2. 雷达故障填报及分析系统的设计和实现

天气雷达故障处理和故障标准化平台是一个数据库和应用服务器部署在本地(中国气象局气象探测中心机房)的 B/S(Browse/Server)系统,开发基于 VC++、JavaScript。

### 2.1 系统开发功能简介

系统首先实现对天气雷达运行状态的监控,基于雷达性能状态文件、报警文件中的数据内容,以不同的色标表示雷达的实时状态。蓝色代表无数据,绿色代表雷达系统正常,黄色代表雷达系统报警。

天气雷达故障报警根据报警文件代码,定位至雷达系统部件。如图1所示的例子,报警定位报警源为放大式速调管发射机和数字中频多普勒信号处理器。

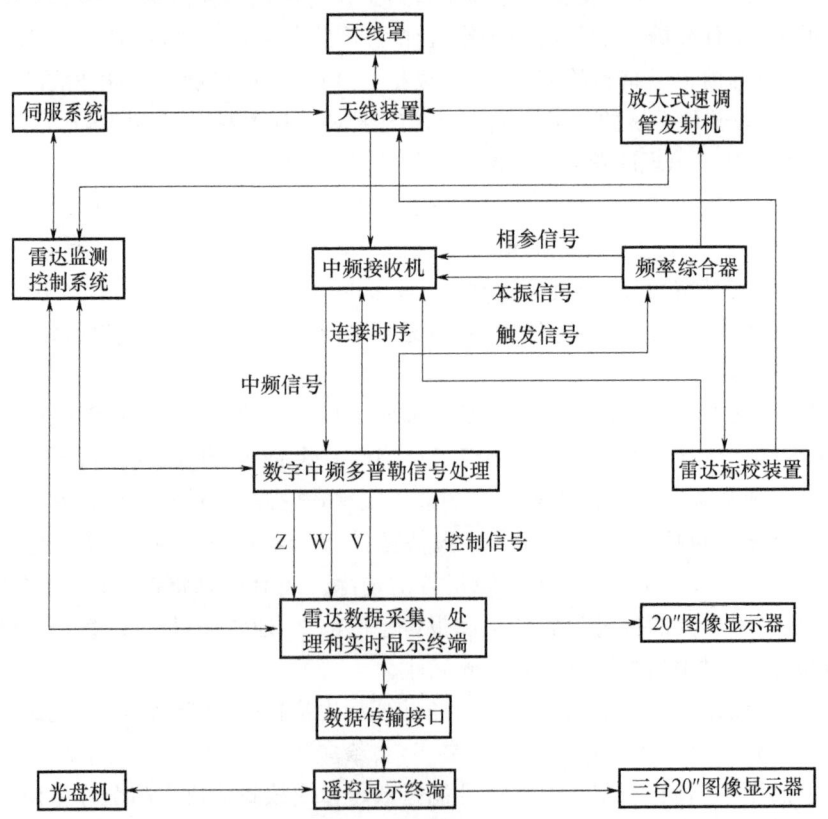

图1 根据报警文件定位雷达报警部位

雷达报警是雷达故障的必要条件,天气雷达的故障原因多种多样,可以通过报警信息协助判断,雷达的具体故障情况通过工作台的故障"故障填报"功能实现,如图2所示,故障填报页面实现了与平台定义的雷达分系统以及最小可更换单元之间的联动,提供了故障分类的提示分类选项。

图2 雷达故障填报报表

同时,平台实现了对故障进行标准化的功能模块,这一部分功能主要依靠人工的判定,将雷达系统中的典型故障按照雷达分系统、故障现象进行分类汇总。

## 2.2 雷达运行评价指标

基于雷达系统发送报文和故障填报,天气雷达故障处理和故障标准化平台采用"可用性"对雷达的运行能力进行评价。首先,天气雷达故障处理和故障标准化平台对于雷达系统工作时间的划分如图3所示。

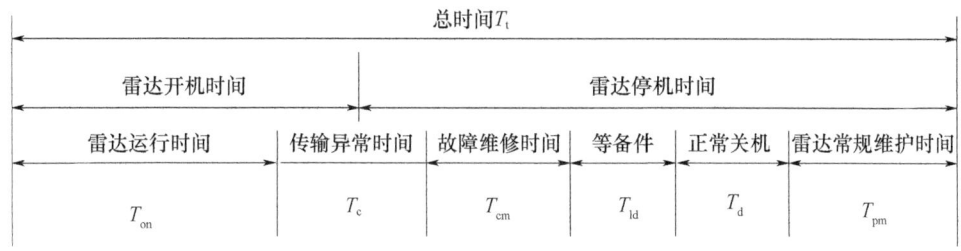

图3 雷达系统工作时间分割图

雷达处于正常运行状态、或者雷达正常关机、雷达维护(根据命令可立即处于正常运行状态)这三种状态属于雷达可用状态,根据图3的时间点划分,结合《天气雷达观测规定》,定义可用性($A_o$)公式化如下:

$$A_o = \frac{T_{on}+T_{pm}+T_d}{T_t} \times 100\% \qquad (1)$$

式中:雷达运行时间($T_{on}$)表示系统正常、系统报警两种状态时段的代数和;传输异常时间($T_c$)表示无数据这种状态,即未收到雷达状态文件,雷达情况不可知的时段;故障维修时间($T_{cm}$)表示在雷达备件、维修仪表等条件齐全情况下,工作人员修复雷达所耗费的时间;等备件时间($T_{ld}$)是指台站维修缺乏备件,等备件时间;雷达维护时间($T_{pm}$)是指周维护、月维护、季维护、年维护的时间;管理延误时间($T_d$)是指雷达正常关机。

运用这个指标,天气雷达故障处理和故障标准化平台可以计算每一台雷达、每种型号雷达、每个省(区、市)雷达、全国雷达的业务可用性,从而对天气雷达的运行能力进行评价。

## 3. 小结

本文阐述了新一代多普勒天气雷达故障处理和故障标准化平台的开发过程中考虑解决的几个重要的问题。首先,从分析天气雷达系统的故障着手,对投入运行的新一代多普勒天气雷达的故障实例分析并对其进行分类,文章按照雷达故障产生的原因和现象将雷达故障分为以下几类:雷达部件故障、软件故障、灾害引起的雷达故障、虚假故障报警、雷达产品图像错误。其次,将一起雷达故障的故障部位定位到分系统:天线馈线系统、伺服系统、发射系统、接收系统、终端系统、信号处理系统、电源系统、通信系统、监控系统、附属设备、软件系统。新一代多普勒天气雷达故障处理和故障标准化平台的故障填报模块基于以上设计而实现,信息传输流程为雷达台站-省级-国家级3级。

基于填报的故障和对不同雷达运行状态的统计,本文对雷达可用性指标进行了公式化。

雷达处于正常运行状态、或者雷达正常关机、雷达维护(根据命令可立即处于正常运行状态)这三种状态属于雷达可用状态。对2007年6月至2010年5月间投入监控的新一代天气雷达的雷达可用性($A_o$)进行了计算,在统计过程中,采用了每3个月进行一次采样、采样选取运行时间大于2000 h的站点,以保证纳入统计的雷达是经过机务员和新雷达磨合期的样本,3年的雷达可用性如图4所示。

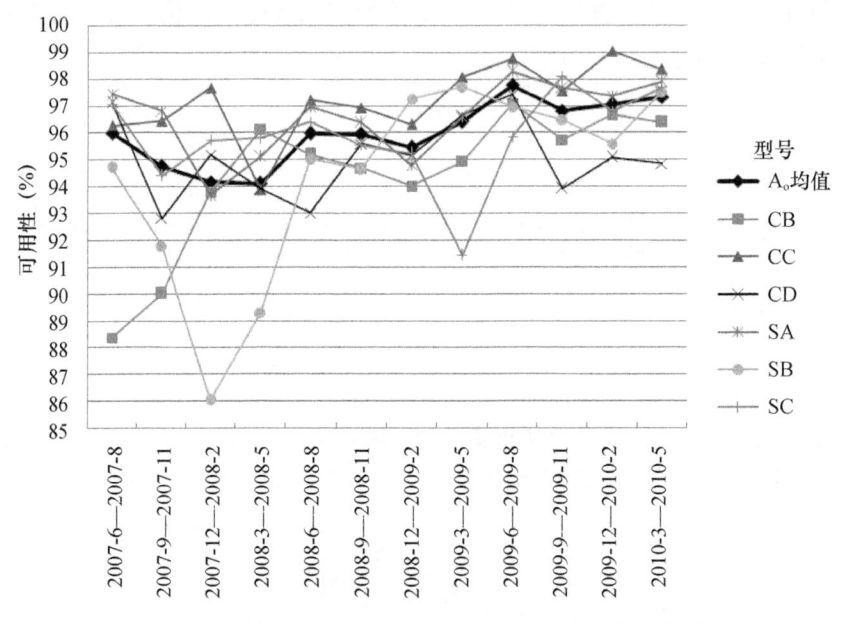

图4 2007年6月—2010年5月雷达可用性变化趋势图

从总体的平均值来看,2007年6月至2010年5月的雷达可用性($A_o$)呈阶梯状增高趋势,反映出全国范围内天气雷达的运行能力和保障能力呈现不断增强的趋势,同时可以看出,在主汛期(6—8月)期间,可用性总是能达到最高值,考虑到气象部门有在主汛期前对探测设备进行巡检和维护的活动,可以看出对于持续运转且对运行环境要求严格的天气雷达系统来说,定期进行维护对于雷达系统的稳定可靠运行有着积极的促进作用。

本文对雷达故障各个分系统所占比例进行了统计,数据抽样了 2008 年 7 月—2009 年 7 月 CC、SA 两种型号的新一代天气雷达系统发生的 239 例故障进行了分析,抽样统计结果如图 5 所示,表明雷达部件故障是雷达故障的主要原因。

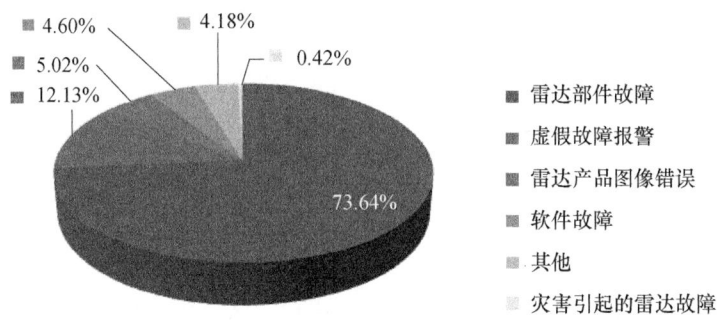

图 5　雷达故障分类抽样统计

除去虚假故障报警和其他分类的故障等 39 例,200 例雷达不同分系统的故障情况如图 6 所示,表明雷达系统中最容易发生故障的分系统为雷达的发射系统、伺服系统、附属设备、电源系统和接收系统。发射系统由于加载高压,所以易发生故障,其中比较常见的故障有:调制器的可控硅被击穿——指示可控硅故障,无法加高压,会触发天线座动态故障、发射机/天线功率比率变坏、天线功率机内测试设备错误等报警,更换可控硅可修复;磁场电源故障——无法加高压,CC 型号天气雷达会指示磁场 2 故障(发射机)或磁场 1 故障(发射机)报警,SA 型号天气雷达会触发聚焦线圈电流故障报警,更换磁场电源可修复。伺服系统由于控制天线的机械运转,同样易发生故障,其中比较常见的故障有:俯仰电机和方位电机故障——此时会出现转速不稳、俯仰不能控制升降的情况,先查看可能出现电机漏油的情况,有时候冷却后恢复正常,一般通过更换俯仰电机和方位电机修复。汇流环和碳刷故障——会触发天线座动态故障、仰角死限位报警,仰角角码显示紊乱无规律,通过清洗碳刷积碳和清洗汇流环或者更换来进行恢复。

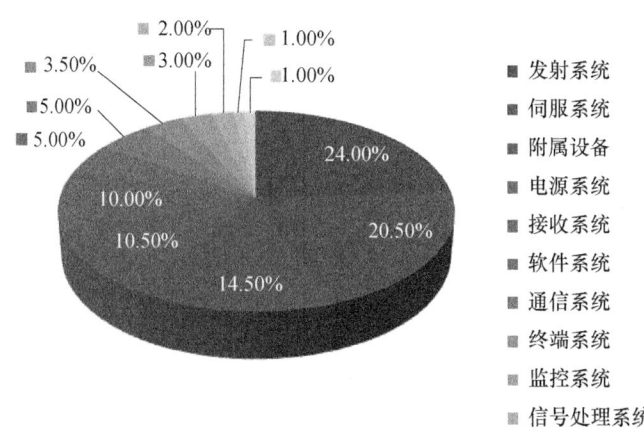

图 6　雷达故障分系统抽样统计

在故障案例分析中发现不能保证每一起雷达故障都得到分类和定位,未来此项工作可以进一步解决这个问题。后续工作还可以继续细化至天气雷达可更换单元部件的跟踪和使用寿命自动计算方面。

## 参考文献

[1] 何炳文,高玉春,施吉生,等.常德多普勒天气雷达一次综合故障的诊断与维修[J].气象科技,2008,36(增刊):653-656.

[2] 章毅,王世彤.CINRAD/SA型多普勒天气雷达故障维修技巧[J].气象水文海洋仪器,2009(1):107-108.

[3] 黄裔诚,吴荣深,黄殷.汕头天气雷达一次强度回波异常噪声现象的分析处理[J].广东气象,2007,29:60-61.

[4] 赵瑞金,赵现平,董保华,等.CINRAD/SA雷达故障统计分析[J].气象科技,2006,34(3):344-348

[5] 胡伟.新一代天气雷达资料传输故障分析与解决方法[J].气象水文海洋仪器,2008(4):38-40.

[6] 王宏,杨向东,杨雷斌,等.天气雷达CINRAD/CB伺服系统故障个例分析[J].气象水文海洋仪器.2009(2):40-44

[7] 北京敏视达雷达有限公司.中国新一代多普勒天气雷达CINRAD WSR-98D用户手册(上)[R].2001:30-31.

[8] 任晓霞.太原新一代多普勒天气雷达故障浅谈[J].山西气象,2006(3):45-46.

[9] 刘小东,柴秀梅,张维全,等.新一代天气雷达检修的技术与方法[J].气象科技,2006,34(增刊):112-114.

[10] 周红根,柴秀梅,胡帆,等.新一代天气雷达回波异常情况分析[J].气象,2008,34(增刊):112-115.